U0295995

照片1　代表们前往第二十届民居会议会场

照片2　第二十届民居会议分组演讲

照片3　第二十届民居会议开幕式

第二十届中国民居学术会议留念

2014年7月 于内蒙古工业大学·建筑学院

照片4 第二十届民居会议全体代表合影

照片5 第二十届民居会议上交接旗仪式

照片6 第二十届民居会议上前辈们聚集叙旧

照片7 2015（南昌）民居会议期间，代表们在金溪浒湾镇考察时交流意见

照片8　2015（南昌）中国传统民居学术研讨会代表合影

照片9 2015（南昌）中国传统民居学术研讨会会场

照片10 2015（南昌）中国传统民居学术研讨会开幕式

照片11 2015（南昌）中国传统民居学术研讨会开幕式上，民居建筑专业委员会主任委员陆琦教授致辞

照片12　部分代表在2015（南昌）中国传统民居学术研讨会留影

照片13　参会代表在2015（南昌）中国传统民居学术研讨会期间参观南昌大学

照片14　2015（扬州）中国民居学术研讨会全体代表合影

照片15 东南大学刘叙杰教授在2015（扬州）中国民居学术研讨会上发言

照片16 同济大学路秉杰教授在2015（扬州）中国民居学术研讨会上发言

照片17 台湾华梵大学徐裕建教授在2015（扬州）中国民居学术研讨会上讲演

照片18 香港梁以华建筑师在2015（扬州）中国民居学术研讨会上讲演

照片19 部分代表在第二十一届中国民居建筑学术年会会场合影

照片20 部分代表在第二十一届中国民居建筑学术年会签名板前合影

照片21　第二十一届中国民居建筑学术年会开幕式会场

照片22　在第二十一届中国民居建筑学术年会上，青年学生与民居建筑大师对话互动

照片23　第二十一届中国民居建筑学术年会上交接旗仪式

照片24 第二十一届中国民居建筑学术年会留影

照片25 第二十二届中国民居建筑学术年会全体代表合影

照片26 第二十二届中国民居建筑学术年会上代表们听取论文发言（一）

照片27 第二十二届中国民居建筑学术年会上代表们听取论文发言（二）

照片28 第二十二届中国民居建筑学术年会上论文分组发言

照片29 在第二十二届中国民居建筑学术年会上,代表们前往海林市横道河子小镇考察俄罗斯风情民居与中东铁路

照片30 在第二十二届中国民居建筑学术年会上,青年学生与民居建筑大师对话,交流与探讨民居研究的方法

照片31 在第二十二届中国民居建筑学术年会上,周立军教授作大会主旨报告

照片32　朱良文教授在第二十二届中国民居建筑学术年会上作论文学术演讲

照片33　1995年在新疆的考察

照片34 编写"中国古建筑丛书"部分作者与出版社编辑座谈会合影

照片35 第九届中国民居学术会议代表合影

照片36 第一届中国民居学术会议部分代表参观广州陈家祠合影

照片37　第一届中国民居学术会议代表
开平合影

照片38　第一届中国民居学术会议代表
在华南理工大学合影

照片39　民居会议上考察期间代表们在
交流

# 中国民居建筑年鉴

## （2014—2018）

陆元鼎　主　编
陆　琦　谭刚毅　副主编

中国建筑工业出版社

**图书在版编目（CIP）数据**

中国民居建筑年鉴（2014—2018）/陆元鼎主编. —北京：中国
建筑工业出版社，2018.11

ISBN 978-7-112-22862-1

Ⅰ.①中⋯  Ⅱ.①陆⋯  Ⅲ.①民居－中国－2014-2018－年鉴
Ⅳ.①TU241.5-54

中国版本图书馆CIP数据核字（2018）第243048号

《中国民居建筑年鉴（2014—2018）》的出版，正值中国民居建筑学术会议从1988年第一届
举办开始，已经历了三十载。

民居学术和专业委员会，有计划、有组织地开展了传统民居和村镇研究的学术交流活动。到
2018年三十年来，民居建筑专业委员会和各有关单位共同主持举办了全国性民居学术会议大小会
议达50多次，为中国传统民居、聚落与文化的调查、发掘、研究、保护、利用、传承、借鉴和发
展等进行了深入的探讨和交流，为乡村振兴、创造有中国特色的建筑作出努力和贡献。同时培养
了年轻的一代，使中国民居建筑研究后继有人。

为更好地总结传统民居三十年来学术研究的阶段性成果，回顾三十年来走过的路，继续编写
本年鉴。年鉴内容主要包括三方面：

一、回顾篇：三十年民居学术会议回忆文章。

二、研究篇：选载近年来民居学术会议中有代表性和有参考价值的论文。

三、资料篇：

1. 三十年来各类民居学术会议的概况；

2. 中国民居建筑（包含村镇与文化）中外文著作和论文目录索引；

3. 近五年以来民居学术会议全部论文目录索引。

本年鉴与同期出版的《民居建筑文化传承与创新——第二十三届中国民居建筑学术年会论文集》
共同汇成了第二十三届中国民居建筑学术年会暨中国民居学术会议30周年纪念大会的学术研讨资料。

本书可供建筑相关专业广大师生、专家、学者，中国民居建筑相关工作者及爱好者参考。

责任编辑：唐　旭　李东禧　吴　绫　张　华
责任校对：王　烨

**中国民居建筑年鉴**
**（2014—2018）**

陆元鼎　主编
陆　琦　谭刚毅　副主编
＊
中国建筑工业出版社出版、发行（北京海淀三里河路9号）
各地新华书店、建筑书店经销
北京锋尚制版有限公司制版
天津翔远印刷有限公司印刷
＊
开本：880×1230毫米　1/16　印张：18¾　插页：8　字数：477千字
2018年12月第一版　2018年12月第一次印刷
定价：98.00元
ISBN 978-7-112-22862-1
（32952）

# 《中国民居建筑年鉴（2014—2018）》编委会

**主编单位：** 中国文物学会传统建筑园林委员会传统民居学术委员会
中国建筑学会建筑史学分会民居专业学术委员会
中国民族建筑研究会民居建筑专业委员会

**本期编辑委员会成员：**（以姓氏笔画为序）

王　军　　王　路　　王卓南　　龙　彬

朱良文　　关瑞明　　李　浈　　李先逵

李晓峰　　李乾朗（台湾）　　杨大禹

余翰武　　张玉坤　　陆　琦　　陆元鼎

陈　薇　　陈震东　　周立军　　单德启

姚　糖　　唐孝祥　　黄　浩　　谭刚毅

薛炳宽　　戴志坚

**主　编：** 陆元鼎
**副主编：** 陆　琦　　谭刚毅

# 前　言

　　《中国民居建筑年鉴（2014—2018）》的出版，正值中国民居建筑学术会议从1988年第一届举办开始，已经历了三十载。

　　随着1980年代末至1990年初相继成立的中国文物学会传统建筑园林委员会属下的传统民居学术委员会、中国建筑学会建筑史学分会属下的民居专业学术委员会，以及后来成立的中国民族建筑研究会属下的民居建筑专业委员会，根据学会组织民间学术交流的宗旨，有计划、有组织地开展了传统民居和村镇研究的学术交流活动，到2018年这三十年来，民居建筑专业委员会和各有关单位共同主持举办了全国性民居学术会议大小会议50多次，为中国传统民居、村镇与文化的调查、发掘、研究、保护、利用、传承、借鉴和发展进行了深入的学术交流和探讨，为城市历史街区保护、乡村振兴、创造有中国文化特色的建筑做出了努力和贡献。同时培养了年轻的一代，使中国民居建筑研究后继有人。

　　为更好地总结传统民居三十年来学术研究的阶段性成果，回顾三十年来走过的路，继续编写了这本年鉴。年鉴内容主要包括三方面：

　　一、回顾篇：三十年民居学术会议回忆文章。

　　二、研究篇：选载近年来民居学术会议中有代表性和有参考价值的论文。

　　三、资料篇：

　　1. 三十年来历届民居学术会议统计以及2014年来民居学术会议的概况；

　　2. 中国民居建筑（包含村镇与文化）中外文著作和论文目录索引；

　　3. 2014年以来民居学术会议全部论文目录索引。

　　三十年只是历史发展的瞬间，民居学术和专业委员会定会继承老一辈民居建筑学家的创业和开拓精神，更好地弘扬我国优秀建筑文化和建设繁荣昌盛的伟大祖国。

# 目　　录

## *CONTENTS*

# 中国民居学术会议三十载

陆琦　赵紫伶

时光荏苒，由陆元鼎先生与同仁创办的中国民居学术会议已历经三十载。这三十年，伴随着国家经济的迅速发展，研究条件不断改善，民居研究的景象也不断繁荣。在老、中、青三代学者的共同努力下，民居研究的视域不断扩大，内容逐渐广泛，深度不断拓展，落点不断细化，综合地构建着我国幅员辽阔的民居建筑研究学术图景。

回顾这三十年的发展，如今的民居研究成果硕果累累，一片欣欣向荣之势。这是三十年来，民居建筑委员会成员以及各位研究者共同努力的积累。这些学术成果对我国建筑历史、城乡一体化、聚落发展、传统建筑及文化传承、建筑技术等领域均产生了极大的积极意义。

截至目前，中国民居学术会议共举办22届，海峡两岸传统民居理论（青年）学术研讨会11届，以及聚落、民居、祠堂专题研讨会和田野考察。会议地点涵盖广州、昆明、桂林、景德镇、重庆、乌鲁木齐、太原、香港、贵阳、天津、北京、西宁、温州、从化、武夷山、无锡、武汉、澳门、西安、台北、开封、赣州、济南、福州、南宁、南京、呼和浩特、南昌、扬州、湘潭、哈尔滨等30多个城市。会议承办单位，不仅包括高校，还包括建设厅、规划局、园林局、文化局等政府机构以及设计院和设计公司等专业机构。除此之外，给予会议巨大支持的还包括各大出版机构，如中国建筑工业出版社、华中建筑、南方建筑、新建筑、中国名城等。

### 1. 民居学术研讨会创办与交流平台的建立

回溯民居会议的三十年辉煌发展历程，早期学者在研究中起到了极大的奠基作用和推动作用。"民居"在营造学社迁往西南途中已被学者们意识到其研究的价值和紧迫性。早一批学者如刘敦桢、刘致平、龙庆忠先生等在20世纪30年代就做出了积极的探索，为民居建筑研究奠定了坚实的早期基础。中华人民共和国成立后，我国学习苏联强调社会主义内容民族形式，强调从传统建筑中汲取精华，各大高校和设计机构纷纷转向民族建筑中寻求灵感，促进了民居调研在各地的展开。1958年在北京召开的建筑历史学术研讨会正式提出了民居调查的重要性，随后掀起了各地民居调查的高潮，积累了不少研究成果。部分研究成果在1980年代后得以刊发。1980年代后，随着经济的不断复苏、新的研究机构不断成立，新的团队不断出现，新的研究成果也不断涌现。以民居为研究主题的学术研究者们也急需一个交流的平台以实现该研究领域内的思维碰撞和成果互动。

华南理工大学陆元鼎先生于1950年代便开始从事民居研究。1980年代，陆元鼎先生在"文化大革命"结束后继续民居建筑的研究，一次偶然机会，陆先生去北京开会，遇见中国传统建筑园林研究会秘书长曾永年先生，曾先生建议在中国传统建筑园林研究会下，以民居研究部的名义组织相关专家进行学术研究及交流。1988年经过筹备，在华南工学院（华南理工大学前身）建筑系的支持下，以及学界各位同仁的帮助下，于广州顺利召开了第一届中国民居学术会议。[①] 此后，民居会议得到持续地举行。为了更好地开展民居研究工作，建立联系广大民居研究者的交流平台，于1994年成立了中国文物学会传统建筑园林研究会（后改"委员会"）属下的传统民居学术委员会和中国建筑学会建筑史学分会属下的民居专业学术委员会，2003年又成立中国民族建筑研究会民居建筑专业委员会。随着民居研究的深入，交流平台不断吸引了更多的学者和青年人士加入了民居研究的领域，使得民居建筑研究领域这株大树不断枝繁叶茂。

---

① 陆琦，赵紫伶. 陆元鼎先生之中国传统民居研究渊薮——基于个人访谈的研究经历及时代背景之探 [J]. 南方建筑，2016（01）：4-7.

### 2．海内外、海峡两岸暨香港、澳门，多专业参与

民居学术研讨会的初始便吸纳了海峡两岸暨香港、澳门的学者共同参与，此后，又不断有美、日、澳等国际学者加入。这不仅扩大了各地学者的研究视野，同时也为各地学者在研究观念、方法上的互相吸纳和借鉴提供了基础。1988年,来自香港的李允鉌建筑师、龙炳颐先生，台湾的王镇华先生参加了第一届民居学术会，分享其研究思想和研究方法，极大促进了新研究视角的传播。尔后，不断有台湾、香港、澳门等地的民居学者与设计师参加民居会议。在1995年举办了第一届海峡两岸传统民居理论（青年）学术会，为青年学者的研究交流提供平台。

虽然，会议并非是思想和方法传播的唯一方法，但会议的确是一种非常高效的交流和传播方式。民居会的举办促成了民居领域内各种研究方法的交流，同时，也不断激发出新的方法。随着会议的年年推进，研究方法在广泛的交流基础上越来越呈现多元化特征。随着学科交叉的不断发展，建筑学不断地与人类学、文化学、历史学、社会学、民族学、心理学、美学等互相渗透，民居领域里不断出现以建筑学为本位向其他学科的渗透现象。与此同时，也出现了其他学科向建筑学的渗透现象。如文化地理学从文化、地域的视角对人类居住建筑群体环境——聚落的研究。再如社会学借助民居的载体对人类社会家族政治结构、生活习俗等的研究。学科之间的渗透不断加大，使得以民居建筑学科的外延不断扩大，参与专业不断增多，研究内容丰富化。民居研究的对象经历着一个从简单到复杂、从单体到群体、从民居到聚落的发展过程。

### 3．论文和出版刊物

每年举办的民居会议吸引了众多参会者来参与，三十年来，累积的参会人数约达4000人以上，汇集了众多的民居研究成果。会议论文集结成会议论文集。部分论文集被出版社正式出版。如《中国传统民居与文化》、《民居史论与文化》、《中国客家民居与文化》、《中国传统民居营造与技术》等。同时，由中国建筑工业出版社出版的《中国民居建筑年鉴》已出版三辑（1988-2008年、2008-2010和2010-2013年），目前正在编辑出版第四辑（2013-2018年）册。该《年鉴》分别记录了各个时间段民居建筑研究的发展历程、民居论著目录索引、民居会情况等。许多民居研究专家与学者，纷纷将多年的研究成果通过刊物书籍出版发表。此外，为了有系统地出版各地民居建筑研究内容，精心组织各地专家学者以丛书形式出版了著作集。如中国建筑工业出版社出版的《浙江民居》等民居系列丛书、《中国民居研究》、《中国民居建筑艺术》、《中国民居建筑丛书》（19本）等。华南理工大学出版社出版的《中国民居建筑（三卷本）》等。

### 4．学术主题和研究走向

纵观民居会议及民居研究三十年来的学术主题和研究走向。民居研究已从初期阶段注重于对建筑形制的史学探索过渡到综合交叉的多学科交融研究特征，再进一步演化为交融后逐步细化的探索过程。整个阶段于各时期应随自然、人文科学界、建筑界等思潮变化，又于某一时期体现对问题某一方面的特别关注。这期间相继经历着强调文化性、地域性、社会生活还原性、开放性等微观倾向的变化。

#### 4.1 文化性

1980年代，全国掀起文化热潮。早期的民居研究成果以实物记录为主，但并非指它们没有考虑文化因素，只是后来不断发展出的文化诠释方法更强调其动态发展过程的追溯以及建筑形成背后的

动因解释，即强调文化性质、文化谱系、文化传播序列的综合性研究。吴良镛先生指出"中国传统城市与建筑文化内容丰富,自成一格。研究中国的建筑文化,首先要对其源流有一个系统的了解,整理中国建筑历史发展,探讨其体系。"[①]同一时期学者们普遍认识到建筑除了机械物质表现的硬件特征，还存在人的精神需求作用于环境的软件特征。顾孟潮先生将民居与人的互动关系描述为："民居是表，居民是里，民居是形，居民是魂。"[②]基于民居的广泛内涵，1993年高介华先生提出了建筑文化学在建筑学科中的学科意义，倡导建立中国建筑文化学，并拟出了"中国建筑文化学纲要"。[③]纲要提出了建筑文化的三个层次，第一层是表层形态，即"物"；第二层次是中层形态，即心物结合；第三层次即心，是某一文化整体的群体心态。在研究实践上，陆元鼎先生较早提出了民系民居研究方法，用该研究方法研究南方汉族东南民系与民居的特点与关系。并用该方法初步总结了广东地区不同民系的文化源流，进而在此基础上找到了广府、客家及潮汕民系在民居建筑上的核心差异性。对源流的探讨在建筑学的意义上并非只强调对过去的探讨，更是意欲将这条线索贯穿于未来的发展之中，这是建筑学和历史学对文化研究上的一个很本质的差异。

### 4.2 地域性

21世纪初，西方地域主义思潮席卷我国建筑界，引发了各地新建筑设计对乡土主义的关注。乡土建筑因各地的地理、气候条件差异，在长期稳定的特定风俗影响下，于各地综合环境下形成了各地建筑在形态、空间、结构上的差异性。对特定场所的关注，对乡土建筑本体与其周边环境互构统一性的探讨，成为提炼场所精神的话语建构依据。将民居置于聚落整体的综合环境中进行探讨成为阐释差异性、地域性的重要研究范式。刘沛林先生的《古村落：和谐的人聚空间》，从村落整体的视角对古村落的文化空间、规划思想、基本类型、选址特点、空间布局特点、意象的地域差异、意象要素、景观建构以及古村落的保护与利用等进行了深入的研究，充实了村落环境及景观要素与民居建筑之间的地理环境关系研究。1999年10月在墨西哥举办的ICOMOS（关于文物建筑和历史地段的国际会议）通过了《关于乡土建筑遗产的宪章》，强调了乡土建筑以及场所环境的综合保护。[④]村落的整体保护思想对村落开发改造活动带来了积极影响,地域性较为突出的一批村镇引导了早期的传统村落旅游热，丽江、阳朔等地一时间成为旅游者追逐的典范。然而，经历一系列空间置换和功能打造，原住民不断流失，原有文化不断弱化，小商品经济取代原有住居文化，不断引发学者的忧虑。另一种保护模式，将原有民居建筑进行博物馆式静态保护，降低了建筑的利用率，同样引起了学者们对民居建筑核心价值和本质意义的思考。

### 4.3 本原性

朱良文先生在《不以形作标尺，探求居之本源——传统民居的核心价值探讨》一文中提出了传统民居的核心价值是："适应、合理、变通、兼容"。认为传统民居不等同于文物，其内涵较文物更为广泛。民居的本原是"居"，因而决定了居的核心价值体现在对自然环境的适应性、现实生活中的合理性、时空发展中的变通性以及文化交流中的兼容性。对传统建筑的保护目的不是将其当作贡品，

① 吴良镛. 建筑文化与地区建筑学［J］. 华中建筑，1997（6）：13-17.
② 顾孟潮. 中国民居建筑文化研究的新视野——读《四川民居》所想到的［J］. 重庆建筑，2011（9）：54-55.
③ 高介华. 亟需创立建筑文化学——中国建筑文化学纲要导论［J］. 华中建筑，1993（7）：4-12.
④ 陈志华；赵巍. 由《关于乡土建筑遗产的宪章》引起的话［J］. 时代建筑. 2000（9）：20-24.

而是体现"居"之本原。① 将民居视为单纯的物态形式无法真正、深刻地挖掘蕴含于物象背后人的真实需要，以博物馆式的静态展示模式隔离了人对民居空间的本质要求，将"民"与"居"之间的对等性进行分离，抹杀了民居载体的核心意义。沈克宁先生于1992年发表于《建筑学报》的《富阳县龙门村聚落结构形态与社会组织》一文，研究了聚落结构如何在社会组织的影响下形成了特有的形态，是从社会学的角度对空间形成、演变的解读。在保护和改造的实践领域，对社会性、生活性的还原成为民居传承延续的思考，活化的概念被不断提出，保护的观念呈现从静态到动态、从单体到整体、从保护到传承的系列演变。

### 4.4　开放性

历经与其他学科的多元交织，民居研究越来越呈现开放性。民居研究的核心内容由中心向外围不断衍生，催生出一系列新的研究内容，是原有研究基础上的延伸和扩展，同时在不断深入的过程中又进一步得到不同程度的细化。李晓峰教授在《乡土建筑——跨学科研究理论与方法》中总结了社会学、人文地理学、传播学、生态学与乡土建筑研究的交叉性内容，分别详述了其交叉点聚焦的核心问题。例如乡土建筑的社会学研究视角，主要包括社会结构（组成）、社会文化、社会变迁等方面。乡土建筑的人文地理学研究视角，主要包括区域内聚落和建筑的形成和发展条件、特点和分布状况，以及从"人地关系"的视角总结地域性规律等。传播学的乡土建筑研究的结合主要体现在，人与建筑之间的关系通过乡土建筑这个信息媒介传递出来。乡土建筑与生态学的融合主要体现在依托生态学的基础理论，即系统——平衡论、循环——再生论、适应——共生论等，从生态建设原则、资源利用、聚落系统适应力、聚落功能机制等生态聚居视角探讨传统聚落传承与发展等问题。② 民居研究在发展过程中不断丰盈了研究对象的内涵，已逐渐衍生出一个民居建筑的整体巨系统。该系统又具有动态开放性，不同研究方法的使用为其注入了新的活力。

　　三十载，辛勤的研究者们已将民居研究拓向了新的研究高度。应对未来的民居研究，数据和人工智能时代的到来将对传统的研究方式提出新的挑战，同时也将带来更多的机遇。理论创新、方法创新，构建科学的民居建筑研究系统将是新时期的重要任务。

---

① 朱良文. 不以形作标尺，探求居之本源——传统民居的核心价值探讨 [M]. //陆元鼎. 中国民居建筑年鉴（2008-2010）. 北京：中国建筑工业出版社，2010：23-27.
② 李晓峰. 乡土建筑——跨学科研究理论与方法 [M]. 北京：中国建筑工业出版社，2005.

# 1

回顾篇

# 1.1　民居会议初期忆录

## ——纪念民居学术会议三十年

陆元鼎 [1]

## 一、首届民居学术会议前的情况

### 1. 当时我系研究民居建筑概况

我进校是中山大学工学院建筑工程系，系主任是龙庆忠教授，中、外建筑史教学课程主讲的也是龙教授。1952年大学毕业，辅导了一年的基础课后调到建筑历史教研组，指导老师也是龙教授，龙教授是我的启蒙老师，也是带领我专业成长的老师。

在建筑史教研组教学了两年，同时，也带了两年学生古建筑测绘实习，1956年跟着龙教授到潮州地区带领学生搞潮州古住宅测绘实习，这是我对传统住宅研究的开始，也是我从事传统民居研究的起因。

1956年后我第一次到广州郊区进行民居调查，写了《广州郊区农村住宅调查报告》，在系的学术会议上作了报告。会后整理补充修改后，1958年作为参加北京第一次建筑史学术会议上的论文。

将老百姓的住宅称为民居建筑，是1958年在会议中提出的。有的提传统住宅，有的提民间住宅、民间建筑，究竟是谁首先提出"民居"或"民居建筑"，当时没有去考证。最后会议上，大家都认为用"民居建筑"或"民居"比较贴切。

1958年回校后，忙于教学。直到1963年，当时本科毕业生人数特别多，原因是1958年"大跃进"，扩大招生，建筑学专业原60名学生规模，一下子扩大为工业建筑、民用建筑、城市规划三个专业，每个专业计划60位学生，到1963年毕业班时共有150位学生。毕业设计时指导教师不够，于是，分配我带5位学生，以毕业论文代替毕业设计，作为试点，于是，我就用民居调查研究题目，以论文代替毕业设计。

当时选学生5人试点，我选择的条件是：①对传统民居有兴趣者；②本地人（懂方言，调查时不困难）；③画画比较好的；④自愿。结果选择了5位同学，四位潮汕人，一位客家人，三位做潮汕民居调查，一位做潮汕民居装饰，一位做客家民居调查，五位同学的毕业论文都很认真，成绩是优良的。

我在此期间，跟着学生一起调查，我也进行访问调查，获得了较多第一手资料。

---

[1]　陆元鼎，华南理工大学建筑学院教授，第一届中国民居学术会议主持人.

这样边教学边研究一直到"文化大革命"。之后，我被下放到五七干校进行劳动，在干校劳动3～4年，最后又回到了学校，重新到教学岗位。但科研任务停顿了下来，没有再想过。

党的十一届三中全会后，党的总路线转入社会主义建设阶段，在全国各界各行业都开始了新局面。1982年中宣部召开会议，为宣传我国传统艺术的伟大成就，要编辑出版包括绘画、雕刻、书法、工艺、建筑五大门类丛书共60大册，建筑门类6本，其中民居建筑占1本，指定由我和杨谷生同志负责。

从1983年起，系里派了一位照相助手协助我，我们利用暑假到各地，先去南方各省，再到华东、北方，西南新疆等地调查拍照，搜集资料。1987年我将民居建筑照相底片、图文资料完成交稿，《中国美术全集·建筑艺术篇——民居建筑》一书，1989年正式出版。

在1980年代，因编书关系在调查民居建筑过程中，走了南方以及北方的省市城乡地方，感觉民居，特别是在农村，是非常丰富、优美的。同时，感到靠一个人或少数人调查搜集资料是跑不过来的。我回忆，好像是1984年，在承德召开中国传统建筑园林学术会议后，回到北京，我见到中国传统建筑园林研究会当时任秘书长的曾永年同志，谈到传统民居建筑很丰富，想召开会议，动员有兴趣的人员一起来搞，希望指点方法，曾秘书长建议可以挂靠在中国传统建筑园林研究会下面设一个民居研究部，就可以用研究会民居研究部名义召开，名正言顺。因此，1988年的第一次中国民居学术会议就是由我们学校建筑学系和中国传统建筑园林研究会民居研究部联名召开的。

**2. 首届中国传统民居学术会议的筹备**

1987年，中国美术全集民居建筑书稿交上后，就筹备民居会议怎么召开。

首先是会议主题。因为是第一次召开会议，主要是交流和学习，包含经验、方法、观念的介绍。其次是考虑会议的规模即会议的人数，因我校科技大楼（原楼已拆，已新建会议场所及住所），会议大厅很小，只能容纳60人左右，而民居会议又是首次召开，人数估计不会太多。据我了解南方各地民居实物较丰富，所以只考虑南方各省市的高校建筑系、设计院、研究部门等人员参加。

对于境外人士，我曾赴香港大学讲学，知道香港大学建筑系龙炳颐教授对中国传统民居建筑很有研究。在此期间，曾见到我系校友李允鉌建筑师（《华夏意匠》著者），我请他参加民居会议，他同意参加，他又建议我们邀请台湾一位熟悉民居建筑的专家参加，他可以赞助这位专家从台湾来回大陆的路费，到大陆后，由我们负责。这样，就促成了由香港、台湾三位专家来参加第一届民居会议。

此外，对会议考察地点的选择。当时我们想，民居建筑大部分在农村，如果会议中没有实物考察参观，光是论文宣读，干巴巴的，不生动，所以，会议中增加野外考察调查，同时也是搜集资料、访问和调研，会议就生动活泼了。结合南方地区，考虑到考察点一要丰富，二要民居建筑有特色，三要距会议地点广州较近，交通也要方便，所以，选择侨乡开平、台山碉楼民居作为考察地点比较合适。

至于会议住宿、伙食、交通都可以由我们主办单位来负责，可以节约费用，这样，第一届中国民居学术会议就在1988年广州召开。大会出席代表56位，包含香港代表2位，台湾代表1位，值得纪念的是第一届民居会议就有海峡两岸专家参加，一直延续下来，至今三十年了，良好的开始，这是传统民居学术研究真诚的业务交流。

## 二、最初几届中国民居学术会议的召开

### 1. 第一、二届民居学术会议的召开

第一届中国民居学术会议于1988年11月在广州华南理工大学召开，大会宣读论文3天，考察开平、台山侨乡碉楼民居4天。侨乡民居很有特色，它是由广府民居三间两廊为基础，为保卫家乡安全而形成的多层围居和防卫的一种碉楼民居形式，它兼有东方传统和西方色彩，其构造有传统和现代材料做法，可称为近代民居的新类型。考察后引起了与会代表的很大兴趣。

首届民居学术会议成立了中国民居建筑研究会筹备组，并组织了与会代表的论文，由中国建筑工业出版社出版《中国传统民居与文化》第一辑论文集，1991年2月正式编印成书。

会议后考虑下一届会议的地点，原设想在贵州省召开，因为我曾去过，少数民族较多，位于多山峻岭深处，民居形态各异，有特色。我曾和参加第一届民居学术会议的代表、贵州省规划设计院总工程师商量，请他回去后，与院领导研究能否承办。后来，回复办会有实际困难。没有着落，怎么办？后想到云南省也是少数民族民居特别丰富的地方，我在1984年、1986年去过，共两次，走了不少地方，我和当时在云南工学院建筑系工作的朱良文教授商量，第二届民居会议云南能否承办，朱教授欣然答复同意，于是第二届民居会议决定在云南举行，这样，整整拖了近两年，会议召开才得以落实。

第二届中国民居学术会议在1990年12月召开，前后共15天。原因是当时交通困难，道路不好走。为了节约时间，第一天在昆明举行开幕式，下午举行第一次学术报告后，第二天早餐后就出发进行考察，边考察边开展学术活动。考察分两个阶段，第一阶段从昆明到大理，考察大理白族民居，在当地举行了论文宣讲报告会和参观考察后，再坐车出发到丽江，考察纳西族民居，在当地又举行了学术论文报告会。在两地都受到了当地政府有关部门和少数民族乡亲的热情欢迎。随后，回到了昆明。当晚休息后，次日又开始了第二阶段的考察，再坐交通车从昆明到景洪考察西双版纳傣族民居和举办学术报告活动，这次旅程更艰苦和有意义，也是我平生难忘的一次学术活动。从昆明到景洪，地图上距离不长，但当时坐车要两整天，第一天翻两个山头后，吃午饭，休息后再坐车翻两个山头后，吃晚餐，休息一宿。第二天照样，上午翻两个山头，吃午饭，下午又翻两个山头后，傍晚才到达西双版纳首府景洪市（详情见《中国民居建筑年鉴（1998—2008）》朱良文教授的文章）。

这次会议很成功，会议参加人数67人，很多北方、西北的同志也参加了，有设计院的老总，有高校的教授们，他们年龄较大，但都是和大伙同样兴致勃勃，虽旅途劳累，但都感到收获很大，虽然会议时间长，路程艰苦，但心情愉快。虽然在晚上也举行论文报告会，但与会的代表们都毫无怨言，积极参加。

### 2. 会徽的产生

在纳西族首府丽江大研镇的一次宴会中，天津大学建筑系的代表梁雪同志偶然兴起，在一块方形餐巾上画了一个图案，内容是原始社会人字木架草蓬下，火烤吊钩，象征我国住居（即穴居）最早的诞生，这个图案很有意义，便保留了下来，从第三届起，一直用它作为民居会议的标志，以后就成为会徽了。

### 3. 会旗的产生与过程

至于会旗，那是从第三届中国民居学术会议由主办单位桂林市城市规划局李长杰同志开始制作的。当时是制作一面中型可悬挂的旗帜，上款写下届主办单位，下款为本届主办单位赠送。当时，他制作的意图是，把会旗交给第四届的主办单位，使民居学术会议得以继续，使大家放心。

会旗就这样产生了。会议闭幕时增加了会旗交接仪式。这样，使会议有了更好的持续。在闭幕式上，接旗后，下届主办单位代表简要介绍下届会议概况，包含会议主题、地点及考察民居内容，使代表们对下届民居会议有所了解，以便更好地宣传和动员更多的同志来参加会议。

这种交接仪式，自第三届会议后一直持续下来，成为会议延续的一种形式。这种本届主办单位作旗给下届主办单位的方式在民居学术会议二十年（第16届后）改变了，即由大会制作一面较大和固定的会旗，每次在闭幕式会议上，由本届主办单位交还给民居建筑专业委员会主任手上，再由主任委员交给下一届主办单位代表手上，优点是省去重复制作两面会旗，而只作一面永久的会旗持续交接下去，不但节约用费，同时，加深了对会旗的延续性和爱护，象征会议的持久，正像民居自古为人类的最先创造产生的一种建筑类型，延续发展和演变、创新而不会消亡。

### 4. 第三届及其后民居学术会议

第三届民居学术会议在桂林市召开，考察了当地汉族民居、龙胜壮族民居和三江侗族民居。会议邀请了三位建筑设计师张开济、赵冬日、张锦秋参加，他们在会议中都作了生动、精彩的报告。

第四届民居学术会议则在明清年代传统民居丰富和有特色的江西景德镇市和安徽歙县、黟县、黄山市徽州区召开。由于当时交通条件不理想，路途比较辛苦，远方来的代表，坐航班先到南昌，再坐长途车6～7小时才能抵达景德镇。

本次会议考察点内容为古老的明代和清代的传统民居。此外，很有意义的是，两省都有一些比较完整和优秀的传统民居，因各种原因，在原地被拆除而迁移到新的地区，成为新的民居点：它是保护了原貌，但改变了地点、环境，成为一个新的旅游点。这次考察就有安徽黄山潜口新民宅、江西景德镇市陶瓷博览区明清民居群。这是一种迫不得已的传统建筑保护方法。当然，最好的传统古建筑保护方法是原地修建，这样，传统民居建筑的环境不变，就具有真实性。

第五届民居学术会议在西南地区重庆市召开，参加会议的有全国20多个省市和香港地区的专家、学者，还有来自美国的教授，共有142位，为与会人数最多的一次会议。特别可喜的是这次会议比往届有更多的青年学者和研究生与会，这次会议也是规模最大、层次最多、范围更广的一次，是老、中、青学者欢聚一堂进行传统民居学术交流的盛会，反映了我国民居建筑学术研究队伍日益扩大，学术活动日益兴旺的新气象。

会议考察了古老的南充市、阆中市古建筑、古民居。其中，还与当地专家召开了两次专家座谈会。不少专家和代表认为，要创造有中国特色的现代建筑，深入研究民居是一条必由之路。此外，会议上成立了中国传统建筑园林研究会传统民居学术委员会。中国建筑学会建筑史学会民居建筑学术委员会也同时成立。

第六届民居学术会议在新疆召开，这是一次难得的在西北边陲地区的民居会议，代表们考察了维吾尔民族的民居建筑风貌、习俗人情、服饰与装修、大自然炎热气候下的生活环境以及维吾尔民族人民的热情豪放、能歌善舞、盛情待客给代表们深刻的印象，使人流连忘返。

### 5. 传统民居学术委员会和民居建筑学术委员会的成立

第一届中国民居学术会议上成立了中国传统民居建筑研究会（简称中国民居研究会）筹备组。经过了第2～4届会议六年多的筹备，经上级学会批准，民居研究部终止，而成立了中国传统建筑园林研究会传统民居学术委员会，隶属于中国文物学会。同时，中国建筑学会建筑史学分会民居建筑学术委员会也相应成立。传统民居建筑有了自己的业务和组织领导机构，开展学术研究和交流也就更名正言顺了。

### 6. 民居建筑专业委员会的产生和延续

中国民族建筑研究会于20世纪90年代开始筹备，当时秘书长是刘毅同志，她曾找我们商讨传统民居学术委员会加入一事。后来，刘秘书长过世，该研究会处于停顿状态。

2001年中国民族建筑研究会恢复，2002年又谈到民居建筑团体参加研究会一事。为了适应传统民居建筑学术研究发展，民居建筑专业作为二级学会组织，就可以与国内和国际进行更好的学术联系和交流。于是，在2003年就正式加入，成为中国民族建筑研究会属下的民居建筑专业委员会。

这样，我们民居建筑学术团体可以说有三个上级学会，即：第一，最早由民居研究部变成中国文物学会传统建筑园林委员会传统民居学术委员会；第二，中国建筑学会建筑史学分会民居建筑学术委员会；以上两个学术委员会都在1995年正式成立。第三，中国民族建筑研究会民居建筑专业委员会2003年成立，可以说是"一仆三主"。其后，国家民政部曾有指示精神，二级学会（指专业委员会）可出面对外联系，三级学会不能单独出面对外联系，而可以在团体内部进行学术交流和联系，也不取消，可一直持续。因此，民居建筑业务活动都由中国民族建筑研究会民居建筑专业委员会出面对外，两个学术委员会同时参加主持，而不再单独活动。

## 三、关于会议宗旨的几个问题

通过几次民居学术会议后，学术委员会已经成立，会议实践的经过，使我们有了共同的认识，主要是：

### 1. 对民居会议性质的认识

这是一个很严肃的问题，也是一个很平常的问题，即会议的性质要求。

当时，社会上也有借办学术会议收取较高会议费，会议则草草了事的现象。我们坚持会议要务实，有学术性，考察内容要有实物，有特色，环绕主题，不要弄虚作假。对饮食住宿要讲实际效果，以节约为主。会议后，联系出版社把代表们的论文尽可能出版。

这种做法使代表看到，民居学术会议是真正务实的，论文是正式宣读和交流的，开会和考察，不管天气热晒或下雨，大家都认真考察、调查、做笔记，互相交流是认真的。这样，使参加会议者可以真正做到知识的交流和充实。

### 2. 对会议主题的选择

第一届民居学术会议的主题是传统民居研究，并考察实地民居建筑。第二届会议主题是传统民居保护、继承和发展，考察内容为少数民族民居。由于在昆明开会，考察地点又是少数民族地区，有的省市地区已开展了传统民居的保护和改建，故主题也适应形势要求，增加了传统民居的保护、继承和发展。

由于在边陲地区开会，路途较远，交通不便，单独或少数人去到少数民族地区进行考察比较困难，只有依靠集体有领导、有组织和依靠当地政府部门才能实现。当时有云南工学院组织会议前往，又有当地政府部门支持，会议才能实现。因此，各地代表踊跃参加，第一届会议只有南方几省，北方很少人参加，到了第二届，北方一些设计院、高校也有代表参加，而且一些设计院的老总也兴致勃勃地踊跃参加。

第三届民居学术会议，由于主办单位是桂林市城市规划局，因此，主题除了民居研究外，增加了城市与民居风貌内容，考察项目，除汉族传统民居外，增加了龙胜壮族、三江侗族民居，还欣赏了桂林山水、阳朔古街建筑内容。

第四届民居学术会议，由江西景德镇市城建局主办，会议主题，除民居保护和研究外，增加了民居文化和理论，民居的技术、营造，使民居在各个方面都能得到交流和发挥。

第五届1995年举行的民居学术会议主题，适应当时社会形势需要，增加了新民居的创作与发展副题，使民居研究与现代建筑设计结合，学术交流更广泛。1997年第七届民居会议上，因各地乡镇建设的发展，会议增加了民居与乡镇建设结合的副题，使传统民居研究从单体到群体、村镇建设全面得到研究和交流，但仍然环绕传统民居研究作为主线。

到2000年第十届民居学术会议在首都北京召开，民居研究与现代城市建设结合，城市中广大民居也需要研究和保护，民居建筑的研究、保护、传承、发展的范围更见广泛，城乡民居一样显得重要。

自第十一届起民居学术会议的主题，已不限定范围，只要主题环绕传统民居这个方向。至于如何拟定，由专业学术委员会与主办单位共同协商确定。

**3. 关于会议主办单位的邀请和会议地点的选择**

这是会议的两个主要内容，要一起考虑。考虑到在那里开会，必然要想到主办单位的条件和可能性。

会议地点的选择首先要看传统民居，考察是否丰富为一重要因素，因此，首先考虑的是先在南方各省市中选择，然后再到北方的省市。

相应的要考虑主办单位了，条件是：第一，首先是要有热心，愿意办会。同时，也要有能力，包含组织会议、食宿、交通等事项。

因为传统民居研究在当时正是新起的、正在初期兴起的学科，而我们又属民间，所以找主办单位显得困难。我们在高校搞科学研究，所以，只找同行业是高校，又是担任领导的更好。在这种困难的条件下，我们第二届找到云南工学院建筑系主任朱良文教授，朱教授满口答允，而且筹备认真踏实，做好筹备工作，终于圆满召开了会议，完成了考察少数民族白族、纳西族和傣族的任务。

第二届闭幕式会议上，桂林市城市规划局局长李长杰同志自告奋勇地，把举办第三届民居学术会议在桂林市承办接了下来。

在三届民居会议上，已涌出不少热心、爱好民居研究的学者和领导。我们对以后会议，既有丰富的传统民居考察点，又有主办单位是领导，有经济实力，我们也更有信心了。

事实证明，民间举办学术会议除了主办者对民居建筑有深厚的感情和热情外，依靠领导，依靠政府有关部门，依靠当地乡镇领导和老百姓都是办会成功的要素。

在办会的地点选择方面，汉族和少数民族地区都要照顾到。我国幅员辽阔，又是多民族国家，各民族的民居、寨堡、庄围，甚至服饰、习俗、文化都是非常丰富多彩的。

民居建筑遍布祖国各地，当时香港、澳门都还没有回归，我们当时设想过希望在香港、澳门条件成熟后也能举办民居学术会议。我们在前几届的民居学术会议上，认识了当时在香港大学任职的许焯权教授，他对传统民居建筑文化有兴趣，有感情，认为这是祖国遗留下来的宝贵财富，香港虽然地区小，长期被英国占领租借，现即将归还，认为有可能举办会议。他回香港后，积极和香港大学建筑系领导、和香港有关单位联系商量。当时香港政府建筑署署长陈一新先生非常支持，他即将离任，他为了主持会议特在署内筹留了一笔款，为民居学术会议之用。这样，终于在1997年香港回归祖国的前夕，举办了第八届中国民居学术会议。

澳门方面，在历届民居学术会议上有我校建筑系校友蔡田田建筑师参加后，直到澳门回归祖国，我们认识了澳门文化局下管理文物建筑的官员，通过蔡田田建筑师的努力协助，终于在2006年9月在澳门举办了第十四届中国民居学术会议。

至于台湾方面，第一届民居学术会议就已有台湾代表参加，到1992年第四届民居学术会议，因当时到景德镇的交通不能直达，台湾的代表从南昌转车来，迟到了1～2天。此后，每届会议都有台湾专家和学者参加。1997年台湾民间团体组织"中华传统民居保存维护观摩研讨会"，我们派出代表团参加，成员为高校、设计院、研究院的民居专家和学者，是作为民间学术团体参加，组织者为华南理工大学，团长由该校副校长韩大建教授担任。在台湾参加观摩会和考察台湾的汉族传统民居和高山族等少数民族民居后，返途中经香港，香港民居学会又举行了民居学术交流会，最后回到大陆。

为了加强海峡两岸民居建筑青年学者的学术观摩和交流，从1995年起举办传统民居青年学者学术会议，每两年一次，到2015年已举办了11届会议。2008年1月在台北举行两岸青年学者传统民居理论观摩会，我专业学术委员会组织大陆代表26人参加。

2013年后，民居学术会议青年学者日益增多，成为主体，两岸学者交流也日益密切，无须再另设会议，故每年只召开民居学术会议年会一次。

### 4. 关于会议考察点的选择

民居学术会议召开的效果好坏，其中一个重要因素就是考察点的选择。好的考察点有几个条件：一是要有新面貌，有吸引力；二是要有典型性，即在民居建筑中有代表性。这些地方是人们较少去过的；三是交通可以直达，考察地点能容纳会议较多人的，如传统民居成群、成街或一个村落等；四是考察点有老百姓生活、居住在一起，即有生活气息的，而不是空洞的废弃的；五是要经当地村乡政府部门许可，老百姓也乐意欢迎参观的。

为此，我们在每届民居会议前都要做好先期工作，如考察对象的选定，来回交通路程的时间安排。路程太长时，途中的就餐、夜宿地点的安置等。这些安排主办单位是会做详细计划的，我们民居学术委员会在会议前通常要先去考察点走一遍，看看符不符合考察要求。

民居学术会议上，论文宣读交流和考察民居实例并重的做法是民居会议的明显特点，通过开始几届民居会议的实践，得到与会代表的支持与欢迎，这样，历届会议都持续下去，成为民居学术会议的鲜明特色之一。

### 5. 关于会议的经济来源

办会需要经费，经费就成为会议的重要物质条件。会议经费包含租用会场、会议服务、代表们的食宿安排、外出民居点的考察、交通以及论文的印刷、出版等各项涉及业务和行政事务的安排费用。经费的来源，官方举办的会议可由行政开支，而民间举办的会议，不外乎几个方面：①会务费。有的会议全包，即包含住宿、伙食费，大多数会议住宿费另行收费。②赞助费。由热心和热爱支持民居建筑学术研究的事业、企业单位或个人进行赞助。③主办单位贴补费用。因此，经费的多少会影响会议的质量，因而，筹集经费是会议的一大问题。

民居学术会议举办的宗旨之一是以节约办会为主要目的。我现在没有当时的物价资料，但根据我找到的当年第一届民居会议保存下来的资料，会务费收80元/人，住宿费收160元/7天（包括外出住宿），伙食费15元/天·人，交通费（按当时公路里程，广州到台山约150公里）每人收35元。记得最初几届民居学术会议都要控制在100~200元/天为限作为预算标准，并包含野外考察交通费。

在会议前，我们通常要与主办单位协商会议标准和会务费收取问题，凡是不必要的开支希望删除或节约或减少，以减轻办会者和参加会议代表的负担，但会议的质量要保证。我们理解主办会议单位的热诚、服务精神和办会的困难，更理解还要贴补会议后的不足费用。因而，我们要感谢历届民居学术会议的主办单位和协办单位，同时要感谢热心和关心传统民居学术研究的事业、企业单位和个人，感谢他们对民居学术研究的热诚、友好的赞助和支持。

我们办会的宗旨，在于广泛宣传传统民居学术研究成就，经过几届会议的召开，青年人越来越多，特别是研究生和高年级本科生。在当时，研究生上学都要交学费，日常生活都是自费，因而很少参加有关的学术会议。我们办会目的是为了宣传和鼓励年轻人对民居研究的热情和影响，因此，对学生和研究生采取减收50%会务费的措施，以示鼓励。在第十四届民居学术会议上，增加了对与会青年学者的论文进行评选，共选出优秀论文10篇。对论文作者颁发优秀论文证书，并给予鼓励。这种评选方式持续三届，由于大会时间短，只限两三天，而青年参加会议的人越来越多，论文也多，在两天左右的时间内要评选出优秀论文，显得比较仓促。因此，后来改变了这种评选方式，改为会后把优秀论文推荐到有关杂志送审和发表。

对待老同志、老会员方面，民居会议20年后，一些会员的年龄越来越大，几乎都已退休，经济上不那么宽裕，为了鼓励老会员继续参加会议，对已退休的老人采取减收50%会务费或减免的优惠办法。

回忆民居学术会议三十年来的发展、成长过程，历历在目，我们不忘过去，我们要感谢所有热爱和支持传统民居建筑学术研究的广大专家、学者、教授、中青年人士和有关各级政府部门的支持、帮助和参与，感谢各有关行政部门、事业、企业单位和热爱民居建筑学术研究的赞助人。

其中有几位值得我们怀念和感谢的。如中国传统建筑园林研究会当年任秘书长的曾永年同志。还要感谢原建筑工程部建筑科学研究院院长汪之力，他一直关心民居建筑学术活动，在他兼任中国建筑学会秘书长年代，对民居建筑学术委员会工作非常关心，并指导工作。此外，还要感谢当年李允鉌建筑师，他虽然不是研究民居建筑的学者，但他生前一直是中国古代建筑的热爱和研究者，也同样支持民居建筑事业的发展，并竭力促使大陆与台湾学者的学术交流。以上三位，虽然已作故人，但值得我们尊敬和怀念。

中国建筑工业出版社长期来一直支持传统民居建筑的研究事业，组织和出版了众多的民居专著和丛书，我们要感谢出版社领导和编审人员的支持与关心。

民居学术会议三十年过去了，往事如在眼前，民居专业和学术委员会诸同仁志同道合，团结友爱，相互信任支持，为民居建筑事业的传承、发展、创新的热诚和信念是坚定不变的。希望寄托在年轻人身上，年轻人朝气蓬勃，刻苦钻研，踏实努力，有志气，有能力，有信念，来日一片光明。

在党的十九大精神鼓舞下，在深入学习贯彻习近平总书记新时代中国特色社会主义思想，特别是"三农"思想，落实"乡村振兴战略"部署下，为满足农村人民群众的美好生活、提高农村人民环境、建设美好村镇家园贡献自己的一分力量。

# 1.2 我随民居会前行的三十年

朱良文

从1988年第一届中国民居学术会议至今，民居会已走过了三十年的历程；回顾这三十年，也是我随民居会前行的三十年，感触颇深。现将几点感想记叙如下。

## 一、在陆元鼎先生引领下进入民居会

1988年第一届民居学术会议前的几个月，就在我即将担任云南工学院建筑学系首任系主任之时，陆先生与我联系告知其事，要我参加，并告知准备成立民居研究会筹备组之事。我当然答应参加，因为我意识到这将是一个很好的学术平台，况且我系已决定将"地方民族建筑"作为教学与科研的主要特色，需要加强与外界的交流。为此，我还仓促准备了一篇小论文。

第一届民居学术会议如期于11月8日至14日在华南理工大学召开，其间陆先生正式约我参加民居研究会的筹备组，我只有遵命。陆先生所以约我，我想除了西南传统民居富集、我当时已进入民居研究、已有《丽江纳西族民居》等成果外，更因1960～1974年我在华工任教14年多，陆先生对我的工作与处事是有所了解的。

在民居研究会筹备过程中，陆先生很多事皆亲力亲为，有事向我们通报听取意见。民居研究会的成立一切皆有赖陆先生的影响与奋斗才得以实现。

第二届会议原定于1989年在贵州召开，由筹备组另一成员负责，然而因种种原因未能开成，后改为1990年在云南召开，由我负责筹备。当时云南尚处于对外开放程度不高的情况，学术会议较少，各方面条件较差，学校只给3000元的经费支持，困难重重。我们只有努力争取各地州县支持，最后将第二届会议开成了一次时间久（1990年12月15～30日计16天），活动路线长（昆明、大理、丽江、西双版纳总计行程约3000公里），"民居考察与学术交流并重"，会议方式灵活（五场报告会、两次座谈会在各地进行），与会者热情高、笑料多的会议。各地代表对这次会议的热烈反响给了我更大的信心，进一步认识到云南民居研究大有可为。

后来传统民居学术委员会正式成立，先后隶属于中国建筑学会建筑史学分会、中国文物学会传统建筑园林研究会以及后来的中国民族建筑研究会，可谓"一仆三主"。陆先生是主任委员，他要我作为副主任委员之一负责学术活动；其实每次会议的地点选择、与地方单位领导接洽、发布会议通知等都是陆先生亲自挑重担，我只参与会前的学术议题拟定、会中的学术活动组织及会后的学术总结等。然而在这些工作中，无论是民居学术上、研究方法上，还是学术活动组织上，我都从陆先生处学到很多，使我终身受益。

## 二、民居会的学术活动促进了我及三代人的学术研究与成长

民居研究会作为一个民间学术组织，其核心在于学术，其生命力也在于学术。民居会至今三十年仍长盛不衰，就在于它提供了一个真正的学术平台，吸引了一批又一批的老中青民居研究者，不断地出成果、出人才，为我国的传统民居研究作出了巨大的贡献。

就我自己而言，我想既抓学术工作，自己首先得搞学术，历届民居学术会议的召开，我要求自己力争有论文参与。现在统计一下，我在第一届至第二十二届的大会上，有16篇论文或报告发表，在各种小型会议上还发表了5篇论文或报告。特别是我对"传统民居价值论"的民居基础理论研究，前后6篇相关论文是从1991年第三届大会（桂林）到2009年第十七届大会（开封）的18年间不断研究探讨，都是先在大会宣读然后修改发表的。由此可见由民居会组织的各种学术会议大大促进了我的学术研究，而且无形中将传统民居研究形成我的学术主攻方向，当然这也与我校建筑学科的教学与研究特色相关且一致。

再看一下三十年来，我们这一代人中的一些"民居建筑大师"不都是在民居研究会的学术环境培育下形成的吗？第二代的民居研究领军者如陆琦、张玉坤、王军、戴志坚、杨大禹、李晓峰、谭刚毅等不也是民居研究会的平台为他们提供了学术研究与成果展现的广阔空间吗？目前，民居研究会中活跃着一大批博士、硕士等青年学者，他们将成为第三代的民居研究主力及未来民居会的领导力量。民居会确实人才辈出、后继有人，这就是学术的生命力！

## 三、二十周年时的学术总结虽艰难却大有收益

在历届民居学术会议（大会）中，由于我负责学术工作，陆先生多安排我作学术总结，这也迫使我要较深入地了解每次会议中的学术动态与学术论点，这对我来说也是一种学术概括、理论思考及组织能力的锻炼。

2008年11月在广州举办第十六届中国民居学术会议，同时纪念民居会成立二十周年。当年4月初我到广州拜访陆先生时，他交给我一任务：为民居会二十年的学术活动做一总结。我一听是二十年的总结，而且是学术方面的总结，深感任务艰巨，不敢贸然答应能完成到什么程度，只能说尽力而为。回昆明后脑袋一直想着二十年怎么总结，回顾了二十年的历程、各种大小会议、老中青学者，查阅了大量文献及相关著作、论文集（只能是略作浏览），逐渐有了一些头绪，理出了一个包括研究工作概况、研究内容综述、今后研究的展望建议三部分内容的大纲。从6月下旬动笔，直到7月下旬完成，断断续续用了一个月时间。

在"民居会二十年来学术研究工作概况"中，除了罗列学术成果、人才涌现以外，着重思考了一个问题：为什么民居会二十年来日益兴盛？思考后总结出三点：①真正把学术活动放在第一位——指出"学术会议不是办旅游，更不是为了赚钱"，这是针对当时大量出现的"会议经济"而发出的感慨，而民居会却提供了真正的学术平台。②组织考察与学术交流并重——考察是吸引大批老中青学者积极参会的一个要素，它既加强了学者对各地传统民居的基本认识与比较，又促进了当地对其传统民居的价值认识与保护意识。③重视学术成果的整理发表——这对各地学者尤其是青年学者的学

术成长、职务提升起到了重要的作用。

"学术研究的内容综述"这部分撰写最难，也耗时最多。二十年，千余篇论文，论述浩瀚，其研究内容之广实难概括，经不断分类、筛选，只能对其主要方面作一综述：①对传统民居的史学研究；②对传统民居及其聚落更广泛的调查研究；③传统民居建筑文化研究；④传统民居营造技术研究；⑤对传统民居研究方法论的探讨；⑥传统民居及其聚落的保护、更新与开发研究；⑦传统民居的继承及其在建筑创作与城市特色上的探索研究；⑧新民居探索与新农村建设的实践研究。每一方面问题尽可能有具体的代表性学者及其论点（可能挂一漏万），然后略作综合评述。

"对今后学术研究的展望与建议"只能是根据自己研究工作中的感悟与认识，在深化调查、理论研究、实践探索、民居研究方法的科学化与综合化四个方面提出一点建议。

在写这篇总结时的一个难题是对不在民居会范围内的一些知名专家（如陈志华、楼庆西、蒋高宸、张良皋、荆其敏等教授）近几十年的研究成果要不要纳入及如何总结。最后经认真思考，为了避免"以偏概全"或"理解错误"而舍弃，并在后记中说明表示对他们的尊重。

这份"总结"交给陆先生后虽然他表示满意，但不可避免地受个人能力及眼光所限，难免存在某种"片面""主观"；所谓"总结"也只能是分类、归纳与略加评说罢了。但对自己来说，难得通过几个月的学习、思考、写作，使我对传统民居进一步地系统认识与深入理解还是大有收益的。

## 四、"参与民居活动有利于养生"之近十年

从2008年第十六届学术会议后，陆先生及我们一些老的正、副主任委员完成了历史任务，民居会由第二代陆琦教授等主持领导；但新领导对我们这一辈非常尊重与优待，希望我们继续参加与支持民居会活动。

民居会几十年的活动，除了学术上的交流之外，最值得感怀的就是我们这一批老朋友通过每年的聚会结下了深厚的友谊。这批老同志除了对陆元鼎、魏彦钧二位先生无比尊敬外，相互间都有难忘的印象：陈震东的为官无"架"，黄浩的诚恳待人，颜纪臣的朴实真诚，张润武的热情豪爽，业祖润的柔美性格，李先逵的官学相兼，刘金钟的书法造诣，李长杰的执着调研……相互间也笑话不断：黄浩与我戏言相约"白头偕老"，肖默、业祖润与我戏称"三只老虎"（同龄属虎），李长杰的经常调队，刘叙杰常常"有惊无险"，等等。正是这样的情谊使我们这一批老朋友经常想到民居会，一旦有会都力争参加、以期相会。

正是民居会的学术活动，不断促使我们这一批老者参加考察运动身体，思考民居活动头脑，加上老友相聚其乐无穷，所以我说"参与民居活动有利于养生"，这一说法在近十年中得到所有老朋友的认同。

三十年一晃而过，对一个学术组织来说三十年是不寻常的学术历程，可以载入史册；对一个人来说三十年也是重要的人生历程，永远值得回味。而我这三十年是随民居会前行的三十年，更加值得庆幸。特此略作记述，同时作为纪念。

# 1.3 追忆第一、二、三届中国民居学术会议

戴志坚 ①

　　说起我与中国民居研究会的渊源，主要是与陆元鼎教授的两次相处有关。第一次是1986年在广州学习时选修了陆教授的《亚热带地区建筑特色与经验》的研究生课程并完成了作业；第二次是1987年的暑假陆元鼎、魏彦钧教授专程来福建调研传统民居，我从福州、泉州、漳州、龙岩一路相随，历时半个多月。近距离的接触和观察，从老师的为人、做事和民居研究的造诣上，我学到许多宝贵的东西，受益匪浅。回想今天的我能走上民居理论研究的道路并坚持了下来，与陆老的教诲和点拨是分不开的。

## 一、初出茅庐——第一次民居学术会议（广州，1988年11月8～14日）

　　1988年夏天陆元鼎先生、郭湖生先生、朱良文先生等前辈拟在广州华南工学院建筑系（现为华南理工大学建筑学院）筹办"中国民居研究会"并召开"中国民居第一届学术会议"。陆先生亲自打电话邀请我，但必须有文章才能参加。我当时写文章刚刚得到了《福建建筑》主编袁肇义先生的肯定，初写文章已经尝到了甜头，就积极调查准备。1988年11月8～14日在广州华南工学院召开的第一届中国民居学术会议，我携《福建泉州民居》参会并宣读了论文，并收入会后由中国建筑工业出版社出版、陆元鼎先生主编的《中国传统民居与文化——中国民居学术会议论文集》。记得国内知名专家有华南理工大学陆元鼎教授、魏彦钧教授，云南工学院朱良文教授，东南大学郭湖生教授，中国建筑工业出版社杨谷生总编、李东禧编辑，中国文物学会园林研究会曾永年会长，天津大学黄为隽教授、魏挹澧教授，广西大学刘彦才教授，台湾的王振华先生，香港的龙炳颐教授、香港设计事务所李允鉌建筑师，广东省建筑设计研究院陆琦建筑师，新疆喀什建筑设计研究院李立新院长等人。参会代表有50多人，分别从民居类型、村镇环境、居住形态、民居设计思想方法、民居与气候、民居装饰与装修等方面对传统民居研究方法进行探讨。除了大会发言与小组讨论外，还参观了广州陈家祠堂、番禺留耕堂、粤中台山、开平一带的侨乡民居与村落。这是我首次参加全国性的学术会议，从看（论文）、听（介绍）、说（交流）、走（村落）等环节，加深了自己对传统民居理论研究的兴趣，知道了如何提高自己民居理论研究水平，收获多多。

---

　　① 戴志坚，中国民族建筑研究会民居专业委员会副主任委员、厦门大学建筑与土木工程学院教授.

## 二、彩云之南——第二届民居学术会议（昆明，1990年12月16～29日）

时隔两年之后在云南昆明由云南工学院建筑系（现为昆明理工大学建筑学院）朱良文教授主办第二届民居学术会议，到会代表有67人。比较知名的有华南理工大学陆元鼎教授、魏彦钧教授，云南工学院朱良文教授，东南大学钟训正教授、郭湖生教授、王文卿教授，天津大学黄为隽教授、魏挹澧教授，清华大学楼庆西教授、单德启教授，北京中京建筑事务所严星华总经理，中国艺术研究院萧默教授，中国文物学会园林研究会曾永年会长，西安冶金建筑大学赵立瀛教授，北京建筑大学业祖润教授，湖南大学黄善言教授，桂林规划局长李长杰先生，景德镇城建局长黄浩先生，河南省建筑设计院胡诗仙建筑师，香港大学许焯权讲师、香港巴马丹拿工程公司林云峰建筑师，中国建筑工业出版社李迪恫编辑等人。

开幕式之后第二天就从昆明用汽车拉走，本次会议的特点是以考察为主，同时进行学术报告的形式，也就是白天考察、晚上开会。开幕式在云南工学院专家楼小礼堂进行，学术报告活动包括论文宣读、幻灯、录像是随着考察路线依次在昆明、大理、丽江、景洪举行。最后在西双版纳傣族自治州建设局会议室举行的会议闭幕式，历时近半个月。我给会议提交的论文题目是"福建诏安客家民居与文化"，并被安排在大会宣读，倍感荣幸。同时收入会后由中国建筑工业出版社出版、陆元鼎先生主编的《中国传统民居与文化（二）——中国民居第二次学术会议论文集》。当时云南省的道路交通并不好，一路上颠簸。尤其是从昆明到西双版纳的行程，7天时间竟是有4天是在路上，而且都是起早摸黑地赶路行车，山路又陡又弯，司机说打方向盘手都打麻了。但是大家都没有叫苦叫累，反而是开开心心、乐乐呵呵地坚持到了最后。这当然要归功于大会主办者朱良文教授的精心组织和安排。这里还有个插曲可以体现主办者的良苦用心：行程的第二站是在大理考察白族民居，晚上朱教授特地请大理州文工团为我们安排"三道茶晚会"（2010年我也再次随旅行社到大理也观看了"三道茶晚会"，简直是惨不忍睹！）和表演《五朵金花》歌舞。当晚会进行到高潮时，主办方突然推出了3个生日蛋糕，为大会的3位代表（记得是王文卿、严星华两位先生，还有1个年轻人名字忘记了）庆生，顿时会场欢声雷动、掌声不已。几位寿星们始料未及，激动不已。王教授急忙上台领蛋糕时不小心还跌了一跤，更引起大家的哄堂大笑。此情此景事隔快三十年了还令我记忆犹新。我认为中国民居研究会之所以走到今天，有这么大的凝聚力，与老一辈的民居研究者的执着和用心是分不开的。

## 三、难忘桂北——第三届民居学术会议（桂林，1991年10月21～28日）

本来按民居研究会形成的规矩是每两年举办一次中国民居学术会议，为什么才隔一年就提前在广西桂林召开了第三次会议了呢？这里有个原因，在云南第二届民居学术会议时临别酒会上，时任广西桂林市规划局局长的李长杰先生立下豪言壮语："宁肯伤身体，不能伤感情"，愿意承办第三届中国民居学术会议，热烈欢迎各位代表来年到桂林参观桂北民居，他的话受到了与会代表们的高度赞誉。因此民居组委会讨论决定，在原定1992年由江西景德镇承办的中国民居会议的空档（1991年）加开一届中国民居学术会议，这就是第三届中国民居学术会议在桂林召开的由来。这次会议仰仗李长杰局长亲自指挥、精心安排，由于是政府职能部门主办，桂林市又是全国著名旅游城市不缺少办大型会议的经验，平心而论这次会议应该说比起上两届由学校部门主办会议来说从规模上从条件上都有了质的提高。

大会请到的专家也是重量级的，如：金瓯卜教授以及北京市建筑设计研究院的赵冬日教授、张开济教授，建筑科学院孙大章教授，西北建筑设计研究院张锦秋教授，清华大学朱畅中教授、南舜熏教授，华南理工大学陆元鼎教授、魏彦钧教授，云南工学院朱良文教授，东南大学钟训正教授、郭湖生教授、王文卿教授，重庆建筑大学李先逵教授，北京建筑大学王其明教授、业祖润教授，天津大学魏挹澧教授，敦煌博物馆孙儒涧院长，湖南大学黄善言教授，广西大学刘彦才教授，福建省建筑设计研究院黄汉民院长，景德镇城建局长黄浩先生，广东省建筑设计研究院陆琦建筑师，哈尔滨建筑大学周立军讲师，香港大学许焯权讲师，香港巴马丹拿工程公司林云峰建筑师，中国建筑工业出版社杨谷生副总编及王其钧、李东禧编辑等。到会人数95人，出版了由中国建筑工业出版社出版、李长杰主编的《中国传统民居与文化（三）——中国民居第三次学术会议论文集》。

会议安排我们参观考察了桂北龙胜壮族民居木楼、三江侗族民居、鼓楼、风雨桥，游览了漓江山水。尤其是侗族的风雨桥，其历史文化、建筑功能和古朴造型，给我留下了深刻的印象，久久难以忘怀。之后我有一段时间专注于闽浙木拱廊桥的调查研究，还出版了专著《中国廊桥》，应该说是深受桂北民居和风雨桥的影响。

## 四、后记

以上是第一至第三届民居学术会议的片段回忆，因为时隔太久，已经淡忘了许多。当时作为年轻人的我确实是通过多次参加各类学术会议尤其是中国民居学术会议而逐渐成长起来的。我的体会是：①学到了老一辈的建筑学人刻苦敬业的工作精神。张开济大师当时有70多岁高龄了，仍和我们一起兴致勃勃地跋山涉水考察民居村落，丝毫也不见疲惫。陆元鼎、郭湖生、朱良文等教授为了办好会议，多次写信电话联系、求各级领导支持、亲自体验落实考察线路，花了非常多的心血；②在多次参会与代表们学习、交流、讨论的过程中，确实是开阔了眼界、厘清了困惑、增长了知识；③通过开会学习，也交到了许多兴趣相同、志同道合的朋友，对自己工作和事业发展起了重要的作用。从这几个方面来讲真的感恩民居学术会议。

图1 中国民居第一届学术会议期间陆元鼎（右3）、郭湖生（右2）、曹麻如（左2）戴志坚（左1）

图2 中国民居第一届学术会议期间陆琦、戴志坚在番禺风采堂

图3 昆明民居学术会议期间与魏彦钧教授在石林

图4　中国民居第二届学术会议时代表们在西双版纳参观

图5　中国民居第二届学术会议时戴志坚和赵立瀛

图6　中国民居第二届学术会议在昆明召开

图7　许焯权、陆元鼎、林云峰、陆琦、戴志坚（从左至右）在桂林民居学术会议

图8　李长杰、朱畅中、金瓯卜、张开济（从左至右）在桂林民居学术会议

图9　桂林民居会议期间与郭湖生、陆琦同游七星岩

图10　桂林民居会议与李长杰局长在漓江

# 1.4 追忆第三届中国民居学术会议

周立军 ①

第一次参加民居会议是1991年，在桂林举行的第三届中国民居学术会议。27年过去了，那是一段难忘的回忆。

当年我正在东南大学读恩师王文卿先生的硕士研究生，导师派我跟随钟训正先生一起去参加这次会议。那时钟训正先生、孙钟阳先生和王文卿先生共同组成了一个建筑教学与设计团队，取名为正阳卿小组，在建筑界颇具影响力。而他们创作的灵感很多都来自当地传统民居的启示，所以我的导师是很看重把民居理论研究与建筑创作结合起来的，他应该也是这个民居研究组织的发起人之一，正是我的导师把我带入了这个学术组织。

那次会议参加的专家学者很多，而且有好多的业界名流，我可能是参会中最年轻的几位研究生之一（图1）。这个会议给人的感受是参会人学术层次高，且颇有情怀。大会开幕式后就开始纷纷签了保护传统民居建筑的倡议书，表达了对中国传统民居与文化深厚的情感。我是第一次在这么隆重的大会上宣读论文，那篇论文是我利用寒暑假去调研黑龙江省传统民居的阶段性成果，论文之后发表在由中国建筑工业出版社出版的大会论文集中（图2），也算是第一次把黑龙江省传统民居，作为中国传统民居百花园的一枝介绍给了大家。

附件1

### 第三届中国民居会部分代表名单

（不分先后）

| | | | |
|---|---|---|---|
| 赵冬日 | 胡诗仙 | 邵永杰 | 陆 琦 |
| 张开济 | 刘金钟 | 李廷荣 | 陈向涛 |
| 张锦秋 | 李先逵 | 黄 浩 | 茹先古丽 |
| 金瓯卜 | 蔡家汉 | 朱观海 | 谭志民 |
| 陆元鼎 | 熊世尧 | 王文卿 | 付 博 |
| 朱畅中 | 吴良志 | 郭湖生 | 李彦才 |
| 李长杰 | 刘 方 | 周立军 | 吴世华 |
| 南舜薰 | 成 城 | 钟训正 | 张克俭 |
| 周宇舫 | 谢 燕 | 梁永松 | 白剑虹 |
| 李东福 | 解建才 | 俞绳方 | 吴 浩 |
| 杨谷生 | 李兴发 | 朱 智 | 夏永成 |
| 孙大章 | 曾惠琼 | 郭日睿 | 游 宇 |
| 王其钧 | 孙儒间 | 胡理琛 | 曾铭滋 |
| 王其明 | 孙毅华 | 周素子 | 黄 炜 |
| 杨春风 | 庄景堃 | 刘延捷 | 唐风林 |
| 杨赉丽 | 林小麒 | 李细秋 | 韩春林 |
| 张乃昕 | 吴国智 | 郭怡淬 | 杨昌华 |
| 业祖润 | 徐 欣 | 黄伟康 | 黄宝日 |
| 沈冰于 | 殷永达 | 黄汉民 | 周 明 |
| 魏挹澧 | 罗来平 | 戴志坚 | 孙德春 |
| 韩原田 | 木庚锡 | 郭淑贤 | 江泽凤 |
| 胡文荟 | 林云峰 | 黄善言 | 董贵志 |
| 许焯权 | 刘彦才 | 黄家瑾 | 祝长生 |
| 朱良文 | 梁友松 | 余觉辉 | |

图1 部分会议代表名单

图2 会议论文集

---

① 周立军，哈尔滨工业大学建筑学院教授.

　　大家最期盼的就是会议中的桂北民居考察了。大会采用了边考察边开会，白天考察、晚上研讨的办会方式，这确实是这次大会的特色之一。我记得我们分几个面包车进山，我们的面包车上有钟训正院士、李先逵大师、朱良文大师、业祖润大师和鲁愚力老师等，一路考察下来，其乐融融都结下了深厚的友谊，记得钟训正先生与鲁愚力老师一见如故，每天交流钢笔画技法到很晚，一大早还相约一同写生，非常快活开心（图3）。

　　桂北侗族民居依山面河而建，木结构的吊脚楼和层层叠叠的披檐，顺应自然，错落有致。原生态的传统营建技艺和独特的文化风俗都令人叹为观止。

　　考察过程中和张开济大师、郭湖生先生和张锦秋院士等都有一些交流，他们无意中说的一些话，都能引起我很多的思考，感觉就像是到了开放的田间课堂。张开济大师当时已年近八旬，性格开朗诙谐，蛮有兴致地不断拍照，还自嘲地说："现在是绘画不成改摄影了"。陪张开济一同来的是周宇舫，他应该是那次参会年龄最小的，我们很谈得来，后来他在中央美术学院建筑学院任教授，我们成为好朋友，至今都一直保持着联系（图4）。

　　第一次参加民居会议就感受到一种浓厚的学术氛围和友善的人际关系。因陆元鼎大师的积极策划和李长杰大师的精心组织，这届在桂林召开的中国民居大会获得圆满成功，给我们留下深刻的印象（图5）。我也从此跟随这个民居学术会议，走上了传统民居研究的道路。自己或派研究生陆续参加了十几次民居大会，直到2017年我有幸承办了在哈尔滨工业大学召开的第二十二届中国民居建筑学术会议。这也是这么多年能为我们的民居学术组织尽了点微薄之力，在中国民居学术会议三十周年之际，回忆过去感慨万千，祝愿我们的民居保护与研究事业薪火相传，不断发展，走向美好的未来！

图3　同车考察的会友

图4　与部分代表考察合影　　　　　　图5　举杯庆祝会议成功

# 1.5 第九届中国民居学术会议情况追记

*罗德启*

中国传统民居学术委员会已经成立30年。此间曾两次出版《中国民居建筑年鉴》（第一辑1988—2008、第二辑2010—2013），对于1998年在贵阳召开的第九届中国民居学术会议没有记载，值此在传统民居学术委员会成立30周年之际，本文作为历史史料的拾遗补阙，追记如下。

1998年8月15至8月22日在贵阳举行了第九届中国民居学术会议，会议主题是"传统民居与城市特色"。它是继香港1997年第八届会议的又一次全国民居学术盛会。与会代表包括来自美国，以及中国香港、台湾和内地17个省市的代表共104人。其中内地参会的著名学者有陆元鼎、陈谋德、黄浩、朱良文、陈震东、罗德启、李长杰、卢济威、魏彦均、魏挹澧、叶祖润、陆琦、戴志坚、颜纪臣、唐玉恩、张皆正、戴吾明、杨谷生、刘彦才、王其明、谭鸿宾、金珏、李多仟、顾如珍等60人；由香港建筑署原署长陈一新先生为团长的香港代表团有叶祖康、许焯权、何志清、乐树芬、林云峰、麦燕屏、谢顺佳、谭兆强等21人；台湾"中华全球建筑学人交流协会"理事长吴夏雄、林长勋先生为团长的台湾代表团有黄祖权、苏泽、朱祖明、张俊哲、刘可强、陈柏年、高树权、钟治平、张学敏、谢照明、王惠君等22人；美国弗吉尼亚州立大学建筑学院王绰教授也前来参会，境外代表共44人，占42%。

## 一、接旗、筹备

第八届香港会议期间，与会代表建议第九届会议请贵州举办的意象，事后学委会又专门致函。时任贵州省建筑设计院院长的我，在会上欣然接受了这一委托，并在香港会议闭幕式举行了第九届举办地的接旗仪式（图1～图3）。

图1～图3 在受旗仪式上

当年在内地举办有境外代表参加的会议需要呈报省政府审批，回贵州汇报后，省建设厅随即向省政府递交申办报告。同年6月3日和7月28日分别接到由贵州省政府外事办下达同意的批文（附件1、附件2）。

早在1997年12月，时任贵州省政府副省长的楼继伟还对会议的筹备工作专门作了批示，要求及早准备，办好第二年8月在贵州举行的传统民居学术会议，并且一定要把会议办好。这些都充分体现了贵州省政府及有关部门对这次会议的重视程度。

## 二、学术交流

中国传统民居学术委员会主任委员陆元鼎教授致开幕词，贵州省政府、省科协、省建设厅、省建筑学会、省建筑设计院等领导出席了大会的开幕式并讲话（图4）。会议分两阶段进行，除学术交流外，还赴黔东南地区苗族侗族及黔中安顺镇宁一带进行山地民居建筑考察。会议期间还举办了第四次全国民居摄影展览，代表们观摩了参展作品，并从中评选出一等奖一幅、二等奖两幅、三等奖三幅（图5、图6）。会议共收到论文46篇，两天共有31人作大会交流发言，另外还安排有半天自由发言和讨论的时间，与会代表围绕"传统民居与城市特色"的主题开展，学术讨论气氛活跃。

更令人难忘的是会议期间，正值贵州省部分地区遭遇几十年一遇的水涝灾害，香港、台湾代表团得知后，当即筹款，向贵州灾区人民捐赠。这一爱心场景令全体与会代表深受感动，充分体现了香港同胞以及海峡两岸"一家亲"的兄弟情谊（图7）。

图4　大会开幕式

图5　代表们观摩民居摄影展览

图6　海峡两岸代表展览厅留影

图7　香港代表团向贵州灾区人民捐款

## 三、民居考察

会议第三天开始有6天的实地考察时间，代表们对黔东南和黔中地区的苗族、布依族、侗族民居以及贵州喀斯特山地自然景观进行实地考察，包括黔东南的郎德上寨（苗族）、肇兴大寨（侗族）的鼓楼群、戏台、风雨桥，以及世界最大的河上天山桥；在黔中地区考察了布依族民居石头寨和著名的风景名胜区黄果树大瀑布等。代表们参观考察行程1500公里，虽然路途艰辛，然而与会者的热情极高，兴致甚浓。后来在一次学术会议上我们彼此相遇时，一些台湾朋友都还提及贵州给他们留下的美好记忆，还念念不忘贵州考察期间的愉悦和快乐。

# 1.6 贺民居会议三十年——七律二首

李先逵

**祝贺全国民居学术会议三十周年庆典**

开放改革百废兴，
民居研究复前行。
先声启自珠江畔，
合韵遍扬华夏音。
学术论坛未间断，
建工诸界最为真。
难得坚守三十载，
代代传人献盛情。

**贺陆元鼎先生九秩大寿**

南国金秋传喜讯，
祝福博导老寿星。
教育为本重师道，
桃李满天集大成。
学会领衔开创者，
民居研论举旗人。
同仁额手齐相庆，
永葆安康享太平。

# 1.7　居民探索，其乐无穷！

## ——贺中国民居研究会三十年

李乾朗 [①]

　　我初次实地参访福建民居是1988年到福州，当时由福建省建筑设计院的黄汉民先生亲自陪我从福州一路下来，经长乐、福清、宏路，过莆田市，还特地看了元妙观，最后到达泉州。在此之前，我在1972年时曾在金门服役一年多，也曾参观一些金门的民居。在我的想象中，如果能访遍中国各省民情风俗，参观南北各异其趣的古民居，那么应是这辈子最大的愿望了。

　　1991年，广州华南理工大学陆元鼎教授写信邀请我参加第一届中国传统民居会议，当时台湾有我的老友王镇华先生专程到广州参加，我因其他事务而无法前往，真是一件憾事。不久，我向陆老师提议，是否可以专为台湾几位热爱中国传统民居的朋友办一次考察？陆老师马上回复，并答应在春节及元宵节带领我们前去粤东考察民居，记得成行是在1992年的春节，我在广州白云机场首次见到专程来接机的陆老师。

　　1992年，粤东民居考察还有魏彦钧老师与陆琦先生参加，大家在车上交流，下车考察也交流，用餐时也交流，收获极多，这次考察成为我非常难忘的经验。当时在潮州也认识了吴国智先生，我向他请教许多木匠工艺的问题。那一次考察行程非常紧凑，大家希望看得多一点，因此几乎是早出晚归，与古人的"日出而作，日落而息"相仿。记得到柬埔寨时，天色极暗，几乎是摸黑拍照片。但大伙儿仍乐此不疲，兴致高昂。

　　粤东民居考察回台湾之后，学员个个提出心得报告，并吸引更多老师及学生参加这个研究团体。时机成熟之后，我与阎亚宁、谢锦龙、陈觉惠、邵栋纲、关华山、徐裕健、康锘锡、陈惠琴、林正雄、黄永松、吴美云、郑碧英、林柏梁、温峻玮、俞怡萍、蔡明芬等以民居研究为职志的朋友们，成立了"台湾民居研究会"，每当中国民居研究会议举办时，我们就组团参加。从1992年在景德镇举行的第三届民居会议开始，至2017年第二十二届在哈尔滨的会议，皆有台湾学者参加，其中云南（1990）、新疆（1995）与山西（1996）的会议，台湾学者出席极为踊跃，每次都超过二十人。

　　近三十年来，两岸的民居研究学者专家透过民居会的交流，建立了深厚的友谊，是无可计量的贡献。台湾办理两岸建筑交流活动始自1992年，1994年6月，台北举办《海峡两岸传统建筑技术观摩研讨会》，受邀来台访问的学者，包括罗哲文、单士元、郑孝燮、郭湖生、陆元鼎等，是民居界与台

---

[①]　李乾朗，台湾艺术大学古迹艺术修护学系客座教授.

湾最早的学术交流活动！1997年4月，《海峡两岸传统民居建筑保存维护观摩研讨会》大陆参会有金欧卜、陆元鼎、朱良文、黄浩、杨谷生、颜纪臣、黄汉民、魏挹澧、郭湖生、业祖润、孙大章、张润武、魏彦钧、陈振东、李长杰、李先逵。1999年由台湾的"中华海峡两岸文化资产交流促进会"邀请学者在台北参加"两岸传统民居资产保存研讨会"，包括潘安、韩扬、彭海、张玉坤、戴志坚及陆琦等学者都发表论文。2008年元月，再度于台北举办"海峡两岸传统民居学术研讨会"，参加的多为年轻学者，大家互相交流，并实地考察了台湾民居，成果丰硕。

民居的研究考察与一般建筑史考察有些不同，建筑史较侧重历史久远之稀少性个案，而民居较重视的是地域性民情风俗与文化差异性的价值。中国幅员广大，东西南北的民居建筑，无论是布局、平面、材料、结构、外观造型、色彩与使用模式皆存在明显差异，诸多差异奠定了文化多元性的基础。民居建筑所储存的文化内涵极为丰富，它表现了中国人千百年来对宇宙、天地、山川，乃至社会制度、人际关系与家族凝聚力等价值观，因此是取之不尽的历史文化源泉。当然，人类的生活方式必有变化是一个规律，但人的空间需求具备人为的创造，仍应以人为本，中国的"天人合一"思想与西方的"人性（Humanity）"是同样的道理。我们深信，传统民居的研究是新民居设计创造的沃土，它们隐藏着无可取代的宝贵滋养基因。

图1　1992年在粤东考察民居

图2　1992年在皖南考察

图3　1995年新疆民居会议

图4　1995年在新疆喀什

图5　1996年山西民居会议，在壶口瀑布

# 1.8  贺全国民居会议三十而立

阎亚宁

在李乾朗老师的号召下参加"民居会议"，是个人生涯中的一个重要历程。长时间的参与，结识了许多位老、中、青的研究者。他们为了追求共同的理想，朝向共同的目标坚持不懈，在理论和实践层面持续深耕，培育后进，造成巨大影响，共同推动民居研究，使之现阶段重要的显学，更是政府施政的重要参考。一路走来诚属不易。

陆元鼎老师是民居界众所公认的泰山北斗，在陆老师清晰的思路下，将民居研究的重要性与研究脉络，描绘成了完整的蓝图。由华南理工大学的研究团队打下厚实基础，逐步地透过在全国各省、市召开民居会议引领风气、宣扬鼓舞；不只全国各高校学界，也涵盖了行政机关以及其他的社群。三十几年间的深根，出版的专书、论文，培育的专业研究人才，在民居保存与活化的层面，提供了厚实的支持。魏彦均老师对陆老师在学术和生活上无怨无悔的支持参与和付出，则是民居研究长期稳定发展的最大助力。

犹记参加过的好些次民居会中，郭黛姮、郭湖生、孙大章、王其明、刘叙杰、李先逵、杨谷生、陈志华、黄浩、颜纪臣、陈耀东、朱良文、李长杰等前辈们，不辞辛劳走在年轻人群中，一同奋勇争先；当年的小年轻，而今也到了即将面对退休的年龄。令人欣慰的是一批批的后起之秀，在各方面的表现杰出亮眼，更能体现民居研究的活力与光明愿景。

几届民居会里令人难忘的经历。

第一次参加景德镇民居会。下午2时南昌机场落地15℃，乘坐没有空调的大巴，一路上温度直线下降；到了晚上9点把所有的衣服全部披上，还冻得发抖，抵达景德镇时，已是−1℃的半夜12点多；远远看到宾馆冲出人来，领大伙直奔餐厅，见着留着一桌子菜和冒着烟的火锅，至今难忘。

另一次在新疆考察，盛夏时节，每日瓜果肥羊，岂是一般人能够承受！沙漠中奔驰休息时，男左女右各一百米，顺着胡杨木各自散开，又是一番奇景。抵达喀什，偌大的宾馆居然只有区区两罐"冻可乐"，又不知

图1　台湾代表民居考察合影

伤了多少人的心。

山西考察途中，每餐几乎都有近二十盘菜肴，层层叠叠的盘子，被戏称为五铺坐七铺坐或是三重檐。多次会议中，各地代表身上背了三五部相机是极为平常之举，常有人提议，将各人的相机放在台前共同展示，必然又是一项世界相机大展。

民居会除了每年一次的大会外，又有许多小会，青年会，海峡两岸暨香港、澳门会，等等，都早成相当深远的回响。开枝散叶，如今在全国各高校、政府机关、研究机构里，都有许多经历过民居会洗礼的同行，为了这项伟大的事业而持续努力，这正是这个时代最需要的精神吧！

图2　在第一届海峡两岸传统民居理论（青年）学术研讨会上发言

# 1.9　传统民居调研是建筑美学研究的重要内容

## ——纪念中国民居学术会议30周年

*唐孝祥* [①]

　　我是民居建筑学术研究的后学和新兵。我在传统民居调研和建筑美学研究的学术成长，离不开恩师陆元鼎教授的言传身教和呵护培养；离不开建筑学界、美学界前辈和师长的教导和鼓励，如莫伯治、吴焕加、王兴华、方克立、何镜堂、邓其生、刘管平、吴庆洲、黄为隽、黄浩、李先逵、单德启、朱良文、陈望衡、王旭晓、张法、陈建新，等等；离不开十余年来中国民族建筑研究会民居建筑专业委员会陆琦主委和王军、戴志坚、张玉坤等各位副主委的关心和帮助,更离不开中国民居学术会议这一学术平台及其发展壮大。

　　1993年从南开大学哲学系美学专业硕士研究生毕业后，我来到华南理工大学社会科学系任教。1995年我任人文教研室主任，负责全校人文系列课程的规划建设，将建筑美学设为自己的研究方向，开始了包括传统民居在内的建筑调研。1997年我考取了华南理工大学建筑学系（1998年成立建筑学院）建筑历史与理论专业博士研究生（师从陆元鼎教授），自此作为助手协助陆先生策划组织全国民居学术会议，也在陆老师的指导下开展有计划的传统民居调研。1999年我参加了在天津大学建筑学院召开的海峡两岸传统民居理论（青年）研讨会，会后我将博士学位论文开题报告《岭南近代建筑美学研究》整理申报国家哲学社科规划青年项目并获得立项（编号：00CZX011）。2000年我牵头组织论证美学专业硕士学位点并获得批准，将建筑美学列为美学专业的三个学科方向之一，开始招收建筑美学方向硕士研究生。从1999年5月开始，我担任会务秘书协助陆先生筹划组织民居研究国际学术会议，2000年7月客家民居国际学术研讨会如期在华南理工大学隆重召开，出席大会的境外专家有日本东京艺术大学的茂木计一郎教授，美国纽约州立大学的那仲良（Ronald G·Knapp）教授，韩国成均馆大学李相海教授，中国台湾文化大学的李乾朗教授、台湾德简书院的王镇华教授，中国香港的陈一新先生、麦燕萍女士，中国澳门的蔡田田女士；中国内地建筑美学大家侯幼彬教授、刘先觉教授等莅临大会。为此，陆元鼎教授撰写专文《客家民居研究概况与建议》（见《国际学术动态》2001年03期）。这两次会议给我启发很大，让我对建筑美学研究方向的学术信心更加坚定，也更加深刻地认识到开展广泛系统的传统民居调研是建筑美学研究的重要内容，是适合自己的学术切入点。我自此更加专注于建筑美学的学科建构的理论探索（2002年6月通过博士学位论文答辩，2003年中国

---

①　唐孝祥，华南理工大学建筑学院教授/博士生导师，中国民族建筑研究会民居建筑专业委员会副主任委员兼秘书长.

建筑工业出版社以建筑学博士论丛的形式出版《近代岭南建筑美学研究》）。

2003年国家民政部发文通知，要求进一步规范和加强学术组织的建设发展。中国民居学术会议由原来两个学术组织单位即中国建筑学会建筑史分会民居专业学术委员会、中国文物学会传统建筑园林研究会传统民居专业学术委员会主办，扩展为中国民族建筑研究会民居建筑专业委员会、中国建筑学会建筑史分会民居专业学术委员会、中国文物学会传统建筑园林研究会传统民居专业学术委员会联合主办。2004年7月时值第十三届中国民居学术会议暨无锡传统建筑发展国际学术研讨会召开之际举行中国建筑民族建筑研究会民居建筑专业委员会成立大会并选举产生以陆元鼎教授为主任委员的学术领导班子，我被推选为副主任委员兼秘书长，以便更好地协助陆先生开展工作，推进中国民居学术会议这一学术平台的建设和发展。

自担任学会秘书长之日起，我就在思考和规划着如何将自己的建筑美学教学科研工作与中国民居学术会议的平台建设、与中国建筑民族建筑研究会民居建筑专业委员会秘书处的建设，很好地紧密结合起来。从2003年开始，我对通过复试后拟录取为我指导的建筑美学方向的研究生，提出明确要求，在入学前进行传统民居专题调研，入学时在建筑美学团队进行PPT汇报。择优选拔并优先推荐有学术论文入选的研究生随我参加每年的中国民居学术会议。2008年我转入华南理工大学建筑学院任教，开始在建筑历史与理论专业招收建筑美学方向博士生，对博士生同样提出了这一学术要求。十几年来，我招收的硕士生、博士生以及博士后、访问学者，凭借中国民居学术会议的平台，深化拓展了关于传统民居的现场调研和学术讨论，提高了自己的研究能力和学术水平。2011年国务院学位办公布了新的学科目录并进行了学位点的调整。我按照学院要求，调整为以风景园林学为主岗招收风景园林美学硕/博士生、以建筑学为兼岗招收建筑美学硕/博士生，但要求研究生在入学前进行传统民居专题调研的做法没有改变，坚持认为传统民居调研是建筑美学（风景园林美学）研究的重要内容和学术切入点。

2007年广东省民间文艺家协会率先全国进行传统村落普查调研，启动"广东省古村落"评审认定工作，十余年来，我多次应邀担任专家组组长，考察走访了广东省内200多处传统村落及其民居建筑，为我主持申报《建筑美学》国家精品视频课程准备了大量的资料（2013年获批立项并由"爱课程"网站上线）。2012年，国家住房和城乡建设部等四部委启动"中国传统村落"评审工作，2014年国家住房和城乡建设部发文成立了传统民居保护专家委员会，开启了中国传统村落和传统民居保护的国家行动。中国建筑民族建筑研究会民居建筑专业委员会的学术委员成为中国传统村落评审专家组和传统民居保护专家委员会的主体成员和核心成员。从前四批共4153个中国传统村落的名录产生，到2018年2月第五批中国传统村落的评审，民居建筑专业委员会的学术委员们以强烈的历史使命感、深切的社会责任感和敏锐的学术洞察力，为中国传统村落和传统民居保护的国家行动建言献策，身体力行。

为了加强传统民居调研以期推进建筑美学研究，我一刻也不敢懈怠，积极筹划，想方设法。2005年暑期与日本东京艺术大学合作，我和片山何俊教授（东京艺术大学建筑学首席教授）分别带领各自的研究生联合开展粤东北客家传统民居建筑调研，从深圳经梅州，再到韶关、清远，深入考察了数十个客家传统村落及其民居建筑。结合中国民居学术会议和其他会议关于客家传统民居考察，我深化了传统客家民居的建筑美学理论研究，进一步阐释了建筑发展的审美适应性规律，逐步建构建筑美学的文化地域性格理论。2014年我被提名并增补为中国民族建筑研究会专家委员会副主任，更多地承担了中国民族建筑研究会秘书处指派的学术任务，也有更多机会进行全国范围内更加广泛的民族建筑采风和少数民族地区传统民居调研，特别是关于瑶族、壮族、藏族、彝族、回族、畲族、蒙古族等少数民族的传统民居专题调研，从而深化了我对建筑美学的学科建构的认识，拓展了我对建筑美学的理论问题的思考（参见《建筑美学十五讲》，中国建筑工业出版社2017年）。

2018年，恰逢1988年中国民居学术会议在广州华南理工大学召开30周年，巧合第23届中国民居建筑学术年会在广州华南理工大学举办，可喜可贺！

回顾几十年来中国民居学术研究历程，我们可以看到中国民居学术会议的几个突出特点：一是理论研讨和现场考察紧密结合，推动理论和实践之间的相互促进和良性循环。二是老中青结合、多界别融合，注重青年学者的培养。十几年来，一批又一批青年学者通过中国民居学术会议的学术平台得到锻炼和培养，成为成果丰硕且具有重要影响力的民居研究专家。三是会议形式多样、学术成果突出。30年来，中国民居学术会议呈现了海峡两岸研讨会、全国学术年会、专题学术讨论会和传统民居专题考察等多种形式。学会专家通过会议研讨和民居调研，增进了交流，促成了共识，加强了合作，从而不断形成了众多优秀的理论成果和设计作品。

我们欣喜地看到，中国民居学术会议的学术影响力、社会知名度、媒体美誉度与日俱增。中国建筑民族建筑研究会民居建筑专业委员会也因此得到了中国民族建筑研究会的充分肯定和高度评价，被评为"2017年度优秀分支机构"。

# 1.10 礼失求诸野，汲古思乡土

## ——忆我的民居和传统村镇研究

梁雪[①]

**摘　要：** 作为从20世纪80年代中期开始传统村镇、民居研究的学者和早期民居会议的参与者，写此文以纪念中国民居会议三十周年。其一，回忆了我在导师指导下的论文选题，对皖南、云贵地区的乡土调查。其二，回忆了参加第二届民居会的一些细节，特别是民居会的标识设计过程。其三，对研究传统村镇和民居问题的思考。

**关键词：** 传统村镇与民居　皖南民居　第二次民居会　民居会标识

　　我是1984年本科毕业，同年考入本校（天津大学）研究生的。有幸在彭一刚先生门下作了三年研究生，论文选题是《传统农村聚落的形成》，开始在彭先生指导下对传统村镇和民居方面进行系统的学习和研究。

　　这时国内学术界对村镇或外部空间的研究还处于起步阶段，刘敦桢先生主编的《中国建筑史》是以编年史的方式加以组织的，内容中尽管涉及单体、群体、城镇等内容，但对村镇问题谈得很少；其他学者对中国建筑的论述也多集中在单体建筑和古代城市方面，出版物中对村镇实例的介绍极少。当时，比较典型的村镇在哪个省、哪个市、哪个县都不知道。

　　在研究生阶段，通过阅读系里以往研究生写的论文和了解研究生教育得知，为了某项论文写作研究生需要围绕论文选题开展文献资料的调研，需要大量阅读当时已经发表的期刊论文和学术专著，由此找出这一选题需要解决的问题和研究方法。

　　当时国内的学术期刊较少，主要是阅读和整理已经发表在《建筑学报》和《建筑师》上的一些文章。为了查找更多的文献，我们几个同届研究生曾结伴去北京建设部下属的"情报资料所"查资料，当时这些查找和复印下来的、一些外国人写的有关中国民居的调查报告也被我保留至今。

---

① 梁雪，天津大学建筑学院教授.

为了了解其他学校的相关研究我曾在考察途中去南京工学院（现东南大学）调研，得到原来天大的同学曹国忠和南工建筑系一些同学的帮助。

后来发现，如果想把这种刚刚开展的村镇调查搞好，必须要深入地方上去搞现场调研和测绘。因研究生的经费有限，我当时选取的研究对象之一是皖南的徽州地区。

## 一、礼失求诸野，无梦到徽州

也许是机缘巧合，上了研究生不久，一位高班学姐（张铁宁）告诉我，他们刚刚做完皖南齐云山的景区规划，将要去休宁县汇报，问我是否有兴趣去那里看看。就这样促成了我在1984年秋天对皖南民居的第一次考察，并对那里的传统民居和村镇留下深刻的印象。

为了测绘一些皖南村镇和民居的细节，我在1986年夏季又独自一人到皖南地区考察，用简单步测的方法记录下许多当时的村镇和民居现状，如黟县的宏村（当时称际联村）、西递村，歙县的渔梁镇、唐模村等。因为那时候还没有开发旅游，皖南村镇还处于一种很原始的自然状态，每天从县城（住在县城）开往村内的班车也只有早晚两班。为了多看一些村落，我曾找到1984年认识的黟县城建局金艺辉先生，借用他的自行车跑了几个村落。

在黟县西递村考察时，结识村内胡星明老人。在老人帮助下，得见他收藏的一套《西递明经壬派胡氏宗谱》，并带我参观村内的其他老宅，指点村落周边的自然"山水形势"。临别时，老人一家一直默默送我到村口。

在歙县考查时，早晨在县城车站先搭乘县级公交车到计划调查的最远村落，然后再想办法往回走；有时搭乘村民拉河沙的拖拉机跑一段，也坐过他人自行车的后座。

在调查中感到皖南村民的淳朴厚道，也使我很喜欢那里的人和景物，与金艺辉也成了今天还有联系的朋友。现在想想那时候自己的体力够好，白天在古村里写画一天，回县城招待所休息一晚，第二天还可以接着往乡下"跑"。回头看，那些保留下来的村镇测稿、黑白和彩色照片很是珍贵，保留下许多皖南村镇未经过"大开发"前的原始样貌。

硕士论文写作中涉及的另一块实地调研地区是贵州省贵阳周边地区的少数民族地区和云南大理地区。在贵阳地区曾深入关岭苗族布依族自治区的大苗寨、石头寨勘查，在大理地区调查了喜州、周城、下关等十余个典型村镇。在大理地区调查时曾得到大理城建局丁再生先生的帮助。

1985年6月至7月的这趟云贵之行和调研是与彭先生一起去的，也算是在导师指导下"行万里路"的一种教学方式，路上曾得到彭先生的诸多指导和帮助，听到他对许多问题的独到见解，也使我能将这项研究坚持下来。与彭先生的云贵旅行有日记保留下来，去年曾整理出一篇短文"八十年代天津大学的研究生专业教育"，已投给《建筑教育》杂志。

以彭先生为代表的天大老师更偏重于建筑设计问题的研究。当时之所以选择做民居和村镇研究曾怀有这样的愿景，即设计中除了借鉴欧美等国的建筑理论之外，能否在传统的乡土中国找到一些"能启发设计灵感和思想"的东西，所谓"礼失求诸野，汲古思乡土"。

1987年毕业留校以后对传统村镇和民居的研究得以继续，随后几年曾开展胶东地区的渔村调查，主持设计荣成市的总体规划以及大连石槽村的调查与更新设计。

## 二、早期民居会议的"跑会"和民居学会的"标识"设计

最早我曾于1990年参加在云南召开的（第二次）《中国传统民居学术会议》，后来又断断续续地参会，直到2018年的哈尔滨会议。

对云南的这次会议印象较深。这次会议的报到和开幕式在昆明的云南工学院举行，随后会议代表随团先发车去丽江，回程经过大理、昆明，然后再发车往云南南部考察，一路走走停停最后到达西双版纳。那时候的民居会被称作"跑会"，一般白天在路上或村镇中考察，晚饭后找个会议室由会议代表讲解和讨论论文。记得参加这次会议的代表以"老师辈分"的代表居多，年轻一点的有洪铁城、戴志坚和我等十余人。

翻检保留下来的"版纳速写"，傣族村寨中在热带植物掩映下的竹楼，建在村落高地上的"缅寺"，傣家女孩的歌舞都留下清晰可辨的图像和美好的印象。

记得在西双版纳会议快结束时，洪铁城过来找到我，建议给"民居会"设计一个标识。就着酒桌上剩下的白酒和"竹鸡"（生长在竹子里的一种白虫子），好像很快我就以英文"A"为母体勾画了几个草图，后来将这个字母变形成为与民居构架有关的木构架以及火塘，又在中间加了一点红颜色象征"火种"。洪铁城是一位有热情有文采的人，后来开民居会就很少再见到他了，但这个随手设计的小"标示"却被陆元鼎先生所肯定和欣赏，后来作为民居学会的会标，不仅印在会议论文集的封面上，还曾印在发给会议代表的"帽子上"。

在云南会议期间，不仅碰到我们系的黄老师和魏老师，也结识了搞民居的前辈陆元鼎先生等人。陆先生是民居学会的发起人和召集人，记得早期参加的几次会议，装有会议通知的信封都有陆先生写的亲笔字，看起来很亲切。后来（2000年前后）他为了编辑三本一套的《中国民居建筑》（华南理工大学出版社）曾向我约稿，让我编写其中的"中国传统村镇"部分，其间又与我通过几次信和电话。陆先生有学者和长者风度，组织会务上不惧"事物之繁钜"，民居学会能够发展和壮大起来应该说与陆先生的人品有很大关系。

后来我又多次参加过民居学会召集的这种"跑会"，印象较深的如1992年由黄浩先生组织的、开幕式在景德镇闭幕式在南昌，以考察皖南地区为主的学术会议。至今家里还保留有那次会议期间由自己绘画，黄先生联系烧制的彩釉磁盘。

2001年我曾在天津科技出版社出版专著《传统村镇实体环境设计》一书，为国内村镇研究方面较早的学术成果（有导师彭一刚院士写的序言），寄给陆先生后也曾得到他的热情鼓励。这一时期，与我一起讨论聚落和民居问题的老先生还有华中科技大学的陶德坚先生（彭先生的同学，《新建筑》主编），清华大学的陈志华先生等，现在看到他们的书信也有"见字如面"的感觉。

## 三、对研究传统村镇和民居问题的思考

2002年我从美国访学回来后，又曾多次到皖南地区考察，调查范围也由黄山脚下的歙县、黟县、休宁扩展到现在划归江西的婺源。滇西的调查也有进一步的拓展。由于国内经济形势的好转和旅游开发的加快，有些村镇已非原来考察时的样貌。

多次对同一地区、同一村镇的考察，使我可以用不同于一般游客的眼光看问题和思考问题，与国内外专家的接触和交流也加深了我对中国村镇问题的整体认识。这种认识更随着阅历的增长而从感性逐渐过渡到深层次的理性思考。

在对待人生的问题上，东方人受"禅宗思想"的影响，有"人生如寄"的感慨，"人生不满百，何怀千岁忧"，古人对待建筑、园林等实体物件并不像西方人那样当作永恒的事情看，这也许是历史上建筑师社会地位不高的原因之一。在我国，除了地下的宫殿、地上的坟墓之外，能够经过千年以上的建筑遗存并不多，表现在建筑实体上则多是采取易于拆解的木质结构，以同样有生有死的树木为主要材料。但古人却对居住环境的选择十分重视，对村镇或住宅周边的山水环境是选择再三，觉得是荫及子孙的大事。天地以为庐的思想可谓贯穿千年，延续千年，这一思想与目前比较时尚的可持续发展思想相暗合。

三十多年前，开始搞传统村镇和民居的研究初衷，是希望从中找出一些对现在的环境设计和建筑设计有所启发的内容。传统村镇中涉及的环境选址，内部空间组织和街道网络等至今依然有一定的研究价值。传统民居中对气候条件的适应，对地方材料的使用和因地制宜的施工方法都对今天的建筑设计具有一定的启发作用。

我们也应该看到，传统村镇和民居是满足当时的居民需要所修建和能被他们所欣赏的，是一种基于实际生产、生活需要而产生的样貌。在时代的潮流快速发展的当下，村民们的生产和生活需求都发生了极大的变化，在这种背景下孤立地要求传统村镇及民居保持某个历史时期的面貌几乎没有可能，除了少量作为旅游开发的试点或被保护起来的、当作"历史遗产"看待的村镇。这也是目前传统村镇的一种实际情况，一些旧村或被村民所"遗弃"或处在一种"新旧杂陈"的状态之中。

孙中山先生曾说："世界潮流浩浩荡荡，顺之则昌逆之则亡。"信然！

# 1.11 我与传统民居同行三十年

杨大禹[①]

## 1 引言

伴随着中国传统民居建筑会议召开30周年的纪念，回想自己的专业学习与工作成长经历，虽然难以和对传统民居开拓研究的老一辈相提并论，也几乎与传统民居建筑结下了不解之缘。早在1978年小学五年级时，自己就参与了自家的住房建盖（腾冲当地普通的三开间平房），见证了一栋平房是如何从备料开始，在木匠师傅的运筹建构中，经过梁柱榫卯的组合搭构形成预拼好的四榀梁架整体，最后于选定的一个吉日清晨，由众多亲友和街坊邻居的共同帮助竖立起来，稳定地对应摆放在提前设置好的石质柱墩上，形成完整的梁柱框架，之后再陆续的进行墙板的拼装围合。而自己在1988年刚毕业留校工作以来的30年这段历程，对传统民居建筑由浅入深的关注研究，可以概括为三个阶段，即初涉阶段、拓展阶段和定型阶段。特别是在初涉阶段，可以总结为以下的几个第一。

## 2 初涉阶段（1988～1998年）

2.1 第一次测绘民居：1986年10月，作为学生时代的民居古建测绘实习，是在学习中国建筑史专业课程之后的实践训练，第一次到云南建水古城进行现场测绘，从专业角度正式接触传统民居。以直观粗浅的亲身感受，初次涉及对当地传统民居院落空间与建构的认知了解（图1）。

2.2 第一次指导民居测绘实习：1988年10月，作为刚留校任教的青年教师，按照教学工作安排，协助蒋老师一起带领云南工学院1986级建筑学专业的学生，到云南石屏古城进行传统民居古建测绘实习指导，以自身了解掌握的简易测绘方法，在现场进行传统民居古建测绘指导。此后也作为带队教师，多次带来本校建筑学主要的学生先后到大理、巍山、剑川、会泽、漾濞、广南、喜洲镇、黑井镇、和顺镇、光禄镇、河西镇等地县市，对这些历史文化名城古镇中所遗留的传统民居古建进行与科研有关的调研收集与测绘实习（图2）。

2.3 第一次参加民居会议：1990年12月，由云南工学院建筑学系负责承办"第二届中国民居学术会议"。作为当时会议举办的会务组服务人员之一，有幸第一次参加中国民居会议学术会议，在听到了来自国内许多高校教授们做的学术报告之后，进一步了解到传统民居建筑所具有的丰富内涵，初步从理论层面接触对中国传统民居建筑特征的分析论述。

同时在这次会议举办之前，我还接受了一项特殊的任务安排，即为中国民居学术会议设计制作一个会议标志，要求简洁明了，还要反映出民居建筑的特点。在接受此任务后，经过认真思考，以当时

---

① 杨大禹，昆明理工大学建筑与城市规划学院教授.

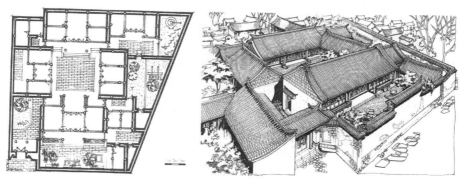

图1  建水小西庄20号民居平面图与院落测绘图

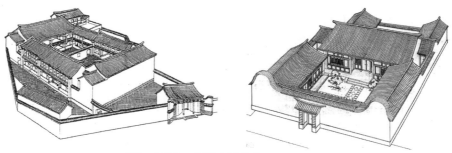

图2  石屏、会泽古城传统民居测绘图

自己对传统民居的理解，特别是在接触了一些云南少数民族的传统民居之后，做出了一个三角形外框的会徽，其中的一些创意思考得到陆元鼎先生、朱良文先生和部分与会专家的赞同，并成为后续中国民居学术会议的固定标志，一直延续至今。这对我无疑是一个极大的鼓励。

关于当时对会徽设计的具体思考，主要是以最本质、最有共性的民居屋顶形式为构架支撑，搭建起了一个能够遮风避雨的棚屋（以象征最原初的民居形式），覆盖着一个围绕火塘的家庭生存生活空间。以"三人为众"的整个会徽图案构成既体现中国民居建筑形式的多种多样，也隐喻着一个最小的家庭结构单元，而且还突出强调居住在民居中的人的主导性。当然，中间的跃动火苗既表示诸多传统民居中不可或缺的火塘，形成以火塘家庭为中心空间分布，同时也寄望中国民居学术会议越办越红火（图3）。开始设计时的会徽，其两坡是45°的等腰，底边显得较宽，火苗大小也对称，后面又将两坡调整为60°的等腰，火苗收窄并有高矮变化，显得更灵动一些。

图3  中国民居建筑学术年会会标、会旗

2.4  第一篇有关民居的论文：1990年，第一次学着分析民居建筑形式的小论文《建水民居有机平面体系及空间构成机理》，这是在蒋高宸教授具体指导下完成的，刊登于《室内》1990（3）：6-9。1992年，受到几位前辈的鼓励，自己开始尝试独立撰写了第一篇专门分析云南民居建筑文化论文"住屋文化的历史转换"，后被收录与《中国传统民居与文化（第二辑）》（中国建筑工业出版社，1992.）。

2.5  第一篇民居论述专章：这是在云南工学院建筑学系蒋高宸教授主编的专著《云南大理白族建筑》（云南大学出版社，1994.）里的其中一章（图4），专门针对一个地方（大理地区）、一个民众（白族）的传统民居建筑，从民居的建筑类型、空间组合、材质肌理、结构建造与装饰图案等地方特点进行系统的分析总结，并有限延展到一些关于居家家庭结构、民间的风俗习俗、审美价值取向等建筑文化内涵的内容。

2.6  第一次参加民居学术会议：1995年12月，作为正式的参会代表，参加第一届海峡两岸传统民居理论（青年）学术研讨会，并在会议上发言。此后的海峡两岸传统民居理论（青年）学术研讨会几乎都参加了，包括2008年在台北举办的第七届也有幸参加。

2.7  第一次参与和传统民居有关的研究：蒋高宸教授主持的国家自然科学基金项目研究："云南少数民族住宅的传统与更新研究"（1989-1992，本人排名2）。1992年12月通过国家基金委鉴定。结论为国内领先水平，并于1996年获得云南省自然科学三等奖。

在这之后，作为研究的主要成员，继续参与了蒋高宸教授主持的国家自然科学基金项目："以村镇聚落环境保护、开发为主轴的广义聚居的研究"（59368006，1995.01-1997.12，本人排名2）、"以民族建筑和聚落环境为主轴的广义聚居学研究（续）"（59778009，1998.01-2000.01，本人排名2）、吴良镛先生主持的国家自然科学基金重点项目："可持续发展的中国人居环境的基本理论与典型范例研究"（59838280，1999.1-2002.12），蒋高宸教授主持承担云南部分的子课题。同时云南省科技厅也配套批准了当年的省应用基础研究基金重点项目："从'地区化'出发的云南住区环境可持续发展模式研究"（1999E0003P，1999.1-2002.12本人排名4）。

2.8  第一次独立申请获得民居研究项目：在前期研究的基础上，1996年个人也第一次申请获得了云南省应用基础研究基金项目：云南地方村镇住宅的更新发展研究（1996E063Q，1996.07-1998.12）。通过研究总结云南本土一些地方的传统民居建筑特点，结合实际的发展需求，借鉴设计了一系列的新民居建筑方案，对当时云南地方村镇的新民居建设具有一定的理论指导作用，该项目也于2001年获得云南省自然科学三等奖。

2.9  第一本民居专著出版：1992~1995年在天津大学读硕士研究生期间，所选的学位论文研究内容就是以云南少数民族传统民居建筑为例，通过具体的调研收资与系统分析，并以优秀论文获得硕士学位。1997年9月，在硕士学位论文的基础上，进一步补充完善了相关的图文资料，出版了自己撰写的第一本专著《云南少数民族住屋形式与文化研究》（天津

图4  第一篇民居论述专章"大理白族民居"
出自《云南大理白族建筑》

大学出版社）（图5）。这是针对云南少数民族传统民居进行的系统梳理，该书归纳总结了云南少数民族现存的不同民居类型，结合其建筑形态尝试分析探讨了与这些民居形式有关的地方民族文化内涵。

### 3 拓展阶段（1998～2008年）

随着在初涉阶段对传统民居建筑不同层面地接触了解，分析研究所取得的认知，在积累和丰富研究工作经验的同时，对已掌握的民居建筑资料与有关研究理论也在不断地关注拓展和进一步深化研究。而且从1998年开始，集中精力用了约4年时间，持续不断地对腾冲和顺古镇这一个国家级历史文化名镇进行古镇研究，系统地对该古镇的发展历史、村落环境构成特点，构成古镇的相关物质要素（即大量的传统民居、古建筑）与古镇积淀丰富的人文文化，在具体测绘调研的基础上，进行了深入的梳理和对比分析。这是专门针对一个古镇从历史、环境、建筑与人文、非遗等方面的完整研究，最终汇集出版了《历史和顺》、《环境和顺》、《人居和顺》丛书三册（云南大学出版社2006年9月）（图6），依托大量的民居古建测绘图纸，客观真实地记录了和顺古镇的历史与现实，并分析了其600年来发展演变所形成的历史遗存和风土民情。为古镇后续的更新发展，作出了积极的贡献。

作为对前期民居研究工作成绩的肯定，个人于1999年也获得了云南省中青年学术和技术带头人（第三层次）的培养（图7），并配套相应的研究支撑项目："云南地区宗教建筑的典例研究"。以此为契机，于2001年申请获得国家自然科学基金青年基金项目："云南地区宗教建筑研究"（50008008），开始在继续关注传统民居建筑研究的基础上，拓展至宗教古建技艺特征及其文化方面的研究，同样坚持发掘散落在许多传统村落古镇中的民居古建技艺。

另外，结合有关研究，对云南地方的一些历史文化城镇和历史街区进行保护与更新改造设计，包括会泽县历史文化名城、泸西县古城老街"建设路"、建水古城官帝庙街、昆明市"甬道街——文明街——胜利堂"片区历史地段、香格里拉县藏族文化生态第一村（霞给村）、大理古城红龙井历史街区、姚安县光禄古镇、石屏古城商业步行街方案和初步设计、梁河县南甸土司府、华罗庚故居调研测绘与维修保护、昆明小空山苗族村落环境改善与新民居研究、泸西县城子历史文化名村保护更新研究、城子新村规划与新民居设计研究等，这些项目无疑都与传统民居和古建筑密切相关。

图5 第一本民居专著《云南少数民族住屋》

图6 第一部古镇研究丛书三册《和顺》

图7 云南省中青年学术和技术带头人

图8　参编的《云南乡土建筑文化》、与朱良文教授合编的《中国民居建筑丛书——云南民居》

在此期间，也先后参与编写了云南大学尹少亭主编的《云南民族文化生态村建设试点报告》（云南民族出版社2002），石克辉、胡雪松主编的《云南乡土建筑文化》（东南大学出版社2003），陆元鼎教授主编的《中国民居建筑丛书》，完成其中的白族、佤族、景颇族民居部分撰写（华南理工大学出版社2003），在2007～2008年期间，作为主要的负责人和书稿撰写人，与朱良文教授一起合著了新版的中国民居建筑丛书《云南民居》（中国建筑工业出版社，2009）（图8），该书在前面相关云南民居建筑研究的基础上，分别从云南民居生存环境的独特性、发展演变的根源性、民居形式的地域性、材料使用的本土性、建造技术的适应性、建筑文化的多元性、价值保护的永续性七个方面进行重新梳理论述，获得对云南少数民族传统民居新的认识和提高。这其中既有以新的研究视角来分析丰富多彩的云南民居所具有的不同特性，也有对云南传统民居建筑技艺精华保护利用方面的思考与实践。

## 4　定型阶段（2008～2018年）

随着在华南理工大学研读"建筑与历史理论"专业博士研究生的顺利毕业，个人专注的研究方向已基本定型，即在建筑与历史理论学科方向，依托以往的研究工作基础，兼顾传统民居与宗教古建，将它们置于传统村落与历史城镇更大的聚落或社区环境中，去探讨两者所具有的共性和差异化特征。一为量大面广的传统民居（私宅），主要体现顺应自然环境和满足于不同地方、不同民族的居家生产生活需要；一为各地方广大民众进行活动的寺观庙宇、亭台楼阁（公建），以满足具有共同信仰的族群或社群公共活动与交往需求。

不论是传统民居还是宗教古建，作为各个地方历史遗存建筑，它们都从不同层面向人们叙述着建筑的故事，如何保护好这些见证历史发展的物质空间，传承其所具有的文化内涵与民间智慧，是这一阶段关注的重点。所以，在申请获得的两项国家自然科学基金地区项目："以村镇建设为主的建筑文化多样性保护与发展对策研究"（50868008，2009.01-2011.12）、"历史文化村镇遗产及其文化生态保护的研究与示范"（51268019，2013.01-2016.12）的具体研究之中，都是把传统民居与宗教古建，融入历史文化村镇的整体空间环境中，对它们所处的自然生态与文化生态、涵盖的物质遗产与非物质遗产及其具有的建筑文化多样性特点，进行专题的研究与保护传承。当然，这当中也有云南省自然基金项目"云南民族建筑技艺及其文化基因研究"（2007E188M，2008.01-2010.12）、云南省人才基金项目"云南城镇和乡村历史地段的环境特色保护研究"（2010-01113，2011.01-2012.12）、云南省财政厅专题研究项目"古旧建筑保护开发利用前期研究工作"（2050205-高等教育，2014.9-2016.12）等一些相关项目的资助扶持，以及参与的国家科技支撑计划项目："彝良'9.7'地震灾区村镇民房重建关键技术与集成示范"

（2013BAK13B01，2013.01–2015.12）研究积累。

在这一阶段，也相继形成了一些研究成果，出版了几本专著和发表了一些文章。

其一是在博士学位论文的基础上，整理出版了《云南佛教寺院建筑研究》（东南大学出版社，2011）（图9）；分别从佛教寺院在云南的发展传播、教派分布、佛教寺院建筑的类型特点、地域特征、建筑技艺与体现佛教信仰的文化景观，还有对各种佛塔的建筑形

图9 《云南佛教寺院建筑研究》

图10 《儒教圣殿云南文庙建筑研究》

式与文化意味进行总结分析等，以期对云南现存的佛教寺院建筑有一个完整的认识。

其二是对云南现存的文庙书院（包含武庙）、云南的清真寺建筑也作了系统的梳理分析，重点突出外来建筑文化与云南本土建筑文化的交流与融合，出版了《儒教圣殿—云南文庙建筑研究》（云南大学出版社，2015）（图10）。

其三是2011～2015年，在《中国古建筑丛书》编委会和中国建筑工业出版社的组织下，重点对云南古建筑作了较为全面系统的梳理和补充，按照建筑类型，分别对云南遗存的聚落城镇、寺观祠庙、文庙书院、楼阁亭塔、府驿馆桥、园林别苑、戏台门坊、关隘石窟、古井陵墓以及古建的建构技艺和人文历史背景进行分类的分析介绍，负责编写出版了《云南古建筑》（上册、下册）（中国建筑工业出版社，2015）。

其四是在2014～2015年两年，配合住房和城乡建设部与云南省住建厅的工作要求，参与编写了住房和城乡建设部主编的《中国民居建筑类型全集》（下册）（中国建筑工业出版社，2014）和《中国传统建筑解析与传承 云南卷》（中国建筑工业出版社，2016）。本人在这两本丛书中，主要负责《中国民居建筑类型全集》的云南部分（下册P53～148），共总结梳理出云南现有26个民族的传统民居48种类型，形成该套全集内容的一个重要组成部分。在《中国传统建筑解析与传承 云南卷》中，负责前言和第一章的撰写，都是突出与强调云南各民族地域文化特色鲜明的传统民居建筑类型、形态及其建造工艺、民间智慧等，仍然与民居研究密不可分。

当然，这些都是从单体建筑切入，透过其建筑的空间形态、材料应用、结构构造、建造工艺等有形的物质空间，去探讨总结潜藏于背后的地域建筑文化与各民族独有的营建智慧，以为有效地传承和保护这些优秀建筑文化精髓提供研究依据和理论指导。未来将进一步拓展到更大范围的聚落村镇中，以宏观的视觉去关注把握聚落的整体营建与不同民居、古建筑的相互关联，形成对建筑（民居、古建）——聚落（村落、集镇）——景观环境（自然、人文），建构工艺——民间智慧——营建思想等建筑发展规律的整体认识和把握，并有效地借鉴传承到对传统村落保护、历史文化城镇与历史街区的保护与活化、特色城镇的建设发展中。

## 5 结语

可以说，自中国传统民居建筑研究会议创办与持续召开以来的30年，该学术团体在老一辈关注及投身传统民居建筑研究的专家学者带领下，学术队伍从小到大，不断扩展，吸收了众多来自全国

各高校从事研究传统民居的青年学者，且关注内容也从单一传统民居逐渐扩展深化到古村古镇古城古建筑，研究视角从民居建筑空间形态到工艺建造、思想文化等各个方面，其学术影响日益增强扩大，并对全国各高校青年学者的成长发展，起到了非常重要的引导作用。而伴随着中国传统民居建筑研究走过来的我，不论在对传统民居、传统村落古建的认识上，还是在与之相关的研究方面，的确受益匪浅，使自己在该研究领域奠定了良好的学术研究基础，也取得了相应的一些研究成果。

# 1.12 饮水应思源——与中国民居学术年会的邂逅

*魏峰*[①]

2018年第23届中国民居建筑学术年会暨中国民居学术会议30周年纪念大会将于12月6日至9日在华南理工大学举行。此次会议第四项议程是对民居建筑学术研究30年的一个阶段性总结与回顾。同时也是忆昔陆元鼎大师为首的民居建筑研究的学术团队的学术成就回顾与对未来的展望。

回首，我参加中国民居学术年会的经历过程，从一开始懵懂的随行观望，到参与其中，每次与会侧耳倾听。再到2014年成为中国民族建筑研究会民居建筑专业委员会学术委员，有机会能够在民居会议分会场给前辈学者和同行们作学术汇报的荣耀，正是因为与中国民居年会这个平台的邂逅，从此，开始了我对民居研究的机遇。在这个过程中，要感谢戴志坚教授的"引路"，带我走上学术研究的道路，还有我的恩师唐孝祥教授将我领进民居研究的学术殿堂，为我指明了学术研究方向，并悉心指导，严格要求，在他言传身教的指导下，我从讲师到副教授，从副教授到教授，锐意进取，对于学术研究的追求不敢停歇。

1995年，我从福建师大美术学院毕业，求职于福建工程学院建筑与城乡规划学院，蒙受戴志坚教授的厚爱，将我带在身边考察福建各地域的民居建筑，这样追随学习一直持续十余年，直到戴老师离开福建工程学院到厦门大学建筑学院任教。这十余年以来，偶尔跟随戴老师参加过一两次的民居学术年会，但都只是"远远观望，暗自羡慕"而已。刚开始调研民居建筑时，我还只是停留在一个美术学院毕业生对民居建筑表面形式美感上的粗浅认识，在戴老师的指导以及多次陪同陆琦教授等前辈在福建进行的民居调研，跟随前辈同行深受其教，我开始意识到民居建筑不只是可以入画的形式美感的摹写物象，背后更有其地域文化性格特征：地域技术特征、社会时代精神、人文艺术品格的深刻的语意。渐渐地开始渴望对民居有进一步深入的研究，或许这个时候我已经踏上民居研究之路，可在当时还没有清晰地认识到。多年以后回首仔细思量，应是戴志坚教授以其对民居执着的热爱，潜移默化地悄然引领我走上民居的研究之路，让我窥视到民居建筑学术研究的广阔前景。

2010年因戴老师的机缘，我有幸以访问学者的身份到华南理工大学建筑学院师从唐孝祥教授，唐老师为我打开民居建筑学术研究的大门。2011年第19届中国民居学术年会在福州大学召开，我与导师合写了我第一篇关于民居研究的论文《泉州侨乡民居建筑的文化内涵与美学特征》在会议论文集中刊出，后受约发表在2012年第四期《中国名城》杂志上。这一次参加民居学术年会对我而言，是第一次以研究者的身份参与其中，通过福州年会让我明确了今后研究的方向与道路，彻底扭转我

---

[①] 魏峰，福建工程学院设计学院教授，中国民族建筑研究会民居建筑专业委员会学术委员.

之前对学术研究的混沌和迷惘，成为我研究方向转型的契机，同时也开启我对民居研究的热爱直至后来不断的持续升温与坚持。

2013年我进入华南理工大学建筑学院唐孝祥教授门下攻读博士，2014年在先生的引荐下增补为中国民族建筑研究会民居建筑专业委员会学术委员。参加了2014年在呼和浩特市内蒙古工业大学举办的第二十届中国民居学术年会，聆听了与会学者场场精彩的学术报告，学者们研究的深度和广度启迪我对民居研究的新思考，会后，我撰写了《传统民居研究的新动向——第二十届中国民居学术会议综述》发表在2015年第一期《南方建筑》上，通过对此次会议提交学术论文的梳理，进一步加深了我对民居学术研究的信念与坚持。2016年，我受邀在第二十二届中国民居学术年会分会场作了《泉州蔡氏华侨民居建筑群审美文化特征》的学术汇报，后发表在2017年第十期《艺术与设计》（理论）上，我也从原来学习、聆听到自己向众多前辈学者以及同行们汇报自己研究的成果，受到他们的认可与鼓励，之后又参加了第二十三届中国民居学术年会，一路走来，是我的导师唐孝祥教授谆谆教诲才使我在民居研究的学术道路上逐渐进步，对民居研究的理论不断提升，同时也增添了信心。这些提高也是有赖于中国民居学术年会平台给我提供了不断深化学习与交流机会，每一次的年会都是拓展我学术视野的机会，每一届年会的学术报告，都宛如醍醐灌顶，茅塞顿开。促使我不断地成长与学术水平的提升。每一回年会归来之后，激动的心绪与被启迪的心智，都带来对民居学术研究深度的新思考，并转化为文字的书写记录，通过不断的书写与调研，成就了我日后关于民居建筑的一系列的文章。因为有恩师厚爱与中国民居学术年会这样有学术高度的平台与组织，使我有了很强的归属感，有这样学术高度的平台，犹如是站在巨人的肩膀上。我离民居学术研究核心愈近，就愈受到这样浓烈的学术氛围熏陶，它是激励我潜心研究的内在动力，但还需要我努力奋斗，力争多出有价值的学术成果。另外我今年顺利通过教授职称评审也得益于中国民居年会这个平台。

中国民居学术年会就是我们青年学者成长的平台。平台决定高度，这个平台有着一批前辈大师和优秀学者作为扛鼎标杆，以陆元鼎前辈为代表的志同道合的学术团队，其中有李先逵、朱良文、单德启、业祖润、黄汉民、李长杰等，还有罗德启、戴志坚、王军、张玉坤这些大师前辈学者以及民居建筑学术委员会主任委员、副主任委员、秘书长等优秀学者们筚路蓝缕、砥砺前行的开拓与进取，他们的名字和学术成就镌刻在中国民居学术研究的里程碑上，如璀璨的明灯，闪亮地照耀着青年学者的研究之路，如指月之指，指引青年学者未来的研究方向。我的学术成长轨迹，是我的恩师唐孝祥教授立足建筑美学，提出"文化地域性格"理论，以此对中国民居与传统村落的研究，以及风景园林美学和岭南建筑理论等方面的研究，取得了卓越的学术成就。他以"学高为师，德高为范"的人师魅力，进一步将我领进民居学术研究的圣殿，用他睿智开启我的混沌心智，让我看见一片蔚蓝的天空，就是中国民居研究的光明未来。亦是中国民居学术会议这个平台开始。

我将继往开来，坚持不懈地沿着前辈学者民居研究的道路上继续前行，不负恩师对我的期望与中国民居学术年会的这个平台高度。谨以此文献给中国民居学术会议30周年纪念大会。

# 1.13 传民居精神，承先辈智慧，育青年梦想

## ——纪念中国民居学术会议30周年

王东 ①

2018年中国民居学术会议迎来了30周岁生日。三十年前在以陆元鼎先生为首的一批学者筹建了中国民居委员会，随即在全国范围内掀起了民居研究热潮。这在中国建筑发展史上都是具有重要意义的。

作为刚从华园毕业一周年的晚辈感恩中国民居建筑学会的一路陪伴。追忆往昔，成长过程中留下太多值得感恩的足迹。自2014年9月追随恩师唐孝祥教授求学于华园以来，便与中国民居建筑学会结下了不解情缘。恩师唐孝祥教授作为中国民族建筑研究会民居建筑专业委员会秘书长兼副主任委员，20多年来参与民居学术活动的各项组织工作，在其带领下的团队展开建筑美学、侨乡民居、岭南传统村落保护与发展等领域的研究，为民居研究的拓展与深化做出不懈努力。在恩师的引荐下有幸参加了"2015年中国传统民居学术研讨会"（图1）和第21、22届中国民居建筑学术年会（图2、图3）。

中国民居建筑学会致力于传承中国营造学社的学术思想、提升民居与聚落的理论研究水平、着力培养青年民居研究学者，为改善村镇人居环境不遗余力。晚辈每次参会都能深刻感到民居研究工作的切实推进，研究成果不断推陈出新，新的研究内容与时代结合更趋紧密。每次参会都能深切地感受到这是一个有情怀的、质朴的、凝聚力极强的专业学术委员会，就如东南大学朱光亚教授所说："在这个学会中，没有官气，没有老朽气，没有行帮气，一群志趣相近的同仁，不问老小，不问来头，共同切磋"。这便是民居研究者固有的精神。会上，来自全国各地的民居专家毫无保留地分享当下民居与聚落研究的最新学术成果与研究动向，提出关于民居与聚落的新问题、新方法、新视野，共同探讨并寻求解决民居与聚落保护、发展、创新等问题的方案。与会人员，尤其是青年学者在学术交流中既可学习先辈的研究智慧，也可以清晰地了解国内外民居研究的最新动态。

通过参加中国民居建筑学会举办的各种学术活动，青年学者被中国民居与聚落的魅力深深吸引，被老一辈民居学者的敬业精神深深感染。参会人员中，青年学者和硕、博研究生逐年大幅增加。中国民居建筑学会成为了众多青年民居研究者的筑梦者。可以说很多青年民居学者的学术成长是离不开民居会的培养。晚辈的博士论文《明清广府传统村落审美文化研究》的选题、调研、撰写等环节便是深受学会老师们的影响，在调研了160余个案例的基础上，基于建筑美学的视野，从地域形态特征的多样性、社会时代精神的丰富性、人文艺术品格的深厚性三个维度系统阐释明清广州府

---

① 王东，贵州理工学院建筑与城市规划学院.

传统村落的文化地域性格，为进一步推进和深化民居研究提供了新的思路（图4、图5）。

中国民居建筑学会的熏陶与培养坚定了晚辈从事传统村落研究的决心。2017年9月初到贵州后，就致力于将在华园及民居会上所学知识运用到贵州传统村落的研究中（图6）。贵州传统村落丰富，民居类型多样，是传统村落与民居研究最理想的地区之一。目前主持的贵州省社科项目和国家教育部人文社科基金皆是关于贵州传统村落领域的。为了凝聚研究力量，牵头成立了以青年为主的校级科研平台"贵州传统村落保护与创新发展研究中心"。为了让贵州青年学者走出去，更好地融入学界，洞悉学术前沿，晚辈将介绍更多的贵州青年老师加入中国民居建筑学会，向民居学会的学者虚心学习，以期更好地开展贵州传统村落及民居的研究。

感谢中国民居建筑学会为民居研究者提供了这一理想的学术平台，对于包括贵州在内的中国民居与聚落的研究离不开中国民居建筑学会的支撑。作为青年一辈的我们必将沿着陆先生和其他学会前辈开拓的民居研究之路继续躬耕前行。

谨以此拙文纪念中国民居学术会议30周年华诞！

图1　2015年中国传统民居学术研讨会上作主题汇报

图2　第21届中国民居建筑年会上作主题汇报

图3　第22届中国民居建筑年会上获一等奖

图4　2017年6月6日学位论文答辩与恩师合影留念

图5　2016年深入广州从化北部山区调研

图6　2017年7月深入贵州清水江流域苗寨调研

# 1.14  从"无用之用"到"有用之用"的民居建筑研究

车震宇 [①]

## 一、初涉民居研究

我于1989年建筑学本科专业（四年制），和今天相比，那时的专业资料很少，民居建筑方面的资料就更少，再加上就读学校资源有限，因此，在本科期间，对民居建筑知之甚少，直到大四毕业设计的时候，才对云南"一颗印"民居略有接触。

1993年9月，我有幸成为了朱良文老师的建筑设计及其理论专业研究生，研究方向是"地方性、民族性建筑研究"。读研期间，开始涉猎民居建筑研究，特别是阅读了民居建筑专业委员会于1991年、1992年出版的《中国传统民居与文化》第一、二辑等，对各地民居有了粗浅的间接认识，但实际上对民居还是一知半解，其原因是与缺乏对民居建筑的"现场实感"有较大关联，毕竟书本与现场中的民居是不一样的。

1994年、1995年因参与朱良文老师的设计项目和科研课题，到四川凉山、云南红河州等地现场调研彝族和哈尼族民居，给我的锻炼和提高很大，对民居的空间布局、文化特征、细部做法都有了现场认识，调研哈尼族民居，我亲自简单测绘了平、立面草图，回校后又用CAD画成正式图。

## 二、初思民居研究的"无用之用"

读研期间，正值1992年邓小平南巡讲话后，全国掀起了新一轮的城市开发建设高潮，当时市场上需求的，都是大量的现代风格或欧陆风格的建筑（这种导向一直持续了将近10年）。这就对从事民居研究的师生提出一个问题："做民居建筑研究有什么用？"，虽然许多学者都在谈传统村落民居的保护、更新与传承等，但在当时，民居建筑研究似乎是没有市场的、是"无用的"，特别对于学生而言，如果将来市场需求与自己的研究方向不吻合，那么读书期间投入的研究是"无用"还是"有用"呢？

1991年起，朱良文老师在桂林、景德镇等民居会议上，多次探讨了传统民居的历史价值、文化价值、建筑创作价值、经济价值及其继承问题，引起较大的共鸣，但这些探讨也缺少具体的应用层面。1993年，单德启老师完成了广西融水苗寨木楼改建实践并在《建筑学报》发表了文章，这类实践当时在全国都是很少的，很难得的，"市场"较小。

---

① 车震宇，昆明理工大学建筑与城市规划学院教授、博士.

虽然不明确将来民居研究的实用前景，但硕士论文是需要完成的。1995年，结合参与朱良文老师日本奈良中国文化园彝族村的彝族民居研究基础，我的硕士论文选题为《红河流域彝族土掌房研究》，我独自到峨山、新平、建水、元谋等地调研，前后共一个多月，这次调研充分锻炼了我的综合能力，为以后多种课题和博士论文的调研能力打下了基础。回校后，前后利用4个月左右的时间，完成了硕士论文。

1996年硕士毕业后，结合前期彝族土掌房研究，在朱良文老师的帮助和指导下，我补充了闪片房、瓦房、一颗印民居等其他类型民居，负责完成了陆元鼎老师主编的《中国民居建筑》（华南理工大学出版社2003年出版）中彝族民居这章的成果。对我而言，这也是研究历程中正式的初步成果。

## 三、民居研究的提升、交融、完善

1997年后，因在高校建筑学系工作的缘故，仍继续进行传统村落和民居保护更新等研究，涉足云南西双版纳、大理、丽江等地，对云南民居有了更全面直观的认识。跟随朱良文老师，完成了西双版纳傣族新民居的更新设计、云南坝美等村落旅游的规划设计等。结合傣族新民居课题，我于2002年在《华中建筑》上发表了第一篇核心期刊论文。

在民居研究实践发现，西部地区传统村落和民居空谈保护而没有资金扶持是困难的，旅游开发是满足资金来源的一个重要渠道。云南是一个旅游大省，旅游规划和旅游研究是未来值得挖掘的一个发展方向，因此，2002年我考入广州中山大学跟随保继刚老师读博，研究方向为区域发展与旅游规划。

2004年博士论文选题时，结合我本科和硕士的背景，一开始就想考虑选择传统村落或传统民居方面的题目，但又看到这方面其他人的成果已很多，自己很难写出新东西来，因此犹豫不决。和导师多次交流后，结合我过往的学术背景及博士期间的徽州村落规划案例支撑，决定仍然以传统村落为论文选题。

当时，村落旅游开发还没有今天火爆，也不能肯定博士论文是否"有用"，关键是把它做好。论文研究方向确定了，但仍难以确定一个明确的切入点和连贯全文的线索，自己仅知道应从研究旅游村落形态及民居变化入手，同时，对于论文的推论结果，也没有一个预期的假设条件。因此，在论文的初始调研中，只能用最笨的办法，对照图纸，一条街一条街的走，一幢房子一幢房子的看。许多想法是在现场思考中形成的。经过黄山、大理、丽江的两次调研后，站在一个大的视野范围内，终于感悟和总结到了各地村落不同的变化类型和特点。据此，完成了博士论文《旅游开发背景下传统村落的形态变化研究》，2005年7月博士顺利毕业。博士毕业回校后，我的研究方向逐渐偏重于城乡聚落与旅游发展。

2006年3月，在朱良文老师的安排下，我负责了"滇东南民居专题考察小型研讨会"，参会人数27人，见到了国内民居研究的许多大伽们，如陆元鼎老师、黄浩老师、陈震东老师、业祖润老师、李长杰老师等，当时，唐孝祥、李晓峰老师在其中属于比较年轻的。大家认为滇东南民居考察意想不到、收获颇丰，从另一个方面进一步了解了云南，李长杰老师连连赞到："我大吃一惊、我大吃一惊……"。这也是我第一次真正和中国民居建筑研究会结缘，同年9月，我第一次到澳门参加了第

14届中国民居建筑学术年会，我的会议交流论文《市县级政策与管理在古村落保护和旅游中的重要性》，是结合博士论文部分成果完成的，后来投稿发表在《建筑学报》上。

## 四、民居研究的"有用之用"

在政策层面，2004年起中央一号文件出台了解决"三农问题"的政策，逐年重视农村发展；2005年的《十一五规划纲要建议》，提出要扎实推进社会主义新农村建设；2008年起，多地提出美丽乡村建设；2013年12月，习总书记在中央城镇化工作会议上提出了"望得见山、看得见水、记得住乡愁"；2017年的十九大报告，提出了乡村振兴战略。2006年全国旅游主题确定为"2006中国乡村游"；2012年起开始确定给予资金支持的中国传统村落名录，并编制传统村落保护发展规划；2017年起，全国多省市兴起"特色小镇"培育及建设。

以上的国家政策及相关措施，再加之结合地方风貌的城市与村镇开发市场需求，使得2005年至今，过往的民居研究成果都有了"用武之地"，民居系列丛书成为了许多设计师案头必备的参考书。

以我为例，1997年后就基本停止搞彝族民居研究了，十年后，2006年承接了一个云南石林风景区旁的彝族旅游村落修建性详细规划，十年前的研究成果派上了用场，当年觉得"无用"的成果在十年后也"开花结果"。此后，陆续遇到了不同的与民居研究有关的村镇规划、旅游区规划等，似乎民居研究在市场上真的"有用"了。同时，2011年以来，以旅游村镇为研究对象，我还获得两项国家自然科学基金，现已顺利结题，这在学术层面也产生了厚积薄发的"有用"成果。也许，近十多年来，许多高校教师都有我这样的从"无用"到"有用"的经历。

## 五、"无用之用"与"有用之用"的关系

"无用之用"在于不必注重民居研究即刻的实用性、变现性，而应注重其长久的理论性、拓展性，这样，研究学者才能心无旁骛地投入研究，才能真正产生耐久性的、可长期指导实践参考的成果。"有用之用"在大多数人眼里，主要体现在即刻的实用性、短暂的经济价值、多方的现实业绩中。

这两者的关系体现在以下几个方面：

1. "前"与"后"的关系。应认识到，民居建筑研究的"无用之用"在前，"有用之用"在后，"无用之用"支撑了"有用之用"，顺序不能搞颠倒。

2. "静"与"动"的关系。民居研究的"无用之用"需要能静下心来，才能产生理论层面的学术成果，而"有用之用"体现在结合理论成果，进行满足市场需求和城乡建设的实践，造福一方。

3. "长"与"短"的关系。民居研究的"无用之用"其价值更具有长久性，相反，在当今千变万化的现实社会，民居研究的"有用之用"其价值更具有短暂性。

如果没有民居研究会老一辈学者过去30年来"无用之用"的研究，也就没有近十年来各省市城乡建设实践中"有用之用"的开花结果。现在，要让大多数学者再回到过去二三十年前"无用之用"的状态，太难了！比如，现在许多书籍和论文中，一些经典民居的测绘图，还是套用老一辈二三十年前的测绘图，缺乏年轻人的新的更好的测绘图等，就是明证！

# 1.15 民居学术会议与我的成长回顾

李树宜 [①]

民居建筑专委会于1988年开始主持举办首届全国民居会议及考察。传续至今，极大地扩充了民居研究领域，积淀了丰富的民居研究成果。多次原汁原味的传统聚落群考察及学术研讨，为民居学术研究奠定了基础，也启发了后辈的研究视野。笔者从学生时代多次参与民居会议的学术会议与考察，感受近20年民居的学术走向发展，反思学术成长及科研发展，深受民居建筑专委会的活动及发展的指导。

仍是研究生的笔者，参加了2001年温州会议、2003年新疆考察、2004年武夷山会议，这个阶段跟随着陆元鼎、朱良文、李先逵、李乾朗等大师勘察民居，当时交通条件并不好，许多村落仍没有现代化的柏油道路、电力设备、卫生设备，村落居民仍过着原始农村状态，老先生们不辞辛劳的调查与考研，并且安排为都市化严重的村落会议行程，甚至考察期间，仍以年迈的身躯，爬上山坡，只为了取得一张村落全景照；为了追求学术，忘记年纪，刻苦追求学术，忘记身体辛劳的精神着实令人感动。原汁原味的建筑调研，使我感受到了"行到深处便是知"的研究精神，而立志从事于古建筑方面的研究。

笔者以实际参与传统技艺调研

21世纪的民居会议伦文多重面向研究主题，围绕着传统民居的史学研究、传统建筑民居及其聚落调查研究、传统民居建筑文化研究、传统民居营造技术研究、传统民居研究方法讨论、聚落保护更新与开发、传统民居的继承及其在建筑创作与城市特色上的探索研究、新民居探索与新农村建设的实践研究，显示出多面像及跨领域的研究正在启蒙发展，也提供了年轻学子广泛研究的机会。

与笔者相同境遇的博士论文答辩

笔者在2012年攻读博士前后陆续参加了2010年的福州会议、2014年的江西南昌会议、2017年的哈尔滨会议，这几次的会议更多学者以实地参与传统技艺与规制作了更加详细的调研，方法上着重交叉学科的研究方法，应用了

---

① 李树宜，华南理工大学博士、台湾华梵大学讲师.

人文学科的地理学科、人类学科、社会学、美学，也有许多交叉研究，范围从民居研究、单纯的个体，到聚落或村落研究，研究方法也多样化。对笔者博士论文的选题及研究方法上，不脱离民居会议范畴。不仅感受到民居会议的日益茁壮，也感受到民居委员会的深度。

笔者兼具台湾学生的身份，20年前台湾的学术氛围并非对中国民居研究有着广泛的认识及深入的探索。透过民居委员会的启发，专业教授培养，幸运于2018年取得相关专业的博士学位，这样的学术成长，是民居研究经老一辈先生努力和新一辈学者传承，学术思维从单学科到多学科交叉的复杂多元化的结果。笔者的学术成长并非特例，感谢民居建筑专业委员会的坚持，使得年轻一辈的学者得以知易行易，并为后世提供研究的平台及根基。

# 1.16　中国民居学术会议参会有感

郭焕宇 [1]

　　2004年暑假，我以一名建筑美学专业硕士生的身份，第一次跟随导师唐孝祥教授参加了在无锡举办的民居学术会议。2006年毕业后，我留在了与母校华南理工大学一墙之隔的华南农业大学从事教学科研工作。参加民居会议，就此也成为了伴随自己的生活习惯和成长动力。

　　无锡会议前夕，我荣幸地承担了一点会务工作：在陆元鼎教授的指导下，协助唐老师完成了会议论文集的排版和印制工作，并一同携百本论文集前往会场。在这次会议上，见证了中国民族建筑研究会民居建筑专业委员会的成立，亲见了此后荣获"中国民居建筑大师"称号的陆元鼎、单德启、朱良文、黄浩、陈震东、业祖润、李长杰等老一辈先生，以及众多中青年学者陆琦、王军、戴志坚、闫亚宁、李晓峰、唐孝祥、朱永春等前辈的学术风采。会议期间置身于融洽的交流氛围，参加了无锡、高邮、镇江、扬州等地的现场考察调研，视野大为开阔：原来各地民居如此丰富多彩，原来有这么多专家学者在关注民居与村落！会后我还与研究生同学吴妙娴等人一同调研了苏州园林。江南之行为我撰写硕士学位论文打下基础。

　　记得第一次在民居会议上汇报的是以硕士论文关于岭南园林审美文化研究为基础的内容；还有一次汇报的内容为博士论文广东侨乡民居文化民系比较研究的心得。会议期间的民居考察成为直观认识、了解各地风土人情和民居文化的最佳途径，每逢此时便是求教师长的良机。作为建筑摄影爱好者，背着"长枪短炮"选择拍摄角度，现场观摩速写，几日下来，身体辛苦却充满快乐。现在每到一地调研已经养成当天归类整理照片的习惯，就是在西安会议期间与潘莹老师交流心得时形成的。

　　在分布于全国各地的学术委员身体力行的榜样作用和薪火相传的提携、带动、影响下，民居会议凝聚和吸引了全国各地的越来越多的青年学者及在校学生的参会。近年来参会人数和优秀论文都有了明显的增加，分会场也从2个增加到4个，由承办单位收集编辑的会议论文集也已是多年前的2~3倍厚度了。2011年福州会议期间，我和几位同学的相机都留下了陆元鼎先生偕夫人魏彦钧先生与到会的潘安、戴志坚、王健、唐孝祥、郭谦、廖志和徐怡芳老师等博士弟子及陆琦老师在会场的合影；2017年哈尔滨会议上，会务组精心安排陈震东、朱良文、李长杰、王军、戴志坚、张玉坤6位老师、两代学者同台，来了一场别开生面的"与中国民居建筑大师面对面"；近期微信群内委员们纷纷回顾参会经历，展示出10年、20年前的会议合影……今天看来，这一幕幕留影，不正是几十年来，全国各地老一辈民居研究学者默默耕耘、学术传承的缩影么？多年来与自己共同参会的、曾在华工建筑学院攻读博士学位的诸多校友，赖瑛、杨星星、黄健文、陈吟、王永志、梁林、李自若、高伟、谢少亮、陈亚利、李岳川、李晓雪、王东等同学，以及郦伟、魏峰、余翰武、伍国正、吴琳、李树宜等老师（在职博士），也大都在广东、福建、台湾、贵州、湖南等地院校单位从事教学科研并成为了相关领域的骨干。

通过10余次参会和两次参撰会议综述，我明显体会到民居研究不断发展，不仅研究视野深化拓展、研究方法综合创新，而且紧扣时代脉搏，关注现实问题，体现出与会学者强烈的历史责任感和现实主义情怀。近年来有关传统村落、乡土建筑、建筑遗产等专题研究的学术会议、学术团体的涌现，使传统文化面临新时代的复兴机遇，民居学术研究迎来前所未有的繁荣局面，是我辈学人的幸事，更是责任与挑战。

2014年我有幸入选民居建筑专业委员会，后兼任副秘书长，在陆琦主委及各位副主委和秘书处老师们的指导与帮助下，更加深入参与了一些专委会的工作，包括与民族建筑研究会的公文对接、学术年会及专委会的通知下发，专委会工作总结，网站建设以及学术年会分会场主持工作等。能够有机会向专委会的前辈请教、交流，作为后学晚辈，倍感荣幸和感激。同时，也更加体会到会务工作的不易，处理食宿交通、考察地点、学术报告、论文评选、新闻报道诸事，专委会与承办单位老师均尽心尽力，倾注巨大心血。

距2008年华南理工大学召开第十六届中国民居学术会议暨20周年庆典至今，已经又一个10年，回忆当时跟随陆元鼎老先生及陆琦、唐孝祥、郭谦、潘莹、施瑛等老师与研究生同学进行会务工作的情景，历历在目。今年盛会在即，筹备工作已然紧锣密鼓。此时我身在英国爱丁堡大学访学，遥祝大会成功召开，祝愿祖国的民居研究事业蒸蒸日上！

# 1.17　中国民居学术会议参会有感

赖瑛

　　初始知晓中国民居学术会议来自家父赖德劭。20世纪末以来家父每次参会回到家就对会议研讨内容、考察地点、旅途故事等津津乐道，拿着论文集，对着会议发言、调研等照片如数家珍地一一介绍。我当时不知道我的一生亦会与此相关。

　　2005年，我参加了以华中科技大学为主会场的民居学术会议，因为是首次参加，印象极为深刻。首先，深为老前辈人格魅力所感染。会议上有幸认识以前只在论文集看到的作者和照片中看到的人物，尤其那些年过古稀的民居研究前辈，他们的与会无疑给予我们这些后辈无穷的感召与鼓励。那年，民居学术会议发起人之一陆元鼎先生与夫人魏彦钧先生一如既往亲临会议现场、并参加会后民居考察，一路走来步履从容，更为深刻的是陆老先生在湖北通山民居考察时挥毫泼墨的淡定与大气，这一画面深深地定格在我的记忆中。其次，感受到学术氛围之浓烈。来自祖国四面八方、海峡两岸暨香港、澳门的民居研究者济济一堂，会上发言内容丰富、会下依然成群讨论，会上会下还不时有些学术"争论声"，碰撞产生思维的火花。置身于浓厚的学术氛围想不进步都难。再次，领悟治学之严谨。导师唐孝祥教授时时鞭策治学一定要严谨务实，参会后发现不论撰文参会还是在分会场报告发言，在民居会议这个专业的平台上，都体现出专业的水准和认真的治学态度。最后，对学术研究之痛并快乐有新的认知。民居研究离不开大量田野调查，个中辛苦与愉悦研究者自有体会。清晰记得那年台湾中原大学博士研究生郑碧英在作"台湾祠庙传统供桌研究"报告时，提及当时对于祠庙拍摄，尤其是女性在祠庙中拍摄的诸多艰辛，为了获取更多素材不得不想方设法多拍照片，甚至得把相机调至无声状态藏在衣服里，一眼保持警惕一眼留意相机，还为能在艰难之下依然能拍到差强人意的照片而窃喜。

　　后来，我陆续参加在古城西安、塞上呼和浩特、冰城哈尔滨等地举办的民居会议。每一次参会越发强烈地感受到民居研究者对于学术的热忱与务实，也和大家一起见证着民居研究队伍的不断壮大。自由而严谨的学术会议氛围吸引着越来越多的青年学者与在校大学生参加到民居会议中来，论文集由第一届（1988年）收入论文26篇，到第22届（2017年）211篇，与会人数也每年攀升，直至最近一年300余人。会议中除了在学术上与全国各地前辈、学者、同学学习交流之外，不断有着新的收获，比如为黄浩、朱良文等老师等耄耋之年奋斗在研究与实践一线的精神所感动，为唐孝祥、陆琦、戴志坚、万幼楠、郦伟等前辈的谆谆教诲与关心而心存感激，为郭焕宇、潘莹、郑红、魏峰、李树宜等日益进步而欣喜与鼓舞。

　　30年来，中国民居学术会议的勃勃生机不仅浓缩着复兴中华传统优秀文化的伟大事业，更体现着历年中国民居建筑专业委员会的坚持与努力。正是专委会与历次会议承办单位的精心安排，正是他们牺牲众多个人时间妥善处理巨细事务，才使得与会人员在参会过程中得以老友相见的亲切、新知相见的恨晚。值30年盛会在即之际，谨让我等小辈表达深切感激与祝福，感谢专委会为我们提供一个交流学习的高水平好平台，祝愿我国民居研究事业欣欣向荣！

# 1.18　我的老师——张润武教授

姜波

和张老师的缘分始于我上大学的时候，算起来已经有30年了。

1988年我还在山东工艺美术学院读书时，张润武老师是山东建工学院（现山东建筑大学）建筑系主任。大二那年院系开设了中国建筑史课程，请张润武老师来上课。张老师讲课极好，每张图都画得很认真，一下就吸引了我。但当时课时很少，只是概要性地讲述，上完课后我总觉得不过瘾，便问张老师是否可以到山东建工学院继续听他讲课，张老师欣然应允。于是，每周三晚上到山东建工学院听他讲课就成了我的习惯。当时老师外出开会不少，每次需要调课，他总会抽出时间，给我们系办公室打电话，让教学秘书帮忙告诉我不要去了，以免我白跑一趟。这让我们系的教学秘书很是纳闷：建工学院的系主任居然为了一个外校的学生，亲自打电话。

我和张老师的情谊也就是从那时建立起来的。我在山东建工学院小礼堂前后听了张老师三年的建筑史课，当时建筑和规划专业前后几级的同学都认识我这个外校来的插班生，而我从事建筑历史研究的种子也是在那时悄然种下。

大学毕业后，我的工作和事业都面临着不少选择和困惑，但民居调研是我始终想做的事情。1995年前后，我在东南大学的《中国民间工艺》、山东大学的《民俗研究》等学术刊物上，陆续发表了八九篇有关山东民居研究的论文。张老师看到后很高兴，对我那篇在《民俗研究》发表的"我和山东的民居调查"尤为鼓励，还特意邀请我去他家，好好表扬了一番，这让我对继续从事民居研究充满了信心。

1997年12月，海峡两岸青年民居学术研讨会在昆明理工举行，我所投的一篇"山东民居概述"的论文被会议录用。我心里向往参加学术研讨，但又觉得缺乏底气，加之路途遥远，便有些犹豫。张老师鼓励我要去长长见识，结识一些国内民居研究的同行。现在想起来，昆明之行，是开启我学术研究生涯的一把关键钥匙。这是我第一次参加全国民居学术会议，会上我才知道民居研究在全国学术界具有相当的影响力。这次参会，我不仅做了专题发言，还得以认识陆元鼎、朱良文等国内民居研究的前辈和李乾朗等来自台湾的学者，我的论文也在《华中建筑》上发表。回来后和张老师一一汇报，张老师甚为欣慰喜悦。

后来，我才了解到张老师和华南理工大学的陆元鼎等老先生同为中国民居研究会的开创者，并参与了中国民居研究会最初的学术活动。他和陆元鼎、朱良文、李长杰、叶祖润、戴志坚等中国民居研究领域的老前辈都是挚友。20世纪80年代，张老师参加了中国民居学会在云南、桂林等地的一系列会议和民居考察，虽然后来因为经费等原因，张老师不能再外出参加民居会议，但张老师一直希望我能把山东民居研究工作做下去，完成系统的山东民居研究。他也一直希望能在山东举办一次民居会议，请老朋友来山东进行民居实地考察。

2010年10月，在张老师、刘甦校长的共同努力下，第十八届全国民居年会终于在山东建筑大学召开。会前我和学院傅鲁闽书记、王茹博士提前考察了参观路线，回来和张老师汇报了行程，张老师很满意。全国的学术委员到济南后，我和张老师陪着大家从济南到周村、栖霞牟氏庄园再到荣成的海草房考察山东民居，一路上张老师谈笑风生，讲解细致入微，现在回忆起来，那近一周的时间真是充实而愉快。

除了民居研究，张老师对山东近代建筑的研究也颇具前瞻性，他是山东近代建筑研究领域的开创者。20世纪80年代初，张老师就参与了中国近代建筑史的调研工作。早在1996年，张老师已执笔完成了《中国近代建筑总览——济南卷》，使济南成为国内最早完成近代建筑调研工作的城市之一。这是中国近代建筑研究上跨时代的研究成果，为济南近代建筑研究留下了非常宝贵的资料，同时也为山东近代建筑史研究打下了基础。

1991年，张老师带领学生测绘了胶济铁路黄台火车站站长住宅和水塔，并做了较为详细的调研。2016年，我和同事们带着当年张老师的报告来到黄台火车站的时候，水塔已经荡然无存，站长住宅也面目全非。

1996年，第五次近代建筑史年会在江西庐山召开，我的论文"济南老城的近代商业建筑"入选。开会前我特意到张老师家里，他嘱托我带论文集回来。会上我才知道张老师和很多近代建筑史研究的专家也是老朋友，20世纪80年代他也代表山东参加了清华大学汪坦教授组织的中国近代建筑史的早期学术活动。从那以后，我几乎都会参加两年一次的中国近代建筑史年会，这对我个人的研究有

2002年5月张润武老师和我与济南文物局崔大庸副局长及考古所同仁抢救性测绘高都司巷

2002年5月张润武老师、王德华老师和我及同学们调查济南民居

着非凡的意义，为我打开了近代建筑研究的大门，我得以进入更广阔的研究领域。我和学生们有关近代建筑的研究成果也从济南、烟台等零星几个地市逐渐扩大到全省各地。

正是张老师当年宽阔的学术视野，才使得我们在近代建筑研究的领域没有落下，在此基础上，我们才有了今天在工业遗产研究领域全国领先的局面。

在得知张老师去世后，原中国建筑学会史学分会近代建筑史学术委员会主任委员、清华大学张复合教授这样评价张润武先生——"张润武先生作为20世纪80、90年代中日合作进行中国近代建筑调查工作济南地区主持人，《中国近代建筑总览·济南篇》主编，对济南近代建筑乃至山东地区近代建筑的研究与保护工作付出了艰辛的努力，进行了大量开创性的工作，对此领域的学科发展和当地的城乡建设做出了重大贡献，其影响深远。"

2001年前后，济南最著名的历史街区泉城路、芙蓉街面临改造，大量历史建筑要被拆除。得知这个消息后，张老师非常着急，组织我们尽快进行抢救性测绘。当时张老师刚刚退休，时间和体力都好。他总体把握指挥，我负责现场调查和对外联络工作，女教师王德华老师负责测绘，我们三人被号称"三剑客"。当时《齐鲁晚报》对我们的调研有过非常生动的报道。

适逢暑假，天气炎热，工地现场一片狼藉。我们三人白天在拆迁的工地调查研究，晚上回到老校的一间破旧教室指导99级的学生挥汗画图。条件虽然极艰苦，但因为做着有价值的事情内心始终满怀着热情。忙碌间隙，张老师给我们讲当年他于天津大学读书时，在避暑山庄测绘的情景。张老师早年毕业于天津大学，授业于彭一刚院士，看到张老师当年用针管笔完成的测绘图，其深厚、扎实的基础，令我由衷敬佩。那两年在济南建委支持下，我们测绘了泉城路、芙蓉街、芙蓉巷、县西巷、高都司巷等老街区，现在这些老街早已拆毁殆尽，我们在张老师的带领下算是为济南留下了一批珍贵的文献。

2002年前后，朱家峪古村被发现报道后，张老师说想去看看，当时我买车不久，于是开车带张老师去朱家峪考察。车开到村子旁边的胡山半坡上后，我和张老师爬到山顶，从那里俯瞰整个村子，看到古村面貌保存完好张老师很高兴。当时朱家峪还没有开发，平日几乎见不到外人。中午村里没有地方吃饭，我们俩从村里买了烧饼，就着老百姓自己做的韭菜酱，在车上解决了午餐。那几年，张老师的身体还不错，我们一起去调查了不少历史建筑，每次有新发现都能感到他发自内心的喜悦。

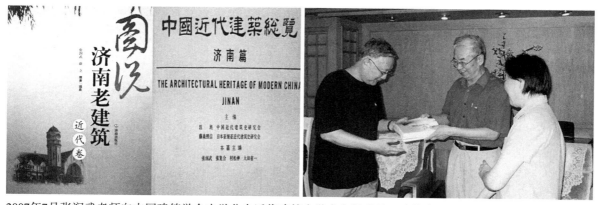

2007年7月张润武老师向中国建筑学会史学分会近代建筑史学术主任委员、清华大学张复合教授赠送《图说济南老建筑—近代卷》一书

那时候，张老师住在老校，我几乎每个月都会去他家里，有时是带着问题去请教，有时就是陪老师聊聊天或者散散步。张老师祖籍潍县，听他讲年轻时在青岛和舅舅学画，讲他老家潍县的九曲巷。每每讲起潍县老城被拆毁，张老师总是痛心万分。

2003年春天，泉城路侨办大楼拆迁。这座民国早期商业银行建筑的二楼立面的石柱很有特点，我把拆下来的柱头买回来拉到了解放桥的老校区，可放在哪里都感觉不安全。张老师得知后，便让我放于他家楼前的草坪上，这样他在二楼的家里就可以天天帮我看着。没想到这一看就是三年，直到在新校图书馆为这巨大的柱头找到了"新家"，张老师才算放下心来。

张老师讲究学术的严谨，他身上保留了老一代知识分子的骨气。1992年济南火车站改造，参与论证的时候张老师明确表示反对拆毁。《建筑百家言》一书中收录了张老师撰写的《济南老火车站拆除有感》，文中记述了当时山东省主政官员发表的对拆毁济南火车站的言论，今天来看，写这样的文章确实是需要真正的勇气的。

在张老师担任省城规划专家委员会专家期间，我有幸和张老师一道参与了一些历史街区和建筑的保护论证，对需要保留的历史街区和建筑，张老师都是亲自调研，甚至拉着官员一起去看现场。但前些年在以经济开发为主的论调下，在历史街区和建筑的论证会上，专家的观点很难被采纳，但张老师和于书典等几位老专家从来都是敢于表达自己的观点。他们对济南历史建筑的敬畏之心和从业的良知尤令我们感慨。

张老师虽然是建筑设计专业出身，但在我印象中他没有参与名利易图的建筑设计，关注的都是更为迫切的历史建筑保护问题。张老师当系主任的时候一直希望系里有年轻老师能投入到民居或者近代建筑研究中，当时的学术研究环境和研究条件，远不及现在，更多时候感觉是张老师一个人孤单地奋斗，在曲高和寡的孤独中默然前行。张老师本身无论是民居研究还是近代建筑研究，没有申请到过任何一个纵向课题，其原因张老师也曾提及，但谈论更多的是不管环境如何都要安心学术，做真学问，避开是非，不要计较眼前得失。

张老师的身体一直很好，直到2012年的一天下午，张老师突然打电话让我去他家里一趟，声音急迫。我当时觉得有些意外，因为张老师很少这样主动给我打电话。我匆忙赶到老师家，进门后张老师一反常态，没让我到客厅，而是直接到了书房。他告诉我他可能得了股骨头坏死，恐怕不能再

2014年春节看望张老师给张老师看《山东传统民居类型全集》书稿

2016年9月与朱良文老师及儿子姜翼林看望张润武老师

像以前那样和我一起调研了，言辞恳切地叮嘱我对山东民居的调查工作，一定要做下去。

2013年我到台湾访学三个月。走前和老师告别，那时老师身体还好，他很兴奋地给我讲20世纪90年代他们去台湾时的情景。然而，等我回来再去拜访时，我几乎不敢相信自己的眼睛。短短几个月，老师消瘦憔悴了很多。原来这期间，张老师因为肺炎住院多时。印象中就是从那时起，张老师的健康状况越来越令人担忧。

记忆中的张老师，总是喜欢穿一身考究的浅色西装，俊朗儒雅，气度不凡。张老师治学严谨，待人又和善坦诚，在济南学术界和全国学术界有一大批良友，我每次外出开会，他的老朋友都会问及张老师的近况。2016年6月，张老师在天津大学读书时的老同学朱良文老师要来济南讲学，还没到济南，朱良文老师就让我提前联系好张老师。他和张老师既是老同学又是老朋友，分别多年重逢，自然分外高兴。张老师当时已经需要坐轮椅行动，可聊起当年民居学会创办初期的经历，两位老人开心得像回到了年轻时代。

2016年12月，1982级规划专业毕业30周年，省规划院王昶院长和蒋琛总工让我陪着去张老师家，代表全班同学看望张老师，还给张老师戴上全班送的红围巾。见到了毕业30年的老学生，张老师非常高兴，观看王院长带来的他们班的视频时，对班里的学生张老师竟一一记得。临走时，他还执意让薛阿姨搀扶着送我们到门口。

这么多年来，我和老师一直是一种纯粹的师生关系。记得工作后不久，曾带着礼物去看过张老师，但他坚决不收，说我们是师生关系，不用社会上那种"客气"的礼节，后来我就逐渐习惯了这种"毫不客气"的师生关系。有几次在老师家聊得晚了，老师还会留下我一起吃饭，这也算是一种殊誉。每次春节前和老师告别，他总叮嘱我回家记得代他给我父母问好；每次从家里回来，老师也会关心地问我父母身体怎么样。2008年，我父亲摔伤骨折，张老师多次询问恢复情况，说我爸大他两岁要多注意，这几年更是提醒我多回家陪陪老人。

今年开学后给张老师的儿子张潍打电话，说去看望张老师，张潍说等过几日再去，这几天老爷子不太好。当时我真的没有多想，等得到张老师去世的消息赶到了家里时，张潍告诉我，其实张老师当时已经病重住院了，最后因器官功能衰竭在ICU病房去世，薛阿姨说张老师醒来的时候还问起我来过没有。

虽然此前就知道张老师身体状况已大不如前，但我一直认为这是因为他年纪大了自然出现的情况。我从来没想过老师竟会这样走了……如今身边不乏八九十岁健康生活着或仍在工作的老人，那么亲切和蔼的张老师怎么会就这样离开呢，他才78岁。

张老师离世，于山东的历史建筑和民居研究，是莫大的损失！这两天在各个专业群里，我熟悉的海内外学者纷纷表达对张老师去世的哀痛和追忆，中国民族建筑研究会民居建筑专业委员会，华南理工大学陆元鼎、魏彦钧、陆琪教授，

2007年7月张润武老师和山东民俗学会会长、山东大学李万鹏教授在宏济堂西号保护现场调研时的合影，两位前辈分别从建筑学和民俗学两个角度研究济南对济南历史建筑保护做出了巨大贡献

远在日本的清华大学张复合先生等都托我转达对张老师家人的慰问，而于我个人更是情之不舍，痛心难言。我再也不能拿着书稿请教老师，再也不能向老师汇报我们调研的心得，再也不能畅谈我们共同热爱和倾注的事业，有太多再也不能……

张老师退休时曾经很遗憾地说，他教了一辈子书，却没有带过一个研究生。

张老师，如果您觉得我还算合格，那就当我是您的研究生吧。让我把您未竟的研究事业完成，如果有缘分，愿来生我们还做师徒。

感谢老师所馈赠给我的为人做事的人生财富。

天堂里没有病痛，愿我的老师一路走好……

# 1.19  品读大美中华民居

## ——记中国建筑工业出版社中国民居建筑图书出版历程

唐旭  吴绫  张华  李东禧

党的十八大以来，以习近平同志为核心的党中央站在历史与时代相结合的高度，十分重视中华优秀传统文化的历史传承及创新发展，将其作为治国理政的重要思想文化资源。2017年10月18日，习近平总书记在十九大报告中指出："文化是一个国家、一个民族的灵魂。""没有高度的文化自信，就没有中华民族的伟大复兴。"强调要"推动中华优秀传统文化创造性转化、创新性发展。"建筑不仅应满足人们物质层面的需求，还应蕴含及折射出一个民族厚重的文化底蕴。

## 一、守望：传承建筑文化  沉淀民居精髓

我国是有着几千年璀璨建筑文化的文明古国，大量而丰富的传统建筑文化遗产是穿越历史烟尘而沉淀的文化瑰宝。中国传统民居建筑是中华传统文化的缩影，传承了泱泱中华的建筑智慧，凝聚着悠悠千载的古韵匠心，在历史的长河中历久弥新。中国传统民居建筑的理论经验、营建技术和艺术精髓值得我们后人借鉴、传承和发扬。

全国进行的第三次文物普查，又发现了大量古建筑，它们当中的一部分，经过各级部门的保护和修缮，成为世界文化遗产和各级文物保护单位而得以继续存在。但也有一部分，因时间的消磨和人为的破坏，已经或正在慢慢淡出人们的视线。

在历史语境和时代语境下，作为出版人，如何正确处理传统与现代的关系，并做到不断创新，是机遇也是挑战；立足当下，放眼未来，做好传统民居建筑的挖掘、整理、保护工作，向世界传播中国的优秀民居建筑文化，是使命也是责任。

## 二、回眸：结缘民居年会  细琢精品专著

中国建筑工业出版社作为建设领域的专业科技出版社，自1954年成立以来，一直肩负着弘扬和传承建筑文化、传播建设科技的社会责任和历史使命。多年来，建工社始终非常重视中国传统民居建筑资料的收集整理和出版发行等工作，向广大专业读者及大众推出了众多优秀的中国传统民居建筑精品图书。

历届中国民居建筑学术年会暨民居建筑国际学术研讨会，是我国民居建筑领域举办的盛会。自中国民居委员会成立以来，三十余载中，建工社与中国民居委员会携手走过了21届年会，杨谷生、李东禧、唐旭、吴绫、张华等几代编辑，分别先后参加了自1988年第一届中国民居建筑学术年会举办以来的历届年会。建工社与中国民居委员会联合出版了一系列优质图书，如：《中国传统民居与文化》（第一辑至第五辑）（图1）；《视野与方法——第21届中国民居建筑学术年会论文集》（图2）；《民居建筑文化传承与创新——第二十三届中国民居建筑学术年会论文集》；《中国民居建筑年鉴》（第一辑至第四辑）（图3）；"十一五"国家重点图书《中国民居建筑丛书》（19册）（图4）；"十二五"国家重点图书、音像、电子出版物出版规划重大出版工程规划，国家出版基金资助项目成果，第四届中国出版政府奖图书奖提名奖获奖图书《中国古建筑丛书》（35册）（图5）；《岭南建筑丛书》（第一辑至第三辑）（图6）；《桂北民间建筑》（图7）；《中国民居营建技术丛书》（5册）（图8）；《中国传统民居系列图册》（10册）（图9）；《中国美术全集·建筑艺术编5·民居建筑》（图10）、《中国民居建筑艺术》（图11）；《中国古民居之旅》（图12）；《福建土堡》（图13）等。这些图书均为国内外民居学术研究的优秀成果，凸显独创性及理论性，具有较高的理论深度和学术水平，并为新时期传统民居建筑文化的可持续发展提供了积极的借鉴意义和有益的参考价值，得到了民居学术界和读者大众的广泛关注与普遍认可。

图1 《中国传统民居与文化——中国民居学术会议论文集》

图2 《视野与方法——第21届中国民居建筑学术年会论文集》

图3 《中国民居建筑年鉴（2014—2018）》

图4 《中国民居建筑丛书》（19册）

图5 《中国古建筑丛书》（35册）

图6 《岭南建筑丛书》

图7 《桂北民间建筑（第二版）》

图8 《中国民居营建技术丛书》（5册）

图9 《中国传统民居系列图册》（10册）

图10 《中国美术全集·建筑艺术编5·民居建筑》

图11 《中国民居建筑艺术》

图12 《中国古民居之旅》

图13 《福建土堡》

　　此外，建工社与中国民居委员会诸位专家学者共同策划的《中国传统聚落保护研究丛书》，入选"十三五"国家重点图书、音像、电子出版物出版规划重大出版工程。该套丛书以省（区）为编写单位，以传统聚落为主要调研和编写对象，从聚落的形成与发展、人文地理、空间格局、类型特点、功能构成、群体组合、聚落风貌等方面对传统聚落进行详尽的梳理与介绍，再现我国历史发展中人民的智慧成果，为中国传统文化的传承与发展提供更全面、翔实的研究资料。丛书将于2020年底前出版发行。

## 三、展望：弘扬民居文化　浸润翰墨书香

　　多年来，中国建筑工业出版社与民居建筑领域的知名专家及中坚力量，共同为弘扬与传承中国传统民居建筑文化、保护优秀民居建筑遗产，做出了积极的贡献。作为亲历其中，与中国民居建筑学术年会一路并肩走过的每一位编辑，我们深感这是一项惠及当今、流芳百年、意义非凡的工作。

　　每一本精品图书，都是作者智慧的结晶，也是编辑创造性劳动的凝聚。中华传统民居建筑文化精髓的记录、传播和传承，离不开一辈辈辛勤耕耘的作者，也离不开一代代富有工匠精神的编辑。在未来的民居探索和发展领域，建工社将会一如既往地为广大专家学者提供优质服务，奉献更多高水准的专业图书。

　　从历史烟尘中走来的传统民居，用独特的笔墨记录着一个年代的文韵溢彩，在岁月的浸润中印记着一座城市鲜活而富有质感的剪影，或静谧于世，或喧嚣于市。愿古朴内敛的传统民居，能为行走在钢筋森林中的都市人带来几许温度，还原城市记忆，从历史走向当下，通向未来。也愿更多的民居建筑领域的专家学者、爱好者能与中国建筑工业出版社结缘，在书页墨香中静品传统民居建筑的独有古韵。

研究篇

# 2.1 传统的智慧——中国乡土建筑的十六个特点

刘军瑞①

**摘 要**：尝试建立中国乡土建筑智慧研究的框架，提出自主性研究应结合人、法、物三者，非自主性研究应从自然、社会、经济等方面展开。凝练出中国乡土建筑智慧十六点：大道为公、中庸适度、永续利用、人神共居、象天法地、仿生象物、荟萃景观、家国同构、匠人精神、互助相望、沟通儒匠、场所精神、造福桑梓、光前裕后、公众参与、中轴礼仪等。此十六点可归为哲学智慧、设计智慧、营造智慧、管理和伦理智慧四类。

**关键词**：乡土建筑 哲学智慧 设计智慧 营造智慧 管理和伦理智慧

乡土建筑是古代人民生存经验、工程法则、审美爱好、社会伦理等方面最集中的体现，其传承和发展是中国文脉延续的重要体现，亦是中国传统文化的重要组成部分。它包括营造的思想智慧、匠风仪式、结构特色和地域风格等内容。

## 一、理论框架

有若干学者把乡土建筑特别称为"风土建筑"，认为他们和遵从法式等级、规格并由役匠所营造的"官式建筑"系两种大类，前者是后者的源泉和基础，多还"活"在今日的风土生活形态中[1]。虽然风土建筑和乡土建筑概念的内涵和外延几乎完全一致，但在传统农耕背景的思想体系下，可能称为"乡土建筑"更为适当。这不仅是因为，"乡土"本身很符合传统中国"以农为本"的现状，也是中外以往学者们约定俗成、易于理解的称呼。更是因为在中国的古代，"乡"与"城"，"民"与"官"是互为对应的阶层和形态，他们又相互能够转换，"朝为田舍郎，暮登天子堂"是大多数古人的人生梦想。官式建筑对应的形态应为民间建筑。"智慧在民间"，而乡土建筑一词更易广义范围被理解和接受。特别是，费孝通先生大作"乡土中国"之后，"乡土建筑"更是一个顺势而为的学科用

---

① 刘军瑞，同济大学建筑与城市规划学院中国建筑史方向博士二年级.

词了。

乡土建筑的认同和研究，从20世纪80年代以来有了更为广泛而深入的学者群体，曾一度以"民居"作为关键词，并取得了丰硕的成果。台湾学者王明珂认为人类社会是在一定的自然条件下，进行经济生业、社会结群、文化表征，建筑属于文化表征的范畴[2]。近年，有学者提出要从营造的主体出发，通过主体（即营造工匠和建筑的主人）来认识客体（即乡土建筑）的方法，主张将人、法、物结合起来作整体研究[3]。本文在前辈们研究的基础上，提出中国乡土建筑智慧研究的框架构想（表1）。

中国乡土建筑智慧十六点　　　　　　　　　　　表 1

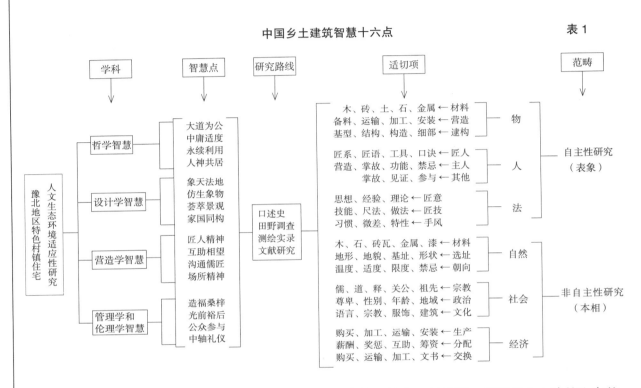

我们认为，单从非自主性的角度出发，涉及到的自然、社会、经济等，固然是乡土建筑生存的基础条件，有因应关系但不是决定性的。以客家民居为例，古代汀州、赣州和梅州为核心的三处代表性区域，很能说明这一问题。也就是说，相同的条件下可以生成不同的乡土建筑类型。另一方面，从行为的主体即人的角度，更能决定乡土建筑的选择性。比如南方汉族，其沿承数久的所谓汉族古风，就是明证，因为这些乡土建筑的风格并不随时代改变而发生大的质变。

## 二、中国乡土建筑智慧十六个特点

乡土建筑遗产是由古代宗族制度下的士大夫、商人和地主为主导的乡绅阶层和百姓共同参与创造的。乡土建筑的智慧可为当前的城乡规划、设计和建设以及乡村复兴等重大命题有借鉴价值。

### 1. 大道为公——公权与私权的使用和利用

1）公共建筑与基础设施

哈佛大学孔飞力教授认为：清政府将许多形式的地方管理交到士大夫、富商大贾、地主等人群组成的士绅阶层手中，包括地方性的市政工程、慈善救济、地方治安，以及基础教育，形成皇帝和乡绅阶层共治的政治格局[4]。乡绅阶层的大型厅堂、祠堂、寺庙等建设，如同政府的公共工程或皇家建筑一样，有利于社会稳定。例如，焦作寨卜昌王家宅院修建持续逾百年，在聚落内部有工匠专门的居住区域，工种齐全，后来这些匠人也成为了寨卜昌的居民。

祠堂、寺庙、书院、寺观等是复合多种功能的公共建筑，占地较大，是传统社会中宗教活动、社会交往的场所，也可为游人提供简单的食宿。宅院大门入口的门斗，可以供行人遮阳避雨；街道上的戏台可举行各种表演活动。浙西地区存在大量供路人休息的茶亭和路亭、四川省传统民居中的宽达二米的跑马廊、广东的骑楼等都有切实的公共性。

2）弱势群体的关注

传统的弱势群体有鳏寡孤独、乞丐、老弱病残、游僧、流民等人群。乡土聚落里宗祠、寺庙规模较大且有田产或其他收入作为基金，也可作为扶危济困、赈灾、接待的场所。例1，山西祁县乔家就是因为赈济灾荒而收到乡亲称赞和政府嘉奖。例2，浙江衢州峡口镇周王庙。当地民众为客死他乡的外乡人购买了山场，作为义冢，配套建立了周王庙，并约定该庙主持有料理客死异乡的人后事的责任。

## 2. 中庸适度——资源使用的适度理念

在传统社会中，富人和穷人往往都是少数，一般家庭占大多数。但是由于历史变迁和各种事件的影响，加之建筑本身质量高低，质量越差的建筑会越早退出历史舞台，留下来质量相对较好的建筑。

1）基址和侧样

从乡土建筑的地盘规模来看，有大、中、小三类。大型供整个家族居住，高堂大屋，有家族集权的强烈色彩；中型是居住的基本模式，数量较多；小型质量差，为穷人所住。从构架形式上看，适合小料硬山承檩式构架、穿斗式构架占大多数。另有适合大料的抬梁式构架，适合公共建筑、大型民居的厅堂等类型。

2）材料和构造

主家可以根据经济实力、政治地位和个人爱好选择合适的材料、结构和构造。就墙体来说，有砖墙、石墙、土坯墙、夯土墙、土砖混合墙、砖石混合墙等多种类型。材料本身价格差异很大，施工难度和经费差别也明显。例如：福建邵武金坑古村。墙体底部一般为石材（墙基内部为大石头，墙基表面外部用2.5~3毫米的卵石饰面，经济条件越弱，用的石头大小差异越大），高度约450毫米，其上有300毫米左右的实砌砖墙，再上面，富户外墙内墙都用空斗砖墙，一般户用夯土墙。

## 3. 永续利用——环境保护和材料利用准则

1）循环利用

历史上新建立王朝的统治阶级出于破前朝"龙脉"的思想，将前朝的宫殿建筑拆除或重建，但仅限于皇家建筑，地方上并不效仿，对于书院建筑、寺庙、道观等建筑影响更小。大量的民间建筑，居住者并不介意以前是谁居住使用的，更重视的是建筑本身的质量。大量民间文书——分家书、卖屋契、执照等资料的文献研究也证实此论。例如孔庙建筑，无论王朝如何更替，到孔庙去拜祭孔子，册封孔子后人，甚至成了统治者政权合法性的证明之一。

2）择材选料

乡土建筑常用的建筑材料：石、土、砖、木等均来自于大自然，使用后均可自然降解。黄土高原的土壤属于湿陷性黄土，可塑性强，保温隔热效果明显。既能做夯土墙、制土坯或者烧砖，还可以作为砂浆中主要的掺合料。木材有松木、榆木、枣木、杨木、杉木等。木匠根据不同木料的癖性，决定它们使用的位置。山区石材丰富区域甚至有石材为主导的石板岩建筑，建筑的石雕工艺也相对发达。平原地区石材使用较少，仅仅作为墙基、门枕石、台阶等。林区有仅使用木材的干阑式建筑。

### 4. 人神共居——居住建筑中"宅祠合一"现象

上古时"人异而为神"，只要和常人不同，都可为神，表达了古人哲学思想。通过人的敬畏之心，达到人与自然和谐共生。对历史、自然的敬畏是中国乡土建筑的重要特点。在营造的过程中绝大多数的仪式都是为了处理和各种神煞的关系，趋吉避凶。在山地有山神庙、平原有土地庙。常常使用各种宗教图腾、历史人物、泰山石敢当来镇宅辟邪。供奉不同的神祇，是划分不同文化的重要因素之一。例1，泛江南地域民居广泛存在的厅堂建筑，正厅具有议事和祭祀祖先的作用。例2，以羌族为例：住宅内部有灶神、角神、白石神、中柱神等多种神祇。

### 5. 象天法地——营造布局中向大自然学习

象天法地是中国古代的天人合一思想的体现，认为天地人三者是有对应的关系。北辰、三垣、四象为主干的天上诸神体系的形成以及象天法地意匠、天圆地方的宇宙观模式，对中国传统建筑影响巨大[5]。例1，济源济渎庙是祭祀济水的建筑群，围墙是"北圆南方"，意为天圆地方；灵渊阁的前方的栏杆样式也是上端是圆的，从竖向上对天接地，表达天圆地方的概念。例2，浙江金华俞源村系明朝刘伯温按天体星象"黄道十二宫二十八星宿"排列设计建造，村口设有直径320米的巨型太极图，村庄内主要的二十八幢古建筑是按天空中的星座排布的。

### 6. 仿生象物——营造形态中取意自然

华南理工大学吴庆洲认为：仿生象物的思想根源是生殖崇拜、图腾崇拜和风水思想，方式有四："一是法人的意匠；二是仿生法动物的意匠，如凤凰、龟、蛇、虎等；三是仿生法植物的意匠，如葫芦、梅花、莲花等；四是象物的意匠，即像非生物的，如琵琶形、船形、钟形、八卦形等[6]。"其主要的应用方式是乡土建筑格局、建筑装饰、雕刻等方面。例1，吐蕃时期，人们认为藏区的地形认为是一个丰腴魔女，为了镇住魔女，在各个重要关节上建了上百座寺庙。例2，辉市小店河村布局从远处看像一头巨龟，头部指向沧河，做探水状。取义乌龟长寿且坚固。

### 7. 荟萃景观——实体与理想，生活与祝福

"龙"、"凤"、"麒麟"分别是集中了多种动物特征创造出来的。荟萃景观表现是在乡土建筑中融合传统美学、哲学、儒、道、释的"集美"做法。例1，在浙闽的许多国家级的传统村落同一个村落中，土地庙、山神庙、胡公殿、关帝庙、文昌阁（或魁星阁）、龙王庙、五圣庙、仙姑庙，多个景点，无论是佛、是道、是儒，大家互不干涉。荟萃景观的思维对于提炼升华乡土建筑特色、丰富乡土建筑的旅游内涵具有切实的指导意义。深入挖掘乡土建筑的建筑遗产、手工艺、特色餐饮、历史名人、特色地貌、民俗表演等多方面的信息，并落实在乡土建筑的各类空间中。另一种方式是在乡土建筑重要建筑修缮的过程中引入各类文化活动，亦可结合各种节日举办各种大众参与的文化活动。

### 8. 家国同构——营造布局中的中国特有情结

《左传·成公十三年》云"国之大事，在祀与戎"。从安阳马氏庄园和北京城进行对比。从功能上来看，都城有都城级别的祭祀及其建筑，如天坛、地坛、社稷坛等，地方有地方级别的祭祀及

建筑如土地庙、地方神等；都城有太庙，乡土建筑有家庙；都城太学，家有私塾。在军事方面，都城有城墙和护城河；乡土建筑里有寨墙和寨河。每栋建筑都是尽可能少的对外开窗，高墙厚壁是特色。中山大学吴逸飞博士认为："国"即由若干个"家"整合而成，国即是家；而"家"、"族"则依"国"之原则构成，家国一体，直通"天下"。"取忠臣于孝子之家"是唐朝之前的取士策略。

### 9. 匠人精神——物勒工名，精益求精，后世流芳

同济大学邹其昌教授认为工匠精神，是指以极致的态度对自己的产品进行细琢，追求更完美的理念。[6]

1）时间保证

中国有古语："慢工出细活"。例如浙江义乌黄山八面厅、马上桥"一经堂"、务本堂等，木雕以吉祥福禄、瑞兽、花木，以及历史人物、神话人物、名人字画、戏曲等故事为题材的牛腿、琴枋、刊头、门窗隔扇等的雕刻用工均在百工以上，故称为"百工牛腿"、"百工窗"。

2）竞争机制

在乡土建筑中的竞争机制有助于提高质量和降低成本。例如：黏土砖作为一种小型的砌块，砌筑时，出于结构和构造合理性考虑，需要错缝搭接。但在焦作地区广泛存在外墙山墙和檐墙相互独立，接缝为通缝的做法。根据笔者的口述史调查，此做法就是为了便于分工，两组工匠分工竞赛。根据台湾学者李乾朗研究，此种做法属于对场营造。通常是一座传统古建筑由两组匠师合作完成。通常以中轴线划分左右两边，分别由两组匠师施工，建筑物的高低宽窄相同，但细部却各异其趣。这种做法在泛江南地域，包括台湾地区普遍存在。

3）口碑

官式建筑的百工考核主要有匠籍制度、行业制度、技术制度、考核制度等组成。但广大的乡土建筑形式差异甚大，且多数公共建筑是服务大众，不以盈利为目的。倡导者、出资者、出工者、匠师的姓名都记录在功德碑及相关的文案上，形成口碑。这一做法尤其值得当前的建筑市场借鉴。例如，桥和凉亭等多由村民主动赞助梁柱砖瓦或出劳务工，有钱出钱有力出力的慈善精神建造的。赞助梁、柱、桁等大构件的，往往会把赞助人的名字刻在其上，以示表彰。

### 10. 互助相望——农耕经济下的合作与竞争

1）阶层流动

乡绅阶层社会地位不仅是通过世袭传承的，而是要靠自身的读书或使用财富为大家做公益来实现。多数人相信："风水轮流转，明年到我家"、"白衣卿相"、"前三十年看父，后三十年看子"等理念，表达了一种动态的社会关系。例1，焦作寨卜昌王家就是经商致富后，倡导大家修几个村子共同的寨墙，修建王氏宗祠，饥荒时赈灾，形成了广泛的影响力。

2）建筑帮

"帮"是来自同一县、同一省、持同一方言的一群人。南方有苏州帮、宁波帮、东阳帮等建筑行帮，河南则有林州帮。由于竞争因素的影响，当外地人想要进入某一特定的专业领域时，可能就需要付出高昂的多的成本，行帮形成对某一行业的技术和市场会造成垄断。

### 11. 沟通儒匠——仁智相见式的多阶层参与的营造协作

中国营造学社社长朱启钤中国建筑史研究的首要任务是沟通儒匠，目的是浚发智巧。鉴于中国

乡土建筑多数还"活"在今日的生活形态中，对其智慧的研究可以直接向工匠、风水师、主人做口述史专访。冯骥才教授认为："非物质文化遗产是无形的、动态的、活动的，是不确定的，它保存在传承人的记忆和行为中，想要把'非遗'以确定的形式保存下来，口述史是最好的方式。"[9]

1）儒

"儒"，主要指文人阶层，其思想的核心是儒家的礼制观念。自汉武帝独尊儒术开始，儒家就已经把阴阳五行之说结合起来。儒家把堪舆风水和壬奇、星数当作一般文化知识来学[10]。地理先生很多是饱读经书的儒者。地理先生能堪定地理吉凶，影响建筑的空间形态；择吉术用来选择良辰吉日，影响建筑修造的时间。儒家思想的核心礼乐文化。礼文化是讲究长幼尊卑，各得其所，符合伦理道德。建筑的选址、基地规模、建筑高度、用材制度、色彩及装饰都分等级，各阶级之间不得僭越。而戏楼、酒楼、会馆等建筑，则是各阶层同乐的建筑类型。

2）匠

同济大学李浈教授认为："乡土营造的本质，即是一个成熟匠者表现出来的一种合乎结构和构造逻辑，并能适应地域乡土条件的可调适的建构方式"[11]。鉴于乡土建筑是活着的遗产，而且技艺传承大都靠口传心授，他们的活动和心理很少见诸文献，采用口述史的方法直接和匠师沟通，可减少不必要的猜测。十几年来，李浈教授工作室一直重视对工匠的口述史研究，和150名优秀工匠建立了良好的合作互动关系。

### 12. 场所精神——有活力、有内涵的聚落

漫步乡土聚落的街头，想想以前的繁华，使人们有了历史思考。场所精神可以理解为对一片土地、一个地方、一处家园的认同感与归属感。传统社会中。每一处的乡土建筑聚落，会有生产、居住、宗祠和庙宇。人们在自己的小空间里同时满足吃喝穿行等基本的生活需求的同时，还满足阳光、水、植物、私密与公共空间，世俗与神圣的空间。

在全域旅游的今天，乡土聚落的复兴需要有明确的市场定位，同时考虑加入文化的内涵和创意的思维。主要有品牌纪念品的创意、经营管理的创意、建筑空间的创意和活动的创意。从而营造出既能体现历史信息，又能符合现代人要求的场所。

### 13. 造福桑梓——留住乡愁，造福乡亲

哈佛大学孔飞力教授认为：中国人"家"的基本原则是共同奉献，共同分享。无论家庭成员地处何方，都负有对家庭的道义责任，需要将收入一部分输送回家乡。而家里的人会保证当事人在家中的份额不会因为时间或者空间分离而减少[4]。积极引导这种情结，引导在外从政、经商、作学者的人以不同的形式为家乡做贡献，是当前乡村复兴的重要因素。

费孝通认为传统社会地缘是血缘的投影。或官或商，衣锦还乡是社会崇尚的，朝廷提倡的，至今依然。衣锦还乡，不仅为了摆阔，更是要使乡民得到实在的好处。哈佛大学孔飞力教授认为："慈善捐赠是将财富转化为社会地位的路径，此类捐赠总是首先指向捐赠者的宗族和家乡[4]。"这也能够解释很多官员或商人愿意在家乡修建各类建筑。朝廷表彰各类人员的做法之一也是允许其回乡省亲，建造华屋、牌坊等。这也是我们在很多偏远的聚落中能够见到远超经济能力的建筑的原因。明清时凡有品学为地方所推崇者，死后由大吏题请祀于其乡，入乡贤祠，春秋致祭，使得乡贤获得近似神的地位，足见政府的大力提倡。不忘桑梓的表现是会馆建筑。如为初来乡亲提供住处，为乡亲

聚会提供场所，商讨共同感兴趣的问题，而且还设有祭坛供奉家乡的或地区的神灵等功能。

### 14. 光前裕后——承前启后的人生态度

传统文化中"败家子"往往是出卖家族的老房子，而"华盖之喜——营造华屋"，往往是非常体面和风光的事情。"前人栽树，后人乘凉"是司空见惯的人间常态。无论是官是商，努力向上都不仅仅为了自己的享受，更大程度上是为了家族的荣耀，也为了惠及后人。

1）慎终追远

单姓聚落或以一姓为主导的聚落往往会有建筑等级高的宗祠建筑。许多地区家族里的红白喜事，都是在祠堂进行。移民去往一个新的地方时，必然通过分香仪式请祖先神灵一同前去。例1，焦作地区历来有"敬宗"观念，具有非常浓厚的家族观念和宗族仪式。其原因可以追溯到清代中叶，捻军等流寇不断骚扰清政府下令自保。各地为了抵御流寇骚扰，兴建堡寨，组建民兵武装和宗祠庙宇，通过血缘和神缘增加凝聚力。例2，如浙江和广大的客家地区，几乎村村有祠堂。体面的台门、宽敞华丽的厅堂、多进带天井到院落，精巧的戏台，彰显了家族的凝聚力。

2）子嗣绵延

在延续香火的意义上，居住在其中的人富裕与贫穷并不重要，重要的是数量。人们对生殖的崇拜，使得对自然界中的多籽植物意向在建筑上广泛运用。石榴、葡萄、向日葵、南瓜、莲花等多籽植物在雕刻和壁画上广泛应用。

《诗经·大雅·绵》中将绵绵瓜瓞作为后代数量多的意向。南瓜型的柱础；柱子采用拼帮做法形成"瓜楞柱"；冬瓜梁是典型的代表。冬瓜梁是在浙西、皖南和赣东北地区广泛应用的一种肥梁的形式。据笔者推测，梁架上叫作草龙、虾公或者猫背的解释可能就是一种植物的藤的意向，梁就是该藤上的瓜。该地区有"冬瓜梁、丝瓜柱"的俗语和法式中"肥梁瘦柱"对应。

### 15. 公众参与——血缘、地缘、业缘、神缘等多种力量驱动的合作

1）大型建筑群

大型公共建筑如祠堂、庙宇、会馆等有一定的公益性质，一直保持了"有钱出钱，有力出力"的规则。如寨卜昌村原的寨墙、寨河周长达2.5公里。工程由王姓家族出资，族人共同参与，持续建设长达百年。为了防贼防土匪，由村民一起商议，由泰顺号牵头出钱共同修起寨墙，加之寨墙外环绕寨河，形成较完备的防御体系。可以看出，村寨是保卫族人人身和财产安全的保障体系，由村寨将族人联系成命运共同体。

2）小型建筑

河南濮阳、浙江义乌等多地市部分乡土建筑修建房屋，大工由于技术要求高，需请专业的施工队，小工则由本村的邻居担任。一家建舍多家参与，有的管饭，有的不管饭，等到自家建房的时候，邻居再来帮忙。这种换工模式一直持续到20世纪80年代。

### 16. 中轴礼仪——左昭右穆的宗法制度

乡土建筑中轴的形成原因是左昭右穆的宗法制度。无论是民居、宗庙或陵墓、神主的左右位次均是如此。无论各种建筑类型，中轴线上只能有始祖、天子和神仙，其他多是虚空空间。例1，在焦作出土的汉代陶楼中能反映出建筑的中轴礼仪制度，建筑保持中轴对称的北方四合院的格局。例2，鹤壁竹园村郭家大宅由建于清朝同治年间。一、二、三、四进院落正房（过厅）南北檐墙中轴线开

门，共开九门，当所九门同时打开，形成"九门相照"，景深较远的视线通廊。平时每进院落相对独立，由南向北分别由四位兄弟居住，长者居南。每逢族中红白喜事，中轴线上所有大门打开。

## 三、结论

中国乡土建筑的智慧可以归为下四类：

### 1. 哲学智慧

哲学智慧对人们认识人和自然、人与人、人与自己的关系有参考价值。

大道为公。公共设施、公共建筑的建设，公益活动的开展，需要有经济实力和有社会地位的人士共同推动。公产也为乡土聚落内扶危济困提供了一定的制度保证和物质支持。

中庸适度。乡土建筑中各个家庭依据自己的经济能力、社会地位、审美爱好在聚落中决定自己选择。

永续利用。王朝更替对乡土建筑影响有限，民众居住老房子并无特殊芥蒂。建筑材料主要是来自自然，废弃以后可自然降解。

人神共居。乡土建筑主要是指"家祠合一"的布局。人们按照自己的信仰及不同的需求进行相关的宗教或祭祀活动。

### 2. 设计学智慧

设计学智慧可以为设计人员提供设计理念、设计方法等多方面的启示。

象天法地。天人合一、天圆地方的概念，在乡土建筑中均有广泛应用。

仿生象物。自然中的植物、动物及历史人物都可用在规划和建筑设计、装饰的元素。

荟萃景观。荟萃景观是对乡土建筑文化的深层挖掘、丰富旅游内涵、增加创意和文化因素。

家国同构。从安全、功能、外交、军事等方面看，区别仅仅是大小，功能上并无实质性差别。

### 3. 营造智慧

匠人精神。匠作人才培养需要时间、制度和口碑等外界条件和工匠的天赋和努力程度共同作用。

互助相望。祠堂、寺庙、书院都有一定的资产和制度，有扶危济贫，接待流动人口的功能。

沟通儒匠。营造经验的总结需要向匠师和地理先生做口述史访谈，将访谈的资料和建筑遗存、文献资料等对比研究，去伪存真。

场所精神。乡土建筑都是适合当地的气候、文化、环境、宗教等多方面的要求，能够满足人们的物质、精神各种需求。

### 4. 管理和伦理智慧

造福桑梓。无论何人要想获得社会声望和地位，就要为家乡做具体的实事。修桥筑路、捐资助学、修建祠堂庙宇均是提高社会影响力的途径。当前乡村复兴也离不开在外的各阶层精英的襄助。

光前裕后。这种思想把现世的人置于历史的维度中，凡事以光耀祖先以及惠及后人为重。

公众参与。大到公共建筑，小到民居，在乡土聚落中"有钱出钱、有力出力"的原则指引下，一定程度上体现了社会公平，减小了社会矛盾。

中轴礼仪。中轴的形成是左昭右穆的宗法制度。无论是庭院宽敞的平原民居，还是庭院狭窄的山地民居，大体中轴对称，即使外轮廓有缺损，内部也用各种手法争取对称，体现左尊右卑，高尊低卑的法则。

**参考文献**

［1］常青. 我国风土建筑的谱系构成及传承前景，于体系化的标本保存与整体再生目标［J］. 建筑学报，2016（10）.

［2］王明珂. 人类社会的三个层面：经济生业、社会结群与文化表征［J］. 青海社会科学，2011（05）：1 - 4.

［3］李浈. 营造意为贵，匠艺能者师——泛江南地域乡土建筑营造技艺整体性研究的意义、思路与方法［J］. 建筑学报，2016（02）.

［4］孔飞力. 他者中的华人——中国近现代移民史［M］. 南京：江苏人民出版社，2016.

［5］吴庆洲. 中国景观集称文化［J］. 华中建筑，1994.

［6］吴庆洲. 仿生象物的营造意匠与客家建筑（上）［J］. 南方建筑，2008（02）：40–49.

［7］邹其昌.《考工典》与中华工匠文化体系建构——中华工匠文化体系研究系列之二［J］. 创意与设计，2016（4）：23 - 27.

［8］冯骥才. 冯骥才在义乌中国传统村落保护发展研讨会的论述. 2016.

［9］陈志华，俞源村［M］. 北京：清华大学出版社，2007.

［10］李浈. 试论乡土建筑保护实践中的低技术方略［C］. 广州，第五届中国建筑史学国际研讨会，2010.

［11］缪朴. 传统的本质——中国传统建筑的十三个特点［J］. 建筑师，1991.

# 2.2 传统合院中的空间等级排序研究

董世宇 [①]

**摘　要**：合院是中国分布最为广泛的民居形制。其内部空间不是均质的，从民居中的房间排列，到厅堂内的家具布置，都有明显的等级高低之分。它是聚落建造者脑中的"空间等级观念"的反映。这种观念伴随着礼仪、生活习俗和民居的建造过程历经千年沉淀下来，是一个相对稳定的体系，它对现代人理性地认识传统民居内的空间有重要意义。以往对合院空间的研究多涉及形态和功能层面，很少会对其内部空间等级排序，并做具体分析。本文以历史文献记载和调研的民居实例为依据，总结出了合院空间等级排序的五个规律，并结合民俗、礼仪活动等诸多方面共同论证其合理性。这些分析，为人们认识合院内部的空间提供了一套客观的标准，对传统民居空间的修复、历史场景的还原也有重要的意义。

**关键词**：民居　合院　空间等级　排序

中国的合院形制早在西周时就已经产生，时至今日已经传承了三千多年，四合院空间反映了中国传统礼制中"敬祖归宗，长幼有序，男尊女卑"的思想，故能历久弥新，并随汉民系的迁徙在中国各处生根。由礼制而形成的空间等级观念主要体现在民居的"空间层面"和"行为层面"。

## 一、民居的空间层面

### 1. 中心高于四周

传统合院建筑中，等级最高的空间不是北房，而是中心围合而成的"院"（图1）。合院与古人观念中的宇宙是同构的。因而"院"相当于紫薇帝宫，它是宇宙最高的统治者天帝居住的地方。南房、北房、东西厢房相当于青龙、白虎、朱雀、玄武四神相守，它们的地位相对于中心的院落来说是次

---

① 董世宇，青岛理工大学琴岛学院建筑系讲师.

要的（图2）。这也是为什么在传统民居中，中心院落的空间地位被一再强调，并能传承延续的原因之一。

这种思想同样也反映在传统村落形成以及中国古代城市建设上。中国传统村落的形态受宗法制度的影响最大，形成了以家族为中心，按照血统远近区别亲疏的法则。因此，"中心大于四周"的等级观念是深入人心的。直接表现就是：宗祠—支祠（或分祠、老屋）—民居，由中心到边缘的空间位置关系。

其实，早在原始社会（宗法制度产生之前的蒙昧时期），"中心大于四周"的空间等级观念已然存在，陕西临潼姜寨遗址（图3）的空间结构就是这种模式：（1）各家庭的住宅围绕公共的大房子（氏族首领的住宅）组成一个氏族单元。（2）氏族单元围合成聚落。聚落的中心是公共活动广场，各氏族单元的门道都朝向公共活动广场。

中国古代的城市建设也是如此。从传说中大禹的"九州—五服"模型（图4），到周以来"天子择中而处"的城市规划思想……这些都深深影响了后来的城市布局，也使得房屋建设中，"以中为贵"、"以中为首"的观念深入人心。

### 2. 由"背高于面"发展为"北高于南"

"背大于面"反映人类趋于安全的生理本能。背后是防守的薄弱环节，巩固好背后的根基或靠山，才能有所发展。

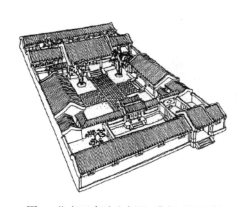

图1　北京四合院（来源：《中国民居》）

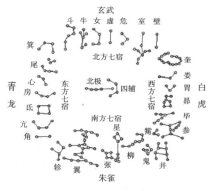

图2　观念中的宇宙（来源：《空间的界限》）

图3　临潼姜寨遗址（来源：http://www.sxsdq.cn）

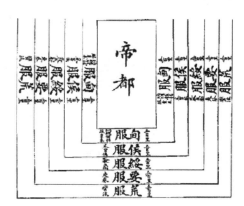

图4　大禹"九州—五服"模型（来源：《尚书·禹贡》）

"面向南方"反映北半球中高纬度地区的居民对阳光最原始的需求，这种需求衍生出了后来很多民族的太阳崇拜。"趋于安全的生理本能"和"对阳光的原始需求"最终导致"北高于南"空间观念的形成。

随着文明的发展，人们将"面向南方"视为无限荣耀，"面向北方"视为失败、臣服，有"南面称尊"、"北面称臣"的说法。面向南方如此的尊荣，以至于百姓盖房都取南向，但是又不敢取正南，而偏东些，以免获罪。但有时由于地形和资源条件的限制，建造"坐北朝南"的住宅很困难，此时，人们会牺牲朝向，退而求其次，仅仅使住宅符合"背高于面"的规则。沁水县郭壁村刘家院（图5）就是这样一个实例，刘家院坐西朝东，两侧分别是南厢房和北厢房。条件的制约并没有使这家人手足无措，他们仍然建造了完整而得体的四合院。

但是，古人在运用"北高于南"或"背大于面"规律之前，会首先考虑"中心大于四周"的前提，并把伺服性的空间从中区分开。例如，《考工记》中所记载的王城模型中的"市"位于"朝"以北，但"市"的地位并不比"朝"高贵，它是伺服性的空间，先被排除在中心以外。同样，四合院的后罩房位于正房以北，但地位并不比正房高贵。在一些传统绘画作品中，皇上身后举着团扇的侍女并不比皇上高贵（图6），空间排序的原则逐层形成制约关系。

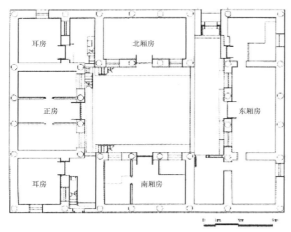

图5　沁水县郭壁村刘家院（来源：《山西民居》）

图6　唐太宗出游（来源：阎立本《步辇图》中场景）

### 3. 由"东高于西"发展为"左高于右"

日出于东，盛于南，殁于西。同样是由于太阳崇拜，古人以东为首，以西为次，此种思想影响了中国传统的建筑空间。

朱熹《家礼》记载："君子将营宫室，先立祠堂于正寝之东。"平民立祠、国君立庙都以东方为首选。

《宋史·礼志二十》记载："乾兴元年，真宗即位，辅臣请与皇太后权同听政。礼院议：自四月内东门小殿垂帘，两府合班起居，以次奏事，非时召学士亦许至小殿。"在中国古代，有"垂帘听政"的制度，因皇帝幼小，辅政的皇后一般坐在皇帝理政厅堂东侧的房间里，房间与厅堂之间挂一帘子。在东侧的房间（而非北侧房间）垂帘，既体现出辅政者的地位尊贵，又能表明辅政者仅为皇帝的从属，并不揶揄权利。

《旧唐书·高宗纪》记载："自诛上官仪后，上每视朝，天后垂帘于御座后，政事大小，皆预闻之，内外称为二圣。"乾封二年，太子李显监国，武则天在御座后（御座北侧）垂帘，其意义就完全不一样了。

在前文提到的"坐北朝南"的前提下，人们在崇尚东方的同时，"左"也随之高贵起来。形成了"左高于右"的观念。但左与右的地位会因场合的不同发生变化。老子《道德经》记载："君子居则贵左，用兵则贵右……吉事尚左，凶事尚右。"朝堂之上，文东武西，左第一为宰相，右第一为太尉，左大于右；战场之上，上将军居右，偏将军居左，右大于左。

"左大于右"的空间观念在建筑中也有体现。春秋战国时期，住宅前开始出现左右阶：左阶供主人行走，右阶供客人行走，体现宾主关系。这种礼仪制度在汉代时极为盛行，宋代之后才逐渐消失。但是宫殿、庙宇的重要殿堂的前方还是有左右阶之分。

"中心大于四周"、"坐向大于背向"、"东大于西"三条规律的应用有先后之分，所以并不自相矛盾。以闽南民居住房分配图（图7）为例，整体上看，长子、二子、三子、四子的房间在内环，五子、六子、七子、八子的房间在外环，符合"中心大于四周"的规律。在内环，长子、二子的房间位于北侧，三子、四子的房间位于南侧，在外环，五子、六子的房间位于北侧，七子、八子的房间位于南侧，符合"背大于面"的规律。在内环北侧，长子的房间位于二子的房间以东，在内环南侧，三子的房间位于四子的房间以东；在外环北侧，五子的房间位于六子的房间以东，在外环南侧，七子的房间位于八子的房间以东，符合"东大于西"的规律。北京四合院（图8）、河南地区的窑洞四合院（图9）中的空间等级也符合此规律，在此就不再赘述。

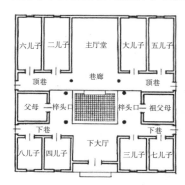

图7　闽南民居住房分配（来源：《福建民居》）

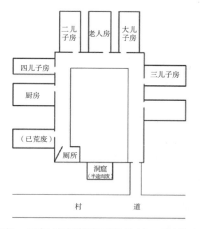

图9　三门峡市湖滨区滋钟村465号住宅
（来源：《福建民居》）

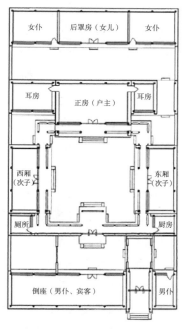

图8　北京标准三进四合院
（来源：作者绘制）

#### 4. 风水方位的凶吉

四合院住宅大门的位置，可分为两种：第一种，大门位于南部中轴线上。这种形式大抵分布于淮河以南诸省与东北地区，体现对中心、秩序的重视。第二种，大门位于东南、西北或东北角。这种形式以北京为中心，散布于山东、山西、河南、陕西诸省。这是受北派风水说的影响，认为住宅不能像宫殿、庙宇那样正南中央开门，应依照先天八卦将大门开在东南角上，路南的住宅大门则位于西北角上。

西北是"艮"卦，艮为山；东南是"兑"卦，兑为泽。这种门"山泽通气"。东北方是"震"卦，震为雷，是次好朝向，必要时可以设门。西南方是"巽"卦，巽为风，是凶方，不开门，而设厕所于此处（图9）。于是，对于开门位置而言，就产生了东南＞西北＞东北＞西南的空间等级秩序。

西方对应的是白虎位。《人元秘枢经》记载："白虎者，岁中凶神也，常居岁后四辰。所居之地，犯之，主有丧服之灾。"所以古人在正西方白虎位安排居住空间时会十分谨慎，用它作地名的情况也很少。但是与军事有关的地方常以白虎命名，有紧要、杀戮之意。《水浒传》中，林冲误入的白虎节堂，就是太尉商议军机大事的地方。

由于风水的影响，前文普遍认可的空间等级观念会出现细微的调整，但在宏观上并不影响大局，因为风水的规则是极其灵活的，它与普遍认可的空间观念并没有不可调和的矛盾。

#### 5. 高低位置与等级

中国汉代楼居之风盛行，从出土的明器陶楼（图10）可以推测，当时的建筑最高可达三至四层，这与当时汉代先民"仙人好楼居"的思想分不开。笼统地说空间等级是"上高于下"。

西藏民居中最常见的是三至四层的碉房，碉房内各层空间有固定的用途。通常底层为畜圈，二层为储存和灶房，三层为堂、卧室和储存，顶层为经堂和晒台。空间等级自下而上依次升高。这与藏传佛教中"天堂与地狱"的意向以及山川崇拜有关。

图10 二层陶楼（来源：四川省博物馆）

侗寨的鼓楼源自杉树崇拜，内部空间等级也是"上高于下"。

由此可以推测，基于浪漫主义情怀或是宗教因素产生的楼居，空间等级"上高于下"。

客家土楼中以永定南靖县的怀远楼最有代表性。怀远楼平面由内而外分为三个环：内环是祠堂，同时也作为整个土楼的大厅，中环是畜圈，外环是土楼的主体部分。主体部分四层：第一层是厨房和餐室（也作小客厅），第二层是谷仓，第三、四层是

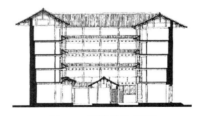

图11 南靖县和贵楼
（来源：http://jmj.fjnj.gov.cn/）

卧房，各房间大小相同，不分老幼尊卑一律均等。南靖县的和贵楼（图11）比怀远楼高一层，空间排布规律与之相同，规律是：一层为最高，其他次之。客家人建造土楼抗击倭寇以求自保，是不得已而为之，与宗教或是浪漫主义没有关系，一系列竖向空间的安排为的只是起居便利。

徽州的三合院民居通常为两层：首层是厅堂，二层是卧房。其空间等级规律是：一层为最高，

二层次之。徽州人建造二层的建筑是为了抵御南方潮湿的气候以及节约土地资源，遵循的也是实用主义原则。

由此可以推测，基于实用主义原则而产生的楼居，空间等级"下高于上"。

## 二、空间行为层面

在空间内部，牵涉到人的具体行为，空间等级的排序除遵循上述原则之外，就表现得更加细腻和富有戏剧性。

人在建筑中的行为按其正式的程度可以简单地分为：民俗礼仪活动和日常生活起居。在古代，一个人从出生到离世，会经历诞生礼、冠礼、婚礼和葬礼等民俗礼仪。这些礼俗有不同的、各自相对的稳定仪式，因而我们可以从中找寻其对建筑空间影响的痕迹。厅堂和院落是礼俗的容器，为其提供空间保证，因而院落与厅堂间的关系，以及厅堂内部家具的布置（图12）反映的是行为层面的空间等级秩序。

人的日常起居、会客、宴请（图13）、家族议事等活动同礼俗一样，需要细腻的空间划分，行为的复杂性更加剧了合院内部空间的非均质性。

### 1. 宴请行为

宴请座次反映了参与者的身份、地位，并在餐桌上形成了不同的空间等级。

传统的正式宴请（图14），主人一般会坐在面对着门的地方，强调其主人身份的同时也方便主人看到客人到达做好迎接的准备。最重要的客人一般都会被安排在主人的左手边，第二重要的客人会被安排在主人的右手边，以此类推下去。有些宴请甚至区分青龙位置、白虎位置，但其中道理并无不同。

图12 厅堂内家具布置
（来源：http://group.baike.com/）

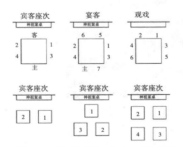

图13 "八仙桌"座次、席次图
（《两宋时期的中国民居与居住形态》）

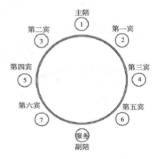

图14 传统宴请
（来源：作者绘制）

在一般普通的小型宴会上，也有谦虚的主人会请最重要的客人上座就座（面对着门的位子或北方位的位子），自己则一旁作陪，当然主和客通常会客气的推来推去，谁也不肯位居上座以表示谦让，最终一般客随主便，无需客气太长时间。

现代很多酒席排座次的时候，第一宾席位于主人右手边，第二宾、第三宾等依次顺时针排列（图15），这种排列方式使繁琐的程序得到简化，也因地域差异而有不同。

### 2. 传道授业

古代一些大户人家会在前院开设私塾（图16），但无论是开设于家庭、宗族、乡村内部为幼儿提供教育的私塾，还是国家集中开设的太学，内部讲堂的布置都遵循共同的空间模型。从宏观来看，是"传"与"受"使空间有了等级和地位上的差别。

《庄子·渔父》记载："孔子游乎缁帷之林，休坐乎杏坛之上，弟子读书，孔子弦歌鼓琴。"孔子到处聚徒授业，每到一处就在杏林里讲学，休息的时候，就坐在杏坛之上。杏坛成了等级最高的空间。

"习礼大树下，授课杏林旁"的模型（图17）除了区分"讲"与"听"的空间之外，演讲者的伺服空间以及听众的座次也分等级。

孔子的游学有"非正式"（图18、图19）和"正式"（图20、图21）两种。非正式的讲学方式是启蒙类的、面向大众的，类似于西方古希腊时期苏格拉底、柏拉图等在广场或是公共集会所公开演讲；正式的讲学面向读书人、士大夫甚至国君，融合了更多"礼"的因素。

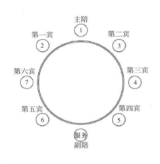

图15　现代宴请（来源：作者绘制）

图16　私塾
（来源：http://blog.sina.com.cn/）

图17　演讲者左右及后方的伺服空间
（来源：http://cul.qq.com/zt2013/yunzhi dao/）

图18　孔子"非正式"讲学
（来源：http://blog.sina.com.cn/s/）

图19　"非正式"讲学模型
（来源：作者绘制）

图20　孔子"正式"讲学
（来源：http://auction.ar txun.com/）

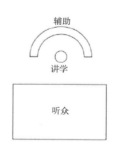

图21　"正式"讲学模型
（来源：作者绘制）

## 三、结语

从人类自我意识萌发，开始感知客观世界的那一刻起，空间等级观念就已经形成雏形。在中国漫漫历史长河中，它与人的日常活动及礼俗仪式相伴相生，演化为一个极为复杂而又有章可循的体系，对传统合院空间影响深远。本文分析了传统合院中的空间等级秩序，并总结出了其存在的规律，对于人们以更理性的方式认识空间有一定意义。

**参考文献**

［1］王昀. 空间的界限［M］. 辽宁：辽宁科学技术出版社，2009.

［2］戴志坚. 福建民居［M］. 北京：中国建筑工业出版社，2009.

［3］谭刚毅. 两宋时期的中国民居与居住形态［M］. 南京：东南大学出版社，2008.

［4］王金平，徐强，韩卫成. 山西民居［M］. 北京：中国建筑工业出版社，2009.

［5］李秋香. 北方民居［M］. 北京：清华大学出版社，2010.

# 2.3　比较视野下的湘赣民系居住模式分析

## ——兼论江西传统民居的区系划分

潘莹　施瑛

**摘　要：**历史上江西是著名的移民通道，境内居民主体为汉民族的分支"湘赣民系"，但居住文化又受到周边民系的重要影响。以民系为参考系对江西民居进行区系划分，形成环鄱阳湖区、吉泰区、建抚区、婺源区、广信区、赣南区和袁锦区七个区系。其中腹心三区环鄱阳湖区、吉泰区和建抚区民居体现了湘赣民系居住的本质特征。在与周边民系居住模式的比较研究中，从差异性出发总结了湘赣系居住模式较为显著的十个特点。

**关键词：**湘赣民系　居住模式　江西民居　区系划分　比较研究

## 一、移民、民系与民居区系

"建筑—聚落—区系"，构成了民居研究的基本操作层级。其中，区系划分的主要目的是将具体的聚落个案联系起来扩展到地域居住模式的范畴，没有区系研究我们无法掌握中国民居庞大体系的概况，甚至于对江西一省民居的基本性状也难以描述和分析。

不同学者采用不同的方式作为建筑区系划分的手段，大致可分作两类：其一是从建筑体系内部出发，依靠聚落的规划布局、民居的平面与空间、材料结构与构架、立面与造型、装饰与装修等要素的特征划分区系；其二是从影响建筑体系的外部环境体系出发，如依据地理分区、气候分区、文化分区以及移民民系等因素划分建筑区系。目前的研究成果显示，并没有一种区系划分能做到绝对精确无误，但不同的区划方式却在不同的区域内显现出相对的适合性和合理性。

在以中原汉民移民为人口主体、地域自然地理环境差异不大的中国东南地区，通过对"移民—民系—方言"的考察，从族群的划分进而进行建筑区系划分的手段是比较合理和有效的。

民系是由于民族内部的交往不平衡形成的。中国的东南社会自秦汉魏晋南北朝到唐宋多次在相对集中的时段接纳了大规模的北方移民，中原文化与百越文化经过不同历史时期的整合与分化，逐渐形成东南地区汉族的五大民系（越海民系、闽海民系、广府民系、客家民系、湘赣民系），各民系有相对集中的定居范围和活动区域，也因此产生了社会文化的不同区系类型。方言作为民系最基本的文化认同特征，被用作民系认定和族群划分的重要指针。

## 二、江西传统民居文化的区系划分

与东南地区的广东、福建等省份相较，江西具有其特殊性。它是处于南北移民大道上的"非尽端式"省份，除了受唐宋及之前的北民南迁进程影响外，同时又是明清时期闽粤移民返迁的目的地，以及"江西填湖广、湖广填四川"的西迁移民运动的重要一环，可以说长期处在一个动态、开放的人口流动和文化交流环境之中。因而江西境内的居民主体虽为湘赣民系，但同时也生活着越海民系、闽海民系、客家民系的部分支系。由此决定了江西民居的区系划分的复杂性，其区系差异很大程度上受到移民的历史层叠差异的影响。

移民活动使不同类型的居住文化、不同模式的聚落从相互隔离走向相互渗透、融合，从逻辑上分析，每一次移民活动所引起的文化交流的结果无疑存在三种状况：其一，移民文化代替移入地土著文化；其二，土著文化同化移民文化；其三，移民文化与土著文化相互融合，产生不同于两者原有文化的文化新形态。客观的事实告诉我们，移民文化与土著文化之间，一方为另一方彻底取代的情况是少之又少的；任何一个亚文化群中总有一定的文化成分被保留，移民现象对于文化的重要影响通常是导致了表层文化与底层文化的分离。

所谓表层文化，是在文化交流中具有扩散特质的，往往由一个亚文化群向其他亚文化群扩展，或在多个非同源亚文化群中具有通行性、标准性的文化。所谓底层文化，是在文化交流中具有沉淀特质的，往往仅为单一亚文化群所特有，或仅在一组同源亚文化群中存在，或开始在多个亚文化群中存在，而后逐渐萎缩至少量亚文化群中的。每一次不同亚文化群的接触，都使各亚文化群内部分文化扩散出去，部分文化沉淀下来，形成表层文化与底层文化的分离。产生这种分离现象，也就是这种外来影响发生作用的过程，至少有下列两种基本情况：一是某个在政治、经济、军事等方面占有优势，或者文化发展更为成熟的亚文化群或文化体系，在长期的交流过程中逐渐取代了另一个软弱或较幼稚的亚文化群的部分成分。这个亚文化群中未被取代或无法找到取代物的成分便沉淀下来成为底层成分；二是两个或更多的基本发展程度与实力相近的亚文化群在长期的融合过程中形成了一个新的更大的亚文化群。原有的各个亚文化群中难以融合的或尚未融合的成分也沉淀下来成为底层成分。这种表层文化与底层文化的分离，对于中国传统民居，特别是东南汉族民居的形态发展有着重大的影响。

根据江西内部的移民、民系以及方言分布情况，笔者将江西民居划分为七个区系。这七个区系分别为：环鄱阳湖区、吉泰区、建抚区、婺源区、广信区、赣南区和袁锦区（图1）。

环鄱阳湖区、吉泰区和建抚区较早被南迁的北方移民占据，从秦至宋经历数次南迁北方移民的大冲刷，宋代以后人口流入的规模已十分微小。由于元代以前迁入的北方移民在政治、经济上往往具有土著所不及之优势，所以它们的建筑文化的大部以表层文化的性质析出。中原文化随时间发展而发展，则宋代文化势必具有前代文化所不可比拟的优势，这样在环鄱阳湖、吉泰和建抚三区的表层建筑文化中很大程度体现出宋代中原文化的成分，底层文化则各有不同。唐末五代，中原世家大族走向没落，因此宋代中原居住模式已发展成为以小家庭为主的三合院、四合院，这些模式结合赣中、赣北的实际条件就发展成为建筑密度更大的堂厢围合的三合、四合天井单元。此三区因移民层叠集中于元代之前，其后虽与中原、江南等地区仍有文化交流，但大规模的移民毕竟没有发生，其建筑文化更体现出自主发展的态势，更具有江西本土特征，可视为江西民居建筑文化之主体，亦为湘赣民系居住文化之主体。

其余四区除了经历元代以前的北方移民南迁的冲刷外，还在明清时期继续接纳了周边地区的移民，而且数量较大，深刻地影响了其本土建筑文化的发展趋势。

赣南区和袁锦区由于战乱等原因，明代人口密度大幅度降低，明末清初的招垦使得大规模的闽粤客家移民进入这两个地区。由于移民数量的巨大，使得客家建筑文化中亦有相当成分作为表层文化析出。客

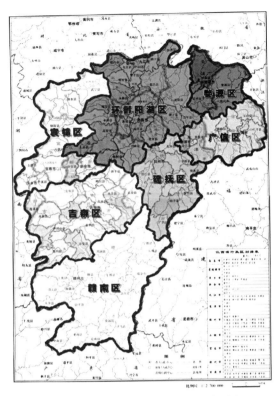

图1　江西民居区系划分（作者自绘）

家人特殊的迁徙经历使他们长期在危险的自然环境和社会环境中生存，形成了密集型聚住的需求，使得曾经适应于唐以前中原地区强宗大族和世家大族聚住的"堂厢从厝模式"和"单元陪屋模式"在客家建筑文化中作为表层文化得以保存。随着客家人迁入赣南区和袁锦区，这些模式从闽西粤东的客家生活区移植扩散到这两个区中，深刻地影响了这两地的居住文化。

婺源区之婺源县长期隶属于徽州，至迟在明初就已形成成熟的徽州居住文化，由于作为居住主体的徽商（越海民系）的经济实力保障，徽州的聚落、民居在建筑技术性和艺术性上均达到很高的水平，在与周边地区的文化交流中通常居于强势，本来对于邻近的景德镇地区就有相当的影响。而随着安徽、浙西移民向景德镇的迁入，更加快了徽州居住文化扩散的步伐，使得徽州居住文化成为这一地区通行的表层文化。

广信区在明清时接纳的移民最为复杂，其建筑文化的表层部分和底层部分都显示出混杂的状态。如，该区西部的贵溪、铅山、弋阳、横峰四县，民居的平面、构架受到浙江移民（越海民系）带来的民居模式影响较大，而东部的上饶、广丰、玉山三县的民居平面则一定程度受到福建移民（闽海民系、客家民系）的影响，民居构架又反映出徽州民居（越海民系）的特色。

## 三、腹心三区的居住模式特征

从文化地理学角度分析，代表湘赣民系暨江西本土居住文化特色的三个区系（环鄱阳湖区、吉泰区、建抚区）位于省域的腹心地带，而其他四个受外来民系居住方式影响较深的区系分别位于腹心的

西北、南、东、东北外缘，唯一留出正北的敞口作为与象征封建文化正统的"中原"文化沟通的通道。

腹心三区的居住模式虽然各有特点，但共性特征较多，尤其与周边民系、区系相比，此类特征愈加凸显，恰恰体现了湘赣系居住模式的本质，主要表现在：

1. 明代以前即立基发展的古老聚落数量多。大部分聚落的发展周期长，在长期的生发、拓展过程中，建筑不断被加建、改建、拆建，宅基地所有权也在不同聚落成员间买卖变更，原有邻里关系不断被打破，为获得更大自用空间而侵占巷道的以个人利益为先的建造活动频繁发生，再加上宗族权力的转移、前后世长老对规划的不同期望和实施、监控差异，都易造成对统一规划思想的破坏和僭越，使古老聚落的形态更易趋向无序。因此湘赣民系聚落散中有聚、乱中有规，是自由形态和几何形态的结合，体现出有限人为控制下自生自长的发展态势，与广府民系大量存在的短时期内一次性规划建成的聚落的规整度有较大差异（图2）。

2. 形势派风水对聚落布局有深刻影响。江西是形式派风水的发源地，腹心三区境内丘陵绵延、河湖广布，大多数聚落在选择立基时均有龙可觅、有砂可察，肉眼能够观测到具体的地势起伏变化，更让形法理论的实践有客观的物质依托。聚落整体布局在形势派风水思想的渗透下，依山就势、夹溪伴河，尽可能追求小地理单元内的理想环境意象，而不强求街平巷直。在山丘起落的微地形影响下，不少聚落形成簇状的多团块结构，每一团块的靠山、岸山、朝向皆不同，形成自己内部的小系统。这与广府、闽海民系中大量存在的单一团块、朝向统一的聚落模式有所不同（图3）。

  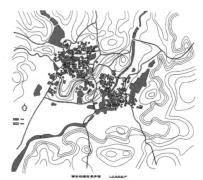

图2-a 湘赣系聚落流坑村　　　图2-b 广府系聚落钟楼村　　　图3 湘赣系簇状聚落——
　　　　　　　　　　　　　　　　　　　（作者自绘）　　　　　　　　　　　　吉安钓源村

3. 湘赣民系聚落街巷体系属典型的"横巷体系"，即平行于民居面宽方向的"横巷"数量明显多于平行于民居进深方向的"纵巷"，民居大门虽然不一定位于中轴线上，但多数都开在檐墙面而不是山墙面，这使得与民居面宽方向平行的横巷承担了更为大量的交通联系。

东南五大民系之中，与湘赣系之"横巷体系"形成鲜明对比的是广府民系聚落典型的"纵巷"体系，其他三民系则可谓"纵横并重"。广府聚落以"梳式布局"模式为基型，在民居朝向基本一致的前提下，以一条平行于民居面宽方向的横巷为主巷，通常主巷位于整个聚落的前方（有时扩大为晒谷坪），以与主巷垂直的数条纵巷为支巷来连接各栋民居山墙面的主入口，横巷犹如梳把，纵巷犹如梳齿。当纵巷的长度过大，为了方便横向联系，会在纵巷的一定深度位置上增加几条横巷，但相比之下，纵巷的数量仍远胜于横巷，聚落的交通主要依赖于纵巷。

当民宅朝向一致时，湘赣系"横巷体系"的聚落组团的进深明显小于以"纵巷"组织为主的广府聚落，通常等于前后两户进深之和；而当民居朝向并不统一时，湘赣系聚落中的横巷体系本身也可转换方向，形成网络，成为更难描述和把握的对象。从与古制的联系上，"横巷"体系与"纵巷"体系相较，似与中原传统文化的联系更为紧密（图4）。

4. 民居平面规模严守国家居住制度的禁限。东南五大民系中，湘赣系距封建统治中心较近，宋明两代又是国家政权着力经营的地区，科举兴盛、官宦辈出，受制度文化的影响也颇深。在居住形制方面的反映为，其民居面宽受到国家居住制度的严格控制，面阔规模限定在3~5开间，大中型民居的平面拓展以先在进深方向增加进数为主，2~3进民居的比例相对较大，进而再数"落"并联形成更大的建筑组群，纵向拓展优先于横向拓展。与远离封建统治中心的闽海民系等区系频繁使用逾制的"五间过"、"七间过"、"九间过"（5、7、9开间民居），横向拓展优先于纵向拓展的扩展模式有显著不同。

5. 腹心三区民居皆以天井或天门为平面组合的核心空间（图5）。以四向房屋围合中央虚空间的四合居住模式是中国汉族民居的共同基型，但在北方民居中作为核心空间的"院落"，到了东南地区，随着气候趋向暖湿、人口趋向密集、用地趋向紧张等原因，逐步演化成为当地的"天井"。东南五大民系普遍使用天井，作为民居内向式的组织各类用房的手段，利用这一空间集中解决采光、通风、排水等问题。各类居住用房均向天井开设门窗，尤其是厅堂朝向天井一面几乎完全开敞，让天井带有室内空间的色彩。但天井毕竟是一敞口，与室外环境沟通、容易受到外界恶劣气候的影响，尤其在湘赣民系定居的腹心三区，夏季太阳辐射强烈、气温高，而缺乏广府、闽海、越海系等邻海地区的海陆风，闷热无风，堪称"火炉"；而冬季，因北部为低平的鄱阳湖，无高山隔阻，北方寒冷气流能够长驱直入，导致气温骤降，且相对湿度高，湿冷难当，与受五岭围护、常夏无冬的广府系、闽海系等境域亦截然不同。为了抵抗夏、冬季节的恶劣气候，湘赣系民居之天井不得不向窄小发展，其极端实例就是吉泰区的"天门"。

"天门"是民居前坡屋面的一道构造性开口，宽度仅20~30厘米，透过它的光线只能勉强满足室

图4-a　湘赣系聚落的"横巷"

图4-b　广府系聚落中的"纵巷"

图5-a　狭窄的天井

图5-b　天门

内的采光需求，通风效果亦有限，排水则通过大门上方的天沟收集并导向室外，但它能够较好地抵抗夏季伏热和冬季严寒，而且因室内地面不设坑池，室内也相对干燥。

无论从功能继承还是室内界面装修特点分析，"天门"就是天井空间退化的结果。目前，天门仅见于江西的吉泰区，是湘赣民系结合区域特点的独特创造。也体现了天井空间在中国东南地区的变化规律，即从北——南，有"大——小——大"的趋向，最小点在吉泰区。

6. 腹心三区的民居平面形制以堂厢围合为基本单元，大中型民居是通过多个堂厢单元串联、并联，依靠单元重复模式形成复杂建筑群，这种拓展模式的构成单元同质且同向，缺乏向心感和围合感。而在闽海系和客家系的大中型民居中有一类特色要素，是湘赣系民居所不具备的，称为"从厝"或"横屋"，它们位于中轴厅房的两侧，可以一列或多列，其原型是整齐划一的线性排列的房间，后来逐渐从雷同的用房中分化出敞厅（花厅、书斋厅、从厝厅），从厝厅房的轴线均指向中轴核心体，即与中轴厅房朝向垂直。由于从厝的存在，使得闽海系和客家系民居由单一合院向合院群发展的过程中，既有单元重复式，又有向心围合式的平面组织方式。向心围合式是指以中轴核心体为基础，通过从厝、后包的层层包绕，使平面规模不断外扩，但从厝和后包的房屋朝向始终指向祠堂核心体，体现出与核心体之间分明的主与次、中心与外围的区别。

在中国建筑的发展历程中，早期的合院组织形式，如唐代《戒坛图经》显示的律宗寺院、敦煌壁画中的一些佛寺形象，都具有鲜明的向心围合特征。而唐以后至明清，重要的公共建筑中合院组织仍然偏重于向心围合手法，这说明向心围合式所体现的整体性和秩序性，是与封建社会的思想文化相适应的。但于民居层面，曾作为封建统治中心的中原和江南地区，随着汉代的强宗大族和魏晋至唐代的世家大族制度的逐渐解体，个体小家庭的普遍出现，营建也变成小家庭的独立行为，具有统一规划性的向心围合模式逐渐被更具有家庭特征的单元重复式替代，与统治中心有着紧密关联的湘赣民系民居中体现了与中原、江南基本同步的变化。而闽海系、客家系处于封建文化的传播末梢，自唐末五代移民大潮之后，就少有外来移民文化的扰动，边缘社会中的自保需要使得聚族而居的习惯被保存而且强化，使得作为封建伦理孝悌思想象征的向心围合式院落的居住古制延续下来（图6）。

7. 腹心三区民居多为单层住居，局部设阁楼。湘赣区系的早期定居者曾为普遍采用干阑居的干越人，其生活层被架高远离地面。随着北方移民南迁和汉、越文化的融合，干阑居逐渐消失，但它对湘赣民居空间形态和构架形态的影响仍然延续。主要表现在民居强烈的穿斗构架特征和阁楼的使用。湘赣系民居的厅堂多为单层通高，但厅堂两侧的正房和厢房内多采用阁楼，楼层通常不用于居

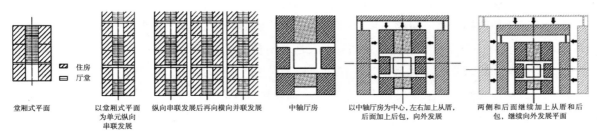

图6-a　湘赣系的单元重复式　　　　　图6-b　闽海系、客家系的向心围合式

住，而用来存放谷物、棉花等易霉烂但对家庭生活又极为重要的物品，一般也不设固定楼梯，需要时搭便梯上下（图7）。湘赣系民居中虽然保存了作为干阑民居遗存的阁楼，但与越海系的徽州等地民居又有很大区别。徽州民居中的楼层更为典型，楼层具有完整的厅，房屋体系供人居住，空间连续使用面积大，并设固定楼梯解决垂直交通。

8. 腹心三区普遍使用木构架承重的结构体系。对照湘赣系与广府系、闽海系、客家系的民居平面，可见后三者多用砖墙或土墙直接承木檩的混合承重结构，不仅用于山墙也多用于明间两侧之墙。而湘赣系民居与越海系较为接近，多以木构架承檩，墙体只起围合空间的作用，真正做到"墙倒而屋不塌"。且湘赣系明间厅堂两侧墙基本不用砖墙，而采用木鼓壁或织壁抹灰内墙填充木构架之间的空隙（图8）。

9. 腹心三区的民居大木构架的穿斗特征鲜明。它与抬梁式的主要区别在于，以柱头承檩、而非梁头承檩；以梁枋插入柱身而非将梁枋搁在柱顶；插拱的适用频率高。越海系民居中常常见到穿斗、抬梁并用的现象，湘赣系中则较少。

10. 腹心三区民居的外观形象总体而言简朴大方，装饰适度，木、砖、石三雕皆有佳作，但以木雕见长，对砖石的艺术加工水平不及越海系、闽海系（图9）。

图7 湘赣系民居中的阁楼　　图8 湘赣系民居中厅木构架　　图9 湘赣系民居木雕窗扇
　　　　　　　　　　　　　　　　　和织壁

## 四、比较研究的视野

由于篇幅所限，本文无法详细论及江西每一区系的具体特征，只能通过比较研究的方法将作为湘赣民系主要居住区的腹心三区的居住模式作一概括阐释。而比较的对象则是与湘赣系邻近且同属东南区域的其他四大汉族民系——越海系、广府系、闽海系和客家系。这些民系跨越了行政区划的界线分布于江西省域内外，因此这种比较不仅有利于明晰江西与周边省份民居模式的差异，也基本明晰了江西省内腹心三区与受其他民系影响较大的边缘四区之间的差异。

比较研究法是对物与物之间或人与人之间的相似性或相异程度的研究与判断的方法。笔者在进行居住模式的研究中，经历了从以单纯的江西民居为对象，扩展到以东南汉民系民居为对象的过程。发现很多居住现象在五大民系中是共存的，其区别往往是程度上的（强烈或微弱），单纯的对单一对象的叙述让我们无法识别民系个体的特性，而在比较视野下的分析往往能一矢中的、抓住要害。因此"以比较研究揭示本质研究"是本文重要的技术路线，其关键在于对于比较"属性"的选择和设定，本文所列举的湘赣系十点居住模式特征即对应于十种居住属性，它们的逻辑结构符合从聚落—组团—民居单体的层次秩序。

中国丰富的传统民居和乡土聚落是祖先留给我们的宝贵财富，亦是值得我们不断深入研究的重要课题。令人欣喜的是，中国建筑学界学者们正以不同视角和方式进行着关于民居的执着探析，多元化研究方法有利于促进民居科学可持续发展，本文采用的民系区划与比较研究相结合的方法，仅仅是研究途径之一，在此抛砖引玉，期待与诸位专家学者进一步交流。

# 2.4 云南传统聚落意象比较研究 ①

杨荣彬 ②　杨大禹 ③

**摘　要：** 聚落是人类聚居的空间形式，云南独特的自然环境、气候条件和多元的民族文化，孕育了众多各具特色的传统聚落。本文以云南国家级历史文化名城、名镇、名村为研究对象，分别从传统聚落的选址、历史沿革、文化传承、社会经济等方面进行梳理和分析比较，以探讨归纳云南传统聚落具有的构成要素和意象特点，为传统聚落的保护、更新与文化传承提供一些有益的理论思考。

**关键词：** 传统聚落　构成要素　意象

聚落是人类聚居的空间形式[1]。"聚落"一词出自人文地理学，按照德文 siedelung 的字意为居住地。德国地理学家李希霍芬（Richthofen）曾指出："人类定着于地表，并占领地表，其中一种占领样式即为聚落"[2]。英国地理学家海德（Peter Haggett）将聚落定义为："人类占据地表的一种具体表现，是形成地形的重要组成部分"[3]。在新型城镇化和新农村建设协调推进的背景下，乡村聚落研究的重要性日益凸显[4]。对传统聚落的研究也成为人们关注的焦点。传统聚落蕴藏着古人将哲学观念、生活生产方式与自然条件巧妙结合的人居智慧，是最具中国特色的本土规划产物[5]。聚落成为共同体的前提条件是它必须要有个性，只有通过表现出不同于其他聚落的形式，才能被认识到它的存在，才能明确它的属性。所有的聚落都是独特的，其空间也是独创的。可以认为聚落是散布在大地上的奇特的点群[6]。云南独特的自然环境、气候条件和多元的民族文化，孕育了众多不同特色的传统聚落。深入挖掘传统聚落的构成要素与形成特点，有助于拓展对传统聚落保护、更新与文化的理论思考。

---

① 国家自然科学基金资助项目（编号：51268019）；云南省教育厅科学研究基金资助性项目（编号：2017ZZX021）.

② 杨荣彬，女，昆明理工大学环境科学与工程学院，资源环境规划与管理专业，在读博士研究生；大理大学工程学院，讲师研究方向为：民族建筑与人居环境保护.

③ 杨大禹，男，博士，昆明理工大学建筑与城市规划学院副院长，教授，博士生导师，研究方向为:建筑历史及其理论.

# 一、引言

历史文化名城、名镇、名村、名街区的公布，为传统聚落的保护与更新提供了大量可供参考的研究案例。据《中华人民共和国文物保护法》第十四条规定："保存文物特别丰富并且具有重大历史价值或者革命纪念意义的城市，由国务院核定公布为历史文化名城。保存文物特别丰富并且具有重大历史价值或者革命纪念意义的城镇、街道、村庄，由省、自治区、直辖市人民政府核定公布为历史文化街区、村镇，并报国务院备案。历史文化名城和历史文化街区、村镇所在地的县级以上地方人民政府应当组织编制专门的历史文化名城和历史文化街区、村镇保护规划，并纳入城市总体规划"[7]。截止到 2014 年 2 月，云南省总计有78个公布为不同级别的历史文化名城、名镇、名村、名街区。其中：国家级历史文化名城6个，省级历史文化名城9个；国家级历史文化名镇、名村16个[8]。2015年4月，石屏县成为云南省唯一入选的全国首批历史文化街区[9]。云南省入选国家级历史文化名城、名镇、名村、名街区具体名单及区位如表1。

云南省国家级历史文化名城、名镇、名村一览表　　　　　　　表 1

| 级别 | 序号 | 名称 | 区位 | 批准日期 | 批准文号 |
|---|---|---|---|---|---|
| 名城 | 1 | 昆明 | 滇中地区，云南省省会城市 | 1982 年 2 月 | 国发［1982］26 号 |
| | 2 | 大理 | 滇西地区，大理州大理市 | | |
| | 3 | 丽江 | 滇西北地区，隶属于丽江市 | 1986 年 12 月 | 国发［1986］104 号 |
| | 4 | 建水 | 滇东南地区，隶属于红河州 | 1994 年 1 月 | 国发［1994］3 号 |
| | 5 | 巍山 | 滇西地区，隶属于大理州 | | |
| | 6 | 会泽 | 滇东北地区，隶属于曲靖市 | 2013 年 5 月 | 国函［2013］59 号 |
| 名镇 | 1 | 禄丰县黑井镇 | 滇中地区，隶属于楚雄州 | 2005 年 9 月 | 建规［2005］159 号 |
| | 2 | 剑川县沙溪镇 | 滇西地区，隶属于大理州 | 2007 年 5 月 | 建规［2007］137 号 |
| | 3 | 腾冲县和顺镇 | 滇西地区，隶属于腾冲市 | | |
| | 4 | 孟连县娜允镇 | 滇西南地区，隶属于普洱市 | 2008 年 | 建规［2008］192 号 |
| | 5 | 宾川县州城镇 | 滇西地区，隶属于大理州 | 2010 年 7 月 | 2001 年 4 月云政发［2001］60 省级，建规［2010］150 号 |
| | 6 | 洱源县凤羽镇 | 滇西地区，隶属于大理州 | | |
| | 7 | 蒙自县新安所镇 | 滇东南地区，隶属于红河州 | | |
| 名村 | 1 | 会泽县娜姑镇白雾街村 | 滇东北地区，隶属于曲靖市 | 2005 年 9 月 | 建规［2005］159 号 |
| | 2 | 云龙县诺邓镇诺邓村 | 滇西地区，隶属于大理州 | 2007 年 5 月 | 建规［2007］137 号 |
| | 3 | 石屏县宝秀镇郑营村 | 滇东南地区，隶属于红河州 | 2008 年 | 建规［2008］192 号 |
| | 4 | 巍山县永建镇东莲花村 | 滇西地区，隶属于大理州 | 2008 年 | 建规［2008］192 号 |
| | 5 | 祥云县云南驿镇云南驿村 | 滇西地区，隶属于大理州 | 2010 年 7 月 | 2003 年 12 月省级，建规［2010］150 号 |

续表

| 级别 | 序号 | 名称 | 区位 | 批准日期 | 批准文号 |
|---|---|---|---|---|---|
| 名村 | 6 | 保山市隆阳区金鸡乡金鸡村 | 滇西地区，隶属于保山市 | 2014 年 2 月 | 2007 年 1 月云政发〔2007〕9 号省级，建规〔2014〕27 号 |
| | 7 | 弥渡县密祉乡文盛街村 | 滇西地区，隶属于大理州 | | |
| | 8 | 永平县博南镇曲硐村 | 滇西地区，隶属于大理州 | | |
| | 9 | 永胜县期纳镇清水村 | 滇西北地区，隶属于丽江市 | 2014 年 2 月 | 建规〔2014〕27 号 |
| 街区 | 1 | 石屏历史文化街区 | 滇东南地区，隶属于红河州 | 2015 年 4 月 | |

## 二、传统聚落构成要素

### 1. 选址意象

自然环境是聚落形成和发展最直接的物质基础。传统聚落对自然生态环境适应表现为与自然和谐共生[10]。云南地处云贵高原，是一个高原山地环境的省份，整个地势从西北向东南倾斜，海拔相差很大。境内江河顺着地势由北向南，成扇形分别向东、东南、南流去。众多传统聚落的选址，根据其所处特殊的地理区位和地质条件，往往依山傍水，形成山-水-聚落相互交融的空间格局。按传统堪舆理论观点，背山既可生气、纳气、聚气，亦可接纳阳光、阻挡寒气；面水可使气"界水而止"，为聚落环境孕育无限生机[11]。比如"三面环山，一面临水"的龟城昆明，"屏山临海，银苍玉洱"的大理古城，"三山为屏，一川相连"的丽江古城，还有"城南有焕山诸峰拱卫，城东有泸江诸水缠绕"的建水古城，"南依灵璧山，北临蔓海"的铜都会泽。而滇西腾冲的和顺古镇则"南依黑龙山，北临大盈江"，弥渡的文盛街村也"西倚太极山麓，东临亚溪河畔"等。不论是位于平坝地区的聚落，还是因有独特资源的其他聚落，如产盐的黑井镇、诺邓村；铜运的白雾街村；巍山、州城镇、新安所镇、郑营村、东莲花村、曲硐村等。它们所处的区位，均被赋予了特殊的社会地位，依据当地的自然条件和气候，从农耕、防卫、军屯、商贸、交通与资源等的角度出发，形成云南各具特色的聚落格局，其各自的格局特点如表2归纳。

**传统聚落选址意象一览表** 表2

| 类别 | 名称 | 选址特点 |
|---|---|---|
| 古城 | 昆明 | 三面环山，一面临水，即东、西、北三面为金马山、碧鸡山和长虫山，南濒滇池 |
| | 大理 | 屏山临海，西倚苍山中段的中和峰山麓，东临洱海 |
| | 丽江 | 三山为屏，一川相连，即北依象山、金虹山、西枕狮子山，玉河自西北向沿东南穿城而过 |
| | 建水 | 地处坝子，城南有焕山诸峰拱卫，城东有泸江诸水缠绕 |
| | 巍山 | 地处横断山脉深处，哀牢山与无量山在这里交汇 |
| | 会泽 | 地处乌蒙山区，南依灵璧山，北临蔓海 |

| 类别 | 名称 | 选址特点 |
|------|------|---------|
| 古镇 | 黑井镇 | 地处龙川江峡谷，东有玉璧山，西有金泉山，构成南北长而东西狭窄，龙川江横穿其间 |
| | 沙溪镇 | 东邻黑惠江，西紧靠鳌峰山，南北为开阔的平坝 |
| | 和顺镇 | 位于一马褡形小盆地中，南部依黑龙山而建，与自东北而来的大盈江相融合 |
| | 娜允镇 | 位于孟连盆地北部边缘，背靠金山，东南方的南垒河蜿蜒而过，聚落建在半山坡坐北朝南 |
| | 州城镇 | 东依钟英山西麓坡地，西与笔架山相望，钟良溪从南绕城过注入纳溪河，从城西流过 |
| | 凤羽镇 | 西靠罗坪山，东临田地，发源于清源洞的凤羽河穿坝子而过 |
| | 新安所镇 | 东面高山横亘，西南面丘岗起伏环抱、北面为一马平川，地势开阔 |
| 古村 | 白雾街村 | 金沙江东岸、以礼河西岸，地处川滇交界、两省三县一区结合部 |
| | 诺邓村 | 位于澜沧江支流沘江之畔，一条诺水汇集两岸高山涓流，从西北方缓缓流出，将聚落一分为二 |
| | 郑营村 | 北临赤瑞湖，与宝秀镇隔湖相望，南枕郑家山，西邻张向寨、吴营，东接张本寨 |
| | 东莲花村 | 位于永建坝子中南部，彰宝村河东岸，村间公路由东向西穿过村庄 |
| | 云南驿村 | 位于下川坝西北角白马寺山脚，前为稻田，后为山林，街道及建筑围绕白马山麓呈弧形分布 |
| | 金鸡村 | 坐落在保山坝东北角凤溪山下，地处博南古道穿越澜沧江后进入保山的咽喉地带 |
| | 文盛街村 | 西倚太极山山麓下，位于亚溪河畔 |
| | 曲硐村 | 坐落于博南山下，历史上著名的西南古丝绸之路"博南古道"穿村而过 |
| | 清水村 | 背靠东面的交椅山，面向西边的凤凰山，中间为黄泥田水库、农田 |

## 2. 历史沿革

历史作为时间发展的轴线，承载和见证着不同时期聚落产生、发展演进的历史轨迹。云南传统聚落因其所处的地理位置、社会地位不同，从而形成了彼此不同的诸多构成因素。比如昆明和大理，因其所处滇池、洱海区域的特殊环境，又具有较早的发展历史，故其传统聚落构成格局较为完善，至今仍然作为区域的发展中心。巍山[12]、会泽、白雾街村、诺邓村、云南驿村、州城镇、凤羽镇、黑井镇等，因资源或不同历史时期的社会发展需要，在鼎盛时期，聚落得到了全面的发展，而随着历史进程的向前发展，传统聚落也从中心地位逐渐向边缘地位转变。丽江古城、娜允古镇作为不同历史时期土司制度与纳西族、傣族结合而形成的传统聚落，构建了独特的聚落空间与聚落格局。

纵观历史的发展，云南的传统聚落大多数在中原汉文化的主流社会发展背景下产生、发展，也有结合不同民族形成的聚落，作为不同历史时期的代表，传统聚落构成了不同的社会、政治、经济、文化中心见表3。

**传统聚落历史沿革一览表**      表3

| 类别 | 名称 | 历史沿革 |
|------|------|---------|
| 古城 | 昆明 | 与滇池的形成和演变密切相关，"滇王国"、"西南夷"、昆州、拓东城、云南府、昆明县治所等 |
| | 大理 | 云南最早的文化发祥地之一，与洱海地区发展相关；自秦汉至今，南诏国、大理国等 |
| | 丽江 | 始建于南宋末年，元代丽江路宣抚司、明代丽江军民府和清代丽江府驻地 |
| | 建水 | 始建于唐元和年间，经历了南诏、大理时期初创、元代充实扩展，明清时期极盛的三个阶段 |
| | 巍山 | 始建于汉武帝时期，唐时期的南诏王朝、明清时期的茶马古道及丝绸之路的重要据点等 |
| | 会泽 | 垦殖甚早，秦汉时修"五尺道"和"南夷道"得堂琅，西汉置得堂琅县，迄今约2000多年 |
| 古镇 | 黑井镇 | 明洪武年间，黑井设正五品的盐课提举司，大力开发黑井；到清朝，黑井盐业到达鼎盛 |
| | 沙溪镇 | 自春秋战国时期，以黑惠江为中心的青铜冶炼、制作基地；唐宋成为茶马古道上的重镇 |
| | 和顺镇 | 自明正统年间的军屯开始，清乾隆嘉庆以后，侨商经济发展，华侨之乡和文化之乡 |
| | 娜允镇 | 自元代起就是孟连土司府驻地，共统治了4个时期28任，历时约660年；傣族特色的古城 |
| | 州城镇 | 自明弘治七年兴盛至今，明、清两代在这里设过州府；大理直至云南设州置县最早的地方之一 |
| | 凤羽镇 | 西汉以前就有人居住，唐（南诏）时期设县，宋（大理国）置凤羽郡，明置凤羽巡检司 |
| | 新安所镇 | 自西汉元封二年建立贲古县；明正德三年在新安所设立守御千户所，驻扎军队，屯田成边 |

续表

| 类别 | 名称 | 历史沿革 |
|---|---|---|
| 古村 | 白雾街村 | 自西汉为军商往来的要道驿站，明朝中后期东川府铜矿的开发，使白雾经济繁荣、文化昌盛 |
| | 诺邓村 | 自汉武帝南征云南，因产盐而设比苏县，为白族最早的经济重镇；历经唐、宋、元、明、清 |
| | 郑营村 | 始建于秦汉时期，明洪武十四年，随沐英入滇的一浙江籍军士在此落户，村名改为郑营 |
| | 东莲花村 | 始建于明代初年，至今约600多年；云南茶马古道的重要节点，曾是马帮锅头聚居地 |
| | 云南驿村 | 汉元封二年置云南县，为其境内最早的县治驻地；南诏国及大理诸国的云南赆治驻地 |
| | 金鸡村 | 自西汉元封二年设置不韦县城，博南古道越澜沧江后进入保山的咽喉地带 |
| | 文盛街村 | 始建于公元前140年，唐南诏时期为滇西古驿道，茶马古道的必经之地 |
| | 曲硐村 | 始建于南宋保佑元年，明朝时期云南屯戍地，清代博南古道古驿站滇西人流物流交汇中心 |
| | 清水村 | 始建于唐宋时期，明洪武年间在清水设驿站，明中期，形成北胜州四大集市之一 |

### 3. 文化特点

传统聚落融合了土生土长的乡土民俗与积淀千百年的民间精湛技艺，因自然、地理、文化等因素的差异，呈现出鲜明的本土化特质，是千百年来人们顺应自然、利用自然所积累的科学技术与艺术的结晶，具有极高的乡土文化价值。云南的传统聚落因区位、资源、社会、政治等因素的发展需求，也呈现出了多元文化的特点。如黑井镇[13]、沙溪镇、诺邓村的盐井文化；丽江古城、娜允古镇的土司文化；会泽、白雾街村的铜商文化；和顺的农商文化、侨乡文化；建水、巍山、州城、郑营村、东莲花村、云南驿村、曲硐村、清水村等的军屯文化等；以及不同聚落的宗教文化、马帮文化、会馆文化、书院文化等，都通过现存的建筑展现着传统聚落曾经孕育出的聚落文化见表4。

传统聚落文化特点一览表
表4

| 类别 | 名称 | 文化特点 |
|---|---|---|
| 古城 | 昆明 | 青铜文化，古滇文化；南诏的第二政治、经济、军事文化中心；云南省政治、经济、文化中心 |
| | 大理 | 洱海地区的政治经济文化中心；南诏文化、大理国文化；民族文化；本土文化 |
| | 丽江 | 木氏土司文化；清代流官府城文化；民族文化；东巴文化 |
| | 建水 | 南诏军事据点；元代滇南文化教育；明清军屯与移民文化；宗教文化 |
| | 巍山 | 南诏文化；大理国文化；明清军屯与移民文化；中原文化；道教文化 |
| | 会泽 | 彝族文化；铜商文化；会馆文化；红色文化 |
| 古镇 | 黑井镇 | 盐井文化；商贸文化；宗教文化 |
| | 沙溪镇 | 青铜文化；盐商文化；茶马古道古集市文化；白族文化 |
| | 和顺镇 | 明晚期军屯文化；明清侨乡文化；宗祠文化；清至民国学校教育、抗战文化 |
| | 娜允镇 | 土司文化；傣族文化；宗教文化；民俗文化；生态文化及建筑文化 |
| | 州城镇 | 明代军屯文化；清代会馆文化；书院文化；佛教文化；红色文化；归侨文化 |
| | 凤羽镇 | 唐宋衙署文化；马帮文化；书院文化；宗教文化；白族文化 |
| | 新安所镇 | 军屯文化；中原文化、边地文化、军事文化的交融地 |
| 古村 | 白雾街村 | 铜商文化；铜运文化；会馆文化；宗教文化 |
| | 诺邓村 | 盐井文化；宗教文化；衙署文化；白族文化 |
| | 郑营村 | 军屯文化；儒家文化；宗祠文化 |
| | 东莲花村 | 军屯文化；茶马古道重要节点，马帮文化；回族文化 |
| | 云南驿村 | 汉云南县治驻地；南诏、大理诸国云南赆治驻地；军屯文化；马帮文化；宗教文化；抗战文化 |
| | 金鸡村 | 蜀身毒道与南方丝绸古道的要冲；宗教文化；永子文化；红色文化 |
| | 文盛街村 | 马帮文化；宗教文化；花灯文化 |
| | 曲硐村 | 军屯文化；博南古道古驿站，马帮文化；回族文化 |
| | 清水村 | 军屯、商屯、民屯并举；宗教文化；宗祠文化 |

### 4. 社会经济

社会经济的发展为传统聚落的发展起到了至关重要的推动作用。茶马古道、西南丝绸之路等带动了社会经济的发展，也为沿线周边的聚落发展兴盛提供了物质保障。大理、丽江、巍山、沙溪镇、凤羽镇、云南驿村、金鸡村、文盛街村、曲硐村、清水村等作为古道驿站和节点，在经济得到发展的同时，文化层面也得到了广泛的交流。会泽、黑井镇、沙溪镇、白雾街村因当地的特有资源，发展了当地的经济，也使聚落的格局日臻完善。建水、和顺镇、新安所镇、郑营村、曲硐村、清水村等，因社会历史时期的需要，大量的军屯与移民迁入，带来了新的技术与理念，为云南地区的社会经济发展起到了巨大的推动作用，也将中原文化传入了云南地区的传统聚落之中；随着社会发展，其军事防卫功能弱化之后，许多聚落结合自身特点，寻求新的经济发展，以带动聚落的发展，如和顺镇的侨乡、郑营村的商贸、东莲花村的马帮等，通过发展社会经济而带动聚落的发展。娜允镇作为土司制度与傣族结合而形成的传统聚落，具有鲜明的聚落格局特点见表5。

**传统聚落社会经济一览表** 表5

| 类别 | 名称 | 社会经济 |
|---|---|---|
| 古城 | 昆明 | 云南省会，滇中地区的社会、政治、经济、文化中心 |
| | 大理 | 西南丝绸之路和茶马古道的重要枢纽，云南的政治、经济、文化中心及两大王国的都城所在地 |
| | 丽江 | 连接滇、川、藏"茶马古道"上的重镇 |
| | 建水 | 滇南政治经济军事文化宗教中心 |
| | 巍山 | 滇西政治经济文化中心之一；云南连接川、黔、缅甸、印度等地茶马古道及丝绸之路重要据点 |
| | 会泽 | 秦汉"五尺道"和"南夷道"的得堂琅；因铜商文化而著称，因铜的开采、冶炼、京运而繁荣 |
| 古镇 | 黑井镇 | 盐业的发展而兴盛 |
| | 沙溪镇 | 因盐而兴，因茶马古道而日渐繁盛，茶马古道上驿站、古集市 |
| | 和顺镇 | 通往南亚的著名侨乡，经济发展，带动当地社会的整体发展 |
| | 娜允镇 | 土司制度下的傣族聚落 |
| | 州城镇 | 明清至民国，宾川县境经商贸中心；城内众多商号、达官显贵、书香世家的深宅大院 |
| | 凤羽镇 | 茶马古道和蜀身毒道的中转站；开马店、赶马帮；多元文化的集散地，商贾云集，繁盛一时 |
| | 新安所镇 | 滇南腹地通往越南的要塞；大量中原人员随军迁移边屯垦；南来北往的商人聚集于此 |
| 古村 | 白雾街村 | 西汉军商往来重要驿站；铜矿开发、商贸重镇，南铜北运的大站和明清王朝铸币铜料的主供地 |
| | 诺邓村 | 因此地产盐而设比苏县，成为白族最早的经济重镇；盐业支撑着社会、政治、经济、文化发展 |
| | 郑营村 | 明代军籍屯垦，风俗与江南、中原大体相袭，耕读家风盛行；也有经商者 |
| | 东莲花村 | 云南茶马古道的重要节点，曾为马帮锅头聚居地；曾有大量物资钱币囤积，一度经济繁华 |
| | 云南驿村 | 汉云南县县治驻地；南诏国及大理诸国的云南赕治驻地；博南古道上的交通驿站 |
| | 金鸡村 | 蜀身毒道与南方丝绸古道的要冲，历史上内地通向东南亚各国的重要驿站 |
| | 文盛街村 | 滇西古驿道，茶马古道必经之地；昆明通往印度、缅甸的交通要塞，古称"六诏咽喉" |
| | 曲硐村 | 博南古道古驿站；滇西人流物流交汇中心 |
| | 清水村 | 交通发达；军屯、商屯、民屯并举；明朝中期，清水形成北胜州四大集市之一，经济十分发达 |

## 三、传统聚落的构成意象

云南地区独特的地理位置、气候条件，在不同历史时期的时代背景下，形成了各具特色的传统聚落意象。在中原文化与当地的民族文化相结合，发展并形成了多元的聚落文化，在社会经济的影响下，得以不断延续与发展。通过上述比较分析，云南地区传统聚落的形成具有以下特点：

### 1. 环境意象

利用区位与资源，构建良好的人居环境；以资源为特色，推动聚落的经济与发展。传统聚落选取了较好的区位，依山傍水，适宜于农耕的区域，是较为理想的人居环境（图1）。而资源作为推动传统聚落发展的重要因素，也成为了传统聚落产生的重要动因。如黑井镇的盐业、诺邓村的盐业、会泽的铜业、白雾街村的铜业等，作为当地特有的资源，带动当地的经济发展。会泽至今仍保留着体现古城历史文化传统和地域特色的会馆庙宇、宗族家祠，以及民居院落等；诺邓村至今保留着玉皇阁、文庙、武庙、龙王庙、盐井、盐局、盐课提举司衙门旧址、白族民居等（图2）。

### 2. 历史意象

不同历史时期的发展脉络，使传统聚落展现出其独特的个性特征。建水作为南诏军事据点而产生的传统聚落，具有较强的防御性，是滇南政治、经济、军事、文化和宗教的中心。城郊设佛寺道观，城周筑四门，门外有瓮城，城四角有角楼，城外筑壕堑；古城内有集中分行的肆市、商业街市，有土掌房、合院式民居，至今保留着朝阳楼（图3）、指林寺、文庙、双龙桥、文笔塔、福东寺、崇正书院、朱家花园等，被誉为"古建筑博物馆"[14]。云南驿村（图4）汉代为云南县境内最早的县治驻地，元代是南诏国及大理诸国的云南睑治驻地，明代为博南古道上的交通驿站，不同历史时期的发展，使聚落内至今保留着马店、钱家大院、岑公祠、关圣殿、水阁等[15]。

图1　大理府地图（明万历年间）（《大理丛书·方志篇》）

图2　剑川沙溪古镇寺登街四方街戏台

图3　建水古城朝阳楼

图4　云南驿村古街

### 3. 文化意象

多元文化反映出不同传统聚落居民的精神世界以及宗教信仰等。娜允古镇自元代起就是孟连土司府驻地，是云南建立土司制度最早的地区之一，是我国现存最完整、最古老、最具傣族特色的古城。整个古城呈典型的古代傣族王室建筑布局，具有"三城两寨"的空间格局特点，分上城、中城、下城、芒方岗寨、芒方冒寨，体现出傣族聚落的文化特点（图5）。丽江古城从白沙到大研古镇，一直是土司府的驻地，以四方街为中心，至今仍保留着以土司府为中心土司衙署、家庙、住宅，以及外来移民的民居建筑及商业区等[16]，体现着纳西族的文化（图6）。

### 4. 社会意象

社会经济的发展是传统聚落得以发展的重要因素，活化传统聚落的关键要素。社会经济的兴盛为聚落物质空间的发展提供了物质保障，而物质空间为社会经济的发展提供了可能，形成良性的循环。和顺镇因军屯之需而产生，后发展通往南亚的经济，而成为著名的侨乡，经济的发展带动了聚落的整体发展，至今仍保留着寸氏民居、艾思奇故居、和顺图书馆、弯楼子博物馆、"八大宗祠"、双虹桥、月台、洗衣亭、闾门牌坊等（图7）。郑营村为浙江籍的外来军士落户于此而逐渐发展[17]，最初以农耕为主，将中原的江南文化带入云南地区，后逐渐发展经济，聚落内至今保留着寨门、街巷、祠堂、寺观、学校、泉潭、古井以及碑碣、石雕、木雕、彩画等（图8）。

图5　娜允古镇傣族泼水节（来源：百度图片网）

图6　丽江纳西族（来源：百度图片网）

图7　和顺古镇

图8　郑营古村

图9　云龙县天然"太极锁水"山水聚落格局　　　　　图10　云龙县诺邓古村

　　云南地区的传统聚落形成特点呈现出中原主流汉文化向边疆少数民族文化的渗透，即中心与边缘之间的关系。结合云南地区的地理位置、气候条件等客观因素，因地因时地构建聚落空间，不断发展社会经济，完善聚落的文化空间，构建了和谐宜居的传统聚落（图9、图10）。

## 四、结语

　　综上所述，云南传统聚落展现出因地制宜的选址布局，充分利用当地特色资源，展现不同历史时期的社会发展，利用发展经济完善聚落空间格局，构建传统聚落的特有文化，形成了各具特色的传统聚落。在当代城镇化的影响下，许多传统聚落受到了外来经济和文化的影响，传统聚落的空间格局也在发生改变，例如传统的居住空间成为了展示空间或商业空间等。积极地挖掘传统聚落在当代社会发展下的潜在因素，如独特的区位条件、气候特点和特色资源等；利用传统聚落构建的独特文化资源等，发展旅游业及相关的第三产业，以带动当地经济的发展，为当地居民创造更多的就业机会。当地居民作为传统聚落物质与非物质遗产的主体传承者，积极参与到当代传统聚落的保护、更新与文化传承中，为活化传统聚落空间起到积极的推动作用。发展传统聚落经济，提高聚落居民的经济生活水平，使居民自发地保护传统聚落，在聚落更新和文化传承的过程中形成良性的有效循环机制，为传统聚落的保护、更新与文化传承提供一些行之有效的策略与方法。

**参考文献**

[1]蒋高宸，吕彪. 原型与重构建水聚落研究导论［J］. 华中建筑，2000，18（01）：1-4，20.

[2]张文奎. 人文地理学概论［M］. 长春：东北师范大学出版社，1993：210-272.

[3]Peter H. Geography: A Modern Synthesis［M］. New York: Harper & Row，1979：120-230.

[4]刘肇宁，车震宇，吴志宏. 近15年来我国乡村聚落与民居的研究趋向［J］. 昆明理工大学学报（社会科学版），2016，16（2）：101-108.

[5]缪建平，张鹰，刘淑虎. 传统聚落人居智慧研究——以福建廉村为例［J］. 华中建筑，2014，（08）：180-184.

［6］（日）藤井明. 聚落探访［M］. 北京：中国建筑工业出版社，2003：16-18.

［7］国务院新闻办公室网.《中华人民共和国文物保护法》［EB/OL］. http://www.scio.gov.cn/xwfbh/xwbfbh/wqfbh/2015/33065/xgbd33074/Document/1440173/1440173.htm.2015.07.06

［8］杨大禹. 云南古建筑（上册）［M］. 北京：中国建筑工业出版社，2015：049

［9］昆明信息港. 石屏入围全国首批历史文化街区古城内文物古迹众多［EB/OL］. http://xw.kunming.cn/a/2015-04-30/content_3894712.htm.2015.04.30.

［10］董志勇，李晓丹. 传统边地聚落生态适应性研究及启示——解读云南和顺乡［J］. 新建筑，2005，（04）：22-25.

［11］邓晓红，李晓峰. 从生态适应性看徽州传统聚落［J］. 建筑学报，1999，（11）：09-11.

［12］阮仪三. 国家级历史文化名城研究中心历史街区调研——云南大理州巍山古城［J］. 城市规划，2008（7）.

［13］李永富. 浅谈黑井古镇的保护开发与思考［C］. 云南省首届文化遗产保护与经济社会发展论坛，2009：150-153.

［14］王竹. 乡村人居环境有机更新理念与策略［J］. 西部人居环境学刊，2015，30（02）：15-19.

［15］杨伟林. 云南驿茶马古道上的活化石［J］. 中国文化遗产，2010，000（004）：76-79.

［16］于洪. 丽江古城形成发展与纳西族文化变迁［D］. 北京：中央民族大学，2007，04：43-50.

［17］周文华. 郑营村：一个古军屯地上发展起来的村庄［J］. 寻根，2013，（002）：138-142.

注：文中图片、表格，除特殊说明外，其余均为笔者拍摄与整理。

# 2.5 王阳明与围堡民居的兴起

万幼楠[①]

**摘　要：**虽然没有直接的史料显示王阳明任南赣巡抚时，主张或发起过民众筑村堡、建围屋来抵御匪盗的袭扰。但客观事实是南赣巡抚所辖的"八府一州"区域内诸如围村、围堡式村落、土堡、赣南围屋、闽西南土楼、粤东北的四点金（四角炮楼）及港深地区的围堡等设防性民居，从现有研究资料显示，基本都是明正德年间及其以后出现或盛行起来的。本文拟就此问题，根据王阳明任职南赣巡抚时对相关事物的处置和事前事后的一些历史现象，在此作点探讨。

**关键词：**阳明过化　新民与义民　城堡聚落　围屋探源

自明正德十一年（1516年）9月至正德十六年（1521年）6月，王阳明任职南赣汀漳等"四省八府一州"的巡抚并提督军务，治所设赣州。其所辖地域恰覆盖我们现在所称的整个赣闽粤客家基本聚居地。而且，王阳明当年征战过或统辖过的这些地方，无论现在是否为客家人聚居地，后来基本上都流行过防御性民居。更巧的是，根据近20年有关这类民居的调研成果或资料看，撇开无穷无尽的一味刨根溯源的考据文章不纠，现存意义上的围屋、土楼、围堡等设防性民居，经得起历史学、考古学验证的史实，其发生或流行时间，基本上都在明正德年间以后。如明正德十二年（1517年）王阳明剿灭漳南寇建立平和县后，在闽西南及其南粤沿海地区，土楼和围村、围堡等防御性民居兴盛起来；明正德十二年（1517年）底平息横水、桶冈盗建立崇义县后，南安府属地的城堡式聚落和水楼式民居兴起；明正德十三年（1518年）初讨平龙川浰头贼建立和平县后，赣南粤北围堡聚落和围屋民居流行。对此历史现象，虽不能都归结于因王阳明而起，但追究起来也不乏有间接和直接原因。当然，这其中也许有历史巧合和因果必然使然。限于篇幅，本文在此只能以赣南的设防性聚落和民居为例。

---

① 万幼楠，男，赣州市博物馆研究员.

# 一、赣南明清时期的防御性民居

## （一）城堡式聚落

也可以称"城堡式村庄、村围"。笔者早在1995年的论文中就提出过：赣南围屋是由"山寨、城堡式村围发展而来的"观点[①]，但当时没有对赣南的城堡式聚落（村围）展开作深入的调查研究。山寨与城堡式建筑的主要区别：山寨，准确地说应称"寨"或"营寨"，山寨只是指建于山上的寨或营寨。寨，是种依地形或山势而建利于防卫的防御性构筑物。一般具有简易的土木掩体，如石构或土筑护墙、壕沟，竹木构筑的鹿砦、哨楼等。这种建构筑物，赣南自古有之，几乎沿用于整个冷兵器时代，无论官方、民间皆有运用，但因赣南等多山地区的"盗寇"常据山险结寨为巢，故文献中多见"山寨"之称。后来闽西的土楼，当地人其实也多称之为"某某寨"，犹见由"寨"发展而来的痕迹。

城堡，作为官方政治中心或军事驻点，也是自古有之。但作为民间基层村庄聚落建筑，在赣南从相关资料来看，则始于明正德年间，盛行于明嘉靖年间，此后又很少见。其特点是仿官府用砖、石、土建材环村构筑城墙，城墙上或也建有雉堞、马面，适当位置设置有城门、城楼或炮楼，城外大多设有护城壕或水系等永久性防御性工事，只是规模、坚固程度的差异而已（图1~图5）。详见下表。

图1 会昌筠门岭羊角水堡城鸟瞰——谭奇摄

图2 大余左拨围里城堡鸟瞰——刘敏摄

图3 会昌筠门岭羊角堡城通湘门

图4 南康坪市谭邦城南门

图5 大余池江杨梅城

---

① 万幼楠. 赣南客家围屋研究 台北：空间 杂志，1995，4.

赣南明代正德、嘉靖城堡式聚落一览表 ①

| 名称 | 地点 | 年代 | 记述 | 备注 |
|---|---|---|---|---|
| 峰山城 | 大余新城镇圩上 | 明正德年间（1505~1520年） | 因"……民素善弩，明正德十一年（1516年），都御史王守仁选为弩手，从征徭寇，事宁，民恐报复，诉恳筑城。"后来，王阳明将官府的小溪驿站也移到城内，并上报："小溪旧驿，屡被贼患，移置峰山城内，委果相应；如蒙乞敕该部查议，相应俯从所请"。嘉靖六年（1527年），王阳明有事两广，驻兵新城时，作诗《过峰山城》并序曰："此城予巡抚时所筑，峰山弩手其始，盖优恤之，以俟调发，其后渐苦于送迎之役，故诗及之。"后毁于乡治墟镇建设，现尚存东门及部分街道肌里。 | 引自清同治七年（1868年）《南安府志·城池》和《王阳明全集》之《移置驿传疏》 |
| 营前蔡氏城 | 上犹营前。旧名"太傅营"，约今营前文庙附近。 | 明正德年间（1505~1521年） | "明正德间（1500~1521年），村头里贡生蔡元宝等，因地接郴桂，山深林密，易于藏奸，建议请设城池，因筑外城。明嘉靖三十一年（1552年），贼李文彪流劫入境，知县吴镐复令生员蔡朝佾等重筑内城，浚濠池，砌马路。今城中俱蔡姓居住，城垣遇有坍塌，系蔡姓公祠及有力之家自行捐修。"明知县龙文光的《营前蔡氏城记》也载："正德间，生祖岁贡元宝等因地近郴桂，山深林密，易以藏奸，建议军门行县设立城池。后纠得银六千在奇，建筑外城。"现地面遗存已难觅。 | 引自清光绪十二年（1886年）《南安府志补正》卷二《城池》和《上犹县志》卷29《艺文志》 |
| 谭邦城 | 南康 | 明正德十二年（1517年） | 据《谭氏族谱》载，是因谭邦村人氏谭乔彻，追随王守仁平定桶冈、横水等地山贼，有功不仕，王守仁奏请明武宗恩赐谭邦立城。于是谭氏族众捐资建造了这所城堡。如《谭氏重修族谱源流叙》载："……乔彻以武略佐王文成公平桶冈贼，有功不仕，奏封威武将军，於谭邦立城一堵以报之，族众捐资修造，至今犹存。"《乔彻公传》则载："……与其荣于身，孰若无忧心……是以王公匾旌'威镇蛮夷'，奏请立城为谭邦一姓干城，保子孙而不殆。"谭邦城，南北长约200米，东西宽约200米，占地面积约4公顷（4万平方米）。历经战乱的毁坏，现仅存南门和3段城墙，总长约150米，最高处约4.2米。城内人口489人，皆为谭氏族人。 | 详见清乾隆十二年（1747年）《万安南康龙泉谭氏合修族谱》之《谭氏重修族谱源流叙》、《恩荣簪缨图二》、《谭氏族谱世系图》、《乔彻公传》等篇目 |
| 羊角水堡城 | 会昌筠门岭镇羊角水村 | 明嘉靖二十三年（1544年） | 原为明成化十九年（1483年）官府所设的驻军提备所，后衰败。明嘉靖二十三年（1544年），因防盗寇的需要，经周边居民所请"群聚来诉，愿自出力筑城为卫，而官董其成"始建城墙，扩至周围三百丈，高三十尺，城辟东、南、西三门。整个城堡占地约6万余平方米，现城墙保存基本完整。城内原有"铜卜殷罗胡董彭，朱马仲蔡曹余何，徐李郭蓝"等十八姓居住并共守城堡，今尚住有300多户、1200多人，但均为周姓。现城堡列入全国重点文物保护单位和中国传统村落，目前正在进行全面保护维修。 | 详见清同治十二年（1873年）《赣州府志·城池·新建羊角水堡城记》赣州地志办校注，1986年版。另详见明谈恺《虔台志续志》 |
| 小溪城 | 大余池江镇新江村 | 嘉靖三十五年（1556年） | 因原有驿站而筑。"小溪驿在焉。嘉靖三十五年乡民建。"原城堡规模周长约1160米，面积7.2万平方米，设东、南、西、北四门，城门高5米，宽2米，墙厚0.7米。各城门分居刘、吴、张、王、余等姓氏，其中刘姓居东门，吴姓居南门，张与王姓居西门，于姓居北门。民国22年（1933年）被粤军余汉谋部拆毁，取砖修补县城城池。 | 引自清同治七年（1868年）《南安府志·城池》 |

---

① 表中涉及大余城堡的部分现状资料，引自大余县博物馆王海兵编的《南安九城》.

续表

| 名称 | 地点 | 年代 | 记述 | 备注 |
|---|---|---|---|---|
| 围里城堡 | 大余左拔镇云山村 | 明嘉靖四十三年（1564年） | 城堡呈不规则圆形，用生土筑成，现存长约400余米，高3.6米、厚1.8米厚。原辟有东南西北四个大门楼，现仅存北门（平阳第）和南门。城内由500余间民房、一个家族总祠和四个分祠堂组成。房屋多数为砖木结构，硬山顶青瓦房。有水井2眼、主巷道一条，横巷道8条，巷道皆为鹅卵石铺成，整个城堡占地面积约6600平方米。据《曹氏族谱》：明正德四年（1509年）曹允信开始在此建祠堂，后人口繁衍又设立了分祠堂，规模也不断扩大。明嘉靖间，为了防贼寇侵扰保护宗族亲，曹氏宗族又在建筑群外建筑土筑围墙。谱中《大余云山曹家围居址图记》也载："中甲有土围，明朝创造，以防御寇。数百年于今为烈。后因名曰'曹家围'内建祠宇者二，大宗祠居中，系允信祠、敦叙堂"。 | 相关史实详见民国11年版《曹氏初修族谱》 |
| 新田城 | 大余青龙镇二塘村青川 | 明嘉靖四十四年（1565年） | 因有驿道及舟楫之便，由村民捐资而建。原城堡规模："周长一百一十七丈，东、西二门内有官铺"民国22年（1933年）被粤军余汉谋部拆毁，取砖修补县城城池，现仅存约几十米长残城。 | 引文同上。 |
| 凤凰城 | 大余青龙镇元龙村 | 明嘉靖四十四年（1565年） | 为防流寇侵扰而建。因"近凤凰山，故名。嘉靖四十四年（1566年）乡民建。"城堡规模：设东、南、西、北四门，总面积约6万平方米，居住有蓝、朱、叶等姓氏。民国22年（1933年）被粤军余汉谋部拆毁，取砖修补县城城池。 | 引文同上。 |
| 杨梅城 | 大余池江镇杨梅村 | 明嘉靖四十四年（1565年） | 《南安府志·城池》载："嘉靖四十四年乡民建。"另据《王氏族谱》载，城为王氏家族筹建，城内居民均为王氏"一本堂""敦本堂"两祠裔孙，并称是因"阳明王夫子抚绥过化，族人士请题城名'杨梅'，捐筑"。原城堡占地约7万平方米，设有东西南北四门，墙高4米不等，墙厚2.16米。现尚保存约700米长城墙和部分护城河，城内约存近半古民居、宗祠和巷道肌里。但皆残损严重。 | |
| 九所城 | 大余池江镇坳上村城孜里 | 大余池江镇坳上村城孜里 | "原有屯军耕种其中，嘉靖四十四年屯军筑，今废。" | 引自清同治七年（1868年）《南安府志·城池》 |

### （二）水楼与炮台

水楼者，分布于崇义西南部的聂都、沙溪、关田三地，约出现于明代中期，毁于清代晚期，现只存部分残墙遗址。有关资料见于清《南安府志》中的"聂都山图"和《南安府志补正》中的《聂都水楼记》。从"聂都山图"中的水楼看，状如"炮楼"；而残墙遗址现仅见聂都村屎桶塘的周氏和张氏水楼。其中周氏水楼尚存面阔17.8米、进深15.6米，内设水井，残垣高约2米多，系用约高宽40厘米、长60厘米不等的石灰岩巨条石砌筑而成，附近有喀斯特地貌，此石材应为取自当地的石灰岩。其建筑形态，根据刘凝的《聂都水楼记》："遥望高楼巍巍然，累累然，杰出而角立，知其为聂都矣。所谓水楼凡五者，东为黄氏，南为罗氏，西为吴氏，北为周氏，若张氏则奠于中央，俱池水环之。有张五玉名瑞卿者，颇能操觚，常比之为五岳云，亦恃为泰山之倚也。层楼内转，瓴甓外固，棋置星罗，屹然不孤……。"① 刘凝，据《南安府志》卷十五《名宦》载：南丰岁贡，康熙间，任崇义训导，有才藻，喜著述，好表章前贤，篆刻王文成《横水方略》。

关于水楼的始建年代，《水楼记》称："或云创自明宣德间，或云成化时，远莫能可稽。"也就是说不可考。现从沙溪村甘氏宗祠中张挂的"沙溪甘氏事记"（似从族谱中抄出）读到：明代……嘉庆（应为"靖"）甲子（即四十三年，1564年），南霖公择桥头濠塘中心，鼎建一阁，筑之亮丽，气势浩然，形似帝王雅轿，亦可防贼保身，有同京城古堡，计为子孙长安，故称'泰安水阁楼'。笔者认为此记建于明嘉靖四十三年是较可信的，符合当时的历史背景。且从此记中也得知"水楼"是为"水阁楼"之简称。水楼的分布情况《水楼记》中也有："水楼之设，非独聂都也，沙溪有焉，关田有焉。关田尤壮丽而宽敞，……"但为什么这两地的水楼没有了呢?《记》也谈道："父老呜咽而言：'此楼之废，非毁于寇，而毁于兵。寇往来御之无虑，兵则加以叛逆之名，不御则求索无厌，供亿难继，遂委而去之，又怒其去，举咸阳之炬，为最惨耳……'"这说明"水楼"既能御盗寇，也可御官兵，最后被官兵以"叛逆之名"焚毁。对此，刘凝喟然叹曰："天下事，往往不患寇而患兵，亦不患兵而患吏。强有力者朘削脂膏，驱民为盗；督事机者宽严失平，缓急爽候，酿祸于无穷，积渐所至，视为固然，欲不至于乱也得乎?"说明是"官逼民反，乱由吏起"。水楼，在崇义虽然无完整物保存，但类似建筑在寻乌尚有保存。

这种建筑，当地人称之为"炮台"，主要分布在寻乌县南部的晨光、留车、菖蒲和南桥等乡镇，这里与广东的龙川、平远县交界，属于远离统治中心的边远地带。据2011年第三次文物普查资料统计，现存数量还有约20余座。其建筑年代基本上集中于清代中晚期。主要特征：外观类似将围屋的角堡借鉴出来，建成一座放大而独立的方形炮楼。层高一般为四至五层，每层都设有外小内大的枪眼或望孔，屋顶为叠涩出檐硬山顶。顶层主要为警戒或作战用，以下楼层为避难居民使用。

平面大多为矩形，有的为正方形，长宽比在8~16米之间。低层设有一门，围内一般辟有水井。构造上，外墙基本上都是以石块为主料混合在强度很高的三合土灰中构筑，多见为片石砌墙、条石勒角，墙体厚度在50~100厘米间，比一般民居更厚实坚固，门窗和枪眼则用青砖或条石精构；内部房间隔断墙则用土坯砖，楼层、楼梯和屋顶皆用杉木材料制成（图6~图9）。

图6　崇义聂都周氏水楼遗存

图7　寻乌菖蒲围拢屋加炮台式民居

图8　寻乌晨光新屋下围拢屋和炮台民居

图9　寻乌晨光新屋下围拢屋和炮台全景

---

① 清光绪元年版《南安府志补正》卷之七《艺文》P1092.赣州地志办1987年校对重印。清光绪元年版《南安府志补正》卷之七《艺文》P1092.赣州地志办1987年校对重印.

"水楼"和"炮台"都不是居民日常生活的聚居之地，而是遇寇盗侵犯时才迁入的临时避居或避难防御所，属民居的附属建筑。因此，附近或紧挨着就有一幢当地流行的诸如"九井十八厅"或"围拢屋"等客家大屋民居。这是种纯防卫性建筑，一切为了防御，直奔主题，内外构筑功能简洁、明了、硬朗和冷峻。

### （三）围屋民居

赣南设防性民居以围屋最为著名。围屋民居主要分布于赣南和粤东北，核心地域为赣南的龙南、定南、安远和粤北的和平、南雄、始兴等县；流布地区有粤东的丰顺、兴宁、五华县（当地多称"四点金"），粤南的惠阳、深圳龙岗区、香港的九龙半岛等地。其主要特点是：有坚固完善的外墙防御设施，四角一般构筑有朝外和朝上凸出的炮楼（碉堡），围内必设有水井和粮草库，围内居民必为血缘家族（图10）。

图10　龙南关西新围远瞰

围屋出现的年代，从现存实物考古与族谱资料研究来看，龙南武当的田心围约建于明正德至嘉靖年间；杨村的乌石围建于明万历年间。而"围（屋）"一词的出现，从官方文献资料看，出现于明末清初。如清同治《安远县志·武事》载："（明崇祯）十五年，阎王总贼起，明年入县境，攻破诸围、寨，焚杀掳劫地方，惨甚"，"（清顺治）十年，番天营贼万余，流劫县境，攻破各堡、围、寨"。又据清同治《定南县志·兵寇》载："康熙三年七月，流贼由九连山出劫，冲城不克，旋破刘畲围，杀伤甚众"。清康熙以后，攻围的记载渐多。广东的围屋，也没超出此历史年限，甚至更晚。而闽西南的土楼、围堡，也不过明嘉靖年间。从现有的调查研究资料看，闽西南的土楼有绝对纪年的据刊：漳州市华安县沙建乡的"齐云楼"刻石纪年为"大明万历十八年（1590年）、大清同治丁卯年吉旦重修"。同乡的"升平楼"纪年为万历二十九年（1601年）。另据《中国文物报》第33期报道：漳浦县发现四座明代纪年土堡楼，两座为明嘉靖年间，另两座为隆庆和万历年间。[①]关于赣南围屋的发生发展和分布情况以及建筑形制、特点特征等情况，可参见拙著《赣南围屋研究》一书，因围屋较著名，现在又广为人知，有关它的介绍和研究文章也较多，此不多赘述。

### （四）围堡民居的兴替消长

从上述实物和文献史料都证明：城堡式民居用于村落，始于明代正德年（1505~1521年）间。但城堡民居真正流行起来，还是在明嘉靖年间（1522~1566年）。自从王阳明开放乡村筑城卫民先河后，这类事情到嘉靖年间便较为多见了。明嘉靖年间，南赣"八府一州"由于匪患猖獗，官府不仅在各要害处增设"巡检司、寨、营"，而且将许多老的驻军"司、寨、营"旧址，进行重修加固，普遍增建城垣或将土墙改为砖墙。如明嘉靖二十一年（1542年）虞守愚任南赣巡抚伊始上奏的四件事中，便有："容

---

① 详见万幼楠《赣南围屋研究》第三章41页和第七章122页. 哈尔滨：黑龙江人民出版社. 2006.

臣将所辖地方巡司、衙门、隘堡处所通行查勘，除见存可缓者外，若系紧关要路应该添立。及原有墙宇今已朽塌者，听臣行令委官堪估，或因旧址，或别卜善地，或傍依民村，使得守望相助，或巡司并入团堡，或团堡并入巡司，使得协力相守"①，其中赣南著名的如安远的"长沙营"、黄乡（今寻乌）司城、会昌的"羊角水堡所"都是他任上新建或增修的砖城。

虞守愚，义乌人，曾主修《虞台志》12卷，是历任南赣巡抚中在事功方面可与周南、王阳明、吴百朋、江一麟等齐名的少数几个循吏，后官至二品刑部尚书。自虞守愚任南赣巡抚倡建城堡后，整个"八府一州"地区，成了一个城堡建筑的高峰时期。除上表所载嘉靖年间由民间所建的7座城堡外，在赣南官方，著名的城堡还有建于明嘉靖二十三年（1544年）的黄乡司城（后与灭叶楷建寻乌县有关）、明嘉靖四十五年（1566年）的下历司城〔后与灭赖清规有关，民国十五年（1926年）定南县迁此〕、明隆庆三年（1569年）的高砂土城（后成为定南县治所）等官府所建的城堡。以上除高砂土城因升为县治而保存至今外，余皆损毁只存地名。

但是城堡式村落，毕竟工程浩大，不是一般大家族所能承担的，它需具备许多先决条件，除巨资外，尚有全民的凝聚力、建筑周期、日常管理维护等，同时，也为官府所忌惮。因此，稍晚相继出现了"水楼"和"围屋"这两种更易建设、易防守和易管理的家庭化城堡建筑。

水楼和炮台这类防御性建筑形式，显然脱胎于城堡民居中的炮楼（又称硬楼、敌楼、火角，后成为围屋民居必备的设防建筑元素）。它专业性强，避入其内可以暂时抵御匪患，保全生命及随身细软财物，但是一旦匪去人还，不能携带的房舍家什往往不能幸免。因此，他们的分布地域极为有限，不仅是南安、赣州两府的边远县，而且还是崇义和寻乌两县的边鄙乡村。其中水楼一度分布于距崇义县城不远的关田、沙溪两村，也因可能威胁到县城的安全为官府所不容而焚毁。于是，一种更为完善、更为实用，融日常安全防卫和居住生活于一体的防御性民居——围屋，慢慢流行于整个客家地区。

民居性质的城堡、水楼（炮台）和围屋，其出现时序大致都在明代正德、嘉靖年间。城堡出现最早，但流行时间短，保存下来的量也最少；水楼（炮台）出现于明嘉靖时期，且防御能力最强，但因实效性差，一直游移于边缘地带，不为大众所接受；围屋的出现时间可能要稍晚些，因它有个较长的发展演变期，成型的围屋到清嘉庆年间才稳定成较固定的形式。

围屋是这类建筑发展演变最敏感的类型，几乎贯穿于此类防御性民居的全过程中。以龙南为例：明代的里仁栗园围，明显看得出是从城堡式村落发展而来的围墙式村落；明末清初的关西老围，则明显感觉到它是由村围演变成的不规则形围屋；而明代晚期武当的田心围和杨村的乌石围，这两座大型的弧形围屋（围拢屋式围屋），也较多透露出诸多从城堡、村围变化而来的痕迹或元素。

## 二、王阳明与辖区内围堡民居兴起的关系

围堡民居，从外观来看，人们就能得出：必然跟当地的社会动乱有关。自明中期在赣州设立"南赣巡抚"以来，辖区内就从没停止过"盗寇"活动。从《虞台志》中可获悉：自弘治八年至天启三年

---

① 明嘉靖三十四年（1555年）谈恺《虞台续志》卷第四《事记三》之嘉靖二十一年冬虞守愚《条陈便宜》第二条.

的129年间，记录的捕盗事件共计102条（其中倭寇7次）。其间有正德、嘉靖、隆庆年间三次大规模征剿高潮。这期间在剿抚防治的基础上增建县治12个，增设关隘238处，其中赣州84处、南安12处。进入清代后，这种局面也没有发生根本性的改变，"匪患"一直贯穿始终①。

围堡民居，从择居本质上讲，是不适宜人居的。它人畜混居，采光、通风、隔音、适用性、经济性、私密性和生活方便性等都不好。然而，只要这一地区的"盗寇"活动消弭不了，舒适性便要退居次要位置而不得不选择这种防御性民居。

但值得探讨的是：既然围堡民居与社会动乱有关，可明朝中后期，全国的边远地区大都存在"匪患"流行的情况。在江西除了赣南外，赣北也存在着"靖安贼"、"姚源贼"、"东乡贼"、"华林贼"等巨寇②。但这些地方为什么没有流行"围堡民居"？其中原因虽然很多，但持续的"匪患"肯定是造成围堡民居流行的主要原因。可又为什么在南赣巡抚"八府一州"地区的"盗寇"就能持续呢？这又是一个非常复杂的问题。笔者认为除了自然地理、社会矛盾等客观原因外，主观上还应与南赣历任巡抚们所采取的政治手段有关，而其中又以王阳明"以盗制盗""安插新民""建城设堡"等政策的应用影响最为深远。

自明弘治八年（1495年）金泽始任南赣巡抚，至清康熙四年（1665年）林天擎任上撤并，总共170年，计历73（其中清代6名）任巡抚。王阳明是第六任巡抚，在位59个月，是所有巡抚中任此职时间最长者。尤其是像王阳明这样的文武全才，历史上少见的所谓"三不朽"（立功、立德、立言）人物。它在南赣定下的一些方略，岂是后人随便能摈弃的？

### （一）"以盗制盗"方略的探讨

"以盗制盗"方略自古有之，如同《水浒传》招抚宋江去征讨方腊的故事。此策在明代"南赣巡抚"期间，并不是王阳明首先使用，但却是他发扬光大使用得最多、最具典型的人，三浰"巨盗"池仲容称之为"赣州伎俩"，此后成为南赣平盗的常策。有关此类的案例很多，其中最具代表性的为黄乡的叶氏和岑岗的李氏。

叶芳本为大帽山盗何积玉属下头目，明正德六年（1511年）被巡抚周南招抚后，率家族安插到赣粤之交的黄乡，成为安远县的"新民"。王阳明继任后对其信任有加，几乎每战必有叶家军参与，立下众多汗马功劳为王阳明所宠爱，以至王阳明改任两总督时，也是调叶芳兵前往助战，可是叶芳匪性不移，兵无纪律，劫掠地方，中途一哄而散。这本是件十分严重的军纪事件，但王阳明念旧情，只以"申牌告谕"方式，希望以后不要再生事端了事。后来叶廷春叛乱，平息后，官府又纵容之，仍以叶金统领旧族盘踞黄乡。至明万历初年，历经祖辈的且掠且耕，到了叶楷这代已"济恶五世，根柢深而羽翼众"，"盘踞三省交界的峻岭崇峒，盘牙数百里而广""党羽二、三万人，尽听其号令"③，占有田地约4500亩，安远全县受叶家控制的户口已超过一半。

岑岗李鉴原为浰头池大宾（仲容）寇的党羽，王阳明将其招抚后，按插在赣粤交界的岑岗，成为

①　详见万幼楠《赣南围屋研究》之第四章"因由：贼盗蜂起，举境仓皇". 哈尔滨：黑龙江人民出版社，2006.
②　详见《明史纪事本末·平南赣盗》所示盗贼公布图。引自唐立宗《在"政区"与"盗区"之间》180。《台湾大学文史丛刊》2002.
③　详见唐立宗《在"政区"与"盗区"之间》220。《台湾大学文史丛刊》2002.

和平县的"新民"。招抚后的李鉴恶性未改，时发纵掠，"有司莫敢问"。后被招抚为新民的原池大宾部属曾蛇仔、卢源、鬼吹角、黄尚琦等见状，也效尤李鉴啸聚劫掠。但官府却依靠李鉴军将其剿灭，从而树立起李鉴成为岑岗的首领地位。明嘉靖年间又先后杀死帮官府进剿的叶家军首领叶金、击败高砂的首领谢碧。至第二代李文彪时，结合高砂的谢允樟、下历的赖清规"相与结党构乱，"形成新的"三巢贼"，并自称"岑王"。到明万历年间已发展到拥有田产约5000余亩，"巢贼"3万余众。

叶、李两族由官府招安的"新民"，至此终酿成心腹大患，迫使政府痛下决心将其彻底剿灭。但经此周折，政府为此付出更高昂的代价、社会付出更长的一段苦难的历程、人民付出更大的牺牲。

官府一味地坐观虎斗不作为，甚至挑唆、默允、容忍其坐大、做强，王阳明对其原因此有深入的研究和解说："臣尝深求其故，询诸官僚，访诸父老，采诸道路，验诸田野，皆以为盗贼之日滋，由于招抚之太滥。招抚之太滥，由于兵力之不足……。"[①]明知而故犯，自有其难为之处。王阳明在任赣南巡抚的二三年之前，"盗贼""总计不过三千有余"，赴任时"已达数万，不啻十倍于前"[②]。而朝廷未派一兵一卒，未拨一分征剿经费，这似乎是一个问题。但以王阳明手头所掌握的资源和权力以及从后来工作开展的情况来看，其实这不是太大的问题。这从他任上流畅的征抚活动，尤其是能在仓促间将准备了十年之久的宁王造反，短时内就平定的能力便可看出，他不缺乏智慧和手段。然而，他还是稳妥地沿例选择了"以盗制盗"为主的方略。因此，这恐怕只能理解为是"国家战略"了。

但因此导致的结果：一是，此策所产生的负面作用远远大于其征剿所取得战果，不仅没有改变而且加剧了属地"群盗潜伏时发"和"群盗肆虐"的局面；二是，从另一方面来讲，它激化了百姓矛盾，撕裂了社会底层民众间的情感。因这一地区所谓的"盗贼"，绝大部分都属拖家带口以耕植为主的农民，只是农闲或遇灾歉收时进行些劫掠活动，故方志中常称"潜伏时发"。因此，"以盗制盗"其实就是"以民攻民"。三是，导致地方豪强竞起、强宗巨族各霸一方，广大民众失去了对政府的信赖，造成平民百姓甚至普通官府人员因地缘或亲缘关系等纷纷暗结"盗贼"，以寻找庇护或后路。因此，参与过南赣征剿工作的抗倭名将俞大猷说："叶贼累代雄踞一方，与府县相抗，王阳明公于此事不能无遗憾，以后诸公每欲图之，而反受其制，皆猷所亲见。"[③]

### （二）"新民"与"义民"方针的检讨

何谓"新民"与"义民"。按唐立宗先生的诠释："所谓'新民'，只是官方对待难治之境，流移无籍者的一种羁縻措施，称招抚之民，又称'抚民'。若助官平盗具忠义表现者，则称'义民'；有功者则常旌表为'义官'[④]。赣南"新民"一词最早出现，据明嘉靖《南康县志》："所谓'新民'，

　　①② ［明］王阳明《申明赏罚以励人心疏》："而有司者，以为既招抚之，则皆置之不问。盗贼习知官府之不彼与也，益从而仇胁之。民不任其苦，知官府之不足恃，亦遂靡然而从贼。由是盗贼益无所畏，而出劫日频，知官府之必将己招也。百姓益盗无所恃，而从贼日众……。是故，近贼者，为之战守；远贼者，为之向导；城城郭者，为之交援；在官府者，为之间谍。其始出于避祸，其卒也从而利之。故曰'盗贼之日滋，由于招抚之太滥'者，此也。"清同治七年版《南安府志》卷24《艺文志》。1987年赣州地志办校点重印.

　　③ ［明］俞大猷《正气堂续集》卷一《与江新原书》。转引自唐立宗《在"政区"与"盗区"之间》219.《台湾大学文史丛刊》2002年.

　　④ 唐立宗《在"政区"与"盗区"之间》195.《台湾大学文史丛刊》2002.

盖指横水、桶冈诸峒而言，本邑绝无也①"。可见正德时期还很少并是有所特指的一群人。查阅《虔台志续志》大致："新民"约出现于正德年间②。这从明代赣南社会史及人口的变化情况看，也可以说明自明代弘治年间始，赣南开始出现大量"新民"涌入开垦山区经济的史实。如"明洪武初，户以八万二千计，口以三十六万六千计；永乐减其半，成化再三减其一；弘治中过成化而不及永乐③"弘治后人口回升，说明有大量"新民"流入赣南。这些"新民"在官府的召唤下，从相关资料看，主要来自赣中和闽粤地区④。

"义民"一事则在明弘治年间便出现⑤。似乎此"义民"与后来招抚成"新民"之后成为的新"义民"出身有所不同，前"义民"应包含原居民和纳入国家的编户齐民。但到明正德年以后，无论"新民"还是"义民"和"义官"，都大量出现成为"贼寇"的事例，而且，其势力往往比招抚前更为汹涌。如大帽山寇何积玉、刘隆、叶芳，岑岗李鉴、曾蛇仔、卢源等都在正德年间招抚成为"新民"，但后来其本人或其后接班人都复反叛。

随着这一地区新民与义民、新民之间、义民之间以及与官府、原住民、土著民之间的各种矛盾纠葛，使得明的暗的"贼盗""流寇"汹涌成势，在这种弱肉强食，有枪就是草头王的局面中，各类人群为了自身的利益和安全，要么明傍或暗通"盗寇"甘受其驱使；要么奋发图强，进而脱离政府的羁縻也成为不纳税的"盗寇"。如赖清规本为下历原住平民，因从征三浰有功成为"义官"，后称雄地方，"啸聚十年，杀人千万，地方受其荼毒⑥"最后被吴百朋剿灭而建定南县。

"新民"后来常成为"内忧"甚至"盗寇"的原因很多，其中对他们的优待政策应是其一。如"正德时，因其内附，而以新民待之，使自保伍，而时其调役，使自耕凿，而薄其征税。"⑦其中最为要害的是"使自保伍"。他们受招安后仍领旧部兵马，官府无从过问，因此而留下祸根。其二是"新民"往往安置在省、府、县交界或边鄙山区，远离政府统治视线。这样做好像是利用其开垦边区经济，但实际上给予了他们独立发展和自治做强的机会，造成编户人口失于王化。其三是官方的姑息、怀柔。如"安远人杜栢，素以武健拥众自雄。王守仁督虔时，招之荣以冠带，安插其众二千人于县百里外，号新民，宸濠反，栢领众从征，不尽受守仁约束，攫几万金而还。守仁佯不问，由是益恣横，擅生杀，邑民见者辄匍匐，长老者咸愤，沿途告安远杜栢者，日以百数。相（指分巡湖西道周相，嘉靖十四年）至赣，闻栢恣横不可捕，乃佯曰'栢富招怨耳'，碎其状⑧。"王巡抚是佯不问，周巡道则佯称是仇富，纵容程度于此可见一斑。

① ［明］刘昭文《南康县志》卷 7《南赣乡约》。转引唐立宗《在"政区"与"盗区"之间》196.《台湾大学文史丛刊》2002.

② ［明］嘉靖《虔台志续志》卷二《纪事一》"乙亥，十年春二月，请留官员以安招民"条："先是监生林大伦、唐口等与通判徐珪议招黄乡新民何积玉、叶芳等".

③ 详见清同治版《赣州府志》之旧序：顺治十七年周令树《序》。15. 1987年赣州地志办校点重印.

④ 唐立宗《在"政区"与"盗区"之间》第一章的第一节"环境、山民与移民的垦殖开发"41.《台湾大学文史丛刊》2002.

⑤ ［明］嘉靖《虔台志续志》卷二《纪事一》"弘治九年金泽《条陈地方便宜》第五条《举报功之典以激劝人心》：'后有冠带义民廖思闰、陈受勇向前，斩获贼首二级，又有义民父子士兵人等廖思温等一十九人，各奋勇杀贼徒九名。力不能支，一时俱被贼杀死。以上义民人等，皆能奋不顾身，与贼战死，情俱可悯'".

⑥ 清同治版《赣州府志》卷三十二《经政志·武事》1026. 1987年赣州地志办校点重印.

⑦ 明章潢《图书编》39. 引自唐立宗《在"政区"与"盗区"之间》196.《台湾大学文史丛刊》2002.

⑧ 详见清同治版《赣州府志》卷三十一《经政志·兵制》1023. 1987年赣州地志办校点重印.

结果是导致属地"盗贼家族"不断兴起，领地处于"政区"与"盗区"之间①，百姓是"贼""民"不分②。于是进入到一个家家设堡、人人自危、割据纷争、自然与社会环境皆险恶的赣闽粤湘交界八府一州地区。

### （三）"建城设堡"方式的讨论

城堡式民居兴建，从上述资料可见，似乎都与王阳明的奏请或默许有关。按古制：天子九门、侯四门、大夫东西对门，百姓是不能建城设门的。因此有"王守仁奏请明武宗恩赐谭邦立城"之说。"峰山城"的建设，显然是经王阳明准允、纵容的，且让官方的"驿馆"也迁入到作为民居的城堡中来。这件事的过程在王阳明的《移置驿传疏》有很详细记载③。同时也见诸明嘉靖的《虔台志续志》和清代的《南安府志》、《大余县志》，应当为信史。还有，龙南的"栗园围"，占地约4.5万余平方米。村四周用片石砌筑围墙（属"围墙式村落"，因与"城堡式村落"有区别，故上表未列），周长约789米，高约6米。围设东、西、南、北四门，现整体保存较好。此村围的建设，据村民世代相传，是祖上李清公当年追随王阳明平三浰有功，王阳明为表彰其战功于明正德十三年（1518年）拨银资建。故事类似峰山城、谭邦城，其中应有原本。

堡和围，是种带割据性质的军事设施，作为民居类建筑，其实反而更易招惹官府或盗寇的麻烦。因为从军事角度来说，树大招风，防御能力越强的民居，其危险性实际上也越大，因战争的吸引力和破坏力远远大于最坚固住宅建筑的抵抗能力。上文崇义关田"水楼"被官府焚毁，便足见为统治者所不能容忍。因此，保全自家房屋最好的方式，就是降低建筑的防御能力。

王阳明及其后任放任民间建城设堡所产生的负能量：一是促使这一地区全民皆兵。它在增强百姓抵抗"匪患"能力的同时，也增强了百姓尚武好斗的精神和抗拒官府政令的底气；二是劳民伤财。山区经济的获取本来就十分艰难，将这些靠胼手胝足博取的微薄收入，大多投入到民居的防卫设施上来，更加重了这一地区百姓的贫困，导致因贫致盗，恶性循环。

## 三、结语

围堡式民居如今成为世界具有唯一性和普世价值的文化遗产。然而，它却是历史上百姓和官府们不幸的选择，承载的是一段痛苦的记忆。

围堡民居的产生，与匪患不靖有关，匪患不靖的原因，又与"以盗制盗""新民义民""建城设堡"等政策有关。而正德的周南、王阳明、嘉靖的虞守遇等又是这些策略的制订完善者和优秀的贯彻落实者，其中又以王阳明为中坚人物。

---

① 详见台湾唐立宗历史学博士论文《在"政区"与"盗区"之间——明代闽粤赣湘交界的秩序变动与地方行政演化》一文.《台湾大学文史丛刊》2002.
② 详见黄志繁历史学博士论文《"贼""民"之间——12至18世纪赣南地域社会》一文。北京：三联书店，2006.
③ ［明］王阳明《移置驿传疏（正德十三年二月二十五日）》。吴光、钱明等校《王阳明全集》上集卷十一《奏疏三》。上海：上海古籍出版社，2012年出版.

南赣巡抚统治的这170年，不仅孕育形成了赣闽粤辖区及其周边地区的"围堡式民居"，而且，通过撰写此文，更坚定了我以往对客家形成于清代说的观点[①]，笔者认为：只有通过这170年的统治与分裂、斗争与融合、振荡与沉淀，才能孕育形成一个新的民系——客家。也许，这将是笔者下一个研究完善的课题。

---

[①] 参见万幼楠《客家形成晚清说》。原刊2008年西安22届世客会《国际客家学术研讨会》论文集。后收录于拙著《赣南传统建筑与文化》一书中。南昌：江西人民出版社，2013.

# 2.6　官尺·营造尺·乡尺
## ——古代建筑实践中用尺制度再探

李浈

**摘　要：**本文以尺度的确定作为主要探讨对象，论述了我国的早期建筑尺度的确定方法，历代标准尺的确定及其绝对尺度地变迁状况。在此基础上，重点对古代建筑营造尺的确定，营造尺和标准尺的关系，地域尺度即乡尺进行了相应的研究和探讨，对地域尺度的分布范围、使用方式及研究意义的关系也提出了相应的看法。

**关键词：**尺度　营造尺　标准尺　乡尺

## 一、释名

尺度，是传统建筑研究与保护设计中不可回避的重要问题。从使用功能范围来说，历代的尺主要有三个系统：一是律用尺，即标准官尺，考律而定，为历朝定制，民间少用；二是营造用尺，即凡木工、刻工、石工、量地等所用之尺均属之，通称木尺、工尺、营造尺、鲁班尺等；三是布尺，也称裁缝尺或裁尺。后两者本于律尺，是常用尺。从尺度标准的颁布渠道来看，则主要有官尺和乡尺两个大类。

"官尺"一词古代文献即有记载，隋代以后这种称呼已较普遍 。一般把经官方颁布施行，作为度量衡标准者称为"官尺"。可见官尺是标准尺，它有两个用途，一是用于天文、音律方面的，也称律尺、律历尺、乐律尺；同时也用于日常公私造作使用，包括裁衣、营造等。因此也就有了俗称的裁衣尺、营造尺，显示其使用范围和功能略有不同，可统称为"官定常用尺"。官定常用尺的最初来源，是与官定的律尺是一致的。但晋代以后，随着长期使用累积误差的形成、实物税制下纳税标准的有意增大、地方发展的不平衡等多种因素影响，官定标准尺的绝对尺度在产生变化，用于天文方面的律尺（这种尺不能一直增大，否则会影响音律的制定和天文测定）与用于日常使用的尺渐渐产生有较大的差别，也就出现了分野。于是官尺的颁布也随之有了两套系统。一套用于天文、音律，一套用于日常使用。

"乡尺"一词，曾见于宋人的笔记，《三山志》中收录的南宋重臣赵汝愚的一篇奏疏，其中云："……以上系用乡尺，若以官方尺为准，每实计八尺七寸"。可见"乡尺"与当时颁布的官尺是有区别的，指在一定地域或一定人群内通行使用"标准尺"，多数也可用于营造。可见"乡尺"本于"官尺"，可能在分裂和割据时期，在偏远而交通不便的地方保留下来并沿用至今，但它不是使用者所处时代的官尺。

而"营造尺"，一般指用于营造实践中所用的一尺之长，在古代多数为土木工程。但营造尺并不专指某一类尺型，而是一种泛指。其中木工、石工等不同工种所用，可能会有不同。其器型，多呈L形，一般称为曲尺、矩尺、拐尺；也有呈一字形者。"营造尺"本身的研究，营造用尺和尺度问题等，均是古代营造、近世建筑一个最为根本而重要的问题之一。

## 二、历代标准尺变迁及其内在规律

拙作《中国传统建筑木作工具及其相关技术研究》中，曾对官尺、营造尺和鲁班尺作过一定的讨论，后来发表"官尺·营造尺·鲁班尺——古代建筑实践中用尺制度初探"一文，系统陈述了个人的一些看法。但随着近些年考古材料及成果的进一步出现，以及科技史研究的一些新的进展，原来一些观点尚存在一些疏漏错误，有必要进行进一步的检讨和修正。根据近年科技史学者丘光明先生的研究成果，中国历史尺度的变迁，主要有几个不同的时期（表1、表2）：

一是秦汉时期在长达400多年里，尺度做到基本统一，一尺厘定为23.1厘米是可信的。

二是东汉以后，随着政权的嬗变，一尺之长也随俗略有增长。至魏晋，以杜夔所定尺长24.2厘米为定制，经南北朝被宋齐梁陈沿袭。而北朝度量衡迅速增长，至东后魏，尺长达30厘米。

三是，经隋唐沿革，才明确有了律历尺（小尺）与日常用尺（大尺）之分。北宋日常用尺为太府寺系列之尺。世俗尺名虽多样，但法定一尺之长实际是保持一致的。

四是，宋室南迁以后，以"浙尺"为南宋官尺，又称文思尺、省尺，而北宋太府寺尺也还在使用。再加上其他地方性的"淮尺"、"京尺"等也得到官方的默许，南宋的尺在名称到实际长度已是多样并存了。元代由于没有留下确切的文献资料及实物，是否允许不同长短的地方用尺或专用尺并存，尚不得知。但从明清除营造尺为法宝尺外，还有量地尺、裁衣尺……之分来看，元代很可能延续南宋之遗风。从某些零星的文献看，元尺较大是无疑问的。但其具体尺度却很难确定。如果从官印推算准确的话，应约35厘米。而元代的律用尺也是24.5厘米。明代清代的记载比较翔实，明营造尺为32厘米，但实际使用时，也有略小于此值者（31.78~32厘米）。而清代的营造尺则为32厘米。

关于唐大尺，成于后晋的《旧唐书》对唐代度量衡的记载中，讲到"山东诸州，以一尺二寸为大尺，人间行用之。"计算得29.5×1.2=35.4厘米。陈梦家先生认为它是东魏、北宋以来山东地区的长尺来源。但丘光明认为，它只是开皇官尺。笔者赞同丘先生的观点。

北宋的各种尺，名称繁杂，系因为当时根据发行渠道不同、用途不同而冠以不同的称谓。如太府寺发行的尺，可称太府布市尺，太府铁尺、太府官尺；三司使发行的尺即称三司尺；文思院发行的尺即称文思尺。又可根据用途来定名，用于量帛布的即太府布帛尺，三司布帛尺、文思布帛尺

表1

## 中国历代尺度一览表（单位：厘米）

| 用途 | 尺系 | 朝代 | 夏以前 商 | 西周 | 东周 | 秦 东汉 西汉 | 三国魏 西晋 | 东晋 | 南北朝 | 隋 | 唐 | 五代 | 辽 北宋 | 金 南宋 | 元 | 明 | 清 | 备注 |
|---|---|---|---|---|---|---|---|---|---|---|---|---|---|---|---|---|---|---|
| 官尺 | 律尺 | | 16~17 | 约19.6 | 23.1 | 商鞅量尺 23.1 | | 杜夔尺 24.2 | 北朝多次议定律尺；南朝沿用晋后尺 24.6 | 开皇律用官尺 24.6 大业律用官尺 23.6 | 唐小尺 24.6 实际范围 24.5~24.7 | | 基本上沿用唐小尺 24.6 | | | | 32 | 不常用 |
| 官尺 | 官定常用尺 | | 不清 | | 同律尺 23.1 实际范围 22.9~23.6 | 同律尺 23.1 | | 同律尺 23.1 实际范围 23.8~24.6 | 南朝：24.7实长 24.7~25 北朝：较乱 25.6~30.0 | 开皇日用官尺 29.6 大业日用官尺 24.6 | 唐大尺 29.5 实际范围 29~31.8 | | 辽：唐尺？北宋：太府寺尺31.4（30.8~31.6）官小尺31.6~31.7 大晟新尺30.1 | 金：南宋：一同太府寺尺27.4 一同浙尺27.4 | 34.85 34~35.6 | 32 31.78~32 | 32 | 常用 |
| 官尺 | 营造尺 | | 16~17 | | 同律尺 23.1 | 同律尺 23.1 | | 同律尺 23.1 实际使用有所损益 | | 开皇官尺 29.6 | 唐大尺 29.5左右 | 官或乡尺 | 官定营造尺 30.9 但南方各地域可能已存在地方尺 | 北方使用金尺 南方官尺与地域尺并存，且曾以浙尺27.4为官尺 | 北方大多为当代官尺 南方采用地方尺 | 同左 | 32 或同左 | |
| 公私造作或赋税/地方民用 | 地方尺 | | | | | 吴地小尺25~25.85 浙尺27.4 浙尺 浙尺 浙尺 浙尺 山东大尺34.7 淮尺32.9 淮尺 淮尺 淮尺 淮尺 闽乡尺27 闽乡尺 闽乡尺 闽乡尺 闽乡尺 裁衣尺34 35、56 裁衣尺 | | | | 官或乡尺 | | 京尺 39.5 或 42.8 | | | | |

注：本表依据：丘光明《计量史》、《中国科学技术史·度量衡卷》等

等。建筑用尺既称营造尺、矩尺、曲尺、匠尺，测量土地既称地竿尺，发给地方各省作为复制标准的尺，又称省样尺。实际北宋太府寺系列的尺，发行渠道虽然有变更，称谓又多种多样，但其制度却始终未变，长度约为31.4厘米。总体来看，北宋150年间，实际在官民中真正推行的日常用尺，仍是太府系列的尺。大晟新尺虽喧闹过一时，但却并未在官民间推行。

**营造尺补充调查表**　　　　表2

| 序号 | 省 | 县域 | 乡镇 | 村域 | 工匠 | 民族 | 实长 | 每尺长（厘米） | 备注（工匠口诀或实物证据） |
|---|---|---|---|---|---|---|---|---|---|
| 1 | 赣 | 吉水 | 金滩 | 午岗 | 黄永隆 | 汉 | 585×349 | 350 | 实物 |
| 2 | | 吉安 | 兴桥 | 申庄 | 曾昭喜 | 汉 | 400×211 | 350 | 实物 |
| 3 | | 吉安 | 青原 | 渼陂 | 梁礼辉 | 汉 | 350 | 350 | 一字形尺，实物 |
| 4 | | 乐安 | 牛田 | 流坑 | 董福贞 | 汉 | | 366 | "老尺1尺比新尺长1寸" |
| 5 | | 高安 | 新街 | 贾家 | 陈祖和 | 汉 | | 344 | "市尺3.1尺等于老尺3尺" |
| 6 | | 南昌 | 安义 | 石鼻 | 黄家煌 | 汉 | | 352 | "老五尺等于市尺5尺3寸" |
| 7 | | 南昌 | 安义 | 石鼻 | 佚名 | 汉 | | 340 | |
| 8 | | 婺源 | 江湾 | 汪口 | 俞泮兴 | 汉 | 337×172 | 350 | 实物 |
| 9 | | 黎川 | 厚村 | 三元 | 郑永兴 | 汉 | | 355 | 实物 |
| 10 | | 黎川 | 城关 | | 不知名 | | | 366 | "老尺1尺比新尺长1寸" |
| 11 | | 金溪 | 双塘 | | 吴康予 | 汉 | | 367 | "老尺1尺比新尺长1寸" |
| 12 | | 宜黄 | 圳口 | 尚贤 | 周世惠 | 汉 | | 340 | "老尺5尺比现在的5尺长1寸" |
| 13 | | 宜黄 | 棠阴 | | 不知名 | | | 367 | "老尺1尺比新尺长1寸" |
| 14 | | 南城 | 路东 | | 何江清 | 汉 | | 355~362 | "范围在比现在的尺长7至9分之间" |
| 15 | 桂 | 龙胜 | 和平 | 和平 | 廖德庆 | 壮 | | 340 | 实物 |
| 16 | | 龙胜 | 和平 | 龙脊 | 廖兆运 | 壮 | | 340 | 实物 |
| 17 | | 龙胜 | 和平 | 龙脊 | 候德乾 | 壮 | | 340 | 实物 |
| 18 | | 融水 | 香粉 | 雨卜 | 梁任丰 | 苗 | | 343 | 1老尺=1.03市尺 |
| 20 | | 融水 | 香粉 | 卜令 | 杨中正 | 苗 | | 343 | 工匠记忆，测绘验证 |
| 21 | 贵 | 榕江 | 两汪 | 两汪 | 夏祖方 | 苗 | | 343 | 1鲁班尺=1.03市尺 |
| 22 | | 雷山 | 郎德 | 郎德 | 陈玉生 | 苗 | 364×400 | 364 | 实物 |
| 23 | | 雷山 | 郎德 | 报德 | 杨昌生 | 苗 | | 432 | "老尺1尺=市尺1.3尺" |
| 24 | | 雷山 | 丹江 | 乌秀 | 任条里 | 苗 | 351×? | 351 | 实物 |
| 25 | | 惠水 | 好花红 | | 班连禊 | 布依 | 333 | 333 | 实物 |
| 26 | | 惠水 | 龙家苑 | 新联 | 王泽森 | 布依 | 333 | 333 | 实物 |
| 27 | | 安顺 | 七眼桥 | 西寨 | 金守其 | 汉 | 333 | 333 | 实物 |
| 28 | | 镇宁 | 黄果树 | 滑石哨 | 伍定书 | 布依 | 333 | 333 | 实物 |
| 29 | | 务川 | 大坪 | 龙潭 | 申福建 | 仡佬 | | 367 | 1.2鲁般尺=1.3市尺 |
| 30 | 湘 | 永顺 | 高坪 | 雨禾 | 彭金三 | 土家 | | 341~344 | "旧尺一尺比市尺长两分、不到三分" |
| 31 | | 通道 | 双江 | 芋头 | 杨再转 | 侗 | | 343 | "老尺一丈比新尺一丈长三寸" |
| 32 | | 安仁 | 竹山 | 松岗 | 候岳清 | 汉 | | 350 | 工匠记忆 |

续表

| 序号 | 省 | 县域 | 乡镇 | 村域 | 工匠 | 民族 | 实长 | 每尺长（厘米） | 备注（工匠口诀或实物证据） |
|---|---|---|---|---|---|---|---|---|---|
| 33 | 皖 | 泾县 | 厚岸 | 查济 | 严开龙 | 汉 | | 344 | 1老尺＝1.03市尺 |
| 34 | | 池州 | | 元四 | | 汉 | | 355 | 实物 |
| 35 | | 池州 | 石台 | | | 汉 | | 355 | 实物 |
| 36 | | 泰顺 | 雅阳 | 车头 | 陈延镂 | 汉 | | 278 | 实物 |
| 37 | | 泰顺 | 雅阳 | 车头 | 陈延镂 | 汉 | | 273 | 工匠记忆，十几年前停用 |
| 38 | 浙 | 金华 | 东阳 | 卢宅 | | 汉 | | 280 | 于东阳古建筑维修公司调查到 |
| 39 | | 宁波 | 东钱湖 | 韩岭 | 不知名 | 汉 | | 278 | 工匠记忆 |
| 40 | | 宁波 | 前童 | 下叶 | 童岳善 | 汉 | | 280 | 工匠记忆 |
| 41 | | 武义 | 熟溪 | 郭下 | 罗良华 | 汉 | | 278 | "1米等于3.6尺" |
| 42 | | 武夷山 | | 下梅 | 叶启富 | 汉 | 524×278 | 278 | 实物 |
| 43 | | 武夷山 | | 下梅 | 叶启富 | 汉 | 600×300 | 300 | 实物 |
| 44 | 闽 | 沙县 | | 县城 | 陈宝生 | 汉 | | 286 | 实物 |
| 45 | | 古田 | 大桥镇 | 瑞岩 | 杜凌霄 | 汉 | 600×300 | 300 | 实物 |
| 46 | | 福安 | 溪潭 | 廉村 | | 汉 | | 300 | 实物 |
| 47 | | | 坦洋 | 镇区 | 不知名 | 汉 | 600×300 | 300 | 实物 |
| 48 | 渝 | | 龙兴 | | 黄仁明 | 汉 | | 372 | "老尺等于市尺长1寸1分2" |
| 49 | | 理县 | 米亚罗 | | 王友成 | 汉 | | 400 | "老尺等于市尺长1寸2分" |
| 50 | 川 | 西昌 | 礼州 | 桂林村 | 王木匠 | 汉 | | 338 | 门光尺发现实物，以其推算 |
| 51 | | 资中 | 罗泉镇 | | 吕嗣富 | 汉 | | 340 | 实物 |
| 52 | | 都江堰 | | | | | | 340 | "多位工匠记忆" |
| 53 | 鄂 | 武汉 | 黄陂 | 大余湾 | 未留名 | | | 366 | "老尺合市尺" |
| 54 | | 荆州 | 监利 | 程集 | 陈盛贵 | 汉 | | 297 | 记忆 |
| 55 | | | 潮州 | | | | | 300 | 见吴国智《广东潮州许驸马府研究》 |
| 56 | 粤 | | 梅州 | | | | | 317 | |
| 57 | | | 梅州 | | | | | 210 | 《梅县民间建筑匠师访谈综述》 |
| 58 | 陕 | 汶川 | | | 张保全 | 汉 | | 317 | 张系西安人，所述西安尺长 |

## 三、乡尺的体系与特征

以上表1中也可以看出，宋代以后，我国地方尺产生的分化。关于"乡尺"的记载文献，南宋人程大昌和方回都有记述。《演繁露》记："官尺者与浙尺同，仅比淮尺十八……官府通用省尺。"《续古今考》记："淮尺《礼书》十寸尺也。浙尺八寸尺也，亦曰省尺……江东人用淮尺，浙西人、杭州用省尺、浙尺。"据郭正忠考证，《三山志》中转录了赵汝愚在淳熙三年（公元1176年）的一篇奏疏中写道："……以上系用乡尺。若以官尺为准，每丈实计八尺七寸。"并指出"三山"为福州的别名，故赵汝愚所说的乡尺是指福建一些地区的乡尺。其长为31.4×0.87=27.3（厘米），近代有南宋的沉船中实尺可证。但北宋太府寺系列的官尺在南宋仍在使用，丘光明先生从南宋征收的布帛用尺上得到证实。

南宋不但通行太府寺官尺，在两浙地域还通行浙尺，并代替官尺使用；同时，南宋也允许地方尺的使用，因此淮尺、乡尺等都有使用与记载。但它们都和官尺等是有一定的比值的。郭正忠、邱隆等把浙尺定为27.4厘米，淮尺定为32.9厘米，笔者认为这些观点是基本可信的，且根据近年课题组的进一步调查，这些乡尺多直接用于传统营造之中。

按前述，乡尺来源于官尺，由于时差和地域关系，渐渐产生分化。故乡尺的实际使用，本身在历史前后可能也会有些变化（至少有一定的损益），在南方一些地方甚至延续到今。1998年笔者曾在程建军先生调查的基础上，对乡尺尺度作过一些粗略的探讨，并讨论了宋代遗构苏州玄妙观三清殿的用尺，明确了其使用吴尺（27.5厘米）的现象。2005年以来，笔者课题组组织研究生进行了较大范围的营造尺及相关技术的调查。根据历次调查的成果，其营造尺长汇成下表（表2），并据此绘成图1。

在近年这些调查和相关阅读、讨论的基础上，通过与建筑形制、工匠口诀、营造技艺等多方比较，课题组提出了"尺系"的观点，有比较明确的认识者，包括吴尺、浙尺、闽尺、粤尺、淮尺等，取得了一些初步的成果。

宏观看，唐以后营造尺基本是沿用唐大尺之路，并代有损益。总体趋势是，作为民用尺，增大是绝对的主要方向。但是增长的幅度相对前期却是较小的。宋代地方尺即乡尺的应用现象，在中唐以后即初见端倪，特别是五代割据尤盛，并对后代产生重要的影响，有些地方尺度见于史籍并在民间广泛使用，如浙尺、淮尺和闽乡尺，且沿用至今。这在本课题组历年的调查中都有发现。

在宋代，特别是南宋，多尺并行，允许地方尺即乡尺的存在，并一度曾以地方尺即"浙尺"代替官尺，通行南宋。故南宋临安府一带的营造尺度，应为浙尺，其长27.4厘米略强。该观点也有出土物的支撑。浙尺在南宋的两浙东路和两浙西路（即北宋的两浙路，约相当于浙江全境）地域内，官民同用（包括营造），并沿用至今。度量衡研究学者算得南宋时其尺长为27.4厘米，可能次后渐有增长，约27.5~27.8厘米。今所见浙尺均为27.8厘米。而吴尺，今长27.5厘米，在太湖流域香山帮一带通用，应与浙尺同源，可能曾是五代十国时期吴越国的官尺，后世延用。

宋代以后，我国南方地区的营造尺度体系相对呈现出"区域稳定性"和"总体多元性"特性，延用五代以来的地方尺并有记载者，如淮尺，浙尺，闽北乡尺等，而沿用唐尺者，有闽尺（约29.6~30厘米）、粤尺（约30厘米）等。

淮尺在南宋也见使用，常用于布帛收取，影响地域主要在五代时的南唐，北宋时的江南东西两路和淮南东西两路，相当于今天山东、安徽、江西沿淮河流域和赣江流域一带。此尺此后也见于地域营造，并沿用至今。尺长早期可能为非度量衡研究者算得的南宋尺长为33厘米，次后部分地域渐有增长，约35~37厘米左右。闽尺主要在福建省用，流传至今的、前人的调查结果如下：厦门29.4厘米、莆田29.4厘米、潮州29.7厘米、泉州30厘米。其变化幅度基本与唐尺的变化尺度相同。四川30.1厘米，昆明30.1厘米。按现有的调查，可能也还是唐大尺体系。

## 四、传统营造中的两种体系

在对乡尺制度的系统研究中，我们深切地感受到，民间的乡土建筑，所经历的是一种与传统官式建筑有所不同的营造方式和技术传播路线。而传统观念中类似《营造法式》、《工程作法》等这样的看似非常重要的营造典籍，对地域乡土建筑影响却是极其有限的，特别是在北方，或者南方的少数民族地区。就工匠而言，在真正意义的乡土营造中，只有一定的法则而并无定式。从用尺的角度来看，传统建筑应该存在这样两种不同的营造和传播技术路线，或可称之为官式体系和乡土体系。在官式体系中，有相关的"法式"（如宋代的《营造法式》等）作为制约，并采用的多是官尺；而乡土体系中，采用的是乡尺，即地方尺，不受所谓的"法式"制约。

乡尺体系，本于官尺体系中的常用尺。早期，基本上不存在，唐代后期渐有端倪，在五代以后逐渐成风；但总体上，北方不甚明显，似多响应官定常用尺（也即唐大尺的延续）；在南方，南宋后乡尺体系有一定的独立性，在一定的地域长期存在并延续至今。

## 五、结语

营造尺本于官尺，在官尺不断变迁的历史环境背景下，营造尺度在历代也随之变迁。总体来看，南北朝之前的营造尺大多与当代的律尺相同；隋以后，北方有用当代官尺或官定营造尺者（即呼应律制），同于开皇大尺、唐大尺影响下官定常用尺体系，并有增益；也有后朝采用前朝的营造尺并沿用着；而南方部分地域，仍沿用唐大尺以来的营造尺，如福建地区的闽尺和广东地域的粤尺，但由于地域的不同，使得区域间也产生了稍许的差异；另一部分地域，则采用与唐大尺绝对尺寸相对甚远的乡尺体系（如浙尺、淮尺、吴尺）。

乡尺在我国的营造史上有其客观的存在，应引起足够的重视。乡尺的研究，可为我们研究乡土建筑的体系提供一种视角。如果要搞清区域内乡土建筑技艺的异同，即其共性和个性是什么？与北方乡土建筑相比的差异性是什么？其气候、文化、环境等影响因子各自的影响程度如何？南方乡土建筑中，是否存在像"香山帮"这样更多的明确的地域匠派？诸如这样的问题，按传统史学的方法仍不能找到可信服的答案。于是我们可以通过从语言学、移民学、民系、区域地理学等到营造"尺系"，初步架构一个谱系概况；再从乡土建筑的类型学到匠系、派系、手风等，进行细致的甄别；并结合从文化类型、建筑类型到技艺类型的关联性分析。综合上述，最终通过量的积累，实现营造体系基本框架的建立和对传统营造的新审视。最终厘清其不同的匠派体系，实现谱系建构与区域划分的最终目标。

# 2.7 从官匠到民匠——试析古代工匠身份的变化对中国古代建筑发展的影响

蔡丽

**摘　要：** 中国古代工匠有着从官匠到民匠人身束缚获得解放的过程，反映了社会发展的正向趋势。但似乎与中国古代建筑发展规律有些相悖。本文以该问题为切入点，通过分析工匠与营造过程的关系，发现分工协作和模数化设计引起了工匠群体内部的阶层分化，产生了稳定的工匠管理模式。大多数工匠在营造过程中身处如模块构件般可替换的位置，其创造性受到自觉的约束；总领工匠被官方收编变成匠官，代表了官方意志而具有保守性。或许中国古代建筑的发展走向停滞与这两个层面的局限有关。

**关键词：** 官匠与民匠　分工协作　模数化　阶层分化　官营手工业

随着古代社会的发展，工匠由一个从被约束在官府无偿服役转变到能自由出卖劳动和产品的过程，这反映了其身份从官匠到民间的转变，符合了古代社会商品经济发展的规律，促进了手工业及其技术的发展。但中国古代建筑发展似乎与之并不对应。唐宋时期对服役工匠的管理采用了比较积极的和雇及差雇方式，工匠有了一定的人身自由，对应的唐宋建筑是中国古代建筑发展的高潮期。明清时期特别是清代取消了匠籍制度，工匠取得了和平民一样的人身自由，但明清建筑特别是官式建筑的发展很少，基本已经程式化。所以，工匠身份的自由程度与建筑发展并不是呈正比关系。工匠身份的变化是否能与建筑发展产生联系成为一个问题。

## 一、官匠与民匠

工：《礼·曲礼下》："能其事曰工。"《考工记》："审曲面势，以饬五材，以辨民器，谓之百工。"又"巧者述之、守之，世谓之工。"《周礼》"国有六职，善其事者谓之工。"《国语·周语》"百工，执技以事上者。"《汉书·食货志》"作巧成器，曰工。"《切韵》"工，巧善其事……"专业的木工在原始社会晚期就已出现了。工，《虞书》释曰："匠也。"

匠是会意字，即从匚从斤。匚是盛放工具的筐器，斤是一种加工木料的类斧工具。孙奭《疏》："梓人成其器械以利用，匠人营其宫室以安居。"可见梓人是制造器物的木匠，而不同于建筑宫室的匠人。后世"工"与"匠"常常连用，合称为工匠。本文中的工匠不仅指从事或者负责实际营造、制造工程的木匠，也指从事各种手工业并掌握一定技艺的劳动者。商周以来形成的"氏族工业"与工官制度，春秋时代还有保存。统治阶级对手工业者和商人都设有专官统率，工官叫"工正"或"工师"、"匠师"。

在中国古代官营手工业自始至终比较发达。服役于官府，在官方部门或者官营作坊中工作的工匠称为官匠。官匠的劳动产品不在市场上流通，主要是满足统治阶级的需求。独立经营或在私营手工作坊工作的工匠称为民匠。民匠通过生产交换手工产品或者出售技艺来谋生。

## 二、传统工匠身份与地位的转化

原始社会晚期的第二次社会大分工使手工业成为独立的生产部门，出现了氏族工匠。他们为整个氏族部落服务，有人身的自由，并获得整个部落的尊重。

夏、商时期奴隶社会中的工匠则是在社会底层，身份比出苦力的奴隶略高，被集中在奴隶主的庄园和作坊中进行协作生产，完成巨大工程。西周是官营手工业的发达时期，分门别类的手工业者被称为百工，隶属于官府，其身份低于庶民高于奴隶。《国语》载："庶人食力，工商食官。"工匠的生活都由官府豢养，受政府管控，且身份世袭，专门技能世代相传。这些工匠是典型的官匠。

战国时期"工商食官"逐步瓦解。"食官"百工的人身自由有所松动，由于诸侯战争兼并流落民间，有的转化为独立经营的民匠，有的被招入诸侯各国的官营作坊中，出现了官匠与民匠的分化。

秦汉至唐代中期，工匠被迫到官府手工业作坊无偿或部分有偿服役，并被政府用户籍固定下来，方便管理和征役。唐初期，在官府作坊服役的工匠有三大类，为官奴婢工匠、上番工匠与和雇工匠。上番工匠是强制征集而来，负担徭役，占人数比例多。工匠上番结束后可以留下根据官府的需要继续工作，此时官府与工匠的关系从征役变成雇佣，政府用没有服役工匠上缴的代役钱，根据需要就近雇工匠，即纳资代役。唐代中叶以后官府作坊越来越多采用工匠和雇的方式。宋代在劳役中多采用差雇的方式，在官作坊中采用和雇匠制度，由应役匠户纳资出银，另行雇佣工匠劳作。官匠和民匠的概念开始趋同。

蒙元是游牧部族，其手工业水平非常有限，对工匠的管理很重视，将工匠单独立籍管理，并实行户籍世袭，让原来相对自由的工匠重新沦为半奴隶的地位。明初继承元制，工匠不得脱籍，采取轮番制，后实施班匠银制度，规定轮班匠可以出银代役，取得法律上的劳动自由，同时在全国强行实施班匠银制度。清顺治二年免征匠班银，清康熙二十年各省将匠班银摊入地亩，正式废除匠籍，彻底结束了工匠徭役的时代，官营作坊正式实行雇募生产。自此官匠与民匠的概念区分基本消失。

## 三、工匠与营造过程的关系分析

### （一）传统营造观念对营造技术的影响

1. 传统价值观念导致了快速建造的模数化设计和施工。中国人的传统观念认为建筑是常物，不必长久和永恒，根据需求可以频繁更替，这需要建筑能快速营造。所以，木头用作建筑的主要结构材料，方便加工。快速营造必然要求分工协作，这无形中促进了建筑技术向模数化方向发展。从宋《营造法式》中主要木构件的材分制到清《工部工程做法》的斗口制，清晰地反映了这个趋势。同时，《营造法式》中记录的两种木构架类型：殿堂式和厅堂式。有水平铺作层的殿堂式从结构角度来说比厅堂式更稳定，但技术复杂，构件多，施工麻烦。所以，厅堂式被明清官方建筑继承。中国古代建筑发展选择的是方便建造的实用逻辑，而不是建筑结构最稳定、最合理的技术逻辑。

中国古代工匠身份与工作情况对比表

表 1

| 时间 | 工匠管理制度 | 工匠工作方式 | | 工匠与官府／雇主的关系 | 工匠身份 |
|---|---|---|---|---|---|
| 前期（先秦时期） | 有匠籍，工商食官 | 在官营作坊生产 | | 被征役 | 官匠 |
| 中期（秦到明） | 有匠籍，徭役制度，强制无偿服役，比平民负担重 | 服役期间内 | 在官营作坊服役 | 被征役 | 官匠 |
| | | | 在官营作坊生产 | 被控制 | 官匠 |
| | | 服役期间外 | 在私营作坊生产 | 被雇佣 | 民匠 |
| | | | 在官营作坊生产 | 被雇佣 | |
| 后期（清） | 无匠籍，无服役，与平民一样 | 在官、在私作坊生产 | | 被雇佣 | 民匠 |

2. 建筑的等级层次固化了模式，桎梏了营造技术突破

周代的《考工记》开始就已经将等级制度规定在都城营造中。唐《六典》中明确了各级官员从开间数量到屋架形式在住宅上的差别，具体的建筑样式由官方规定且不能僭越。木结构技术在唐代基本成熟，已经解决建筑大面积和大体量的问题，可以满足从生活到礼仪各方面的需求。唐以后更注重追求从院落空间组织去体现等级关系，单体建筑规模相对变小，建筑从功能上更不需有新的技术突破。

### （二）分工协作与管理模式对营造技术的影响

1. 官方的工程管理机构越来越复杂，但基层的工匠管理模式比较稳定

古代统治阶级专门设立机构来管理和监督官方的营造活动，机构的内部设置越来越复杂。如周代司空为工官之首，下有大匠和匠人，监督百工。"统管建设全局的是司空，具体主持某项营建的称为大匠，具体主持土建工程的匠师是匠人"。北宋元丰改制后的工部和将作监负责土木营造，工部

是工程建设的行政管理部门，下辖六案四司。将作监则是土木营造的具体实施部门。下辖五案，分管十个官署。清代的工部和内务府分别负责政府建筑工程和皇家建筑工程。如内务府下设立七司三院，与营建有关的机构为营造司，专门管理宫廷建筑修缮事务。营造司设有样房和算房。还设有木库、铁库、房库、器库、药库、炭库等六库，及铁作、漆作、爆作等三作。

工程管理机构的设立无非是为了协调营造过程的各种关系，同时控制建设成本和建设质量。如《营造法式》和《工部工程做法》都是为了方便计算功限和料例，然而最终决定建造成果和建筑质量仍是基层的工匠群体，所以李诚仍要"勒人匠逐一讲说"。自元代以后，营造过程中工匠的管理模式是匠官—匠头—工匠。"匠官是负责工匠的技术管理和工程的督建"，由技艺精良的工匠承担。"匠头是基层管理者，通常于工匠中推选一位地位威望且具备管理能力者承担。匠头的作用主要是约束管理工匠，负责领受和发放工钱。"诸工匠的责任则是根据分工要求 生产或加工不同构件，为最终的统一装配做准备。这种"匠人治匠"的模式是分工协作所致，越是分工细致，越是需要有人既懂技术又懂管理，内部进行协调统筹，对外进行交流接洽，这样逐渐形成工匠群体内部的阶层划分。宋代的匠头已经"对上承接工程，对下监督完工，往往变成工匠的剥削者和压迫者"，逐步变成官方意志的代言。诸工匠因处在分工协作的分支部位，必须按照匠头的要求进行工作。

2. 建筑营造的核心技术掌握在匠官和匠头手中，逐步被官方笼络形成技术垄断，相对应的，模块化的工作方式对诸工匠的技术要求低，非常适用雇佣制度。

明初永乐时迁都，全国各地的工匠被召集至北京，技艺超群者因功封赏，被提升为匠官和工官。历史上有名的工官如蒯祥来自江苏苏州，蔡信来自江苏武进，郭文英来自陕西韩城。明末的匠师冯巧把木作技术传给了梁九。清王士祯《梁九传》：明之季，京师有工师冯巧者、董造宫殿。自万历至崇祯末老矣。九往执役门下，数载终不得其传。而服侍左右不懈益恭。一日，九独侍。巧顾曰：子可教矣。于是尽传其奥。巧死，九遂隶冬官，代执营造之事。不同地域之间的技术交流和不同人群之间的经验传承保证了技术的活跃性，营造技术还没有形成完全的垄断。

清代自康熙至光绪年间，雷氏家族8代基本垄断了内务府的样式房200年。第一代雷发达从工部营缮所长班做起，其余各代均在样式房供职，并担任掌案，被称为样式雷。仅在第5代曾被迫离职30年，后又夺回样式房掌案一职。可以说，雷氏家族从建造层面把握了整个皇家建筑的发展，但家族式的技术传承容易因循旧例，上辈人的技术已经满足建筑的功能需求，不需要革新，反之会朝着更易管理的方向发展。若比较《营造法式》与《工部工程做法》，前者主要"强调构件尺寸的计算规则，而不给固定数值"。后者分列了27种单体建筑物的所有构件名目，具体尺寸及榫卯长度。所以"进行备料，无须计算"，强调"诸款酌拟工料做法，务使开册了然，以便查对"。

对于掌握营造协作核心技术的总领工匠，往往是大木工匠，官方总是用各种方式收揽和控制，或加倍雇赏，或将他纳入官方体系成为匠官，来维持官方手工业的垄断。在柳宗元的《梓人传》中，这位梓人被称为都料，虽不会修木床腿，但"舍我，众莫能就一宇。故食于官府，吾受禄三倍；作于私家，吾收其宜大半焉"。这体现了其在工匠群体里的总领身份，同时官方也在有意笼络他。唐代的纳资代役只针对上番匠，"其巧手供内者不得纳资"，"有阙则先补工巧业作之子弟"。中唐以后诏令奖赏的工匠是有附加条件即"其直给和雇佣者不在此限"即"按规定当时受到奖励的只限于官府工匠，不包括和雇工匠在内。""这是在和雇比较普遍的情况下，亦能做到对官府工匠的有效控制。"

明初按照"凡宫殿工成,在工员役,均别久暂,叙赏有差"的惯例,大型宫廷 建筑完工后,皇帝直接诏令对主管工程的匠官及对有突出贡献的技术和管理人员及特殊贡献者进行集体升迁或赐官。前面提到明代有很多优秀的工匠因此而走入匠官或工官的行列,不再参与直接劳作。到了清代营造过程的管理已经非常制度化,一般由工部营缮司料估所主管工料估算,由样式房进呈图样,再发工部或内务府算房编造各作。雷氏家族作为一个匠官群体,基本垄断了样式房。

在核心技术被官方垄断的背景下,分工会越来越细致,诸工匠各司其职,不必掌控全局,《工部工程做法》的目的就是让工匠直接照搬它来加工各类构件,这方便匠官的工料估算和监管验收。清代官式建筑的构件都是标准化的,可以分类分项甚至外包加工,营造过程非常适合采用雇佣方式。专门负责某类构件加工的工匠,因循范例即可,不需创新,加工技术熟练专业但也更容易程式化。

对营造全局有掌控的匠官或匠头是有技术突破的可能,但被官方笼络,成为官方意志的代言人,具有了保守性。他们不需要也没有必要再进行技术的创新。

## 三、匠籍的取消对传统营造的影响

匠籍的取消只是表示工匠拥有更多的人身自由,不需去强制服役,可以选择不同的劳作方式。但在分工协作非常高的情况下,工匠不管是服役的还是受雇佣的,在官方建设过程中,其位置在营造流程中已经事先安排好,区别只是有没有报酬或报酬是什么形式。不管是官匠还是民匠,都不会影响分工协作的营造流程,自然不会影响基层的工匠管理模式。

## 四、小结

官匠到民匠是古代徭役制度下工匠身份变化的概念,它反映了社会背景的变化和经济发展的过程。但对于具体的手工业门类来说其影响和意义是不同的。中国人特殊的建筑观和官营手工业对核心技术的垄断影响了建筑技术朝着分工协作和模数化设计的方向发展,导致了工匠群体的内部阶层分化。虽然工匠的身份发生变化,但无法改变其身处如构件模块一样可替换的位置。再加上工匠本身受教育较少,只有经验积累,容易因循旧例,很难对建筑技术的整体发展产生质的帮助,但模数化的高效率和程式化的加工经验促进了建筑产业的繁荣和构件细部技艺的发展。

官方建设工程是官营手工业部门很重要的活动,建筑发展来最终自于官方的意志和需求。建筑的设计和营造过程即利用技术垄断,通过分工协作的方式贯彻官方意识的过程。中国古代建筑作为官营手工业的一个典型成果,有着相一致的发展特点。早期来说官营手工业客观上推动了社会分工,提高了工艺技术。因为只为满足统治者的需求,到了后期不顾市场,不计成本,必然造成巨大浪费,因而又出现各种律令格式来约束成本和规范生产。为保持官方的垄断和等级身份,新的发明和革新等严禁用于民间,所以技术容易失传。在这样的框架下工匠的创造性又受到自觉的束缚,这或许是中国古代建筑到了明清时期发展停滞的原因之一。

资料篇

# 3.1 民居学术会议概况

## 3.1.1 中国民族建筑研究会民居建筑专业委员会介绍

民居建筑专业委员会是中国民族建筑研究会属下的二级学术团体。其工作目的和宗旨是：团结和组织我国传统民居建筑的教学、科研人员及营建生产人员进行研究、交流城乡传统民居与聚落的学术活动。自1988年11月在广州华南理工大学召开第一届中国民居学术会议以来，至今已有30年了。在其间共召开了全国性中国民居学术会议22届；海峡两岸传统民居（青年）学术研讨会10届；1993年和2000年在广州该校召开了两次中国传统民居国际学术研讨会；2015年在南昌和扬州分别召开了中国民居学术研讨会。此外，还在福建永定，江苏扬州、苏州，浙江杭州、温州，湖南吉首、湘潭，江西景德镇、婺源等地举行了多次传统民居、祠堂与古城镇、古村落等专题的研讨会，它对推动、宣传和重视民间建筑遗产、重视和推动村镇和民居建筑的保护、继承和发展都起到了积极的作用，使不少地区一些优秀的传统民居和村镇经过挖掘、保护后，现在已成为旅游的重要资源。

第三届专业委员会于2014年成立，现共有委员154人，包括中青年委员和香港、澳门、台湾委员，其中资深委员32人。主任委员陆琦，华南理工大学教授、博士生导师。副主任委员有：张玉坤，天津大学教授、博士生导师；王军，西安建筑科技大学教授、博士生导师；王路，清华大学教授、博士生导师；李晓峰，华中科技大学教授、博士生导师；戴志坚，厦门大学教授；杨大禹，昆明理工大学教授、博士生导师；唐孝祥（兼秘书长），华南理工大学教授，博士生导师；陈薇，东南大学教授、博士生导师；龙彬，重庆大学教授、博士生导师；关瑞明，福州大学教授、博士生导师；范霄鹏，北京建筑大学教授、博士生导师；李浈，同济大学教授、博士生导师；罗德胤，清华大学副教授；周立军，哈尔滨工业大学教授。

为了表彰长期从事民居建筑研究并作出巨大贡献的专家，根据2010年《中国民居建筑大师荣誉称号授予条例》规定，授予"中国民居建筑大师"荣誉称号。"中国民居建筑大师"每两年评选一次，2010年举行了首届评选，至今已评选了五届，共有16人获得"中国民居建筑大师"称号：王其明，北京大学考古文博学院教授；朱良文，昆明理工大学建筑学院教授；李先逵，中国民族建筑研究会副会长、重庆大学建筑学院教授；陆元鼎，华南理工大学建筑学院教授；单德启，清华大学建筑学院教授；黄浩，江西省浩风建筑设计院总建筑师；业祖润，北京建筑大学建筑学院教授；陈震东，新疆维吾尔自治区规划设计院总规划师；黄汉民，福建省建筑设计研究院总建筑师；李长杰，原桂林市规划设计院长、高级规划师；罗德启，贵州省建筑设计研究院总建筑师；张玉坤，天津大学建筑学院教授；王军，西安建筑科技大学建筑学院教授；戴志坚，厦门大学建筑与土木工程学院教授；

陆琦，华南理工大学建筑学院教授；魏挹澧，天津大学建筑学院教授。

　　民居建筑专业委员会近年来组织编写出版图书有：大型学术专业丛书《中国民居建筑丛书》共19册（已出版），包括《北京民居》、《山西民居》、《东北民居》、《江苏民居》、《浙江民居》、《安徽民居》、《福建民居》、《江西民居》、《两湖民居》、《广东民居》、《广西民居》、《四川民居》、《贵州民居》、《云南民居》、《西藏民居》、《西北民居》、《新疆民居》、《台湾民居》、《河南民居》；《中国民居建筑年鉴》（1988-2008）、（2008-2010）、（2010-2013）共三册（已出版）；《中国民族建筑概览——华南卷》、《中国民族建筑概览——华东卷》；《中国古建筑丛书》共35分册（已出版），包括《北京古建筑》（上、下册），《天津 河北古建筑》，《山西古建筑》（上、下册），《辽宁 吉林 黑龙江古建筑》（上、下册），《上海古建筑》，《江苏古建筑》，《浙江古建筑》，《安徽古建筑》，《福建古建筑》，《江西古建筑》，《山东古建筑》，《河南民居》（上、下册），《湖北古建筑》，《湖南古建筑》，《广东古建筑》，《广西古建筑》（上、下册），《海南 香港 澳门古建筑》，《重庆古建筑》，《四川古建筑》，《贵州古建筑》，《云南古建筑》（上、下册），《西藏古建筑》，《陕西古建筑》，《甘肃古建筑》，《青海古建筑》，《宁夏古建筑》，《新疆古建筑》，《台湾古建筑》。现正在组织各地专家编写《中国传统聚落保护研究丛书》，计有30分册，预计2020年底全部完成出版。

　　我们欢迎建筑界以及从事教学、科研、设计、文化文物、古建施工等工作的专家、学者、教授、研究生、学生参加我们的学术团体和学术活动，让我们共同一起为弘扬和宣传我国传统民居建筑的优秀遗产贡献力量。

## 3.1.2    历届民居会议统计

### 一、历届中国民居学术会议

| 届次 | 会议时间 | 地点 | 承办与主持单位 | 参加人数 | 论文数 | 会议主题 | 会议成果 |
|---|---|---|---|---|---|---|---|
| 一 | 1988.11.8~11.14 | 广州（开平、台山） | 华南工大学建筑学系 | 56人（其中中国港、台地区代表3人） | 38篇 | 传统民居研究 | 1. 成立中国民居研究会筹备组；<br>2. 由中国建筑工业出版社出版论文集《中国传统民居与文化》，1991年2月 |
| 二 | 1990.12.16~12.29 | 昆明（大理、丽江、景洪） | 云南工学院建筑学系 | 67人（其中中国港、澳地区代表6人） | 48篇 | 传统民居保护、继承与发展 | 1. 发出弘扬民居建筑文化呼吁书；<br>2. 中国建筑工业出版社出版论文集《中国传统民居与文化》第二辑，1992年10月 |
| 三 | 1991.10.21~10.28 | 桂林（龙胜、三江） | 桂林市城市规划局 | 78人（其中中国香港地区代表2人） | 38篇 | 1. 民居与城市风貌；<br>2. 民居的改造继承和发展 | 中国建筑工业出版社出版论文集《中国传统民居与文化》第三辑，1992年8月 |
| 四 | 1992.11.21~11.28 | 景德镇（黟县、歙县、黄山） | 江西景德镇市城建局安徽黄山市建委 | 105人（其中中国港、台地区代表19人） | 40篇 | 1. 传统民居文化与理论；<br>2. 民居技术、营造；<br>3. 传统民居保护、利用、继承和改造 | 中国建筑工业出版社出版论文集《中国传统民居与文化》第四辑，1996年7月 |
| 五 | 1994.5.26~6.5 | 重庆（南充、阆中） | 重庆建筑大学 | 142人（其中中国香港地区以及美国代表8人） | 57篇 | 1. 传统民居的保护与发展；<br>2. 传统民居的文化价值、历史理论与工艺技术；<br>3. 新民居创作与发展 | 1. 成立中国建筑学会建筑史学会民居专业学术委员会和中国文物学会传统建筑园林研究会传统民居学术委员会；<br>2. 中国建筑工业出版社出版论文集《中国传统民居与文化》第五辑，1997年1月 |
| 六 | 1995.8.1~8.12 | 乌鲁木齐（吐鲁番、喀什） | 新疆维吾尔自治区建设厅 | 107人（其中中国港、台地区以及美国代表23人） | 35篇 | 1. 民居的继承发展及其在新住宅建设中的应用；<br>2. 民居的文化价值、工艺和技术；<br>3. 民居的内外空间和环境 | 同时举办第一届传统民居摄影展览 |
| 七 | 1996.8.13~8.19 | 太原（平遥、襄汾、灵石） | 山西省建筑设计院 | 99人（其中中国港、台地区以及美国代表32人） | 63篇 | 1. 传统民居形态与环境；<br>2. 传统民居与现代村镇建设 | 1. 同时举办第二届传统民居摄影展览；<br>2. 中国建筑工业出版社出版论文集《中国传统民居与文化》第七辑，1999年6月 |

| 届次 | 会议时间 | 地点 | 承办与主持单位 | 参加人数 | 论文数 | 会议主题 | 会议成果 |
|---|---|---|---|---|---|---|---|
| 八 | 1997.8.26~8.28 | 香港 | 香港建筑署、香港大学建筑系 | 138人（其中中国大陆代表83人，香港地区代表48人） | 120篇 | 中国传统民居与现代建筑文化 | 1. 同时举办第三届传统民居摄影展览<br>2. 部分论文收录论文集《中国传统民居与文化》第八辑，香港出版 |
| 九 | 1998.8.15~8.22 | 贵阳（黔东南、镇宁） | 贵州省建筑设计院 | 104人（其中中国港、台地区以及美国代表44人） | 46篇 | 传统民居与城市特色 | 同时举办第四届传统民居摄影展览 |
| 十 | 2000.8.5~8.7 | 北京 | 北京西城区建委、北京建筑工程学院建筑系 | 80人 | | 中国民居文化与现代城市的发展 | 同时举办第五届传统民居摄影展览 |
| 十一 | 2000.8.11~8.16 | 西宁 | 青海省建设厅科技处 | 98人（其中中国港、台以及国外代表24人） | 30篇 | 少数民族建筑文化与城市特色 | |
| 十二 | 2001.7.23~7.27 | 温州（永嘉、秦顺） | 温州市规划局 | 119人（其中中国港、台地区以及国外代表47人） | 45篇 | 1. 传统村镇、街区的保护、改造与发展；<br>2. 温州城市建筑的现代性与文化连续性 | 部分论文推荐到《小城镇建设》杂志发表 |
| 十三 | 2004.7.20~7.24 | 无锡（淮安、高邮、扬州、镇江） | 无锡市园林局 | 96人（包括美、英、捷克以及中国港、澳、台地区代表） | 38篇 | 1. 中国传统民居与21世纪城镇开发建设；<br>2. 中国传统民居生态环境与可持续发展；<br>3. 中国江苏无锡传统建筑考察与研究；<br>4. 外国乡土建筑与中西建筑文化交流 | 部分论文推荐到《小城镇建设》杂志发表 |
| 十四 | 2006.9.23~9.26 | 澳门 | 澳门文化局 | 125人（包括中国港、澳、台地区代表37人以及美、加、马来西亚3人） | 88篇 | 1. 民居建筑的地域文化特征；<br>2. 当代建筑创作对传统民居的借鉴；<br>3. 传统民居的保护与改造 | 会议评出青年优秀论文12篇 |
| 十五 | 2007.7.21~7.26 | 西安（延安、韩城） | 西安建筑科技大学 | 195人（包括中国港、澳、台地区以及美国代表29人，在校研究生53人） | 206篇 | 中国民居建筑与文化的创新 | 会议评出青年优秀论文10篇 |
| 十六 | 2008.11.21~11.25 | 广州（开平、中山） | 华南理工大学建筑学院 | 242人（包括美国、韩国和中国港、澳、台地区代表） | 136篇 | 1. 民居建筑研究与社会主义新农村建设；<br>2. 传统街村、民居的保护及其持续发展；<br>3. 传统民居特征在新民居新建筑上的运用 | 会议同时举办了民居会议二十周年庆祝活动和大型系列图书《中国民居建筑丛书》首发式 |
| 十七 | 2009.10.25~10.29 | 开封（巩义、安阳、三门峡） | 河南大学土木建筑学院 | 164人 | 141篇 | 1. 传统民居与文化研究；<br>2. 地域民居对现代建筑设计的启示；<br>3. 传统村镇保护利用与可持续发展 | 会议选出优秀学生论文8篇 |

| 届次 | 会议时间 | 地点 | 承办与主持单位 | 参加人数 | 论文数 | 会议主题 | 会议成果 |
|---|---|---|---|---|---|---|---|
| 十八 | 2010.10.15~10.17 | 济南 | 山东建筑大学 | 109人（包含中国台湾地区代表） | 81篇 | 1. 传统民居与地域文化；<br>2. 传统民居中的生态智慧发掘与研究；<br>3. 快速城镇化进程中传统民居保护与可持续发展 | 1. 会议中举办中国民居建筑照片展览；<br>2. 会议正式出版论文集《传统民居与地域文化——第十八届中国民居学术会议论文集》，中国水利水电出版社，2010年9月；<br>3. 会议评出青年优秀学术论文10篇 |
| 十九 | 2012.10.23~10.28 | 南宁（贺州、富川） | 广西华蓝设计（集团）有限公司 广西大学土木建筑工程学院 | 119人 | 106篇 | 民居的传承与创新<br>1. 城市更新中历史文化街区保护与利用；<br>2. 传统民居元素在地域性现代建筑设计中的应用；<br>3. 民居生态技术在绿色建筑设计的应用；<br>4. 传统民居与地域文化 | 1. 评出青年优秀学术论文10篇；<br>2. 会议前刊印论文集上、下册 |
| 二十 | 2014.7.11~7.13 | 呼和浩特 | 内蒙古工业大学 | 200余人 | 117篇 | 1. 民居建筑文化研究；<br>2. 传统民居建筑技艺及其现代应用研究；<br>3. 传统聚落保护与活化 | 会议前刊印论文集，分：民居建筑文化研究、传统民居建筑技艺及其现代应用研究、传统聚落的保护与活化研究三部分 |
| 二十一 | 2016.11.11~11.13 | 湘潭 | 湖南科技大学 | 近200人 | 104篇 | 保护和传承<br>1. 民居研究方法；<br>2. 传统民居的保护与再利用；<br>3. 传统民居营建技艺的传承与创新；<br>4. 传统聚落生存与发展策略 | 1. 评选20篇优秀学生论文；<br>2. 会议前刊印中国民居学术年会暨民居建筑国际学术研讨会论文集；<br>3. 出版《视野与方法——第21届中国民居建筑学术年会论文集》，中国建筑工业出版社，2016年10月；<br>4. 从该届会议开始，由原来的"中国民居会议"改为"中国民居建筑学术年会" |
| 二十二 | 2017.7.29~7.31 | 哈尔滨（海林） | 哈尔滨工业大学 | 300余人 | 211篇 | 传承与实践<br>1. 传统聚落的保护、更新与文化传承；<br>2. 乡土建筑的保护与再利用；<br>3. 乡土建造技术的传承与实践；<br>4. 民居形式与文化的传承与实践 | 1. 评选15篇优秀论文；<br>2. 会议前刊印第22届中国民居建筑学术年会论文集（上、下册） |

## 二、海峡两岸传统民居理论（青年）学术研讨会/国际（国内）传统民居理论学术研讨会

| 届次 | 会议时间 | 地点 | 承办与主持单位 | 参加人数 | 论文集 | 会议主题 | 会议成果 |
|---|---|---|---|---|---|---|---|
| 一 | 1995.12.11~12.14 | 广州、鹤山 | 华南理工大学建筑学系 | 73人（其中中国港、台地区以及马来西亚代表12人） | 70篇 | 1. 传统民居历史和文化；2. 传统民居营造、设计和艺术技术理论；3. 传统民居保护、继承和发展 | 论文刊载于《华中建筑》1996年第4期专辑和1997年1~3期 |
| 二 | 1997.12.22~12.28 | 昆明、大理、丽江 | 云南工业大学建筑学系 | 82人（其中中国港、台地区代表34人） | 63篇 | 1. 传统民居研究及理论；2. 传统民居的可持续发展 | 部分论文推荐到《华中建筑》杂志发表 |
| 三 | 1999.8.5~8.9 | 天津 | 天津大学建筑学院 | 65人（其中中国港、台地区代表24人） | 36篇 | 1. 传统民居方法论研究；2. 传统民居与21世纪发展 | |
| 四 | 2001.12.17~12.21 | 广州从化 | 华南理工大学建筑学院从化市文物管委会 | | 33篇 | 1. 传统民居营造技术、设计法；2. 传统民居的技术经验 | 会议后由华南理工大学出版社出版论文集《中国传统民居营造与技术》，2002年11月 |
| 五 | 2003.12.24~12.31 | 福建武夷山、邵武 | 福建省建筑设计院福建工程学院 | 110人 | 20篇 | 传统村镇、民居的保护与发展 | 部分论文推荐到福建工程学院学报发表 |
| 六 | 2005.10.23~10.29 | 武汉（襄樊、武当山、钟祥、秭归） | 华中科技大学建筑学院湖北省文物局 | 187人（包括中国台湾地区代表22人，香港地区代表15人，澳门地区代表2人） | 119篇 | 1. 传统民居与文化；2. 传统民居与地方特色的新社区；3. 传统民居研究方法论；4. 民居营造、技术与保护；5. 民族建筑研究 | 1. 会议期间举行8次学术讲座；2. 会议评出青年优秀论文11篇；3. 部分论文推荐到《新建筑》杂志发表 |
| 七 | 2008.1.25~1.31 | 台湾台北 | 中华海峡两岸文化资产交流促进会 | 98人（包括中国大陆代表26人） | | 1. 传统民居的历史文化价值；2. 传统民居与村镇保存管理策略；3. 传统民居营建工法和修复技术；4. 传统民居再利用与发展 | |
| 八 | 2009.7.18~7.23 | 赣州（吉安） | 赣州师范学院客家研究院、赣州市文化局 | 近百人，其中有近30位中国台湾地区代表 | 54篇 | 民居、聚落、文化 | |
| 九 | 2011.11.3~11.8 | 福州（屏南、福安） | 福州大学建筑学院 | 113人（包括中国台湾、澳门地区代表） | 112篇 | 中国民居建筑与文化的延续与创新1. 历史建筑及其保护研究；2. 传统聚落文化与城市新社区营建；3. 传统民居中生态智慧与低碳模式研究；4. 传统民居与海峡两岸经济建设 | 1. 会议前刊印论文集；2. 评选出青年优秀学术论文10篇 |

续表

| 届次 | 会议时间 | 地点 | 承办与主持单位 | 参加人数 | 论文集 | 会议主题 | 会议成果 |
|---|---|---|---|---|---|---|---|
| 十 | 2013.11.16~11.17 | 南京 | 东南大学建筑学院 | 213人（包括奥地利、瑞士、德、美、日、韩、马来西亚等国和中国香港、澳门、台湾地区等代表） | 101篇 | 中国建筑研究60周年纪念暨第十届传统民居理论学术研讨会<br>1. 史学史暨中国建筑研究室60周年回顾与展望；<br>2. 非地域化的地域性；<br>3. 民居与建筑创作；<br>4. 民居遗产保护的问题与策略 | 会议前刊印论文集（上、下册） |
| 十一 | 2015.10.24~10.25 | 南昌（抚州金溪） | 南昌大学建筑工程学院 | 200余人 | 40篇 | 1. 传统聚落与民居建筑文化研究；<br>2. 传统民居建造技艺研究；<br>3. 传统聚落与民居保护与继承研究 | 会议前刊印论文摘要集 |

## 三、中国传统民居国际学术研讨会/专题学术研讨会

| 名称 | 会议时间 | 地点 | 承办与主持单位 | 参加人数 | 论文数 | 会议主题 | 会议成果 |
|---|---|---|---|---|---|---|---|
| 中国传统民居国际学术研讨会（ICCTH） | 1993.8.12~8.14 | 广州 | 华南理工大学建筑学系 | 78人（包括中国港、澳、台地区及国外5个国家代表） | 54篇 | 1. 中国传统民居的保护、继承和发展；<br>2. 中国传统民居与文化；<br>3. 中外传统民居交往；<br>4. 各国乡土建筑介绍 | 由华南理工大学出版社出版论文集《民居史论与文化》，1995年6月 |
| 海峡两岸传统建筑技术观摩研讨会 | 1994.6 | 台北 | 中华海峡两岸文化资产交流促进会 | 120人（其中中国大陆代表13人） | | | |
| 海峡两岸传统民居建筑保存维护观摩研讨会 | 1997.4.22~4.23 | 台北 | 财团法人中华民俗艺术基金会 | 中国大陆代表19人 | 27篇 | | |
| 两岸传统民居资产保存研讨会 | 1999.2.21~2.27 | 台北、台中、台南 | 中华海峡两岸文化资产交流促进会 | 中国大陆代表6人 | 12篇 | | |
| 客家民居国际学术研讨会（ICCHH） | 2000.7.23~7.27 | 广州、深圳、梅州 | 华南理工大学建筑学院深圳文物管理委员会梅州市建设委员会 | 148人（包括中国港、台地区以及国外代表15人） | 65篇 | 1. 客家民系居建筑与客家文化；<br>2. 客家民居、村镇的改造与发展；<br>3. 中外民居、村镇、乡土建筑与文化 | 由华南理工大学出版社出版论文集《中国客家民居与文化》，2001年8月 |
| 新农村建设中乡土建筑保护暨永嘉楠溪江古村落保护利用学术研讨会 | 2007.6.17~6.21 | 永嘉、杭州 | 浙江省文物局浙江省建设厅浙江省永嘉县人民政府 | 84人 | 50篇 | 1. 乡土建筑的保护和利用；<br>2. 乡土建筑研究；<br>3. 楠溪江乡土建筑保护 | 由同济大学出版社出版《乡土建筑遗产的研究与保护》专集，2008年6月 |

续表

| 名称 | 会议时间 | 地点 | 承办与主持单位 | 参加人数 | 论文数 | 会议主题 | 会议成果 |
|---|---|---|---|---|---|---|---|
| 中国民间建筑与古园林营造与技术学术研讨会 | 2008.5.24~5.26 | 扬州 | 江苏扬州意匠轩园林古建筑营造有限公司 | 74人 | 25篇 | 民间建筑与园林的地方做法、风俗习惯、操作规范、营造技术和保护技术 | |
| 中国传统建筑及园林的传承与发展研讨会 | 2009.9.15~9.19 | 江阴 | 江阴市园林旅游管理局 | 39人 | | 中国传统建筑园林的传承与发展 | |
| 2015年中国民居学术研讨会 | 2015.9.28~9.30 | 扬州 | 扬州市古城保护办公室中国名城杂志社 | 213人 | 102篇 | 传统民居保护与活化 | 正式出版了《传统民居活化研究——2015年中国民居学术研讨会论文集（扬州）》，江苏大学出版社，2015年9月 |
| 2017年首届中国名城论坛 | 2017.9.25~9.27 | 扬州 | 扬州市古城保护办公室中国名城杂志社 | 132人 | 80篇 | 名城特色研究 | 优秀论文刊发于《中国名城》杂志 |

## 四、民居专题研讨/考察会

| 会议名称 | 时间 | 地点 | 主办单位 | 参加人数 |
|---|---|---|---|---|
| 福建客家土楼专题研讨会 | 1995.3 | 福建永定、漳州 | 福建省建筑设计院 | |
| 江南水乡民居专题研讨会 | 1996.4.23~5.1 | 江苏扬州、苏州 | 东南大学建筑系 苏州市建委 | 17人 |
| 湘西民居专题考察研讨会 | 1998.8.6~8.13 | 湖南吉首、张家界 | 天津大学建筑学院 湘西土家族州建委 张家界市建委 | 45人 |
| 景德镇、婺源民居与戏台专题考察研讨会 | 1999.10.7~10.9 | 江西景德镇、婺源 | 江西景德镇市城市建设局 | 30人 |
| 滇东南民居专题考察研讨会 | 2006.3.4~3.11 | 云南昆明、元阳、石屏、通海 | 昆明理工大学本土建筑设计研究所 | 27人 |
| 胶东传统民居建筑考察会 | 2010.10.10~10.14 | 山东淄博、栖霞、威海 | 山东建筑大学建筑城规学院 | 27人 |
| 福建三明大田土堡考察研讨会 | 2010.11.19~11.22 | 福建三明 | 福建省文物局 三明市人民政府 | 96人 |
| 湘西传统村镇与民居考察研讨会 | 2012.4.20~4.23 | 湖南怀化 | 湖南科技大学建筑与艺术学院 | |
| 广东惠州地区传统村落与民居考察研讨会 | 2014.5.17~5.19 | 广东惠州 | 惠州学院建筑与土木工程学院 | |
| 滇西腾冲和顺古村镇与民居考察研讨会 | 2017.12.1~12.3 | 云南腾冲 | 昆明理工大学建筑城规学院 | 32人 |

## 3.1.3 中国民居建筑研究的新时期、新视野、新进展

### ——"第二十届中国民居学术会议"综述

韩瑛 唐孝祥

2014年7月11~13日，"第二十届中国民居学术会议"在呼和浩特市内蒙古工业大学召开。本次会议由中国民族建筑研究会民居建筑专业委员会、中国建筑学会建筑史学分会民居建筑学术委员会、中国文物学会传统建筑园林委员会传统民居学术委员会主办，由内蒙古工业大学建筑学院、内蒙古工大建筑设计有限责任公司、内蒙古工业大学地域建筑研究所共同承办。来自清华大学、同济大学、东南大学、哈尔滨工业大学、香港中文大学、重庆建筑大学等院校，以及各学术机构和科研院所等200多位专家和代表参会。会议上级单位代表——中国民居建筑研究会副秘书长杨东升和常务副秘书长叶广云，宣布了新一届中国民族建筑研究会民居建筑专业委员会主任委员、副主任委员、学术委员名单，以及新晋民居建筑大师，并颁发证书；会议还邀请了住建部村镇司村镇建设处副处长林岚岚讲话，林处介绍了国家住建部村镇司拟定的新时期村镇及民居工作的新政策，为广大民居专家们提供了清晰的工作方向。此外，会议还围绕"民居建筑文化研究"、"传统民居建筑技艺及其现代应用研究"、"传统聚落的保护与活化研究"等议题进行了热烈的发言和讨论。

## 一、民居建筑文化研究

民居建筑文化是民居建筑研究最本质也是最核心的内容，它对当今地域建筑文化研究与创作有着重要的意义。本次会议首先由东南大学陈薇教授作了"中国建筑研究室（1953~1965）住宅研究的历史意义与影响"的主题报告。她提出，中国建筑研究室的主要影响是对普通住宅蕴含的历史价值进行了发掘，并在史学层面给予充分肯定，将中国民居建筑提高到了与官式建筑平起平坐的地位。中国建筑研究室重视和强调关于民族民间建筑丰富性和多样性的研究，关于空间与环境、材料与技术、乡土与风格的调查研究，关于因地制宜的、适于气候环境的、民间设计的智慧等方面的研究。这对于指引当代建筑设计"从民间来"，"自下而上"的理念和路径，具有深远的意义和影响。在民系研究方面，有代表运用比较研究的方法，通过跨越行政区划的民系划分，分析本省与周边省份民居模式的差异，从而进一步廓清本省民居居住模式形成的深层根源；在叙事研究方面，有代表提出以叙事作品为素材或方法进行宅形研究，进而探究其背后的文化内涵，甚至通过与叙事文学关联的版画等视觉媒介延伸至图像学的研究，这也为我们今后的民居研究提供了新的视角；在传统民居

保护与发展方面，有代表建议对不符合传统民居风貌的建筑采取"穿衣戴帽"的改造方法，这样既节约成本，又能保证整体聚落风貌的统一。此外，代表们还探讨了以汉族为主导的漳州民居、潮汕民居、四川民居、大理民居等传统建筑的文化内涵，以及北方少数民族地区聚落与民居建筑形式及文化的多样性，尤其是内蒙古地区的聚落与民居建筑研究工作，不仅扩展了我国民居建筑研究的民族、地域范围，也为本地域传统聚落与民居建筑研究工作打开了新局面。

## 二、传统民居建造技艺与应用研究

传统民居建筑技艺研究以同济大学师生的研究成果最为突出，同济大学李浈教授在题为《官尺·营造尺·乡尺——古代建筑用尺制度再探》的文章中，对中国古代建筑用尺制度做了深入剖析，为我们研究乡土建筑的体系提供了一种新的视角。我们可以从语言学、移民学、民系、区域地理学等到营造"乡尺"，初步构架一个建筑谱系概况，再从乡土建筑的类型学到匠系、派系、手风等进行细致的甄别，然后结合从文化类型、建筑类型到技艺类型的关联性分析，实现营造体系基本框架的建立和对传统营造的新审视，最终厘清其不同匠派体系，实现谱系建构与区域划分。此外，同济大学博士研究生丁艳丽对浙南、闽北文化交叠区尺系尺法分布进行了考察与探源，其成果将廓清区域营造技艺系统与匠派传承区划谱系，为明清以前南方建筑技术发展脉络的梳理作出了贡献。同济大学博士刘成则探讨了《鲁班经》成书背景及流布范围，通过形制、尺度、用材的比较，翻译《鲁班经》建筑语言，并与现存的乡土建筑类比，得出了闽浙地区营造技术应作为《鲁班经》之原型的结论，这为后续学者进一步分析《鲁班经》的源流奠定了扎实的基础。

"在新的时代背景和技术体系下，如何优化可持续的传统建筑材料"也成为与会专家讨论的热点问题，哈尔滨工业大学师生提出了东北严寒地区可持续建筑材料的地域适应性研究，总结出适合本地域的可持续建筑材料主要包括复合木材、亚黏土、稻草砖、秸秆砖、淤泥砖、植物秸秆纸面石膏板等，并探讨了这些材料从制造、使用、废弃到再生的整个循环利用周期。这些研究对我们摸索其他地域的可持续建筑材料，探索地域建筑文化的可持续发展都具有重要的意义。

## 三、传统聚落保护与活化研究

传统聚落的保护与活化是当今摆在我们面前的紧迫问题，全国各地都面临着这一困惑。然而，保留什么，如何活化都是摆在很多建筑师面前的难题。

台湾华梵大学的徐裕健教授作了题为"探讨历史老街地域性及原真性保存意义——以台北深坑老街个案为例"的报告，报告针对深坑老街杂乱、萧条的现状提出"地域性生活体验"和"空间正义实践"两个空间的社会实践命题。与此同时，徐裕健教授还对历史保存专业者的社会实践方向提出了新的建议：①以"参与式规划"探索住民关心和反对的议题，借助历史保存工程完成"住民信心工程"，打造"小区想象共同体"，增进小区认同感；②集结小区意见领袖，重整小区组织的自律约束力，确保"地方利益归属地方人"的"空间正义"；③挖掘多元化"地域性特质"，强化地方名人、历史事件及日常生活文化与空间的连接，以"在地化"对抗资本主义的"文化同构型"现象。这些观点为我们解决各地传统聚落保护与活化的问题打开了一扇窗，为我们以后的相关工作提供了更加具体的方向和思考。

厦门大学戴志坚教授做了"福建古村落保护的困惑与思考"的报告，报告针对目前村落保护过程中的主要矛盾与困惑进行了分析，提出要认真编制、严格执行古村落保护规划；物质文化遗产与非物质文化遗产保护要同步进行；要尽量满足村民改善居住空间的需求；要建立传统技艺的传承队伍。有的学者还提出了濒危建筑的数字化保护策略，通过数据采集，将濒危建筑进行三维虚拟还原，从而提高文物建筑的记录和保护力度。此外，学者们开始关注当前农村现行土地政策与传统村落保护的矛盾，并从操作层面提出避开传统村落另建新村和允许出让传统建筑使用权等传统村落保护建议。

## 四、结语

本次会议共收集到符合要求的学术论文117篇，这些论文反映了国内目前聚落及民居建筑研究工作的新视角、新进展及新水平。本次参会的主要代表多数都是目前国家传统聚落保护与民居谱系调查研究工作的中坚力量，因此，会议的研究成果将为全国民居研究打开新的局面，从而持续推动国家层面的聚落民居建筑保护工作的深入发展。从收集的学术论文中可以看到，各地域、院校关于聚落和民居的研究深度参差不齐，而本次大会的集中交流将会促进各地区尤其是经济落后地区民居研究工作的进一步发展。

# 3.1.4 2015中国传统民居（第十一届民居理论）学术研讨会纪要

会议组

2015年10月24日至25日，2015中国传统民居（第11届民居理论）学术研讨会在南昌大学隆重举行。本次研讨会由中国民族建筑研究会民居专业委员会、中国建筑学会建筑史学会民居专业学术委员会、中国文物学会传统建筑园林委员会传统民居学术委员会主办，南昌大学建筑工程学院承办，金溪县人民政府、南昌大学设计研究院、江西浩风建筑设计院协办。

10月24日上午，大会开幕式在南昌市市委党校主楼报告厅举行。江西省人大常委会副主任、南昌大学教授马志武，南昌大学副校长、教授谢明勇，中国民族建筑研究会专家委员会主任、中国民居建筑大师、重庆大学教授李先逵，中国民族建筑研究会副秘书长杨东生，中国建筑工业出版社副总编辑胡永旭，中国民族建筑研究会副会长、民居委主任委员、华南理工大学教授陆琦，中国民居建筑大师、昆明理工大学教授朱良文，中国民居建筑大师、江西浩风建筑设计院总建筑师黄浩，中国民居建筑大师、新疆维吾尔自治区建设厅原副厅长陈震东，中国民居建筑大师、北京建筑大学教授业祖润，中国民居建筑大师、福建省建筑设计研究院原院长黄汉民，民居委资深委员、东南大学教授刘叙杰，以及境内外专家学者共200余人参加了开幕式。会议由民居委秘书长、华南理工大学教授唐孝祥主持。南昌大学建筑工程学院党委书记龚晓兵，院长熊进刚，副院长姚糖、王玉林，建筑系副主任李焰，学院党政办工作人员和建筑系部分师生参加了会议。

江西省人大常委会副主任马志武教授首先致欢迎辞，他在致辞中首先向各位专家学者的到来表示热烈的欢迎，赞扬主办方是国内建筑界历史最悠久、学术活动最频繁、影响最广泛的学术团体之一，在全国建筑界具有重要的社会影响和学术影响。南昌大学和中国民居委联合主办这次学术研讨会，对于进一步深化江西民居的研究，进一步推动有关部门的高度重视，进一步提高南昌大学的知名度，进一步促进江西各界积极支持与参与民居保护，都有重要的意义。希望南昌大学在江西省新型城镇化进程中发挥应有的且更大的作用，为江西优秀历史文化遗产保护和传承做出新的、更大的贡献。

南昌大学副校长谢明勇代表南昌大学向各位与会专家表示热烈欢迎，指出此次研讨会对于南昌大学师生进一步开展对传统民居的研究，加快建筑学科的发展，将起到良好的推动作用。多年来，建筑学科的广大师生一直致力于江西传统民居建筑遗产的研究，取得了丰硕成果。希望学校能够继续得到各位专家学者的支持和帮助。

中国民族建筑研究会副秘书长杨东生通报了中国民族建筑研究会近几年来在传统村落和民居保护与继承方面所做的工作和取得的成就。中国民族建筑研究会副会长、民居委主任委员、华南理工大学陆琦教授致大会开幕词。之后与会人员合影留念。

开幕式结束后进入大会发言阶段，重庆大学李先逵教授、昆明理工大学朱良文教授、华南理工大学肖大威教授、华南理工大学郑红代表香港姜艺思建筑师、南昌大学姚赯教授先后作了关于传统民居的学术报告。

下午的分组会在南昌大学建工楼进行，与会专家学者分别就"传统聚落与民居建筑文化研究"和"传统民居建造技艺研究"两个主题分别进行了研讨。分组会前，与会专家学者参观了南昌大学建筑系建筑遗产调查作业展，对调查工作和作业质量均给予了充分肯定，指出了需要改进的问题。

10月25日，与会专家学者前往江西省抚州市金溪县现场考察金溪县浒湾镇和琉璃乡东源村民居的现状及保护状况。专家学者们高度评价金溪县传统村镇历史遗产的科学和艺术价值，同时对于如何进一步做好保护利用工作提出了许多重要建议。研讨会在现场考察完成后圆满结束。此次大会，对进一步推进我国传统民居的科学研究，促进传统村落的保护、传承和利用具有重要的意义。

# 3.1.5    2015年（扬州）中国民居学术研讨会纪要

会议组

　　为推进"美丽乡村"建设，促进新型城镇化健康有序发展，提升中国传统民居保护与研究水平，全面展示古城扬州民居保护与利用成果，深入开展古城民居保护与利用理论和政策的研究，积极探索今后扬州古城民居保护和利用的新途径，并为扬州古城创建"国家历史文化名城保护示范区"创造条件，在扬州建城2500周年之际，由中国民族建筑研究会民居建筑专业委员会、扬州市城乡建设局、扬州市古城保护办公室、中国名城杂志社联合主办的"2015年中国民居学术研讨会"，于2015年9月28~30日在江苏省扬州市圆满举办。中国民族建筑研究会副会长李先逵，中国民居建筑大师刘叙杰、路秉杰、陈震东、朱良文、李长杰等30位国内顶级民居建筑大师和百余名建筑规划领域的专家学者参加了此次研讨会，还有香港、澳门、台湾的学者不远千里前来参加会议。

　　会议围绕"传统民居保护与活化途径"，"城市特色与民居保护、活化"，"传统民居的活化与未来"和"传统民居营造技艺研究"这四个主题展开。中国民族建筑研究会民居建筑专业委员会主任委员、华南理工大学建筑学院教授、博士生导师陆琦作了"乡村景观建设与反思"的报告；扬州市古城保护办公室副主任薛炳宽作了"扬州古城历史演变及传统民居保护"的报告；同济大学建筑与城市规划学院教授朱宇晖作了"回首陈从周——扬州古城保护与再生的思考"的报告；台湾华梵大学建筑系教授徐裕健作了"'住民参与'在历史老街'地域性'及'原真性'保存活化过程中的意义"的报告；香港建筑师协会文物及保育委员会主席梁以华作了"城市更生的公共空间"的报告；清华大学建筑学院教授罗德胤作了"乡村遗产的大众化"的报告。

　　此外，同济大学建筑与城市规划学院教授、博士生导师李浈，重庆大学建筑城市规划学院教授、博士生导师龙彬，西安建筑科技大学建筑与城规学院教授、博士生导师王军，昆明理工大学建筑与城市规划学院教授朱良文，厦门大学建筑学院教授戴志坚，天津大学建筑学院教授、博士生导师张玉坤，日本国立长崎大学教授杉山和一，昆明理工大学建筑与城规学院教授、博士生导师杨大禹，哈尔滨工业大学建筑学院教授周立军，郑州大学建筑学院副院长、教授郑东军，苏州科技大学建筑系教授雍振华，北京建筑大学建筑与城规学院教授范霄鹏，福州大学建筑学院教授陈力，安徽建筑大学建筑与规划学院副院长、教授刘仁义，台湾华梵大学建筑系助理教授林正雄，扬州大学建筑科学与工程学院副教授张建新，浙江大学建筑系副教授王晖，扬州大学建筑科学与工程学院副教授宋桂杰等众多专家也作了精彩的报告。天津大学建筑学院教授、博士生导师张玉坤，中国民族建筑研究会民居建筑专业委员会秘书长、华南理工大学建筑学院教授、博士生导师唐孝祥，清华大学建筑学院教授、博士生导师王路，西安建筑科技大学建筑与城规学院教授、博士生导师王军及福州大学建筑学院教授、博士生导师关瑞明主持了本次会议。

本次会议参加人数213人，正式代表132人，共收到论文102篇。会议结束之后，主办单位编写了会议论文电子集，但因时间仓促、人力有限，部分重要作者论文未能及时收入；整理过程中，仅对论文格式进行了整体规范，对论文内容做了初步把关，没有进行严格审校，留下不少遗憾。在扬州市财政的支持下，扬州市历史文化名城研究院决定公开出版会议论文集，并适当增补会议图片，为中国民居研究事业健康发展添砖加瓦。

论文集在编印出版过程中，得到了扬州市领导和众多专家、学者的关心和支持。中共扬州市市委书记谢正义亲笔为本书作序，市建设局局长、名城研究院院长杨正福统筹本书的各项工作，市古城保护办公室副主任薛炳宽数次参加编撰会议，通审全稿，提出了许多建设性意见，为此书的出版发挥了重要作用。高永青负责整体策划。具体编辑工作由于向凤完成。在此，衷心感谢江苏大学出版社为本书出版付出的辛勤劳动。感谢洪晓程摄影师的烈日奔波，感谢扬州市财政局、扬州市城乡建设局、扬州市古城保护办公室、扬州大学建筑科学与工程学院、扬州意匠轩园林古建筑营造有限公司、扬州市城建档案馆、扬州市建筑安装管理处、扬州市墙体材料改革与建筑节能管理办公室等单位的大力协助。

# 3.1.6　第二十一届中国民居建筑学术年会暨民居建筑国际学术研讨会纪要

会议组

2016年11月11日至11月13日，第二十一届中国民居建筑学术年会暨民居建筑国际学术研讨会在湖南科技大学顺利召开。

本次会议邀请了40多所海内外高校和专业单位的专家学者近200人。中国民族建筑研究会副会长、中国民居建筑大师李先逵，中国建筑工业出版社副总编辑胡永旭先生；中国民族建筑研究会秘书长邓千女士；中国民族建筑研究会会长副秘书长杨东生先生；清华大学教授、中国民居建筑大师单德启教授；新疆维吾尔自治区城市规划协会、中国民居建筑大师陈震东教授等国内著名专家学者参加了此次会议。同时，参加此次会议的还有来自美国路易斯安那州大学凯文里斯克副教授，托马斯·艾伦·索弗兰克副教授；新加坡国立大学环境与设计学院洪光麟副教授，英国谢菲尔德哈勒姆大学史蒂夫主任一行六人等在内的外国知名专家学者。会议就2015年中国民居建筑研究成果以及如何开展民居建筑下一步的研究进行了详细的汇报与讨论。

11月11日上午，大会开幕式在湖南科技大学综合楼A附楼五楼报告厅举行，中国民族建筑研究会副秘书长杨东生先生宣读了研究会决定——授予对中国民居建筑研究做出突出贡献的王军、张玉坤、戴志坚三人中国民居建筑大师称号，中国民族建筑研究会专家委员会主任，中国民居建筑大师李先逵教授为他们颁发第四批"中国民居建筑大师"的证书。随后，中国民族建筑研究会秘书长邓千女士为民居建筑专业委员会新增副主任委员哈尔滨工业大学周立军教授颁发聘书。会议为了鼓励年轻学者对民居建筑的研究，增设对民居相关的优秀学生论文的颁奖环节，表彰民居建筑研究的新生力量。随后，由华中科技大学的李晓峰教授、中国民族建筑研究会专业委员会副主委主持，进行了大会的主题报告，李先逵、吴庆洲、李浈、王军等教授分别对自己的研究进行了精彩的讲演。

11月11日下午至11月12日上午，大会在理科楼B栋4~1和A栋601设立了两个分会场，针对传统村落和民居建筑两个主题进行了精彩纷呈的报告。

11月12日下午，大会闭幕式在理科楼B栋4~1召开，朱良文、戴志坚、谭刚毅三位大师从民居保护与利用、民居调研、民居的类型研究三个方面进行了精彩的主题报告。报告结束，由各个分会场的主持人总结了各分会场报告情况。随后，进入本届民居大会的创新环节——对话民居大师，由福州大学关瑞明教授主持，民居大师们进行了精简的讲话，对民居的研究与保护利用，提出了宝贵的意见和殷切的希冀。会议最后将会旗传递给承办单位22届中国民居建筑学术年会哈尔滨工业大学建筑学院代表。

大会继承历届优良传统，授予对民居建筑研究做出突出贡献的学者民居大师称号，在闭幕式上将新的年会会旗传递给下一届民居大会承办单位。本次会议时间紧凑、会风简朴、内容丰富、效果显著、接待周到，获得专家学者们的高度评价。更值得一提的是，本次会议有了多个创新。第一个新在于开幕式对于学生优秀论文进行颁奖。为了鼓励年轻一辈对于民居建筑的研究，本次大会评选了20篇优秀学生论文，并且现场颁奖进行表彰；第二个新在于闭幕式"对话民居大师"的环节，让研究民居建筑的学者和年轻力量能有一次与大师面对面交流的机会；第三个新在于大会采用了新的会议名称，由原来的"中国民居会议"改为"中国民居建筑学术年会"，为了尊重优良的会议传统，会议决定制作了新的会旗但仍然采用原有的会徽，原有会旗由主任委员陆琦教授暂为保管。

民居创作需要继承创新，民居学术年会也需要继承创新，在众多同仁和学者的推动下，中国民居建筑研究与保护一定能再上一个台阶。

# 3.1.7 中国传统民居研究的传承与实践

## ——"第二十二届中国民居建筑学术年会"综述

周立军　周天夫　王蕾

第二十二届中国民居建筑学术年会于2017年7月28~31日在哈尔滨工业大学召开。本次会议由中国民族建筑研究会民居建筑专业委员会和哈尔滨工业大学共同主办，哈尔滨工业大学建筑学院、哈尔滨工业大学建筑设计研究院联合承办，黑龙江省住房与城乡建设厅及哈尔滨市城乡规划局协办。21个省、市、自治区的300余位专家学者参加了会议，分别来自清华大学、天津大学、华南理工大学、美国俄亥俄州立大学等52所海内外知名高校，以及10余家国内知名设计单位。本次大会得到多家出版社、杂志社等媒体的支持。围绕主题"传统民居研究的传承与实践"，会议共收录论文211篇，评选出优秀论文15篇并在大会开幕式上颁发获奖证书。与会人员就"民居形式与文化的传承与实践"、"乡土建筑与技术的继承与更新"、"传统村庄与聚落的保护与发展"三个议题展开了热烈讨论，从多角度、多层面、多方位展示了新时期民居研究的最新学术成果与研究动向。

## 一、民居形式与文化的传承与实践

近年来，快速城镇化进程和过度商业开发不仅使珍贵的传统民居破坏殆尽，也造成传统民居文化传承断代。因此，如何在保存传统民居物质遗产的同时，沿袭与发扬传统民居文化精神和内涵是此次会议探讨的重点。

中国民居建筑大师、昆明理工大学教授朱良文先生在大会上作了《传统民居与装配式建筑——第四代傣族竹楼研究思考》的主题报告。朱教授介绍了傣族传统民居与现代装配工艺结合的第四代"竹楼"的产生和推广，对第四代竹楼的历史意义与现实状况进行了详细阐述，系统介绍了傣族传统民居竹楼的产生、演进与发展，对研究传统民居理论与实践的方法提出建议，引发了与会嘉宾对于传统民居装配化发展前景的思考。

哈尔滨工业大学董健菲副教授作了《河北井陉大梁江传统村落民居形态及"活化"研究》的报告。华东理工大学张杰教授作了《闽南古厝民居二维平面量化实验与美学解读》的报告。华中科技大学高源、华侨大学副教授成丽、西安建筑科技大学吕蒙、沈阳建筑大学教授朴玉顺、哈尔滨工业大学副教授于戈也分别针对"民居形式与文化的传承与实践"议题作了学术研究报告。代表们一致认为，民居的传承不能仅停留在对传统民居形式的简单模仿，而须将文化传承放在首要位置，深入发掘民居独特形式背后的文化内涵与艺术特色，从而全面理解传统民居建筑文化的本质和内涵。

## 二、乡土建筑与技术的继承与更新

乡土建筑营造技术扎根于地域文化、自然环境、社会经济中，蕴含着独特的营造智慧和文化内涵。然而，传统的乡土建筑营造技术逐渐难以满足大规模的现代建筑需求，面临逐步消亡的困境。因此，如何使这些古老的建造技术在保护中得到继承，在更新中焕发生机是此次会议的重要议题之一。

西安建筑科技大学王军教授的报告题目为《传统村落保护视角下乡土民居更新探索实践》，他深入分析当前传统民居保护与发展面临的机遇和挑战，提出传统民居的更新保护应从汲取中国传统建筑文化的优良基因入手，进而总结了青海传统村落的营建智慧，展现了青海地区建筑文化的多样性。另一方面，通过对传统建造技艺的调查与性能测试，在绿色建筑技术集成示范案例中，提出工艺优化、技艺传承与技术更新，为我们展示了大量新型民居建造实例及其示范作用和推广效应，从而有效提高了绿色示范民居的关注度。

华侨大学陈志宏教授、福州大学张鹰教授、福建农林大学陈祖建教授的报告题目为《清末以来泉州溪底派四代大木匠师设计图样绘制特征研究》、《传统建筑的现代加固修缮方法探寻》、《福建传统民居表皮材料的地域性研究》。同时，西安建筑科技大学侯俐爽、武汉大学副教授黄凌江、北京交通大学讲师潘曦、惠州学院讲师赖瑛、中国美术学院副教授石宏超、五邑大学副教授谭金花也分别针对"乡土建筑与技术的继承与更新"议题发表了学术研究报告。代表们不仅从材料加工、结构形式、设备更新等方面提出新老建造技术相结合的方法，还从气候特征、民俗民风、文化发展等方面提出传统建造技术在社会属性层面的保护与更新，从而为传统技术适应当代社会需求寻找到结合点。

## 三、传统村庄与聚落的保护与发展

传统乡村聚落是我国传统文化中异彩纷呈的文化宝藏，具有极高的保护与利用价值。然而，随着社会经济和城市建设的飞速发展，传统乡村聚落逐渐成为城市物质输入和资源索取的对象，其生存与发展受到强烈冲击。因此，在这样的背景下，如何开展传统聚落的保护工作，如何合理利用相关历史文化资源传承地域特色成为会议讨论的焦点。

针对这一论题，北京建筑大学范霄鹏教授围绕题目《作为建造规则与演进逻辑的村落民居研究》展开演讲。范教授对一个地区的建成脉络进行剖析，在资源生境、社会文化等脉络下，对脉络构成原型进行梳理，提出一个地区的建成环境中，传统村落是人群社会组织方式的空间投影，民居建筑是个体家庭生活方式的空间投影。地区建造的演进逻辑是"道不变、器不变；道若变、器必变"。范教授的这一理论分析对今后乡村聚落的保护和开发具有一定启示作用。

天津大学梁雪教授、大连理工大学李世芬教授围绕题目《蔚县四座村堡的现状调查与形态演化研究》、《多元文化背景下的丹东民居形态研究》展开演讲。同时，南昌大学副教授蔡晴、青岛理工大学讲师董世宇、天津大学副教授谭立峰、上海大学副教授魏秦、山东建筑大学副教授高宜生、天津大学副教授王志刚也分别针对"传统村庄与聚落的保护与发展"议题作了学术报告。代表们的研究呈现出共同的趋势，即都很注重挖掘传统乡村聚落的文化内涵及地域特色，并以可持续发展的视角探索传统村落活化与发展的新机制。

## 四、结语

近年来，在中国传统民居研究蓬勃发展的同时，也面临一些困境与挑战。通过此次会议提供的平台，各位专家学者将目光聚焦于传统民居在新时期的传承与实践，深入思考民居研究的新问题、新方法、新视角，取得了可喜的成果，既有从宏观层面的理论思考，也有从微观层面的应用策略。相信通过各个领域专家学者在传统民居这片沃土上的辛勤劳作和持续耕耘，定能收获民居保护与更新研究方面的丰硕成果，中国传统民居也将在"传承"中得到保护，在"实践"中得到发展。

# 3.2 中国民居论著文献索引

## 3.2.1 民居著作中文书目（2014—2018）

白廷彩　张敦元　赵苒婷　臧彤心

| 书名 | 作者 | 编辑出版单位 | 出版时间 |
|---|---|---|---|
| 喀什高台民居 | 王小东 | 东南大学出版社 | 2014.1 |
| 山东民居地域特色研究 | 李仲信 | 山东大学出版社 | 2014.1 |
| 婺州民居营建技术 | 王仲奋 | 中国建筑工业出版社 | 2014.1 |
| 信阳传统民居 | 潘林 | 中州古籍出版社 | 2014.1 |
| 桂北与东南沿海古建筑异同鉴赏 | 黄家城　孙保燕　武丹 | 漓江出版社 | 2014.1 |
| 温州民居建筑文化研究 | 丁俊清 | 中国民族摄影艺术出版社 | 2014.2 |
| 纳西族早期民居 | 木庚锡 | 光明日报出版社 | 2014.3 |
| 纳西族传统民居 | 木庚锡 | 光明日报出版社 | 2014.3 |
| 福建土堡 | 戴志坚　陈琦编 | 中国建筑工业出版社 | 2014.3 |
| 东南精华 | 庄裕光 | 江苏科学技术出版社 | 2014.3 |
| 塞外奇葩 | 庄裕光 | 江苏科学技术出版社 | 2014.3 |
| 中原珍藏 | 庄裕光 | 江苏科学技术出版社 | 2014.3 |
| 北国经典 | 庄裕光 | 江苏科学技术出版社 | 2014.3 |
| 纳西族建筑 | 木庚锡 | 光明日报出版社 | 2014.3 |
| 民居建筑 | 黄勇 | 广西美术出版社 | 2014.4 |
| 陕西关中民居门楼形态及居住环境研究 | 吴昊　周靓 | 三秦出版社 | 2014.4 |
| 苏皖古村落建筑与环境比较研究 | 丁杰 | 中国环境出版社 | 2014.4 |
| 关天地区传统生土民居建筑的生态化演进研究 | 孟祥武 | 同济大学出版社 | 2014.5 |
| 中国古民居建筑画选录 | 彭军　王强　侯熠 | 天津大学出版社 | 2014.5 |
| 温州古民居 | 温州市第三次全国文物普查领导小组办公室、温州市文化广电新闻出版局、温州市文物局 | 浙江古籍出版社 | 2014.5 |
| 陇南古民居雕饰艺术 | 张永权 | 吉林美术出版社 | 2014.5 |
| 中国最美的深宅大院（1） | 黄滢　马勇 | 华中科技大学出版社 | 2014.5 |
| 中国最美的深宅大院（2） | 黄滢　马勇 | 华中科技大学出版社 | 2014.5 |
| 中国最美的深宅大院（3） | 黄滢　马勇 | 华中科技大学出版社 | 2014.5 |
| 闽台传统居住建筑及习俗文化遗产资源调查 | 李秋香 | 厦门大学出版社 | 2014.5 |
| 大理老门楼 | 孙沁南 | 云南人民出版社 | 2014.5 |

续表

| 书名 | 作者 | 编辑出版单位 | 出版时间 |
|---|---|---|---|
| 诗意栖居 | 孙大章 | 中国建筑工业出版社 | 2014.5 |
| 重庆民居 | 何智亚 | 重庆出版社 | 2014.6 |
| 中国民居 | 占春 | 黄山书社 | 2014.6 |
| 新疆生土民居 | 李群　安达甄　梁梅 | 中国建筑工业出版社 | 2014.6 |
| 苏州民居营建技术 | 钱达　雍振华 | 中国建筑工业出版社 | 2014.6 |
| 福建客家土楼　世界上独一无二的山区民居 | 徐辉 | 江苏科学技术出版社 | 2014.6 |
| 绘读新疆民居 | 王小东 | 中国建筑工业出版社 | 2014.6 |
| 中国民居建筑年鉴（2010-2013） | 陆元鼎 | 中国建筑工业出版社 | 2014.6 |
| 民居印象·岭南 | 王茂生 | 光明日报出版社 | 2014.6 |
| 甬地古建筑特色研究 | 朱素珍 | 宁波出版社 | 2014.6 |
| 居有其所　香港传统建筑与风俗 | 萧国健　游子　张瑞威 | 三联书店（香港）有限公司 | 2014.6 |
| 石库门里弄建筑营造技艺 | 张雪敏　叶品毅 | 上海人民出版社 | 2014.6 |
| 长春建筑寻踪 | 王新英　崔殿尧　宋志强 | 清华大学出版社 | 2014.6 |
| 空间实践与文化表征　侗族传统民居的象征人类学研究 | 赵巧艳 | 民族出版社 | 2014.7 |
| 大理白族民居　中文版 | 王翠兰　陈谋德　王翠兰　于冰 | 中国建筑工业出版社 | 2014.7 |
| 撒拉族古建筑 | 马进明　马晓红 | 青海民族出版社 | 2014.7 |
| 古城平遥　中文版 | 宋昆　张玉坤 | 中国建筑工业出版社 | 2014.7 |
| 经典民居 | 刘干才 | 现代出版社 | 2014.7 |
| 传统民居建筑与装饰 | 唐壮鹏 | 中南大学出版社 | 2014.8 |
| 美轮美奂的中国民居 | 闻婷 | 吉林出版集团有限责任公司 | 2014.8 |
| 中国表情　部分少数民族民居文化掠影　上 | 师凤轩 | 广西美术出版社 | 2014.8 |
| 中国表情　部分少数民族民居文化掠影　下 | 师凤轩 | 广西美术出版社 | 2014.8 |
| 中国传统民居（第2版） | 荆其敏　张丽安 | 中国电力出版社 | 2014.9 |
| 徽州古民居艺术形态与保护发展 | 江保峰 | 合肥工业大学出版社 | 2014.9 |
| 中国徽州地区传统村落空间结构的演变 | 倪琪　王玉 | 中国建筑工业出版社 | 2014.9 |
| 客家民居与聚落文化研究 | 罗勇　邹春生 | 黑龙江人民出版社 | 2014.1 |
| 中国传统民居类型全集（上、中、下） | 中华人民共和国住房和城乡建设部 | 中国建筑工业出版社 | 2014.1 |
| 中国传统民居图说 | 王冬　刘肇宁　单德启 | 云南教育出版社 | 2014.1 |
| 世界民居　最让建筑师留恋的35个传统住宅 | 白海军 | 化学工业出版社 | 2014.1 |
| 诸葛村古村落营造技艺 | 孙发成 | 浙江摄影出版社 | 2014.1 |
| 俞源村古建筑群营造技艺 | 衣晓龙　阴卫 | 浙江摄影出版社 | 2014.1 |
| 福建土楼精华 | 曾五岳　傅子远　林焘 | 中国建筑工业出版社 | 2014.1 |
| 赣南围屋 | 万幼楠 | 中国建筑工业出版社 | 2014.1 |
| 侗寨建筑 | 杨昌鸣 | 中国建筑工业出版社 | 2014.1 |
| 平湖莫氏庄园 | 宣建华　谢炳华　王维军 | 中国建筑工业出版社 | 2014.1 |
| 泥土·印象　浙江土屋民居文化考 | 邱旭光 | 江西人民出版社 | 2014.11 |
| 清流客家古建筑 | 江天德　叶国斌　古冬梅 | 现代出版社 | 2014.11 |
| 西藏民居装饰艺术 | 马军　黄莉 | 西藏人民出版社 | 2014.12 |
| 安顺屯堡的防御性与地区性 | 罗建平 | 清华大学出版社 | 2014.12 |
| 关中民居建筑艺术与民俗文化研究 | 涂俊 | 陕西人民出版社 | 2015 |
| 中国传统民居欣赏 | 刘太雷 | 西安交通大学出版社 | 2015.1 |
| 广西特色民居风格研究（上） | 广西壮族自治区住房和城乡建设厅 | 广西人民出版社 | 2015.1 |
| 中国徽州地区传统村落空间结构的演变 | 倪琪　王玉 | 中国建筑工业出版社 | 2015.1 |
| 民居 | 甄军芳 | 中国铁道出版社 | 2015.1 |
| 大理喜洲白族民居建筑群 | 赵勤 | 云南人民出版社 | 2015.3 |

| 书名 | 作者 | 编辑出版单位 | 出版时间 |
|---|---|---|---|
| 中国·闽西古民居古村落影像 | 王永昌 | 中国摄影出版社 | 2015.3 |
| 诗意栖居 中国民居艺术 | 孙大章 | 中国建筑工业出版社 | 2015.3 |
| 民居建筑 | 王其钧 谢燕 | 中国旅游出版社 | 2015.4 |
| 经典民居 精华浓缩的最美民居 | 肖东发 刘干才 | 现代出版社 | 2015.4 |
| 云南社科普及系列丛书 云南民族建筑 | 刑毅 | 云南大学出版社 | 2015.4 |
| 湘西土家族建筑演变的适应性机制 | 周婷 | 清华大学出版社 | 2015.4 |
| 荆楚建筑风格研究 | 尹维真 | 中国建筑工业出版社 | 2015.4 |
| 中国名宅名院（上）贤人名士宅邸 | 刘晔 王志 | 中国林业出版社 | 2015.4 |
| 中国名宅名院（下）官绅商贾宅邸 | 刘晔 王志 | 中国林业出版社 | 2015.4 |
| 西北民居绿色评价研究 | 梁锐 | 中国建筑工业出版社 | 2015.5 |
| 北方满族民居历史环境景观 | 韩沫 | 中国建筑工业出版社 | 2015.6 |
| 泉州华侨民居 鲤城卷 | 梁春光 | 九州出版社 | 2015.7 |
| 河里的石头滚上坡 贵州安顺屯堡民居 汉英对照 | 越剑 | 贵州科技出版社 | 2015.7 |
| 中国千户苗寨建筑空间匠意 | 高培 | 华中科技大学出版社 | 2015.7 |
| 采风乡土 巴蜀城镇与民居 | 季富政 | 西南交通大学出版社 | 2015.8 |
| 江苏城市传统建筑研究系列丛书 扬州老城区民居建筑 | 王筱倩 | 东南大学出版社 | 2015.8 |
| 文化视野下的近代中国民居 | 黄锡平 | 湖北人民出版社 | 2015.8 |
| 采风乡土 巴蜀城镇与民居续集 | 季富政 | 西南交通大学出版社 | 2015.8 |
| 中国居民营建技术丛书 扬州民居营建技术 | 梁宝富 | 中国建筑工业出版社 | 2015.8 |
| 潮州传统建筑格局与吉祥图案释义 | 李煜群 | 花城出版社 | 2015.8 |
| 古城遗珠（3）苏州控保建筑探幽 | 沈庆年 | 苏州大学出版社 | 2015.8 |
| 扬州老城区民居建筑 | 王筱倩 | 东南大学出版社 | 2015.8 |
| 黟县民居（中文版） | 周海华 | 中国建筑工业出版社 | 2015.9 |
| 丽江纳西族民居（中文版） | 陈谋德 | 中国建筑工业出版社 | 2015.9 |
| 云南民居建筑文化的数字化保护 | 罗平 | 云南大学出版社 | 2015.9 |
| 老北京的门墩 | 侯洁 刘阳 | 清华大学出版社 | 2015.9 |
| 日本京都民居建筑 | 张彪 | 文化艺术出版社 | 2015.1 |
| 广西特色民居风格研究（中） | 广西壮族自治区住房和城乡建设厅 | 广西人民出版社 | 2015.1 |
| 广西特色民居风格研究（下） | 广西壮族自治区住房和城乡建设厅 | 广西人民出版社 | 2015.1 |
| 陕西关中传统民居门窗文化研究 | 李琰君 | 科学出版社 | 2015.1 |
| 上海里弄房 | 格雷戈里·布拉肯 | 上海社会科学院出版社 | 2015.1 |
| 云南民居建筑文化的数字化保护研究 | 罗平 向杰 | 云南大学出版社 | 2015.1 |
| 山东传统民居类型全集 | 姜波 | 中国建筑工业出版社 | 2015.11 |
| 越中建筑（中文版） | 周思源 | 中国建筑工业出版社 | 2015.11 |
| 福建土楼精华 华安二宜楼 | 曾五岳 傅子远 林焘撰文；林艺谋摄影；邹振荣 黄汉民绘图 | 中国建筑工业出版社 | 2015.11 |
| 中国传统建筑形制与工艺 | 李浈 | 同济大学出版社 | 2015.11 |
| 中国传统建筑木作工具 | 李浈 | 同济大学出版社 | 2015.11 |
| 粤北传统村落形态和建筑文化特色 | 朱雪梅 | 中国建筑工业出版社 | 2015.11 |
| 宋城赣州（中文版） | 韩振飞 陈忠民 | 中国建筑工业出版社 | 2015.11 |
| 唐模水街村（中文版） | 汪永平 | 中国建筑工业出版社 | 2015.11 |
| 赣南围屋 | 万幼楠 程里尧 | 中国建筑工业出版社 | 2015.11 |
| 岭南人文·性格·建筑（第2版） | 陆元鼎 | 中国建筑工业出版社 | 2015.12 |

续表

| 书名 | 作者 | 编辑出版单位 | 出版时间 |
|---|---|---|---|
| 中国传统民居门饰艺术 | 孙亚峰 | 辽宁美术出版社 | 2015.12 |
| 传统民居活化研究　2015年中国民居学术研讨会论文集　扬州 | 杨正福 | 江苏大学出版社 | 2015.12 |
| 中国古建筑丛书　江西古建筑 | 蔡晴　姚赯 | 中国建筑工业出版社 | 2015.12 |
| 中国古建筑丛书　江苏古建筑 | 雍振华 | 中国建筑工业出版社 | 2015.12 |
| 中国古建筑丛书　上海古建筑 | 宾慧中　王海松 | 中国建筑工业出版社 | 2015.12 |
| 中国古建筑丛书　浙江古建筑 | 杨新平等 | 中国建筑工业出版社 | 2015.12 |
| 中国古建筑丛书　湖北古建筑 | 李晓峰　谭刚毅 | 中国建筑工业出版社 | 2015.12 |
| 中国古建筑丛书　湖南古建筑 | 柳肃 | 中国建筑工业出版社 | 2015.12 |
| 中国古建筑丛书　云南古建筑（上） | 杨大禹 | 中国建筑工业出版社 | 2015.12 |
| 中国古建筑丛书　云南古建筑（下） | 杨大禹 | 中国建筑工业出版社 | 2015.12 |
| 中国古建筑丛书　贵州古建筑 | 陈顺祥　罗德启　李多扶等 | 中国建筑工业出版社 | 2015.12 |
| 中国古建筑丛书　天津、河北古建筑 | 《天津、河北古建筑》编写组 | 中国建筑工业出版社 | 2015.12 |
| 中国古建筑丛书　北京古建筑（上） | 王南 | 中国建筑工业出版社 | 2015.12 |
| 中国古建筑丛书　北京古建筑（下） | 王南 | 中国建筑工业出版社 | 2015.12 |
| 中国古建筑丛书　河南古建筑（上） | 左满常 | 中国建筑工业出版社 | 2015.12 |
| 中国古建筑丛书　河南古建筑（下） | 左满常 | 中国建筑工业出版社 | 2015.12 |
| 中国古建筑丛书　山东古建筑 | 高宜生　刘甦等 | 中国建筑工业出版社 | 2015.12 |
| 中国古建筑丛书　山西古建筑（上） | 王金平　李会智　徐强 | 中国建筑工业出版社 | 2015.12 |
| 中国古建筑丛书　山西古建筑（下） | 李会智　王金平　徐强 | 中国建筑工业出版社 | 2015.12 |
| 中国古建筑丛书　台湾古建筑 | 李乾朗 | 中国建筑工业出版社 | 2015.12 |
| 中国古建筑丛书　海南　香港　澳门古建筑 | 陆琦 | 中国建筑工业出版社 | 2015.12 |
| 中国古建筑丛书　广东古建筑 | 陆琦 | 中国建筑工业出版社 | 2015.12 |
| 中国古建筑丛书　广西古建筑（上） | 谢小英 | 中国建筑工业出版社 | 2015.12 |
| 中国古建筑丛书　广西古建筑（下） | 谢小英 | 中国建筑工业出版社 | 2015.12 |
| 中国古建筑丛书　重庆古建筑 | 陈蔚　胡斌 | 中国建筑工业出版社 | 2015.12 |
| 中国古建筑丛书　四川古建筑 | 陈颖　田凯　张先进等 | 中国建筑工业出版社 | 2015.12 |
| 中国古建筑丛书　安徽古建筑 | 朱永春 | 中国建筑工业出版社 | 2015.12 |
| 中国古建筑丛书　陕西古建筑 | 王军　李钰　靳亦冰 | 中国建筑工业出版社 | 2015.12 |
| 中国古建筑丛书　福建古建筑 | 陈琦　戴志坚 | 中国建筑工业出版社 | 2015.12 |
| 中国古建筑丛书　甘肃古建筑 | 吴昊　翁萌 | 中国建筑工业出版社 | 2015.12 |
| 中国古建筑丛书　青海古建筑 | 李群 | 中国建筑工业出版社 | 2015.12 |
| 中国古建筑丛书　新疆古建筑 | 范霄鹏 | 中国建筑工业出版社 | 2015.12 |
| 中国古建筑丛书　宁夏古建筑 | 王军　燕宁娜　刘伟 | 中国建筑工业出版社 | 2015.12 |
| 中国古建筑丛书　西藏古建筑 | 徐宗威 | 中国建筑工业出版社 | 2015.12 |
| 中国古建筑丛书　内蒙古古建筑 | 张鹏举 | 中国建筑工业出版社 | 2015.12 |
| 中国古建筑丛书　辽宁　吉林　黑龙江古建筑（上） | 陈伯超等 | 中国建筑工业出版社 | 2015.12 |
| 中国古建筑丛书　辽宁　吉林　黑龙江古建筑（下） | 陈伯超等 | 中国建筑工业出版社 | 2015.12 |
| 民族地区危房改造与少数民族传统民居保护研究　以贵州省为例 | 吴晓萍　康红梅 | 人民出版社 | 2015.12 |
| 渝东南山地传统民居文化的地域性 | 冯维波 | 科学出版社 | 2016.1 |
| 苏南乡土民居传统营造技艺 | 吴尧　张吉凌 | 中国电力出版社 | 2016.1 |
| 西北荒漠化地区生态民居模式 | 张群 | 中国建筑工业出版社 | 2016.1 |

| 书名 | 作者 | 编辑出版单位 | 出版时间 |
|---|---|---|---|
| 历史尘埃下的川盐古道 | 赵逵 | 东方出版中心 | 2016.1 |
| 苏南乡土民居传统营造技艺 | 吴尧 | 中国电力出版社 | 2016.1 |
| 农村新民居审美研究 | 韦祖庆 | 经济日报出版社 | 2016.3 |
| 湖北传统民居研究 | 湖北省住房和城乡建设厅 | 中国建筑工业出版社 | 2016.3 |
| 山地传统居民保护与发展 基于景观信息链视角 | 冯维波 | 科学出版社 | 2016.3 |
| 最美经典民居 | 胡元斌 | 汕头大学出版社 | 2016.3 |
| 喀什民居 | 田东海 | 中国建筑工业出版社 | 2016.4 |
| 国家社科基金后期资助项目 陕西关中地区传统民居门窗文化研究 | 李琰君 | 科学出版社 | 2016.4 |
| 旅游开发对云南白族和纳西族民居建筑传统的可持续性演进的影响 | 刘肇宁 | 云南人民出版社 | 2016.4 |
| 营造 | 安沛君　杨瑞主 | 大象出版社 | 2016.4 |
| 陕西关中地区传统民居门窗文化研究 | 李琰君 | 科学出版社 | 2016.4 |
| 云南民族住屋文化 | 张瑞才 | 云南大学出版社 | 2016.4 |
| 中国民居营建技术丛书　福州民居营建技术 | 阮章魁 | 中国建筑工业出版社 | 2016.5 |
| 青岛市城镇化建设中的传统民居保护 | 林志强 | 吉林人民出版社 | 2016.5 |
| 晋中传统聚落与建筑形态 | 王鑫 | 清华大学出版社 | 2016.5 |
| 西安民居（1） | 王西京 | 西安交通大学出版社 | 2016.5 |
| 西安民居（2） | 王西京 | 西安交通大学出版社 | 2016.5 |
| 西安民居（3） | 王西京 | 西安交通大学出版社 | 2016.5 |
| 多元视野下的古民居研究：张掖古民居解读 | 冯星宇 | 北京时代华文书局 | 2016.5 |
| 印象中国　文明的印迹　民居 | 占春 | 黄山书社 | 2016.6 |
| 陕南传统民居考察 | 李琰君 | 陕西师范大学出版社 | 2016.6 |
| 仡佬族传统民居与居住文化 | 聂森 | 科学出版社 | 2016.6 |
| 中国最美的深宅大院4 | 黄滢　马勇主 | 华中科技大学出版社 | 2016.6 |
| 浙北水乡古镇居民建筑文化 | 张新克 | 中国建筑工业出版社 | 2016.6 |
| 传统聚落营造的装饰艺术研究 | 王小斌　周桂琳 | 中国建筑工业出版社 | 2016.6 |
| 传统聚落营造的装饰艺术研究 | 王小斌　周桂琳 | 中国建筑工业出版社 | 2016.6 |
| 陕西传统民居雕刻文化研究（中）砖雕集 | 王山水　苏爱萍 | 三秦出版社 | 2016.7 |
| 古建聚落传统民居物理环境改善关键技术 | 饶永 | 合肥工业大学出版社 | 2016.7 |
| 东北严寒地区村镇绿色住宅设计指南 | 殷青　孙澄　周立军 | 中国建筑工业出版社 | 2016.7 |
| 中国平遥古城与山西大院（精） | 张本慎 | 中国建筑工业出版社 | 2016.7 |
| 中国最美的深宅大院5 | 黄滢 | 华中科技大学出版社 | 2016.7 |
| 筑苑　园林读本 | 陆琦　梁宝富 | 中国建材工业出版社 | 2016.8 |
| 闽南传统建筑 | 曹春平 | 厦门大学出版社 | 2016.8 |
| 四川藏区民居图谱（甘孜州康东卷） | 《四川藏区民居图谱》编委会 | 旅游教育出版社 | 2016.8 |
| 大山里的石头民居 | 董静 | 经济科学出版社 | 2016.9 |
| 新疆维吾尔传统民居门窗装饰艺术 | 李文浩 | 中国建筑工业出版社 | 2016.9 |
| 上海屋里厢（汉英对照） | 席闻雷　罗晴 | 上海人民美术出版社 | 2016.9 |
| 高原民居（陕北窑洞文化考察） | 王文权　王会青 | 陕西师范大学出版总社有限公司 | 2016.9 |
| 民居在野　西南少数民族民居堂室格局研究 | 王晖 | 同济大学出版社 | 2016.1 |
| 视野与方法　第21届中国民居建筑学术年会论文集 | 吴越　余翰武　伍国正编 | 中国建筑工业出版社 | 2016.1 |
| 大理白族民居 | 王翠兰 | 中国建筑工业出版社 | 2016.11 |

续表

| 书名 | 作者 | 编辑出版单位 | 出版时间 |
|---|---|---|---|
| 关中传统民居的适应性传承设计 | 李照　徐健生 | 中国建筑工业出版社 | 2016.11 |
| 关中传统民居及其地域性建筑创作模式 | 徐健生　李照 | 中国建筑工业出版社 | 2016.11 |
| 桂北民间建筑（第二版） | 李长杰 | 中国建筑工业出版社 | 2016.11 |
| 西南彝族传统聚落与建筑研究 | 温泉　董莉莉 | 科学出版社 | 2016.11 |
| 中国民居营建技术丛书　泉州民居营建技术 | 姚洪峰　黄明珍 | 中国建筑工业出版社 | 2016.12 |
| 莎车古城 历史文化名城的保护与传承 | 张恺 | 东方出版中心 | 2016.12 |
| 浙江新叶村（中文版） | 李秋香 | 中国建筑工业出版社 | 2016.12 |
| 苏州民居 | 俞绳方 | 中国建筑工业出版社 | 2016.12 |
| 广西特色民居风格研究（上册） | 广西壮族自治区住房和城乡建设厅 | 广西人民出版社 | 2016.12 |
| 广西特色民居风格研究（中册） | 广西壮族自治区住房和城乡建设厅 | 广西人民出版社 | 2016.12 |
| 广西特色民居风格研究（下册） | 广西壮族自治区住房和城乡建设厅 | 广西人民出版社 | 2016.12 |
| 东阳帮与东阳民居建筑体系 | 本书编委会 | 西泠印社出版社 | 2017.1 |
| 中国传统建筑的绿色技术与人文理念 | 中国城市科学研究会绿色建筑与节能专业委员会绿色人文学组 | 中国建筑工业出版社 | 2017.1 |
| 民居 | 王小婷 | 泰山出版社 | 2017.2 |
| 淮海地区传统民居建筑装饰研究 | 杜鹏　王倩倩 | 河海大学出版社 | 2017.2 |
| 建筑里的中国 | 蒲肖依 | 中信出版社 | 2017.2 |
| 梅县客家堂横屋装饰 | 吕海雪 | 中国轻工业出版社 | 2017.2 |
| 海口骑楼建筑地域适应性模式研究 | 陈敬 | 中国建筑工业出版社 | 2017.3 |
| 古建聚落传统民居物理环境改善关键技术 | 孟宪余　刘露 | 合肥工业出版社 | 2017.3 |
| 福州马鞍墙的生成与变异 | 汪晓东 | 中国建筑工业出版社 | 2017.3 |
| 筑苑 藏式建筑 | 马扎·索南周扎　郭连斌 | 中国建材工业出版社 | 2017.3 |
| 凉山彝族民居 | 成斌 | 中国建材工业出版社 | 2017.4 |
| 寻访上海古镇民居 | 娄承浩　陶祎珺 | 同济大学出版社 | 2017.4 |
| 湖南传统民居 | 湖南省住房和城乡建设厅 | 中国建筑工业出版社 | 2017.5 |
| 传统村落 从观念到实践 | 罗德胤 | 清华大学出版社 | 2017.5 |
| 张家花园古民居建筑艺术 | 王勇坚 | 云南大学出版社 | 2017.5 |
| 中国最美的深宅大院6 | 马勇　黄滢 | 华中科技大学出版社 | 2017.5 |
| 基于聚落形态的土楼保护与更新技术研究 | 王伟 | 厦门大学出版社 | 2017.5 |
| 传统居民文化影响下的现代居住设计 | 刘治保 | 辽宁大学出版社 | 2017.6 |
| 北京传统民宅与木工匠作 | 刘勇 | 科学出版社 | 2017.6 |
| 福建土楼；中国传统民居的瑰宝 | 黄汉民 | 生活·读书·新知三联书店 | 2017.7 |
| 筑苑 广东围居 | 陆琦 | 中国建材工业出版社 | 2017.7 |
| 筑苑 文人花园 | 王劲韬 | 中国建材工业出版社 | 2017.7 |
| 苏州传统民居营造探原 | 张泉　俞娟　谢鸿权　徐永利　薛东 | 中国建筑工业出版社 | 2017.8 |
| 筑苑 乡土聚落 | 范霄鹏　赵之枫 | 中国建材工业出版社 | 2017.9 |
| 筑苑 尘满疏窗 中国古代传统建筑文化拾碎 | 姚慧 | 中国建材工业出版社 | 2017.9 |
| 土木结构民居抗震性能及加固设计方法 | 潘文　薛建阳　白羽　陶忠 | 科学出版社 | 2017.9 |
| 国匠承启卷 传统民居保护性利用设计 | 中国建筑学会室内设计分会，北京建筑大学 | 中国水利水电出版社 | 2017.10 |
| 图解台湾民居 台版（原版） | 李乾朗 | 枫书坊出版社 | 2017.10 |
| 中国传统民居形态研究 | 周立军 | 哈尔滨工业大学出版社 | 2017.10 |
| 怒江流域多民族混居区民居更新模式研究 | 王芳 | 中国建筑工业出版社 | 2017.11 |
| 西藏乡土民居建筑文化研究 | 何泉 | 中国建筑工业出版社 | 2017.11 |
| 建筑美学十五讲 | 唐孝祥 | 中国建筑工业出版社 | 2017.11 |

续表

| 书名 | 作者 | 编辑出版单位 | 出版时间 |
|---|---|---|---|
| 群岛遗韵 舟山传统民居 | 翁源昌 | 宁波出版社 | 2017.12 |
| 越中建筑 | 周思源 | 中国建筑工业出版社 | 2017.12 |
| 保定古民居 | 侯璐 | 河北大学出版社 | 2017.12 |
| 上海弄堂口 | 张建麟 | 同济大学出版社 | 2018.1 |
| 福建民居–中国传统民居系列图册 | 高鉁明 王乃香 陈瑜 | 中国建筑工业出版社 | 2018.1 |
| 窑洞民居–中国传统民居系列图册 | 侯继尧 任致远 周培南 李传泽 | 中国建筑工业出版社 | 2018.1 |
| 广东民居–中国传统民居系列图册 | 陆元鼎 魏彦钧 | 中国建筑工业出版社 | 2018.1 |
| 传统村镇聚落景观分析 第2版 | 彭一刚 | 中国建筑工业出版社 | 2018.1 |
| 上海里弄民居–中国传统民居系列图册 | 沈华 上海市房产管理局 | 中国建筑工业出版社 | 2018.1 |
| 传统民居地基基础加固施工技术参考图集 | 宋建学 | 中国建筑工业出版社 | 2018.1 |
| 河北传统防御性聚落 | 谭立峰 刘建军 倪晶 | 中国建筑工业出版社 | 2018.1 |
| 新疆民居–中国传统民居系列图册 | 新疆土木建筑学会 严大椿 | 中国建筑工业出版社 | 2018.1 |
| 苏州民居–中国传统民居系列图册 | 徐民苏 | 中国建筑工业出版社 | 2018.1 |
| 云南民居–中国传统民居系列图册 | 云南省设计院《云南民居》编写组 | 中国建筑工业出版社 | 2018.1 |
| 陕西民居–中国传统民居系列图册 | 张璧田 刘振亚 《陕西民居》编写组 | 中国建筑工业出版社 | 2018.1 |
| 吉林民居–中国传统民居系列图册 | 张驭寰 | 中国建筑工业出版社 | 2018.1 |
| 浙江民居–中国传统民居系列图册 | 中国建筑技术发展中心建筑历史研究所 | 中国建筑工业出版社 | 2018.1 |
| 乡土民居加固修复技术与示范 | 周铁钢 | 中国建筑工业出版社 | 2018.1 |
| 中国古建全集 居住建筑1 简装版 | 本书编委会 | 中国林业出版社 | 2018.1 |
| 中国古建全集 居住建筑2 简装版 | 本书编委会 | 中国林业出版社 | 2018.1 |
| 中国古建全集 居住建筑3 简装版 | 本书编委会 | 中国林业出版社 | 2018.1 |
| 中国传统村落图典 | 王鲁湘 | 浙江大学出版社 | 2018.2 |
| 传统村落民居营建工艺调查 | 郝大鹏 刘贺玮 | 中国纺织出版社 | 2018.2 |
| 明长城蓟镇防御体系与军事聚落 | 王琳峰 张玉坤 魏琰琰 | 中国建筑工业出版社 | 2018.2 |
| 明长城辽东镇防御体系与军事聚落 | 魏琰琰 张玉坤 王琳峰 | 中国建筑工业出版社 | 2018.2 |
| 明长城宣府镇防御体系与军事聚落 | 杨申茂 张玉坤 张萍 | 中国建筑工业出版社 | 2018.2 |
| 消失的民居记忆 | 白永生 | 机械工业出版社 | 2018.3 |
| 聚居的世界 冀西北传统聚落与民居建筑 | 胡青宇 林大岵 | 中国电力出版社 | 2018.3 |
| 祖荫·根脉·乡愁：广府民居肇昌堂文化遗产的守卫与传承 | 杨宏烈 | 中国建筑工业出版社 | 2018.3 |
| 岩溶山地乡村聚落空间格局演变与人地耦合效应研究 以贵州省为例 | 李阳兵 | 科学出版社 | 2018.4 |
| 山东传统民居村落 | 李仲信 | 中国林业出版社 | 2018.4 |
| 中国乡村民居设计图集 陶岔村 | 孙君 王磊 | 中国轻工业出版社 | 2018.4 |
| 闽台传统聚落保护与旅游开发 | 庞骏 张杰 | 东南大学出版社 | 2018.5 |
| 青海乡土民居更新适宜性设计方法研究 | 崔文河 | 同济大学出版社 | 2018.5 |
| 双重视域下中国传统民居空间认同研究：以浙江温州楠溪江古村落为例 | 韩雷 | 浙江大学出版社 | 2018.5 |
| 明长城九边重镇防御体系与军事聚落 | 李严 张玉坤 解丹 | 中国建筑工业出版社 | 2018.5 |
| 明长城甘肃镇防御体系与军事聚落 | 刘建军 张玉坤 谭立峰 | 中国建筑工业出版社 | 2018.5 |
| 筑苑 福建客家楼阁 | 李筱茜 戴志坚 | 中国建材工业出版社 | 2018.6 |
| 羌族民居的现代转型设计研究 | 成斌 | 中国建筑工业出版社 | 2018.7 |

# 3.2.2　民居著作外文书目（2014—2018）

白廷彩　张敦元　赵苒婷

| 书名 | 作者 | 出版社 | 出版日期 |
|---|---|---|---|
| Historic Houses of the Hudson River Valley | Jessie, Selah | Rizzoli International Publications | 2014 |
| Housing and Mortgage Markets in Historical Perspective | White, Eugene N.,Snowden, Kenneth,Fishback, Price | University of Chicago Press | 2014 |
| Historic Maine Homes: 300 Years of Great Houses | Glass, Christopher | Down East Books | 2014 |
| Historic Houses of the Hudson River Valley | Jessie, Selah | Rizzoli International Publications | 2014 |
| The Fabled Coast : Legends & Traditions from Around the Shores of Britain & Ireland | S Kingshill, J Westwood | Random House | 2014 |
| New Vernacular Architecture as Appropriate Strategy for Housing the Poor | SD Maat | Springer International Publishing | 2014 |
| Construction Systems | A Tavares, D D'Ayala, A Costa, H Varum | Springer Berlin Heidelberg | 2014 |
| Documentation and Evaluation of the Positive Contribution of Natural Ventilation in the Rural Vernacular Architecture of Cyprus | A Michael, M Philokyprou, C Argyrou | Springer International Publishing | 2014 |
| Religion and Architecture in Premodern Indonesia | G Domenig | Brill | 2014 |
| Study on Climate Adaptability Design Strategies Based on the Human Body Thermal Comfort: Taking Guanzhong Rural Housing as Example | C Ge, L Yang, Y Zhang, X Du | Springer Berlin Heidelberg | 2014 |
| Perspectives on Traditional Settlements and Communities | Bagoes Wiryomartono | Springer Singapore | 2014 |
| Inspired by Tradition the Architecture of Norma | Norman Davenport Askins,Susan Sully | The Monacelli Press | 2014 |
| Space, Time & Architecture: The Growth of a New Tradition | Giedion, Sigfried | Harvard University Press | 2014 |
| Rammed Earth Construction Cutting−Edge Research on Traditional and Modern Rammed Earth | D.CIANCIO | CRC PRESS | 2014 |
| Structural Rehabilitation of Old Buildings | ANIBAL COSTA | SPRINGER | 2014 |
| Flat/White: The Strange Case of a New Immigrant in an Old Building and Things Going Badly | Botha, Ted | Jacana Media | 2014 |
| The New Republic: Or Culture, Faith, and Philosophy in an English Country House | Mallock, W. H. | Literary Licensing, LLC | 2014 |
| The Drawing Room: English Country House Decoration | Jeremy Musson,Paul Barker | Rizzoli International Publications | 2014 |
| Hill Country Houses: Inspired Living in a Legend | Cyndy Severson | Monacelli Press | 2014 |
| The Invisible Houses: Rethinking and Designing Low−Cost Housing in Developing Countries | Gonzalo Lizarralde | Routledge | 2014 |

| 书名 | 作者 | 出版社 | 出版日期 |
| --- | --- | --- | --- |
| How to Barter for Paradise: My Journey through 14 Countries, Trading Up from an Apple to a House in Hawaii | Michael Wigge | Skyhorse Publishing | 2014 |
| Conservation Arboriculture: The Natural Art of Tree Management in Historic Landscapes | M Harney | John Wiley & Sons, Ltd | 2014 |
| How Do We Want the Past to Be?On Methods and Instruments of Visualizing Ancient Reality | Maria Gabriella Micale, Davide Nadali | Gorgias Press | 2015 |
| Kultura kamna v arhitekturi Krasa Culture of Stone in Architecture of Kras | Domen Zupančič | University of Ljubljana, Faculty of Architecture | 2015 |
| Building paradigm of Naxi Vernacular Architecture | 潘曦 | 清华大学出版社 | 2015 |
| The Historical Stone Architecture in the Ossola Valley and Ticino: Appropriate Recovery Approaches and Solutions | Z Marco,B Isabella,P Paolo | Springer International Publishing | 2015 |
| A Study on the Thermal Indexes of Membranes in Building Envelope（The Case of Rural Areas of Ardebil） | P Shahram,G Bahram | Palgrave | 2015 |
| Correlation of Laser-Scan Surveys of Irish Classical Architecture with Historic Documentation from Architectural Pattern Books | M Murphy,S Pavia,E Mcgovern | Springer International Publishing | 2015 |
| Idioms of Sustainability in Anuradhapura | T Agarwal,A Goenka | S Ghosh | 2015 |
| Overview of Natural Stones as an Energy Efficient and Climate Responsive Material Choice for Green Buildings | PPA Kumar | Springer International Publishing | 2015 |
| The Influence of Regional Identities on Spatial Development: A Challenge for Regional Governance Processes in Cross-Border Regions | S Obkircher | Springer Netherlands | 2015 |
| A Comparative Study on the Orientation of Folk Houses,the Emplacement of a Gate,and,the Form of Block and Lot between Western,Japan Okinawa and Taiwan | I Sakamoto, K Tsubaki, S Tanaka, K Yung-Chieh, T Wu-Chang | Springer International Publishing | 2015 |
| Cambridge Guide, Including Historical and Architectural Notices of the Public Buildings, and a Concise Account of the Customs and Ceremonies of the University | MacKenzie, MacKenzie | Forgotten Books | 2015 |
| Seeking New York: The Stories Behind the Historic Architecture of Manhattan—One Building at a Time | Miller, Tom | Universe | 2015 |
| Historic Buildings of America as Seen and Described by Famous Writers | Singleton, Esther | Sagwan Press | 2015 |
| Digital Vernacular Architectural Principles,Tools,and Processes | JAMES STEVENS | ROUTLEDGE | 2015 |
| Vernacular Architecture:towards a Sustainable Future | C.MILETO | CRC PRESS | 2015 |
| Cultures, Transitions, and Generations: The Case for a New Youth Studies | W Dan, A Bennett | Palgrave Macmillan UK | 2015 |
| The Cobbe Cabinet of Curiosities: An Anglo-Irish Country House Museum | MacGregor, Arthur | Paul Mellon Centre for Studies in British Art | 2015 |
| The Invisible Houses Rethinking and Designing Low-cost Housing in Developing Countries | Gonzalo Lizarralde | Routledge | 2015 |

续表

| 书名 | 作者 | 出版社 | 出版日期 |
|---|---|---|---|
| Cottages and Cottage Life: Containing Plans for Country Houses, Adapted to the Means and Wants | Elliott, Charles Wyllys | Sagwan Press | 2015 |
| Nonconventional and Vernacular Construction Materials Characterisation, Properties and Applications | K.A.HARRIES | ELSEVIER | 2016 |
| Dwelling in Conflict: Negev Landscapes and the Boundaries of Belonging | Emily McKee | Stanford University Press | 2016 |
| Inspections and Reports on Dwellings: Inspecting: Volume 1 | Philip Santo | Estates Gazette | 2016 |
| Dwelling in Conflict: Land, Belonging and Exclusion in the Negev | Emily McKee | Stanford University Press | 2016 |
| The Anatomy of Sheds: New Buildings from an Old Tradition | Jane Field-Lewis | Pavilion Books | 2016 |
| More than Vernacular. Vernacular Architecture between Past Tradition and Future Vision | Marwa Dabaieh | Media-Tryck | 2016 |
| Affordable and Quality Housing through Mechanization, Modernization and Mass Customisation | KS Elliott, ZA Hamid | John Wiley & Sons, Ltd | 2017 |
| Learning Sustainability from ArabGulf Vernacular Architecture | KA Al-Sallal | Springer International Publishing | 2017 |
| Vernacular Architecture: A Sustainable Approach | VK Biradar,S Mama | Springer Singapore | 2017 |
| Climate Responsiveness of Wada Architecture | GM Alapure, A George, SP Bhattacharya | Springer Singapore | 2017 |
| Belfry: Between the Catholic and Protestant Culture | Andreja Benko,Borut Juvanec | Institute of Vernacular Architecture, Ljubljana | 2017 |
| Winter Wind Environmental Comfort in Courtyards in Vernacular Architecture: A Case Study of the Fuyu Building in Yongding, Fujian | Ying-Ming Su, Hui-Ting Chang | Research Gate | 2018 |
| Contesting 'Dilapidated Dwelling' | M Thompson | Research Gate | 2018 |
| Language Policy, Vernacular Discourse, Empire Building | R Sarkar, A Mudgal, R Kurar, V Gupta | Springer Singapore | 2018 |

# 3.2.3 民居论文（中文期刊）（2014—2018）

白廷彩　张敦元　赵苒婷　尹莹　苏涛

| 论文名 | 作者 | 刊载杂志 | 页码 | 编辑出版单位 | 出版日期 |
|---|---|---|---|---|---|
| 传统村落的概念和文化内涵 | 胡燕　陈晟　曹玮　曹昌智 | 《城市发展研究》2014年1期 | 10~13 | 《城市发展研究》编辑部 | 2014.1 |
| 贵州民居吊脚楼论述 | 曹湘贵 | 《中华民居（下旬刊）》2014年1期 | 167~168 | 《中华民居（下旬刊）》编辑部 | 2014.1 |
| 河南内黄三杨庄汉代聚落遗址第二处庭院复原初探 | 郝杰 | 《中华民居（下旬刊）》2014年1期 | 190~192 | 《中华民居（下旬刊）》编辑部 | 2014.1 |
| 闽台传统红砖聚落景观要素识别及其影响因素解析 | 李霄鹤　兰思仁　余韵　董建文 | 《福建师范大学学报（哲学社会科学版）》2014年1期 | 124~130 | 福建师范大学 | 2014.1 |
| 读解传统民居建筑装饰的精神防卫意义 | 王绚　侯鑫 | 《建筑与文化》2014年1期 | 80~83 | 《建筑与文化》编辑部 | 2014.1 |
| 永州古民居建筑石雕装饰艺术初探 | 姚辉 | 《艺术与设计（理论）》2014年1期 | 54~56 | 《艺术与设计（理论）》编辑部 | 2014.1 |
| 尼泊尔宗教建筑聚落空间构成特色探究 | 曾晓泉 | 《沈阳建筑大学学报（社会科学版）》2014年1期 | 10~14 | 沈阳建筑大学 | 2014.1 |
| 探析干栏式苗族民居室内空间与装饰特色 | 向业容 | 《现代装饰（理论）》2014年1期 | 62~63 | 《现代装饰（理论）》编辑部 | 2014.1 |
| 胶东地区乡村民居院落尺度与地形分区的相关性研究 | 张巍 | 《烟台大学学报（自然科学与工程版）》2014年1期 | 55~59 | 烟台大学 | 2014.1 |
| 满族传统民居建筑材料历史演变过程 | 姜欢笑　王铁军　石砚侨 | 《延边大学学报（社会科学版）》2014年1期 | 93~99 | 延边大学 | 2014.1 |
| 浅析退耕还林政策对陕北山地地区乡村聚落的影响 | 贺文敏　王军 | 《华中建筑》2014年1期 | 146~149 | 《华中建筑》编辑部 | 2014.1 |
| 渝东南土家族山地传统民居聚落的空间特征探析 | 冯维波 | 《华中建筑》2014年1期 | 150~153 | 《华中建筑》编辑部 | 2014.1 |
| 以摩梭民居祖母屋为例看传统民居核心精神空间的保护 | 王新征 | 《华中建筑》2014年1期 | 154~158 | 《华中建筑》编辑部 | 2014.1 |
| 云南白族民居中蕴涵的生态建筑文化 | 周兵 | 《云南农业大学学报（社会科学版）》2014年1期 | 35~39 | 云南农业大学 | 2014.1 |

续表

| 论文名 | 作者 | 刊载杂志 | 页码 | 编辑出版单位 | 出版日期 |
|---|---|---|---|---|---|
| 湘南乡村聚落的空间演变及优化对策 | 邓育武 | 《城乡建设》2014年1期 | 68~69 | 《城乡建设》编辑部 | 2014.1 |
| 闽南红砖雕刻对中原青砖雕刻的创新——以蔡氏古民居的砖雕为例 | 魏雄辉 | 《装饰》2014年1期 | 120~122 | 《装饰》编辑部 | 2014.1 |
| 越南顺化城规划布局特点 | 阮玉英　陆琦 | 《华中建筑》2014年2期 | 149~154 | 《华中建筑》编辑部 | 2014.7 |
| "中国建筑研究室成立60周年纪念暨第十届传统民居理论国际学术研讨会"在宁隆重举行 | 诸葛净　是霏赖自力 | 《南方建筑》2014年1期 | 4 | 《南方建筑》编辑部 | 2014.2 |
| 传统民居的现代化:从民国时期的出版物看当时的住宅改良问题 | 颜文成 | 《南方建筑》2014年1期 | 11~17 | 《南方建筑》编辑部 | 2014.2 |
| 近代广东侨乡民居文化研究的回顾与反思 | 郭焕宇 | 《南方建筑》2014年1期 | 25~29 | 《南方建筑》编辑部 | 2014.2 |
| 粤北古道传统村落形态特色比较研究 | 朱雪梅　程建军林垚广　杜与德 | 《南方建筑》2014年1期 | 38~45 | 《南方建筑》编辑部 | 2014.2 |
| 粤中民居地方性建筑材料考 | 徐怡芳　王健 | 《南方建筑》2014年1期 | 46~49 | 《南方建筑》编辑部 | 2014.2 |
| 硬山建筑在岭南传统建筑中的发展缘由研究 | 梁林　陆琦张可男 | 《华中建筑》2014年2期 | 155~158 | 《华中建筑》编辑部 | 2014.2 |
| 广东潮州民居木构彩画特色分析 | 郑红 | 《南方建筑》2014年1期 | 62~70 | 《南方建筑》编辑部 | 2014.2 |
| 地质灾害频发山区聚落安全性探索——以横断山系的集镇和村庄为例 | 毛刚　胡月萍陈媛 | 《西安建筑科技大学学报（自然科学版）》2014年1期 | 101~108 | 西安建筑科技大学 | 2014.2 |
| 藏南传统民居窗户装饰的艺术特性与文化内涵分析 | 成斌　刘加平 | 《四川建筑科学研究》2014年1期 | 268~270 | 《四川建筑科学研究》编辑部 | 2014.2 |
| 旅游背景下传统民居的保护与改造研究——以四川雷波马湖旅游区黄琅古镇为例 | 王久艳　傅红李立 | 《四川建筑科学研究》2014年1期 | 284~286 | 《四川建筑科学研究》编辑部 | 2014.2 |
| 推进和强化岭南建筑学派研究的重要举措——2013"岭南建筑学派与岭南建筑创新"学术研讨会综述 | 唐孝祥　陈春娇 | 《南方建筑》2014年1期 | 86~87 | 《南方建筑》编辑部 | 2014.2 |
| 同层排水技术在住宅建筑工程中的应用 | 魏天云 | 《四川理工学院学报（自然科学版）》2014年1期 | 56~59 | 四川理工学院 | 2014.2 |

续表

| 论文名 | 作者 | 刊载杂志 | 页码 | 编辑出版单位 | 出版日期 |
|---|---|---|---|---|---|
| 绿色生态策略在传统生土建筑改造中的应用——以郑州邙山黄河黄土地质博物馆建筑设计为例 | 王芳　王力 | 《建筑科学》2014年2期 | 24~29 | 《建筑科学》编辑部 | 2014.2 |
| 土楼建筑文化的传承与发展探析 | 王梦琳　赵祥 | 《建筑与文化》2014年2期 | 111~112 | 《建筑与文化》编辑部 | 2014.2 |
| 浅析《中华民居——传统住宅建筑分析》 | 侯海鸥 | 《美与时代（中）》2014年2期 | 80~81 | 《美与时代（中）》编辑部 | 2014.2 |
| 乡土材料在和田"阿以旺"民居中的应用 | 孟福利　岳邦瑞　刘萍 | 《北方园艺》2014年3期 | 74~80 | 《北方园艺》编辑部 | 2014.2 |
| 黎槎"八卦村"：与洪水共生 | 罗德胤　孙娜 | 《南方建筑》2014年1期 | 30~33 | 《南方建筑》编辑部 | 2014.2 |
| 《中国传统民居概论》课程教学研究 | 石涛　侯克凤　陶莎 | 《山东建筑大学学报》2014年1期 | 106~110 | 山东建筑大学 | 2014.2 |
| 浅谈白族民居照壁中装饰艺术审美 | 高娅娟 | 《现代装饰（理论）》2014年2期 | 34 | 《现代装饰（理论）》编辑部 | 2014.2 |
| 人地关系视角下张家界土家村落石堰坪村保护和发展探讨 | 谢文海　刘卫国　曹植清　李绪文 | 《安徽农业科学》2014年5期 | 1440~1442 | 《安徽农业科学》编辑部 | 2014.2 |
| 鲁西北地区生态型民居设计研究——以左桥村民居为例 | 冯巍　梁磊 | 《华中建筑》2014年2期 | 81~84 | 《华中建筑》编辑部 | 2014.2 |
| 湘南地区传统村落形态及建筑特色的调查研究——以湖南省桂阳县阳山古村为例 | 程明　石拓 | 《华中建筑》2014年2期 | 167~172 | 《华中建筑》编辑部 | 2014.2 |
| 庙港一体：对外贸易视野下南海神庙聚落空间形态的美学特征 | 王铬 | 《装饰》2014年2期 | 122~124 | 《装饰》编辑部 | 2014.2 |
| 漳州埭尾古村棋盘式布局形态特征研究 | 易笑　吴奕德 | 《中外建筑》2014年2期 | 70~72 | 《中外建筑》编辑部 | 2014.2 |
| 遗产视野下回族聚落模式的价值解析与延续 | 齐一聪　张兴国　康琪 | 《规划师》2014年2期 | 107~111 | 《规划师》编辑部 | 2014.2 |
| 基于GIS的明代长城边防图集地图道路复原——以大同镇为例 | 曹迎春　张玉坤　张昊雁 | 《河北农业大学学报》2014年2期 | 138~144 | 《河北农业大学学报》编辑部 | 2014.2 |
| 传统村落保护与发展探析——以北京门头沟区马栏村为例 | 李孟竹 | 《北京建筑工程学院学报》2014年1期 | 21~25 | 北京建筑工程学院 | 2014.3 |

续表

| 论文名 | 作者 | 刊载杂志 | 页码 | 编辑出版单位 | 出版日期 |
|---|---|---|---|---|---|
| 畲族传统聚落形态及文化传承对策研究 | 汤书福　严力蛟　雷华国　游张平　高阿丹 | 《科技通报》2014年3期 | 79~86 | 《科技通报》编辑部 | 2014.3 |
| 四川彭州山区农村新建民居生态再生设计研究 | 高源　朱轶韵　刘加平　虞志淳 | 《西安理工大学学报》2014年1期 | 52~57 | 《西安理工大学》编辑部 | 2014.3 |
| 关中村镇民居建筑风貌的继承与发展 | 许娟　霍小平 | 《城市问题》2014年3期 | 49~53 | 《城市问题》编辑部 | 2014.3 |
| 广西客家聚落的环境、空间形态特征研究——以广西贵港木格镇云垌村君子垌客家围屋群为例 | 吕明　覃媛媛　胡雨孜　廖宇航 | 《中华民居（下旬刊）》2014年3期 | 203~204 | 《中华民居（下旬刊）》编辑部 | 2014.3 |
| "血脉族亲"背景下的崇仁老台门民居 | 孙以栋　马韵 | 《中华民居（下旬刊）》2014年3期 | 219~220 | 《中华民居（下旬刊）》编辑部 | 2014.3 |
| 新川西民居与后现代设计对比分析 | 范华川 | 《中华民居（下旬刊）》2014年3期 | 97~98 | 《中华民居（下旬刊）》编辑部 | 2014.3 |
| 浅析后城市化进程中的民居保护 | 王晓东　雪霏 | 《中华民居（下旬刊）》2014年3期 | 131 | 《中华民居（下旬刊）》编辑部 | 2014.3 |
| 苏北滨海旅游区新民居研究——以连云港西连岛渔村为例 | 吴静 | 《中华民居（下旬刊）》2014年3期 | 136 | 《中华民居（下旬刊）》编辑部 | 2014.3 |
| 基于Voronoi图的明代长城军事防御聚落空间分布 | 曹迎春　张玉坤 | 《河北大学学报（自然科学版）》2014年2期 | 129~136 | 河北大学 | 2014.3 |
| 乡村聚落人居环境建设理念探析 | 李根 | 《城市建筑》2014年6期 | 245~247 | 《城市建筑》编辑部 | 2014.3 |
| 浅析陕北窑洞的建造工艺和特征 | 牛丹 | 《延安大学学报（自然科学版）》2014年1期 | 33~36 | 延安大学 | 2014.3 |
| 试论苏州传统民居木雕门窗的装饰艺术特点 | 尹超 | 《门窗》2014年3期 | 58~59 | 《门窗》编辑部 | 2014.3 |
| 巴蜀传统民居院落空间的发展演变初探 | 徐辉 | 《建筑技艺》2014年3期 | 104~106 | 《建筑技艺》编辑部 | 2014.3 |
| 北京古建筑民居木结构加固方法及应用研究 | 史喜宝　王建省 | 《北方工业大学学报》2014年1期 | 77~81 | 北方工业大学 | 2014.3 |
| 西南地震多发地区传统聚落民居抗震措施简析——以宁蒗县"6.24"地震中的摩梭民居为例 | 王新征　杨鑫　彭历 | 《北方工业大学学报》2014年1期 | 82~88 | 北方工业大学 | 2014.3 |
| 玉溪市自建民居的抗震性能分析 | 李亚琦　贺秋梅　张江伟 | 《震灾防御技术》2014年1期 | 103~109 | 《震灾防御技术》编辑部 | 2014.3 |

续表

| 论文名 | 作者 | 刊载杂志 | 页码 | 编辑出版单位 | 出版日期 |
|---|---|---|---|---|---|
| 聚落应对山地灾害环境的适应性分析——以彭州市银厂沟为例 | 宋微曦 第宝锋 左进 罗文锋 张梦 | 《山地学报》2014年2期 | 212~218 | 《山地》编辑部 | 2014.3 |
| 闽台传统聚落景观区划及其应用研究 | 李霄鹤 兰思仁 董建文 | 《福建论坛（人文社会科学版）》2014年3期 | 124~129 | 福建论坛编辑部 | 2014.3 |
| 山地传统民居特色文化资源与空间协同共生模式研究 | 董文静 周铁军 | 《建筑与文化》2014年3期 | 96~98 | 《建筑与文化》编辑部 | 2014.3 |
| 江南传统聚落空间类型推演 | 申青 夏健 黄莹 | 《建筑与文化》2014年3期 | 101~102 | 《建筑与文化》编辑部 | 2014.3 |
| 传统民居建筑的生态构建经验解析——以四川传统民居建筑为例 | 高明 | 《建筑与文化》2014年3期 | 132~133 | 《建筑与文化》编辑部 | 2014.3 |
| 当代江南水乡民居建筑设计的思考 | 焦健 刘小燕 | 《湖南工业大学学报》2014年2期 | 87~91 | 湖南工业大学 | 2014.3 |
| 海南岛传统聚落的保护与更新体系探析 | 杨定海 | 《华中建筑》2014年3期 | 76~80 | 《华中建筑》编辑部 | 2014.3 |
| 渭北黄土高原沟壑区传统村落发展策略分析——基于陕西长武县村落调研实践的思考 | 李红艳 金崇芳 张涛 | 《华中建筑》2014年3期 | 107~112 | 《华中建筑》编辑部 | 2014.3 |
| 环境变迁对客家土楼围合形态的影响 | 刘梅琴 杨思声 | 《华中建筑》2014年3期 | 139~143 | 《华中建筑》编辑部 | 2014.3 |
| 新型城镇化进程中山地聚落功能转型与空间重构 | 李海燕 宋钰红 张东强 | 《小城镇建设》2014年3期 | 64~68 | 《小城镇建设》编辑部 | 2014.3 |
| 越南河内传统民居及三十六街的保护与发展 | 林天鹏 张敏 | 《中国名城》2014年3期 | 59~63 | 《中国名城》编辑部 | 2014.3 |
| 平遥古城民居的保护更新策略探索 | 齐莹 李光涵 | 《中国名城》2014年3期 | 70~72 | 《中国名城》编辑部 | 2014.3 |
| 胶东海草房民居保护传承策略探析 | 陈纲 牟健 | 《城市建筑》2014年5期 | 121~123 | 《城市建筑》编辑部 | 2014.3 |
| 苏南地区乡村聚落空间格局及其驱动机制 | 李红波 张小林 吴江国 朱彬 | 《地理科学》2014年4期 | 438~446 | 《地理科学》编辑部 | 2014.3 |
| 太行山区传统聚落"英谈古寨"防御体系探析 | 林祖锐 刘钊 | 《中外建筑》2014年3期 | 70~75 | 《中外建筑》编辑部 | 2014.3 |
| 毛坪村浙商希望小学，耒阳，湖南，中国 | 王路 卢健松 黄怀海 郑小东 克里斯蒂安·里希特 | 《世界建筑》2014年4期 | 97~98、144 | 《世界建筑》编辑部 | 2014.7 |

| 论文名 | 作者 | 刊载杂志 | 页码 | 编辑出版单位 | 出版日期 |
|---|---|---|---|---|---|
| 低碳视野下的青海传统民居设计探索——以"台达杯"获奖作品"片山屋"为例 | 崔艳秋　牛微　王楠　郑海超 | 《新建筑》2017年2期 | 66~69 | 《新建筑》杂志社 | 2017.4 |
| 从生物气候学的角度解读川东山地传统民居的设计语汇 | 曾卫　袁芬 | 《南方建筑》2014年2期 | 96~103 | 《南方建筑》编辑部 | 2014.4 |
| 土地资源约束下的湘南传统民居形制与空间特征分析 | 许建和　王军 | 《西安建筑科技大学学报（自然科学版）》2014年46卷,2期 | 266~269 | 西安建筑科技大学 | 2014.4 |
| 凉山彝族瓦板房民居扇架结构优化设计研究 | 成斌　刘加平 | 《四川建筑科学研究》2014年2期 | 58~60 | 《四川建筑科学研究》编辑部 | 2014.4 |
| 蜀河聚落形态及传统建筑研究 | 钟运峰 | 《四川建筑科学研究》2014年2期 | 267~272 | 《四川建筑科学研究》编辑部 | 2014.4 |
| 民居生态经验在建筑设计中的应用体会 | 邱技光　周思思 | 《中华民居（下旬刊）》2014年4期 | 57~58 | 《中华民居（下旬刊）》编辑部 | 2014.4 |
| 浅析关中地区传统民居元素的传承与演绎 | 秦阳　由懿行 | 《中华民居（下旬刊）》2014年4期 | 134 | 《中华民居（下旬刊）》编辑部 | 2014.4 |
| 番禺沙湾古镇保护与更新的实践与思考 | 郭谦　颜政纲 | 《南方建筑》2014年2期 | 37~43 | 《南方建筑》编辑部 | 2014.4 |
| 浅谈桂北少数民族民居及其可持续发展 | 陆卫 | 《中华民居（下旬刊）》2014年4期 | 163~164 | 《中华民居（下旬刊）》编辑部 | 2014.4 |
| 可持续发展视角下乡村景观建设的传承与提升——以中山市桂南村为例 | 陆琦　高海峰　梁林 | 《南方建筑》2014年2期 | 70~75 | 《南方建筑》编辑部 | 2014.4 |
| 城镇化进程中徽州乡村聚落保护及发展研究 | 洪涛　崔森森 | 《工业建筑》2014年5期 | 1~4 | 《工业建筑》编辑部 | 2014.4 |
| 雷州雷祖祠 | 陆琦 | 《广东园林》2014年2期 | 78~80 | 《广东园林》编辑部 | 2014.4 |
| 徽州古民居内部空间秩序的社会文化观念形态体现 | 谢珂　谢震林 | 《工业建筑》2014年5期 | 5~8 | 《工业建筑》编辑部 | 2014.4 |
| 基于"场所精神"再造徽州古聚落——江村古村落的保护和更新 | 洪涛　孙升 | 《工业建筑》2014年5期 | 9~11 | 《工业建筑》编辑部 | 2014.4 |
| 共性与个性——苏皖古民居建筑之探析 | 丁杰　马姗姗 | 《合肥工业大学学报（社会科学版）》2014年28卷,2期 | 99~103 | 合肥工业大学 | 2014.4 |

续表

| 论文名 | 作者 | 刊载杂志 | 页码 | 编辑出版单位 | 出版日期 |
|---|---|---|---|---|---|
| 重庆新农村典型民居的节能性能 | 刘猛 张会福 栗珩 詹翔 | 《土木建筑与环境工程》2014年2期 | 75~83 | 《土木建筑与环境工程》编辑部 | 2014.4 |
| 山西襄汾丁村古村落民居活态化保护模式研究 | 王军 李岚 | 《建筑与文化》2014年4期 | 57~62 | 《建筑与文化》编辑部 | 2014.4 |
| 彝族民居对环境的生态适应性研究 | 高明 | 《建筑与文化》2014年4期 | 125~126 | 《建筑与文化》编辑部 | 2014.4 |
| 从姜氏庄园看陕北民居建筑 | 蔡莎莎 | 《现代装饰（理论）》2014年4期 | 159~161 | 《现代装饰（理论）》编辑部 | 2014.4 |
| 皖南古民居修复方法研究 | 牛婷婷 李晶岑 | 《工业建筑》2014年5期 | 27~30 | 《工业建筑》编辑部 | 2014.4 |
| 浙江景宁畲族传统村落的绿色村庄规划——以张庄为例 | 洪艳 孔沉 陈海洪 | 《华中建筑》2014年4期 | 81~83 | 《华中建筑》编辑部 | 2014.4 |
| 新县传统民居建筑装饰初探 | 范雪青 吕红医 | 《华中建筑》2014年4期 | 118~121 | 《华中建筑》编辑部 | 2014.4 |
| 近代广东侨乡民居装饰的审美分析 | 郭焕宇 | 《华中建筑》2014年4期 | 122~125 | 《华中建筑》编辑部 | 2014.4 |
| 豫北山地民居形态考察 | 张萍 吕红医 | 《华中建筑》2014年4期 | 126~130 | 《华中建筑》编辑部 | 2014.4 |
| 村庄整合建设的两类依托——社会结构与资源利用方式 | 范霄鹏 郑一军 | 《南方建筑》2014年2期 | 51~54 | 《南方建筑》编辑部 | 2014.7 |
| 基于保护原则的福建土楼夯土营建技术研究 | 钱程 尹培如 | 《华中建筑》2014年4期 | 7~10 | 《华中建筑》编辑部 | 2014.4 |
| 皖南古民居再利用策略研究 | 牛婷婷 洪涛 | 《工业建筑》2014年5期 | 17~22 | 《工业建筑》编辑部 | 2014.4 |
| 徽州古民居节能技术探究 | 钟杰 贾尚宏 徐雪芳 | 《工业建筑》2014年5期 | 23~26 | 《工业建筑》编辑部 | 2014.4 |
| 古盂城驿——明京杭大运河河畔的聚落建筑 | 曹伟 姚杰 | 《中外建筑》2014年4期 | 10~17 | 《中外建筑》编辑部 | 2014.4 |
| 传统民居可持续改造中的环境设计——以开封市双龙巷民居改造为例 | 蒙慧玲 蒙正堂 | 《中外建筑》2014年4期 | 90~92 | 《中外建筑》编辑部 | 2014.4 |
| 伊犁维吾尔民居门窗中的俄罗斯文化特征 | 李文浩 | 《装饰》2014年4期 | 114~115 | 《装饰》编辑部 | 2014.4 |
| 皖南民居墙体热工性能的计算分析 | 邸芃 汪珍珍 | 《西安科技大学学报》2014年3期 | 279~283 | 西安科技大学 | 2014.5 |
| 固本留源 关于中国传统木构建筑的构造特征及其当代传承的探讨 | 李渌 杨达 | 《时代建筑》2014年3期 | 36~39 | 《时代建筑》编辑部 | 2014.6 |

续表

| 论文名 | 作者 | 刊载杂志 | 页码 | 编辑出版单位 | 出版日期 |
|---|---|---|---|---|---|
| 凉山彝族新农村建设中的民居装饰艺术研究 | 邓刚 | 《中华文化论坛》2014年5期 | 162~165 | 《中华文化论坛》编辑部 | 2014.5 |
| 天台传统民居空间布局形态初探 | 梁建伟 沈晶晶 | 《中华民居（下旬刊）》2014年5期 | 161 | 《中华民居（下旬刊）》编辑部 | 2014.5 |
| 鄂东南传统聚落水系景观研究——以湖北阳新县铜湾陈村为例 | 侯涛 朱榕 张盼 | 《湖北农业科学》2014年10期 | 2464~2470 | 《湖北农业科学》编辑部 | 2014.5 |
| 试析闽南、粤东、台湾庙宇屋顶装饰之审美共性 | 唐孝祥 王永志 | 《华中建筑》2014年5期 | 135~139 | 《华中建筑》编辑部 | 2014.5 |
| 苗寨吊脚楼文化研究 | 李明 吴琦 许泽启 杨凯 | 《农村经济与科技》2014年5期 | 88~89 | 《农村经济与科技》编辑部 | 2014.5 |
| 甘南卓尼藏族聚落空间调查研究 | 段德罡 崔翔 王瑾 | 《建筑与文化》2014年5期 | 47~53 | 《建筑与文化》编辑部 | 2014.5 |
| 类型学视野下的云南傣族传统民居空间构成分析 | 沈纪超 杨大禹 | 《华中建筑》2014年5期 | 165~168 | 《华中建筑》编辑部 | 2014.10 |
| 云南普者黑撒尼传统聚落空间布局特征研究 | 王笑笑 李沄璋 曹毅 | 《建筑与文化》2014年5期 | 163~165 | 《建筑与文化》编辑部 | 2014.5 |
| 近代广东侨乡民居的文化融合模式比较 | 郭焕宇 | 《华中建筑》2014年5期 | 130~134 | 《华中建筑》编辑部 | 2014.5 |
| 豫西传统民居的地域性文化价值诠释——以巩义市为例 | 宋亚亭 李建东 | 《华中建筑》2014年5期 | 148~151 | 《华中建筑》编辑部 | 2014.5 |
| 文化生态学视野下传统聚落演进及更新研究 | 鲍志勇 何俊萍 | 《华中建筑》2014年5期 | 152~154 | 《华中建筑》编辑部 | 2014.5 |
| 上杭客家合院式民居建筑解读 | 李仕元 马晓 | 《华中建筑》2014年5期 | 178~182 | 《华中建筑》编辑部 | 2014.5 |
| 嘉兴传统民居屋脊的特征与文化意蕴 | 赵斌 | 《嘉兴学院学报》2014年3期 | 20~23 | 《嘉兴学院》编辑部 | 2014.5 |
| 基于风水学与GIS技术的传统民居选址比较研究——以重庆龙兴古镇为例 | 曹福刚 冯维波 | 《重庆师范大学学报（自然科学版）》2014年3期 | 119~124 | 重庆师范大学 | 2014.5 |
| 四川芦山7.0级地震中非抗震设防民居震害特征 | 曲哲 钟江荣 孙景江 | 《建筑结构学报》2014年5期 | 157~164 | 《建筑结构》编辑部 | 2014.5 |
| 新民居建设制约因素与对策研究——以张家口为例 | 陈秀丽 吕利栋 | 《建筑经济》2014年5期 | 18~20 | 《建筑经济》编辑部 | 2014.5 |

续表

| 论文名 | 作者 | 刊载杂志 | 页码 | 编辑出版单位 | 出版日期 |
|---|---|---|---|---|---|
| 新疆维吾尔族民居窗饰工艺特色与图案意义 | 吴昆 | 《装饰》2014年5期 | 117~119 | 《装饰》编辑部 | 2014.5 |
| 广府传统聚落与潮汕传统聚落形态比较研究 | 潘莹 卓晓岚 | 《南方建筑》2014年3期 | 79~85 | 《南方建筑》编辑部 | 2014.6 |
| 血缘型聚落空间环境与基础设施的承载力研究——以"诸葛村"为例 | 乐东昭 | 《北京建筑工程学院学报》2014年2期 | 5~9 | 《北京建筑工程学院》 | 2014.6 |
| 主体认知与乡村聚落的地域性表达 | 王竹 王韬 | 《西部人居环境学刊》2014年3期 | 8~13 | 《西部人居环境学刊》编辑部 | 2014.6 |
| "檐"下之义 | 余翰武 陆琦 | 《华中建筑》2014年6期 | 161~163 | 《华中建筑》编辑部 | 2014.6 |
| 适应环境气候的客家古民居装饰细节分析——以梅县桥溪村为例 | 吕海雪 | 《西部人居环境学刊》2014年3期 | 56~60 | 《西部人居环境学刊》编辑部 | 2014.6 |
| 我国山地传统民居风貌保护研究综述 | 韩凤 冯维波 | 《西部人居环境学刊》2014年3期 | 72~76 | 《西部人居环境学刊》编辑部 | 2014.6 |
| 基于类设计理论的历史街区建筑的综合性整治方法——以福州"三坊七巷"为例 | 关瑞明 王炜 关牧野 | 《新建筑》2014年3期 | 40~43 | 《新建筑》编辑部 | 2014.7 |
| 文化景观视角下传统聚落风水格局解析——以四川雅安上里古镇为例 | 肖竞 曹珂 | 《西部人居环境学刊》2014年3期 | 108~113 | 《西部人居环境学刊》编辑部 | 2014.6 |
| 贵州黔东南郎德上寨苗族村寨聚落形态探析 | 孙轶男 王傲男 舒婷 | 《四川建筑》2014年3期 | 42956 | 《四川建筑》编辑部 | 2014.6 |
| 青南班玛县藏族碉楼民居探析——以灯塔乡可培村为例 | 张博强 郝思怡 王军 | 《建筑与文化》2014年6期 | 82~85 | 《建筑与文化》编辑部 | 2014.7 |
| 吐鲁番地区民居夏季热舒适测试研究 | 何文芳 白卉 刘加平 | 《太阳能学报》2014年6期 | 1092~1097 | 《太阳能》编辑部 | 2014.6 |
| 西部山地草原地区典型民居冬季热环境测试研究——以肃南喇嘛坪村为实测对象 | 张磊 刘加平 杨柳 王登甲 | 《四川建筑科学研究》2014年3期 | 314~316 | 《四川建筑科学研究》编辑部 | 2014.6 |
| 保护传统民居 传承苏州文脉 | 荀琦 | 《四川建筑科学研究》2014年3期 | 247~250 | 《四川建筑科学研究》编辑部 | 2014.6 |
| 明清时期的云南会馆建筑 | 陈鹏 杨大禹 李晓亭 | 《四川建筑科学研究》2014年3期 | 291~294 | 《四川建筑科学研究》编辑部 | 2014.6 |

| 论文名 | 作者 | 刊载杂志 | 页码 | 编辑出版单位 | 出版日期 |
|---|---|---|---|---|---|
| 秦巴山地传统聚落空间特点及人居环境研究——以宁强青木川为例 | 李根 | 《四川建筑科学研究》2014年3期 | 230~233 | 《四川建筑科学研究》编辑部 | 2014.6 |
| 乡村旅游发展下海口乡村聚落景观的变化——以美社村为例 | 文运　赵书彬　张娟 | 《海南大学学报（自然科学版）》2014年2期 | 171~177 | 海南大学 | 2014.6 |
| 邯郸市老城区民居中的风水文化 | 杨彩虹　王琛婷 | 《河北工程大学学报（自然科学版）》2014年2期 | 47~51 | 河北工程大学 | 2014.6 |
| 潮汕传统农村住宅热环境实测研究及其现代启示 | 金玲　赵立华　张宇峰　王浩　孟庆林 | 《建筑科学》2014年6期 | 27~32 | 《建筑科学》编辑部 | 2014.6 |
| "改"方案随笔——传统住宅与装配式住宅建筑设计方法之不同 | 樊则森　唐一萌　刘畅 | 《建筑技艺》2014年6期 | 77~81 | 《建筑技艺》编辑部 | 2014.6 |
| 中国传统村落谱系建立刍议 | 罗德胤 | 《世界建筑》2014年6期 | 104~107 | 《世界建筑》编辑部 | 2014.6 |
| 秦岭山区路网空间格局及其对乡村聚落破碎化的影响分析 | 刘超　杨海娟　王子侨　杨庆会 | 《山东农业大学学报（自然科学版）》2014年2期 | 252~256 | 山东农业大学 | 2014.6 |
| 天津市典型老旧民居抗震能力分析 | 姚新强　陈宇坤　杨绪连　高武平 | 《震灾防御技术》2014年2期 | 280~288 | 《震灾防御技术》编辑部 | 2014.6 |
| 生态安全导向下青藏高原聚落重构与营建研究 | 王军　李晓丽 | 《建筑与文化》2014年6期 | 71~76 | 《建筑与文化》编辑部 | 2014.6 |
| 游牧与农耕的交汇——青海庄廓民居 | 崔文河　王军 | 《建筑与文化》2014年6期 | 77~81 | 《建筑与文化》编辑部 | 2014.6 |
| 雷州红砖民居封火山墙多样性演变成因研究 | 梁林　张可男　陆琦 | 《土木建筑与环境工程》2014年1期 | 16~19 | 《土木建筑与环境工程》编辑部 | 2014.6 |
| 山西省沁水县湘峪古村的民居建筑研究 | 薛林平　张稣源 | 《华中建筑》2014年6期 | 182~188 | 《华中建筑》编辑部 | 2014.6 |
| 土楼夯土在模拟风雨环境下的风洞侵蚀试验研究 | 王安宁　彭兴黔　陈艳红 | 《青岛理工大学学报》2014年3期 | 24~28 | 《青岛理工大学》编辑部 | 2014.6 |
| 广东河源客家传统民居特点与现状研究初探——以紫金县传统民居为例 | 王沙莉 | 《家具与室内装饰》2014年6期 | 40~41 | 《家具与室内装饰》编辑部 | 2014.6 |
| 砖墙之话语——试析砖墙对明清赣北民居演变的影响 | 梁智尧 | 《建筑师》2016年3期 | 101~108 | 《建筑师》编辑部 | 2016.6 |

续表

| 论文名 | 作者 | 刊载杂志 | 页码 | 编辑出版单位 | 出版日期 |
|---|---|---|---|---|---|
| 历史古城环境的认知、解构与保护——以陕西省米脂窑洞古城为例 | 刘军民　郑建栋 | 《城市问题》2014年7期 | 43~47 | 《城市问题》编辑部 | 2014.7 |
| 中国古代城市规划"模数制"探析——以明代海防卫所聚落为例 | 尹泽凯　张玉坤　谭立峰 | 《城市规划学刊》2014年4期 | 111~117 | 《城市规划学刊》编辑部 | 2014.7 |
| 城镇化下保留"根性家园"本底的传统村落村庄规划技术实践——青海高海拔浅山区洪水泉回族村 | 于洋　陈景衡　刘加平 | 《建筑与文化》2014年7期 | 42~45 | 《建筑与文化》编辑部 | 2014.7 |
| "三规合一"：把握城乡空间发展的总体趋势——广州市的探索与实践 | 潘安　吴超　朱江 | 《中国土地》2014年7期 | 6~10 | 《中国土地》编辑部 | 2014.7 |
| 两分半宅基地"方院"关中民居营建试验——大石头村 | 陈景衡　于洋　刘加平 | 《建筑与文化》2014年7期 | 46~50 | 《建筑与文化》编辑部 | 2014.7 |
| 回坊社区的现代城市释意——析围寺而居 | 齐一聪　张兴国　贺增 | 《现代城市研究》2014年7期 | 116~120 | 《现代城市研究》编辑部 | 2014.7 |
| 泉州伊斯兰建筑遗存的遗产价值与保护规划 | 吴宇翔　关瑞明 | 《华侨大学学报（自然科学版）》2014年4期 | 460~465 | 《华侨大学学报（自然科学版）》编辑部 | 2014.7 |
| 陕南移民安置聚落景观设计要点分析 | 李根 | 《现代装饰（理论）》2014年7期 | 48~49 | 《现代装饰（理论）》编辑部 | 2014.7 |
| 山西民居之精华——乔家——雕饰装饰艺术 | 孙艳芳 | 《现代装饰（理论）》2014年7期 | 113~114 | 《现代装饰（理论）》编辑部 | 2014.7 |
| 江西传统古民居装饰艺术研究 | 肖学健　李田 | 《美术教育研究》2014年13期 | 162~165 | 《美术教育研究》编辑部 | 2014.7 |
| 我国传统聚落空间整体性特征及其社会学意义 | 杨贵庆 | 《同济大学学报（社会科学版）》2014年3期 | 60~68 | 同济大学 | 2014.7 |
| 黔东南苗族聚落景观历史特点 | 孙鹏　王乐君 | 《山西建筑》2014年20期 | 33~35 | 《山西建筑》编辑部 | 2014.7 |
| 比较视野下的湘赣民系居住模式分析——兼论江西传统民居的区系划分 | 潘莹　施瑛 | 《华中建筑》2014年7期 | 143~148 | 《华中建筑》编辑部 | 2014.7 |
| 浅析道家养生思想与传统民居环境设计 | 汪溟 | 《家具与室内装饰》2014年7期 | 64~65 | 《家具与室内装饰》编辑部 | 2014.7 |

续表

| 论文名 | 作者 | 刊载杂志 | 页码 | 编辑出版单位 | 出版日期 |
|---|---|---|---|---|---|
| 中国闽南民居建筑装饰语言应用——基于闽南传统红砖民居的实地研究 | 曾舒凡 | 《家具》2014年4期 | 69~74 | 《家具》编辑部 | 2014.7 |
| 第二十届中国民居学术会议在内蒙古工业大学建筑学院举行 | 甘炯 | 《南方建筑》2014年4期 | 2 | 《南方建筑》编辑部 | 2014.8 |
| 日本的传统民居——"町家" | 苏东宾　徐从淮 | 《南方建筑》2014年4期 | 60~63 | 《南方建筑》编辑部 | 2014.8 |
| 广州地区传统村落历史演变研究 | 傅娟　冯志丰　蔡奕旸　许吉航 | 《南方建筑》2014年4期 | 64~69 | 《南方建筑》编辑部 | 2014.8 |
| 合院的创化：类型和场所的叙事与再织——读王维仁的建筑 | 谭刚毅 | 《世界建筑导报》2014年4期 | 10~11 | 《世界建筑导报》编辑部 | 2014.7 |
| 基于历史性城市景观的浙北运河聚落整体性保护方法——以嘉兴名城保护规划为例 | 赵霞 | 《城市发展研究》2014年8期 | 37~43 | 《城市发展研究》编辑部 | 2014.8 |
| "一颗印"民居折射出的建筑环境心理分析 | 樊智丰 | 《四川建筑科学研究》2014年4期 | 302~305 | 《四川建筑科学研究》编辑部 | 2014.8 |
| 川西高原藏族民居的生态适应性分析 | 石晓娜　胡丹　陈建 | 《四川建筑科学研究》2014年4期 | 314~318 | 《四川建筑科学研究》编辑部 | 2014.8 |
| 广西达文屯黑衣壮民居更新刍议 | 周思辰　黄天送　邓兰娟　沈明辉　杨舒文　韦玉姣 | 《中华民居（下旬刊）》2014年8期 | 210~212 | 《中华民居（下旬刊）》编辑部 | 2014.8 |
| 浅析西南少数民族民居建筑的装饰文化 | 王海霞 | 《贵州民族研究》2014年8期 | 132~136 | 《贵州民族研究》编辑部 | 2014.8 |
| 仡佬族民居营造仪式中的巫祭现象解读 | 聂森 | 《民族论坛》2014年8期 | 93~96 | 《民族论坛》编辑部 | 2014.8 |
| 浅议"叠合分析法"在古镇保护改造中的运用——以云南通海县河西古镇保护改造为例 | 张剑文　杨大禹 | 《华中建筑》2014年8期 | 132~137 | 《华中建筑》编辑部 | 2014.8 |
| 冲击荷载下吊脚楼建筑结构模型研究 | 薛建阳　戚亮杰　罗峥　卢俊凡　王迪涛　李海博 | 《广西大学学报（自然科学版）》2014年4期 | 709~715 | 广西大学 | 2014.8 |
| 民居传统装饰在现代环境艺术设计中的应用 | 陈英桦 | 《设计艺术研究》2014年4期 | 70~74 | 《设计艺术研究》编辑部 | 2014.8 |

续表

| 论文名 | 作者 | 刊载杂志 | 页码 | 编辑出版单位 | 出版日期 |
|---|---|---|---|---|---|
| 前美村聚落空间的形成与演化 | 郭焕宇　江帆 | 《美与时代（上旬）》2014年8期 | 70~73 | 《美与时代（上旬）》编辑部 | 2014.8 |
| 资源匮乏格局下的干旱区乡土建筑"适用技术"更新研究 | 李钰　王军 | 《建筑与文化》2014年8期 | 52~56 | 《建筑与文化》编辑部 | 2014.8 |
| 南北民居色彩运用特点及原因探析——以北京与江浙传统民居用色为例 | 郑爱东 | 《美与时代（中旬）》2014年8期 | 56~57 | 《美与时代（中旬）》编辑部 | 2014.8 |
| 黄土高原地区传统民居夯筑工艺调查研究 | 陆磊磊　穆钧　王帅 | 《建筑与文化》2014年8期 | 82~84 | 《建筑与文化》编辑部 | 2014.8 |
| 豫东商丘地区传统民居营造技术初探 | 刘玉洁　唐丽 | 《华中建筑》2014年8期 | 67~70 | 《华中建筑》编辑部 | 2014.8 |
| 传统聚落人居智慧研究——以福建廉村为例 | 缪建平　张鹰　刘淑虎 | 《华中建筑》2014年8期 | 180~184 | 《华中建筑》编辑部 | 2014.8 |
| 丽江旅游民居的发展与构筑——以白沙束河为例 | 林敏飞　车震宇 | 《华中建筑》2014年8期 | 185~191 | 《华中建筑》编辑部 | 2014.8 |
| 顺驭自然——黔中屯堡岩石民居的环境适应解读 | 黄丹　张爱萍 | 《城市建筑》2014年19期 | 108~111 | 《城市建筑》编辑部 | 2014.8 |
| 天井空间再利用建筑性能模拟分析——以岭南传统民居为例 | 梁林　张可男　陆琦 | 《新建筑》2014年4期 | 124~127 | 《新建筑》杂志社 | 2014.8 |
| 传统村落风貌特色保护传承与再生研究——以北京密云古北水镇民宿区为例 | 张大玉 | 《北京建筑大学学报》2014年3期 | 1~8 | 北京建筑大学 | 2014.9 |
| 北京农村地区合院式传统民居院落布局模拟分析 | 宋波　李梦沙　邓琴琴　李德英 | 《建筑节能》2014年9期 | 47~55 | 《建筑节能》编辑部 | 2014.9 |
| 论清代以来吐鲁番地区传统民居的汉文化现象 | 李文浩 | 《贵州民族研究》2014年9期 | 182~185 | 《贵州民族研究》编辑部 | 2014.9 |
| 黔东南地区苗族、侗族民居建筑比较研究 | 高倩　赵秀琴 | 《贵州民族研究》2014年9期 | 52~55 | 《贵州民族研究》编辑部 | 2014.9 |
| 四川民居元素在现代建筑设计中的应用 | 张建英　刘学航　郭莉梅 | 《中华民居（下旬刊）》2014年9期 | 82~83 | 《中华民居（下旬刊）》编辑部 | 2014.9 |

续表

| 论文名 | 作者 | 刊载杂志 | 页码 | 编辑出版单位 | 出版日期 |
|---|---|---|---|---|---|
| 历史文化村镇街道网络空间形态研究——以通海县河西古镇为例 | 孙朋涛 杨大禹 | 《华中建筑》2014年9期 | 99~102 | 《华中建筑》编辑部 | 2014.9 |
| 地域性民居文化与安置房设计——以新疆喀什地区疏附县富民安居试点工程建筑设计为例 | 赵昕 | 《中华民居（下旬刊）》2014年9期 | 102~103 | 《中华民居（下旬刊）》编辑部 | 2014.9 |
| 从地域空间、族群接触看围龙屋与土楼、围屋的生成 | 宋德剑 | 《中南民族大学学报（人文社会科学版）》2014年5期 | 72~76 | 中南民族大学 | 2014.9 |
| 鄂西南土家族传统村落保护与发展——以利川市老屋基老街为例 | 吴威龙 | 《湖北民族学院学报（自然科学版）》2014年32卷3期 | 349~352 | 湖北民族学院 | 2014.9 |
| 乡村聚落社区化进程中规划空间与自助空间协同共生的机制 | 王江 赵继龙 周忠凯 | 《湖南城市学院学报》2014年5期 | 33~38，2 | 湖南城市学院 | 2014.9 |
| 店头村石碹窑洞建筑结构分析 | 王崇恩 李媛昕 朱向东 荆科 | 《太原理工大学学报》2014年5期 | 638~642 | 《太原理工大学》编辑部 | 2014.9 |
| 川南地区穿斗式木构架民居的动力特性 | 滕睿 曲哲 张永群 | 《世界地震工程》2014年30卷3期 | 229~234 | 《世界地震工程》编辑部 | 2014.9 |
| 河南内黄三杨庄汉代乡村聚落遗址一、三、四号庭院建筑初步研究 | 崔兆瑞 林源 | 《建筑与文化》2014年9期 | 46~51 | 《建筑与文化》编辑部 | 2014.9 |
| 西海固回族聚落形态类型与特征 | 燕宁娜 王军 | 《建筑与文化》2014年9期 | 99~100 | 《建筑与文化》编辑部 | 2014.9 |
| 明代辽东海防体系建制与军事聚落特征研究 | 谭立峰 刘文斌 | 《天津大学学报（社会科学版）》2014年16卷5期 | 421~426 | 天津大学 | 2014.9 |
| 洛带客家文化与传统聚落空间互动研究 | 吴斐 左辅强 | 《华中建筑》2014年9期 | 140~143 | 《华中建筑》编辑部 | 2014.9 |
| 北京门头沟区琉璃渠传统村落研究 | 薛林平 李博君 包涵 | 《华中建筑》2014年9期 | 144~150 | 《华中建筑》编辑部 | 2014.9 |
| 杭州旧城区传统民居内部公共空间特征及其维护策略探讨 | 谢冰 王晖 吴黎梅 | 《华中建筑》2014年9期 | 151~155 | 《华中建筑》编辑部 | 2014.9 |
| 永州乡村传统聚落景观类型与特点研究 | 伍国正 周红 | 《华中建筑》2014年9期 | 167~170 | 《华中建筑》编辑部 | 2014.9 |

续表

| 论文名 | 作者 | 刊载杂志 | 页码 | 编辑出版单位 | 出版日期 |
|---|---|---|---|---|---|
| 台湾聚落防灾的观念与架构 | 阎亚宁　郑钦方 | 《南方建筑》2014年5期 | 14~20 | 《南方建筑》编辑部 | 2014.10 |
| 传统民居环境更新设计中的景观利用研究——以云南永仁彝族传统民居院落改造为例 | 谭良斌 | 《南方建筑》2014年5期 | 33~35 | 《南方建筑》编辑部 | 2014.10 |
| 乡土建筑的生与死——镇江东乡民居存亡录（以葛村为例） | 汪永平　孟英 | 《南方建筑》2014年5期 | 36~43 | 《南方建筑》编辑部 | 2014.10 |
| 传统徽派民居建筑元素设计特征及对现代建筑的启示 | 陈敬　王芳　刘加平 | 《西安建筑科技大学学报（自然科学版）》2014年5期 | 716~720 | 西安建筑科技大学 | 2014.10 |
| 关中"窄院民居"庭院空间的自然通风定量分析 | 李涛　杨琦　伍雯璨 | 《西安建筑科技大学学报（自然科学版）》2014年5期 | 721~725 | 西安建筑科技大学 | 2014.10 |
| 论岭南传统民居改造方案优化过程中建筑性能模拟的辅助分析 | 梁林　张可男　陆琦　廖志 | 《四川建筑科学研究》2014年40卷5期 | 246~250 | 《四川建筑科学研究》编辑部 | 2014.10 |
| 话语山水间:华南民居研究笔记 | 肖旻 | 《建筑学报》2014年Z1期 | 123~127 | 《建筑》编辑部 | 2014.10 |
| 浅析青海东部地区土族传统民居的特点与改良方法 | 南宏 | 《门窗》2014年10期 | 338~339 | 《门窗》编辑部 | 2014.10 |
| 官尺·营造尺·乡尺——古代营造实践中用尺制度再探 | 李浈 | 《建筑师》2014年5期 | 88~94 | 《建筑师》编辑部 | 2014.10 |
| 甘南农区藏式传统民居热环境 | 孙贺江　冷木吉 | 《土木建筑与环境工程》2014年5期 | 29~36 | 《土木建筑与环境工程》编辑部 | 2014.10 |
| 满族民居传统装饰符号在住宅粉饰工程中的应用 | 李勇　郑霏　吴枫 | 《沈阳建筑大学学报（社会科学版）》2014年4期 | 325~328 | 沈阳建筑大学 | 2014.10 |
| 川盐古道上的传统民居 | 赵逵 | 《中国三峡》2014年10期 | 62~79 | 《中国三峡》编辑部 | 2014.10 |
| 山西润城之废旧坩埚筑墙研究 | 吴星　贡小雷　张玉坤 | 《新建筑》2014年5期 | 126~129 | 《新建筑》编辑部 | 2014.10 |
| 云南藏区木结构民居柱架层构造技术 | 强明礼　任海青　袁哲 | 《华中建筑》2014年10期 | 159~162 | 《华中建筑》编辑部 | 2014.10 |
| 带状空间结构传统聚落的空间承载力研究——以碛口古镇为例 | 杨鹏 | 《华中建筑》2014年10期 | 170~173 | 《华中建筑》编辑部 | 2014.10 |
| 建筑学教育体系建构与传统建筑文化发展分析 | 范霄鹏　杨慧媛 | 《中国勘察设计》2014年10期 | 67~69 | 《中国勘察设计》编辑部 | 2014.10 |

| 论文名 | 作者 | 刊载杂志 | 页码 | 编辑出版单位 | 出版日期 |
|---|---|---|---|---|---|
| 官学化背景下两湖民间书院建筑形态衍化探讨 | 李晓峰 潘方东 陈刚 | 《南方建筑》2014年5期 | 58~63 | 《南方建筑》编辑部 | 2014.10 |
| 岭南民居铭石楼室内陈设的地域特色解析 | 陈惠华 胡传双 鲁群霞 淡智慧 | 《家具与室内装饰》2014年10期 | 62~63 | 《家具与室内装饰》编辑部 | 2014.10 |
| 鄂东陈家山传统民居的环境设计——以陈氏祖堂屋为例 | 卢雪松 | 《装饰》2014年10期 | 131~132 | 《装饰》编辑部 | 2014.10 |
| 小家庭生活方式影响下的传统民居研究——以漳州诒安堡民居平面布局为例 | 费迎庆 谭惠娟 | 《新建筑》2014年5期 | 130~135 | 《新建筑》杂志社 | 2014.10 |
| 平原水乡乡村聚落空间分布规律与格局优化——以湖北公安县为例 | 郑文升 姜玉培 罗静 王晓芳 | 《经济地理》2014年11期 | 120~127 | 《经济地理》编辑部 | 2014.11 |
| 基于民居文化和地形特征的乡村住宅设计——以伍重和斯特林的住区为例 | 刘新星 | 《工业设计》2014年11期 | 58~60 | 《工业设计》编辑部 | 2014.11 |
| 国内外乡村聚落景观格局研究综述 | 刘红梅 廖邦洪 | 《现代城市研究》2014年11期 | 30~35 | 《现代城市研究》编辑部 | 2014.11 |
| 论徽州古民居建筑与"礼、乐"精神 | 石琳 徐宁 | 《现代装饰（理论）》2014年11期 | 128~129 | 《现代装饰（理论）》编辑部 | 2014.11 |
| 南京城市景观中聚落增长热点的空间格局与影响因素 | 方芳 刘茂松 徐驰 张明娟 周雅星 | 《长江流域资源与环境》2014年1期 | 41~47 | 《长江流域资源与环境》编辑部 | 2014.11 |
| 西递徽州民居冬季室内热环境测试研究 | 宋冰 杨柳 刘大龙 洪祖根 | 《建筑技术》2014年11期 | 1033~1036 | 《建筑技术》编辑部 | 2014.11 |
| 北京宋庄艺术聚落与典型建筑空间探析 | 王小斌 李宝山 | 《华中建筑》2014年11期 | 166~170 | 《华中建筑》编辑部 | 2014.11 |
| 宁绍地区明代民居特征简述 | 徐学敏 | 《中国名城》2014年11期 | 53~57 | 《中国名城》编辑部 | 2014.11 |
| 高邮古城传统民居形态特征及成因初探 | 吴建勇 | 《中国名城》2014年11期 | 66~73 | 《中国名城》编辑部 | 2014.11 |
| 徽州古民居程氏三宅建筑形制浅析 | 毕忠松 | 《河南科技学院学报（自然科学版）》2014年42卷5期 | 29~33 | 河南科技学院 | 2014.11 |
| 海南黎族民居"船型屋"结构特征 | 张引 | 《装饰》2014年11期 | 83~85 | 《装饰》编辑部 | 2014.11 |
| 基于保护发展的豫西传统乡村聚落调查 | 张东 田银生 | 《南方建筑》2014年6期 | 43~47 | 《南方建筑》编辑部 | 2014.12 |

| 论文名 | 作者 | 刊载杂志 | 页码 | 编辑出版单位 | 出版日期 |
|---|---|---|---|---|---|
| 试论佛山松塘传统聚落形态特征 | 唐孝祥　陶媛 | 《南方建筑》2014年6期 | 52~55 | 《南方建筑》编辑部 | 2014.12 |
| 浅析京西马栏古村聚落环境与空间形态 | 贾宣墨　李春青 | 《北京建筑大学学报》2014年4期 | 8~13 | 北京建筑大学 | 2014.12 |
| 博弈内外、兼达众生——回族聚落特征解析 | 齐一聪 | 《建筑学报》2014年2期 | 60~65 | 《建筑学报》编辑部 | 2014.12 |
| 清之前内蒙古农牧交错地区"半农半牧"聚落形成的条件与历史沿革——以鄂尔多斯地区为例 | 王伟栋　宋昆　张杰　秦小东 | 《建筑学报》2014年2期 | 73~75 | 《建筑学报》编辑部 | 2014.12 |
| 文化景观视角下我国城乡历史聚落"景观-文化"构成关系解析——以西南地区历史聚落为例 | 肖竞 | 《建筑学报》2014年2期 | 89~97 | 《建筑学报》编辑部 | 2014.12 |
| 基于复杂适应系统理论（CAS）的中国传统村落演化适应发展策略研究 | 陈喆　姬煜　周涵滔　陈未 | 《建筑学报》2014年1期 | 57~63 | 《建筑学报》编辑部 | 2014.12 |
| 中原传统村落的院落空间研究——以河南郏县朱洼村和张店村为例 | 李斌　何刚　李华 | 《建筑学报》2014年1期 | 64~69 | 《建筑学报》编辑部 | 2014.12 |
| 国外房屋（住宅）研究对巴蜀传统民居研究的启示 | 熊梅 | 《西安建筑科技大学学报（社会科学版）》2014年6期 | 79~84 | 西安建筑科技大学 | 2014.12 |
| 广州酒家园林对岭南传统庭院特色的传承与发展 | 高海峰　陆琦　梁林 | 《南方建筑》2014年6期 | 66~69 | 《南方建筑》编辑部 | 2014.7 |
| 中国古典园林美学视角下传统聚落景观研究 | 黄研　闫杰　田海宁 | 《四川建筑科学研究》2014年6期 | 178~180 | 《四川建筑科学研究》编辑部 | 2014.12 |
| 鄂东北传统民居建筑范式模块化研究 | 欧阳红玉　陈必锋 | 《四川建筑科学研究》2014年6期 | 200~203 | 《四川建筑科学研究》编辑部 | 2014.12 |
| 从建筑设计与文化角度简析建川博物馆聚落 | 李倩倩　胡远航 | 《四川建筑科学研究》2014年6期 | 236~239 | 《四川建筑科学研究》编辑部 | 2014.12 |
| 苗族传统民居建筑空间功能与秩序化 | 高媛　但文红 | 《贵州师范大学学报（自然科学版）》2014年6期 | 25~29 | 贵州师范大学 | 2014.12 |
| 晋商传统民居建筑装饰中的三雕艺术 | 杨敏 | 《现代装饰（理论）》2014年12期 | 150~151 | 《现代装饰（理论）》编辑部 | 2014.12 |
| 南漳民居特色初探 | 张平乐　贵襄军 | 《现代装饰（理论）》2014年12期 | 152 | 《现代装饰（理论）》编辑部 | 2014.12 |

续表

| 论文名 | 作者 | 刊载杂志 | 页码 | 编辑出版单位 | 出版日期 |
|---|---|---|---|---|---|
| 地域民居建筑文化的传承与创新 | 张在宇 | 《现代装饰（理论）》2014年12期 | 205~206 | 《现代装饰（理论）》编辑部 | 2014.12 |
| 中国传统"轻型建筑"之原型思考与比较分析 | 谭刚毅 | 《建筑学报》2014年12期 | 86~91 | 《建筑学报》编辑部 | 2014.12 |
| 论乡土建筑聚落空间形态的影响因素——以湖南民居为例 | 赵启明　秦岩 | 《中南林业科技大学学报（社会科学版）》2014年6期 | 160~162 | 中南林业科技大学 | 2014.12 |
| 基于自组织理论的传统村落更新模式实证研究 | 樊海强　张鹰　刘淑虎　赵立珍 | 《长安大学学报（社会科学版）》2014年4期 | 132~135 | 长安大学 | 2014.12 |
| 风景园林学视角下的乡土景观研究——以太湖流域水网平原为例 | 刘通　吴丹子 | 《中国园林》2014年12期 | 40~43 | 《中国园林》编辑部 | 2014.12 |
| 地理环境与传统民居屋顶形态特征的对应思考 | 余亮 | 《华中建筑》2014年12期 | 27~31 | 《华中建筑》编辑部 | 2014.12 |
| 涵化与交融——泉州传统民居红砖墙装饰特色与适应性探索 | 林静　杨建华 | 《华中建筑》2014年12期 | 156~161 | 《华中建筑》编辑部 | 2014.12 |
| 花为媒——明清徽州民居花卉陈设对"礼"文化的表达 | 汪溟 | 《家具与室内装饰》2014年12期 | 64~65 | 《家具与室内装饰》编辑部 | 2014.12 |
| 新疆"阿依旺赛来"民居建筑的营造技术及文化特征 | 肖锟　杨海萍 | 《装饰》2014年12期 | 139~140 | 《装饰》编辑部 | 2014.12 |
| 中国民居建筑研究的新时期、新视野、新进展——"第二十届中国民居学术会议"综述 | 韩瑛　唐孝祥 | 《新建筑》2014年6期 | 149~151 | 《新建筑》杂志社 | 2014.12 |
| 近代广东侨乡家庭变化及其对民居空间的影响 | 郭焕宇　唐孝祥 | 《建筑学报》2014年S1期 | 74~77 | 《建筑学报》编辑部 | 2014.12 |
| 家族结构与行为方式对福建客家土楼形态的影响 | 周慧 | 《中外建筑》2015年1期 | 110~112 | 《中外建筑》编辑部 | 2015.1 |
| 大理喜洲传统院落布局营造的审美特色 | 宋进朝　陶勇 | 《福建建筑》2015年1期 | 18~20 | 《福建建筑》编辑部 | 2015.1 |
| 闽西北客家传统古民居改造分析 | 李甘 | 《福建建筑》2015年1期 | 21~23、17 | 《福建建筑》编辑部 | 2015.1 |

续表

| 论文名 | 作者 | 刊载杂志 | 页码 | 编辑出版单位 | 出版日期 |
|---|---|---|---|---|---|
| 闽北村镇传统民居文脉延续与宜居性建设——以武夷山城村为例 | 林莉 | 《小城镇建设》2015年1期 | 94~99 | 《小城镇建设》编辑部 | 2015.1 |
| 青海藏族庄廓民居及聚落研究——以巴麻堂村为例 | 崔文河 王军 | 《华中建筑》2015年33卷1期 | 74~80 | 《华中建筑》编辑部 | 2015.1 |
| 地域性如何塑造——以汉江上游移民村营建为例 | 李晓峰 谢超 | 《华中建筑》2015年33卷1期 | 149~155 | 《华中建筑》编辑部 | 2015.1 |
| 解析陕南传统院落式民居的多元特征 | 马科 李琰君 | 《华中建筑》2015年33卷1期 | 160~163 | 《华中建筑》编辑部 | 2015.1 |
| 关中传统民居门楼的成因及分布探究 | 张犁 | 《西北农林科技大学学报（社会科学版）》2015年15卷1期 | 146~149 | 西北农林科技大学 | 2015.1 |
| 基于肌理操作的文化旅游产业民居改造策略——以山东莱州山孙家村为例 | 周亚盛 周志菲 黄卿云 | 《建筑与文化》2015年1期 | 179~180 | 《建筑与文化》编辑部 | 2015.1 |
| 翁丁佤族原始村落文化对建筑的影响 | 张雯 | 《价值工程》2015年34卷2期 | 96~98 | 《价值工程》编辑部 | 2015.1 |
| 近代历史建筑保护改造中建筑文脉的延续——以张家口市堡子里传统民居保护改造为例 | 阎阳 武欣 赵一锋 席岳琳 | 《价值工程》2015年34卷2期 | 101~102 | 《价值工程》编辑部 | 2015.1 |
| 清代王家大院室内设计中"天人合一"观探微 | 江勇 | 《兰台世界》2015年3期 | 140~141 | 《兰台世界》编辑部 | 2015.1 |
| 从聚落地理文化理论视角看山地村寨形态与农田景观——以务川县仡佬族村寨的遗存保护控制性规划研究为例 | 吴雨浓 张纵 | 《北京林业大学学报（社会科学版）》2015年14卷1期 | 45~51 | 北京林业大学 | 2015.1 |
| 浅析新疆阿图什维吾尔族民居建筑空间特点 | 陈英杰 乃比江·艾山 波拉提别克·马合索提汗 李成博 | 《中国西部科技》2015年14卷1期 | 60~61、64 | 《中国西部科技》编辑部 | 2015.1 |
| 巴渝传统民居建筑"堂屋"空间探析 | 陈果 | 《重庆建筑》2015年14卷1期 | 17~19 | 《重庆建筑》编辑部 | 2015.1 |
| 村落保护：关键在于激活人心 | 罗德胤 | 《新建筑》2015年1期 | 23~27 | 《新建筑》编辑部 | 2015.2 |
| 新型城镇化导向下西北地区乡村转型研究 | 靳亦冰 李钰 王军 金明 | 《新建筑》2015年1期 | 38~41 | 《新建筑》编辑部 | 2015.2 |

| 论文名 | 作者 | 刊载杂志 | 页码 | 编辑出版单位 | 出版日期 |
|---|---|---|---|---|---|
| 山东黄河下游地区传统民居调查研究 | 刘修娟　吕红医　许根根 | 《中外建筑》2015年2期 | 48~50 | 《中外建筑》编辑部 | 2015.2 |
| 荥阳地区合院式传统民居砖雕文化研究 | 唐丽　庄昭奎 | 《中外建筑》2015年2期 | 59~61 | 《中外建筑》编辑部 | 2015.2 |
| 荥阳地区传统民居（砖雕）墀头构图特征研究——基于数值变量法的比较分析 | 白庆韬　吕红医　赵艺萌 | 《中外建筑》2015年2期 | 65~67 | 《中外建筑》编辑部 | 2015.2 |
| 粤北客家民居梁架雕刻的艺术探析 | 黄振伟 | 《艺术评论》2015年2期 | 112~115 | 《艺术评论》编辑部 | 2015.2 |
| 借鉴传统民居实现室内空间的绿色设计——以瓦库茶馆系列设计作品为例 | 董静 | 《艺术评论》2015年2期 | 125~128 | 《艺术评论》编辑部 | 2015.2 |
| 浅谈豫西南山地传统民居的营造技术特性 | 刘哲　常艳　华欣 | 《华中建筑》2015年33卷2期 | 70~74 | 《华中建筑》编辑部 | 2015.2 |
| 海南黎族传统民居的地域性表达研究 | 孙荣誉　郭佳茵 | 《华中建筑》2015年33卷2期 | 138~140 | 《华中建筑》编辑部 | 2015.2 |
| 古村落空间演变及人文信息的文献学解读——以山西平遥水磨头村的民居调研为例 | 汤诗旷 | 《华中建筑》2015年33卷2期 | 146~152 | 《华中建筑》编辑部 | 2015.2 |
| 浙江传统民居（沿海石屋群）改造与保护探究 | 高嵩 | 《建筑与文化》2015年2期 | 130~131 | 《建筑与文化》编辑部 | 2015.2 |
| 浅谈浙江传统民居建构所体现人体健康理念 | 池方爱　何礼平　潘冬旭　黄炜 | 《建筑与文化》2015年2期 | 169~170 | 《建筑与文化》编辑部 | 2015.2 |
| 侗族建筑艺术特点及审美特征探析——以桂北、贵南地区为例 | 马学旺 | 《现代装饰（理论）》2015年2期 | 165~166 | 《现代装饰（理论）》编辑部 | 2015.2 |
| 生土地坑窑民居夏季室内外热环境监测与评价 | 童丽萍　许春霞 | 《建筑科学》2015年31卷2期 | 9~14 | 《建筑科学》编辑部 | 2015.2 |
| 佤族传统民居文化意蕴探析——以翁丁村为例 | 杨竹芬 | 《黑河学刊》2015年2期 | 31~33 | 《黑河学刊》编辑部 | 2015.2 |
| 江南水乡传统临水民居低能耗技术的传承与改造 | 杨维菊　高青　徐斌　尹述盛 | 《建筑学报》2015年2期 | 66~69 | 中国建筑学会 | 2015.2 |
| 永顺老司城土家族民居的变迁 | 周婷　单军　张博 | 《建筑学报》2015年2期 | 78~83 | 中国建筑学会 | 2015.2 |

续表

| 论文名 | 作者 | 刊载杂志 | 页码 | 编辑出版单位 | 出版日期 |
|---|---|---|---|---|---|
| 祠祀空间的形制及其社会成因——从鄂东地区"祠居合一"型大屋谈起 | 谭刚毅 任丹妮 | 《建筑学报》2015年2期 | 97~101 | 中国建筑学会 | 2015.2 |
| 河南省焦作市北朱村古民居 | 张雅茹 张长杰 | 《中原文物》2015年1期 | 114~116 | 《中原文物》编辑部 | 2015.2 |
| 巴渝庄园建筑防御特色研究——以重庆涪陵石龙井庄园为例 | 陈果 张霁 | 《重庆建筑》2015年14卷2期 | 26~28 | 《重庆建筑》编辑部 | 2015.2 |
| 家屋营建与圣化实践——侗族传统民居建造仪式的田野表述 | 赵巧艳 | 《广西民族师范学院学报》2015年32卷1期 | 34~41 | 广西民族师范学院 | 2015.2 |
| 新疆库车维吾尔族传统民居建筑文化特色 | 赵亚辉 李春雪 毕永奇 邢小宁 | 《农村经济与科技》2015年26卷2期 | 179~180 | 《农村经济与科技》编辑部 | 2015.2 |
| 从猪栏酒吧看传统民居建筑改造方法 | 陈敬 王芳 刘加平 | 《四川建筑科学研究》2015年41卷1期 | 80~84 | 《四川建筑科学研究》编辑部 | 2015.2 |
| 民族民居"传统性"的应答要素研究——佤族民居的调研与思考 | 杨茜 翟辉 | 《四川建筑科学研究》2015年41卷1期 | 274~277、282 | 《四川建筑科学研究》编辑部 | 2015.2 |
| 成都地区传统民居保护与更新模式研究 | 张晓晗 罗谦 | 《中华文化论坛》2015年2期 | 157~165 | 《中华文化论坛》编辑部 | 2015.2 |
| 呼唤传统民居建筑的本土特色——南京传统民居与江南各地民居差异比较 | 盖星石 | 《江苏建筑》2015年1期 | 1~5 | 《江苏建筑》编辑部 | 2015.2 |
| 传统民居研究的新动向——第二十届中国民居学术会议综述 | 魏峰 郭焕宇 唐孝祥 | 《南方建筑》2015年1期 | 4~7 | 《南方建筑》编辑部 | 2015.2 |
| 关于泛江南地域乡土建筑营造的技术类型与区划探讨——《不同地域特色传统村镇住宅图集》(上)编后记 | 李浈 雷冬霞 刘成 | 《南方建筑》2015年1期 | 36~42 | 《南方建筑》编辑部 | 2015.2 |
| 侗族传统民居主屋与谷仓的象征人类学阐释 | 赵巧艳 | 《南方建筑》2015年1期 | 43~48 | 《南方建筑》编辑部 | 2015.2 |
| 湖南郴州地区传统民居形式浅析 | 佟士枢 | 《南方建筑》2015年1期 | 62~66 | 《南方建筑》编辑部 | 2015.2 |

| 论文名 | 作者 | 刊载杂志 | 页码 | 编辑出版单位 | 出版日期 |
|---|---|---|---|---|---|
| 福州三坊七巷第宅园林建筑空间结构解析 | 郑玮锋　朱永春 | 《中外建筑》2015年3期 | 85~89 | 《中外建筑》编辑部 | 2015.3 |
| 保加利亚传统民居建筑研究 | 毕昕　李晓东 | 《中国名城》2015年3期 | 75~79 | 《中国名城》编辑部 | 2015.3 |
| 滇西北傈僳族传统井干式民居 | 王祎婷　翟辉 | 《华中建筑》2015年33卷3期 | 195~199 | 《华中建筑》编辑部 | 2015.3 |
| 民俗学视阈下徽州古民居中堂装饰文化特征 | 许兴海 | 《装饰》2015年3期 | 112~114 | 《装饰》编辑部 | 2015.3 |
| 陕南安康地区民居地域特色及其传承与发展 | 余咪咪　任云英　刘淑虎　马冬梅 | 《建筑与文化》2015年3期 | 109~111 | 《建筑与文化》编辑部 | 2015.3 |
| 明清陕西书院建筑表征的历史文化分析 | 周春芳　王军 | 《建筑与文化》2015年3期 | 143~146 | 《建筑与文化》编辑部 | 2015.3 |
| 黄陂大余湾传统民居建筑及其装饰图形的文化资本属性探析 | 冷先平 | 《艺术与设计（理论）》2015年2卷3期 | 90~92 | 《艺术与设计（理论）》编辑部 | 2015.3 |
| 合院式民居中的半开敞空间及装饰艺术研究——以云南彝族民居"一颗印"为例 | 贾鑫铭　王尽遥 | 《民族艺术研究》2015年28卷1期 | 122~127 | 《民族艺术研究》编辑部 | 2015.3 |
| 湘南地区传统民居建筑形式语言研究 | 陈福群　游志宏 | 《重庆建筑》2015年14卷3期 | 9~11 | 《重庆建筑》编辑部 | 2015.3 |
| 从建筑角度看白族家具设计的辩证思维 | 范伟 | 《贵州民族研究》2015年36卷3期 | 122~125 | 《贵州民族研究》编辑部 | 2015.3 |
| 湖北传统民居及其装饰文化的视觉符号传播研究 | 冷先平 | 《新建筑》2015年2期 | 126~131 | 《新建筑》编辑部 | 2015.4 |
| 乡土民居与聚落更新 | 范霄鹏　王振南 | 《中国名城》2015年4期 | 73~77 | 《中国名城》编辑部 | 2015.4 |
| 普通乡村聚落更新中传统民居保护修缮设计——从安徽金寨徐家大院谈起 | 林舒玲　张颀 | 《城市建筑》2015年10期 | 36~39 | 《城市建筑》编辑部 | 2015.4 |
| 黔东南苗族传统木结构民居现状与展望 | 许新桥　向琴　王丽　任海青　赵荣军 | 《林产工业》2015年42卷4期 | 51~53 | 《林产工业》编辑部 | 2015.4 |
| 传统民居的现状和保护对策探讨 | 范国蓉 | 《四川文物》2015年2期 | 87~90、96 | 《四川文物》编辑部 | 2015.4 |
| 传统北京四合院民居的形制思考 | 郑家鑫 | 《美术教育研究》2015年7期 | 178~179 | 《美术教育研究》编辑部 | 2015.4 |

| 论文名 | 作者 | 刊载杂志 | 页码 | 编辑出版单位 | 出版日期 |
|---|---|---|---|---|---|
| 传统民居：建筑文化的基础载体 | 范霄鹏　薛鸿博 | 《中国勘察设计》2015年4期 | 64~67 | 《中国勘察设计》编辑部 | 2015.4 |
| 赣南客家民居夯土建筑形制与工艺 | 肖龙　王研霞 | 《设计艺术研究》2015年5卷2期 | 121~125 | 《设计艺术研究》编辑部 | 2015.4 |
| 徽州古民居宅园空间特征及类型分析 | 严军　张瑞　关玉凤 | 《建筑与文化》2015年4期 | 91~94 | 《建筑与文化》编辑部 | 2015.4 |
| 日本传统民居住宅空间文脉传承之文化解读 | 赵百秋 | 《建筑与文化》2015年4期 | 170~171 | 《建筑与文化》编辑部 | 2015.4 |
| 近代潮汕侨乡民居文化"生产型"特征探析 | 郭焕宇　唐孝祥 | 《华南理工大学学报（社会科学版）》2015年17卷2期 | 101~105 | 《华南理工大学》编辑部 | 2015.4 |
| 徽州传统民居庭院与花厅分析 | 汪寒秋 | 《安徽建筑大学学报》2015年23卷2期 | 101~104 | 《安徽建筑大学》编辑部 | 2015.4 |
| 皖南古村落及其民居建筑艺术对现代设计的启示——以西递、宏村为例 | 成婧欢 | 《包装学报》2015年7卷2期 | 79~84 | 《包装学报》编辑部 | 2015.4 |
| 古民居历史文化遗产的保护与再利用——以皖南古村落宏村、西递、碧山为例 | 王乃琴 | 《艺术科技》2015年28卷4期 | 290 | 《艺术科技》编辑部 | 2015.4 |
| 文化导向的城市历史村镇更新模式比较研究——以广州市小洲村、黄埔古村、沙湾古镇为例 | 梁明珠　赵思佳 | 《现代城市研究》2015年4期 | 48~54 | 《现代城市研究》编辑部 | 2015.4 |
| 丹巴地区藏族民居建造方式的演变与民族性表达 | 曹勇　麦贤敏 | 《建筑学报》2015年4期 | 86~91 | 中国建筑学会 | 2015.4 |
| 危机化解与秩序重构：侗族传统民居中的洁净诉求 | 赵巧艳 | 《广西民族研究》2015年2期 | 68~77 | 《广西民族研究》编辑部 | 2015.4 |
| 云南藏区坡顶屋民居屋盖层构造技术 | 强明礼　任海青　袁哲　王萌萌 | 《四川建筑科学研究》2015年41卷2期 | 18~20 | 《四川建筑科学研究》编辑部 | 2015.4 |
| 青海回族传统民居生态设计浅析 | 左丹　赵克俭 | 《四川建筑科学研究》2015年41卷2期 | 241~244 | 《四川建筑科学研究》编辑部 | 2015.4 |
| 我国南北传统民居院落形制比较 | 郑家鑫 | 《美与时代（城市版）》2015年4期 | 24~25 | 《美与时代（城市版）》编辑部 | 2015.4 |
| 徽州传统民居夏季室内热环境研究 | 宋冰　白鲁建　杨柳　胡冗冗　黄睿洁 | 《建筑节能》2015年43卷4期 | 69~73 | 《建筑节能》编辑部 | 2015.4 |
| 晋商民居的文化与使用价值——曹家大院的历史地位和保存价值 | 蒋力 | 《四川建筑》2015年35卷2期 | 61~63 | 《四川建筑》编辑部 | 2015.4 |

续表

| 论文名 | 作者 | 刊载杂志 | 页码 | 编辑出版单位 | 出版日期 |
|---|---|---|---|---|---|
| 客家围屋建筑功能、形象和技术特点例析——从人文与科学的角度 | 熊志嘉　麦恒 | 《江苏建筑》2015年2期 | 1~3、10 | 《江苏建筑》编辑部 | 2015.4 |
| 云南偏远山区少数民族民居的绿色更新——方法与实践 | 周伟 | 《南方建筑》2015年2期 | 32~37 | 《南方建筑》编辑部 | 2015.4 |
| 多元建筑元素文化聚焦——林寨古村四角楼 | 林超慧　唐壮丽　李凤玲 | 《南方建筑》2015年2期 | 80~86 | 《南方建筑》编辑部 | 2015.4 |
| 通海县河西古镇街道网络空间形态定量研究 | 孙朋涛　杨大禹 | 《南方建筑》2015年2期 | 99~103 | 《南方建筑》编辑部 | 2015.4 |
| 环境、空间与历史记忆——云南"一颗印"民居建筑类型的文化意涵探究 | 郑艳姬 | 《昆明学院学报》2015年37卷2期 | 139~146 | 《昆明学院》编辑部 | 2015.4 |
| 客家侨乡民居营建思想探析 | 郭焕宇 | 《中国名城》2015年5期 | 91~94 | 《中国名城》编辑部 | 2015.5 |
| 基于文化地理研究的传统村落及民居保护策略——以广东梅州为例 | 曾艳　黄家平　肖大威 | 《小城镇建设》2015年5期 | 90~94 | 《小城镇建设》编辑部 | 2015.5 |
| 传统白族民居如何适应现代功能需求——以沙溪白族民居为个案 | 张超伦　戴路　翟辉 | 《价值工程》2015年34卷13期 | 232~233 | 《价值工程》编辑部 | 2015.5 |
| 迪庆州德钦县霞若乡传统民居分析 | 王祎婷　翟辉 | 《价值工程》2015年34卷14期 | 249~253 | 《价值工程》编辑部 | 2015.5 |
| 重庆中山古镇龙塘村传统民居热舒适度调查及改造对策 | 严永红　缪佳伟　罗韶华 | 《西部人居环境学刊》2015年30卷2期 | 40~43 | 《西部人居环境学刊》编辑部 | 2015.5 |
| 西双版纳哈尼族住屋空间模式溯源 | 唐黎洲　杨大禹 | 《云南民族大学学报（哲学社会科学版）》2015年32卷3期 | 55~59 | 《云南民族大学》编辑部 | 2015.5 |
| 藏族民居石砌体基本力学性能试验与数值仿真 | 刘伟兵　崔利富　孙建刚　王振　李想 | 《大连民族学院学报》2015年17卷3期 | 252~256 | 《大连民族学院》编辑部 | 2015.5 |
| 传统民居资源保护现状调研——以河北省为例 | 解丹　舒平 | 《人民论坛》2015年14期 | 184~186 | 《人民论坛》编辑部 | 2015.5 |
| 中西文化交融下的民国时期四川民居探析——以井研县熊克武故居为例 | 杨帆　周波　陈一　李沄璋 | 《建筑与文化》2015年5期 | 208~211 | 《建筑与文化》编辑部 | 2015.5 |
| 贵州苗寨吊脚楼的发展与演变——以西江千户苗寨为例 | 尚澎　沈飞宇　孙友富 | 《设计》2015年8期 | 119~121 | 《设计》编辑部 | 2015.5 |

续表

| 论文名 | 作者 | 刊载杂志 | 页码 | 编辑出版单位 | 出版日期 |
|---|---|---|---|---|---|
| 武陵地区民居变迁刍议 | 黄东升 邹凤波 | 《三峡论坛（三峡文学·理论版）》2015年3期 | 5~8 | 《三峡论坛（三峡文学·理论版）》编辑部 | 2015.5 |
| 象征人类学视角下的中国传统民居研究——以土家吊脚楼为例 | 娄晓梦 孟莹 | 《美与时代（城市版）》2015年5期 | 17~18 | 《美与时代（城市版）》编辑部 | 2015.5 |
| 浅谈贵州地扪侗族传统民居特色与现代民居建设 | 吴岳骏 | 《宁夏大学学报（人文社会科学版）》2015年37卷3期 | 178~180 | 宁夏大学 | 2015.5 |
| 贵州地区布依族民居的生态性研究 | 黎玉洁 | 《中外建筑》2015年6期 | 60~61 | 《中外建筑》编辑部 | 2015.6 |
| 浅析淮安市传统民居的形成因素 | 康锦润 陈萍 王成修 | 《中外建筑》2015年6期 | 70~72 | 《中外建筑》编辑部 | 2015.6 |
| 浅析杭州中山路历史街区的保护与更新 | 章易 关瑞明 | 《中外建筑》2015年6期 | 77~79 | 《中外建筑》编辑部 | 2015.6 |
| 北方古代大空间建筑气候适应性初探 | 张顾 徐虹 黄琼 刘刚 | 《新建筑》2015年3期 | 110~115 | 《新建筑》编辑部 | 2015.6 |
| 重庆山地传统民居建筑的艺术特征——以中山镇龙塘村为例 | 冯维波 胡大伟 | 《中国名城》2015年6期 | 91~96 | 《中国名城》编辑部 | 2015.6 |
| 风貌、文化、产业三位一体的少数民族特色村寨规划设计探讨——以罗源县霍口畲族乡福湖村为例 | 胡赛强 | 《小城镇建设》2015年6期 | 98~104 | 《小城镇建设》编辑部 | 2015.6 |
| 流坑古村民居装饰的文化内涵初探 | 甘琳欣 | 《华中建筑》2015年33卷6期 | 147~150 | 《华中建筑》编辑部 | 2015.6 |
| 常州明清民居中厅堂平面模式研究 | 王佳虹 蔡军 | 《华中建筑》2015年33卷6期 | 166~170 | 《华中建筑》编辑部 | 2015.6 |
| 川西民居与徽州民居街巷空间比较研究 | 李沄璋 李旭鲲 曹毅 | 《华中建筑》2015年33卷6期 | 176~180 | 《华中建筑》编辑部 | 2015.6 |
| 南海岛屿建筑外观设计中的黎族传统民居元素应用 | 张引 | 《装饰》2015年6期 | 80~81 | 清华大学 | 2015.6 |
| 川渝地区夯土民居架空地面防潮设计 | 南艳丽 冯雅 钟辉智 刘希臣 | 《建筑科学》2015年31卷6期 | 90~94 | 《建筑科学》编辑部 | 2015.6 |
| 京津冀地区传统民居调查与分析 | 解丹 舒平 孔江伟 | 《建筑与文化》2015年6期 | 121~122 | 《建筑与文化》编辑部 | 2015.6 |
| 探索辽南传统民居的再生之路——以大连瓦房店复州城为例 | 周荃 | 《建筑与文化》2015年6期 | 127~128 | 《建筑与文化》编辑部 | 2015.6 |

续表

| 论文名 | 作者 | 刊载杂志 | 页码 | 编辑出版单位 | 出版日期 |
|---|---|---|---|---|---|
| 广西壮族建筑装饰元素的文化内涵研究 | 蔡安宁 | 《艺术科技》2015年28卷6期 | 45 | 《艺术科技》编辑部 | 2015.6 |
| 传统民居屋顶形态生成的自然选择作用与影响探究 | 余亮 | 《建筑师》2015年3期 | 66~70 | 中国建筑工业出版社 | 2015.6 |
| 吐鲁番地区生土民居过渡季热环境测试研究 | 李程 何文芳 杨柳 刘加平 | 《建筑节能》2015年43卷6期 | 104~109 | 《建筑节能》编辑部 | 2015.6 |
| 导光管照明系统在江苏沿海地区民居节能改造中的应用前景研究 | 王进 胡艳丽 黄康民 赵永东 | 《建筑节能》2015年43卷6期 | 115~117 | 《建筑节能》编辑部 | 2015.6 |
| 关于大理白族传统普通民居发展的调查研究 | 赵静 李汝恒 | 《四川建筑科学研究》2015年41卷3期 | 165~168 | 《四川建筑科学研究》编辑部 | 2015.6 |
| 蔚县传统民居院落空间文化 | 任登军 徐良 张慧 | 《重庆建筑》2015年14卷6期 | 13~15 | 《重庆建筑》编辑部 | 2015.6 |
| 朝鲜族传统民居的儒道文化阐释 | 韦宝畏 李波 | 《西安建筑科技大学学报（社会科学版）》2015年34卷3期 | 60~63 | 《西安建筑科技大学》编辑部 | 2015.6 |
| 川西高原藏族民居室内热环境测试研究 | 何泉 刘大龙 朱新荣 杨柳 刘加平 | 《西安建筑科技大学学报（自然科学版）》2015年47卷3期 | 402~406 | 《西安建筑科技大学》编辑部 | 2015.6 |
| "前台—后台理论"在传统村镇保护更新中的运用 | 张剑文 杨大禹 | 《南方建筑》2015年3期 | 65~70 | 《南方建筑》编辑部 | 2015.6 |
| 青海传统民居生态适应性与绿色更新设计研究 | 崔文河 王军 金明 | 《生态经济》2015年31卷7期 | 190~194 | 《生态经济》编辑部 | 2015.7 |
| 淮扬建筑风格要素厘定及文化价值认知 | 陈然 | 《规划师》2015年31卷S1期 | 280~284 | 《规划师》编辑部 | 2015.7 |
| 檐口形状影响四坡低矮房屋面平均风压分布规律的数值模拟研究 | 戴益民 邹思敏 刘也 雷静敏 蒋荣正 | 《建筑结构》2015年45卷13期 | 94~99 | 《建筑结构》编辑部 | 2015.7 |
| 论客家聚居建筑的实用性与精神性 | 刘婉华 | 《华中建筑》2015年33卷7期 | 7~11 | 《华中建筑》编辑部 | 2015.7 |
| 郑州方顶村传统民居空间形态分析 | 唐丽 丰莎 | 《华中建筑》2015年33卷7期 | 51~56 | 《华中建筑》编辑部 | 2015.7 |
| 民居文化视野下广州荔湾区兴龙街社区改造设计 | 曾艳 肖大威 | 《华中建筑》2015年33卷7期 | 98~101 | 《华中建筑》编辑部 | 2015.7 |
| 明清陕西书院建筑研究 | 周春芳 王军 | 《华中建筑》2015年33卷7期 | 110~113 | 《华中建筑》编辑部 | 2015.7 |
| 福建客家土楼建筑理念的初探 | 盛建荣 夏诗雪 | 《华中建筑》2015年33卷7期 | 124~127 | 《华中建筑》编辑部 | 2015.7 |

| 论文名 | 作者 | 刊载杂志 | 页码 | 编辑出版单位 | 出版日期 |
|---|---|---|---|---|---|
| 乡土建筑之于环境的适应性研究——宁波东钱湖陶公村研究为例 | 韩建华 | 《华中建筑》2015年33卷7期 | 140~145 | 《华中建筑》编辑部 | 2015.7 |
| 丽江纳西传统民居之蛮楼类木构架营造技术研究 | 吴宇晨　贾东 | 《华中建筑》2015年33卷7期 | 155~159 | 《华中建筑》编辑部 | 2015.7 |
| 传统村落的出路 | 罗德胤　王璐娟　周丽雅 | 《城市环境设计》2015年2期 | 160~161 | 《城市环境设计》编辑部 | 2015.7 |
| 徽派民居建筑元素设计特征在现代建筑中的应用 | 杨光明 | 《建设科技》2015年13期 | 60~62 | 《建设科技》编辑部 | 2015.7 |
| 河西走廊武威地区乡土民居营建智慧与更新研究 | 张震文　靳亦冰　王军 | 《建筑与文化》2015年7期 | 99~102 | 《建筑与文化》编辑部 | 2015.7 |
| 色尔古藏寨民居聚落的保护与发展探析 | 张燕　李军环 | 《建筑与文化》2015年7期 | 106~109 | 《建筑与文化》编辑部 | 2015.7 |
| 解读胜芳传统民居：中西交融的四合院 | 解丹　舒平　魏文怡 | 《建筑与文化》2015年7期 | 137~138 | 《建筑与文化》编辑部 | 2015.7 |
| 辽宁满族民居状况分析 | 董雅　丁晗 | 《建筑与文化》2015年7期 | 146~147 | 《建筑与文化》编辑部 | 2015.7 |
| 福建古民居建筑色彩区域的地理分布及成因探析 | 靳凤华 | 《福州大学学报（哲学社会科学版）》2015年29卷4期 | 87~91 | 《福州大学》编辑部 | 2015.7 |
| 大理白族传统院落式民居的解析与模式语言 | 程瑶 | 《价值工程》2015年34卷20期 | 206~209 | 《价值工程》编辑部 | 2015.7 |
| 古村落中非重点古建筑民居的保护模式——以江西流坑古村落为例 | 熊茂华 | 《城市学刊》2015年36卷4期 | 71~73 | 《城市学刊》编辑部 | 2015.7 |
| 佤族干阑式木结构民居振动台试验研究 | 褚青青　白羽　冯芸　刘占忠　赖正聪 | 《建筑结构》2015年45卷14期 | 8~12 | 《建筑结构》编辑部 | 2015.7 |
| 徽州民居中天井对夏季室内热环境的影响 | 杨阳　方廷勇　王礼飞　曹必腾 | 《建筑节能》2015年43卷7期 | 59~62 | 《建筑节能》编辑部 | 2015.7 |
| 西南少数民族图案传承应用的符号学逻辑 | 谢青 | 《贵州民族研究》2015年36卷7期 | 41~44 | 《贵州民族研究》编辑部 | 2015.7 |
| 教育人类学视野中的少数民族文化遗产开发——以大理喜洲民居为例 | 徐姗姗 | 《贵州民族研究》2015年36卷7期 | 77~81 | 《贵州民族研究》编辑部 | 2015.7 |
| 贵州地扪侗寨室外风环境实测研究及评价 | 李峥嵘　吴少丹　赵群 | 《建筑热能通风空调》2015年34卷4期 | 27~30 | 《建筑热能通风空调》编辑部 | 2015.7 |

续表

| 论文名 | 作者 | 刊载杂志 | 页码 | 编辑出版单位 | 出版日期 |
|---|---|---|---|---|---|
| 传统岭南民居自然通风数值模拟研究 | 高娜　胡文斌　吴晨晨 | 《建筑热能通风空调》2015年34卷4期 | 76~79 | 《建筑热能通风空调》编辑部 | 2015.7 |
| 成都大慈寺片区更新中传统民居群体空间营造的传承与创新 | 金秋平 | 《建筑设计管理》2015年32卷7期 | 51~54 | 《建筑设计管理》编辑部 | 2015.7 |
| 大理当下民居空间的旅游适应性重构——以双廊客栈为例 | 王潇楠　车震宇 | 《新建筑》2015年4期 | 89~93 | 《新建筑》编辑部 | 2015.8 |
| 基于模拟技术的贵州民居自然通风策略研究 | 杨鸿玮　刘丛红 | 《新建筑》2015年4期 | 98~101 | 《新建筑》编辑部 | 2015.8 |
| 豫西民居门墩雕刻吉祥图案研究 | 窦炎 | 《艺术评论》2015年8期 | 156~157 | 《艺术评论》编辑部 | 2015.8 |
| 荥阳地区传统民居保护与利用案例研究 | 杨杏歌　吕红医 | 《华中建筑》2015年33卷8期 | 159~163 | 《华中建筑》编辑部 | 2015.8 |
| 从中国传统民居看地域环境与建筑的内在关系 | 孙巍 | 《吉林建筑大学学报》2015年32卷4期 | 36~38 | 《吉林建筑大学》编辑部 | 2015.8 |
| 保护中华文明之"根"——以第三次全国传统村落调查谈陕西省传统村落保存概况 | 颜培 | 《建筑与文化》2015年8期 | 162~163 | 《建筑与文化》编辑部 | 2015.8 |
| 屏山祠堂建筑形制研究 | 丁娜 | 《安徽建筑大学学报》2015年23卷4期 | 77~81 | 《安徽建筑大学》编辑部 | 2015.8 |
| 巴渝建筑风格源流探析 | 何智亚 | 《重庆建筑》2015年14卷8期 | 5~13 | 《重庆建筑》编辑部 | 2015.8 |
| 客家围屋军事防御艺术管窥 | 袁君煊 | 《西安建筑科技大学学报（社会科学版）》2015年34卷4期 | 44~48 | 《西安建筑科技大学》编辑部 | 2015.8 |
| 侗族传统民居的工具性象征符号解读 | 赵巧艳 | 《广西民族师范学院学报》2015年32卷4期 | 7~13 | 《广西民族师范学院》编辑部 | 2015.8 |
| 瑶族民居的多样性探究 | 何琳 | 《四川建筑》2015年35卷4期 | 78~80、83 | 《四川建筑》编辑部 | 2015.8 |
| 藏族民居建房风俗研究 | 李程 | 《四川建筑》2015年35卷4期 | 98~99 | 《四川建筑》编辑部 | 2015.8 |
| "竹"在民居中的应用及其现代演绎 | 陈奎伊 | 《四川建筑》2015年35卷4期 | 102~104 | 《四川建筑》编辑部 | 2015.8 |
| 简析黔东南州传统民居在当代的继承发展 | 芦岩　袁铿　黄子鉴 | 《四川建筑》2015年35卷4期 | 113~115 | 《四川建筑》编辑部 | 2015.8 |
| 关中半山半塬地区民居空间格局演变 | 韦娜　刘茵 | 《西安建筑科技大学学报（自然科学版）》2015年47卷4期 | 575~580 | 《西安建筑科技大学》编辑部 | 2015.8 |
| 传统村落民居再利用类型分析 | 冀晶娟　肖大威 | 《南方建筑》2015年4期 | 48~51 | 《南方建筑》编辑部 | 2015.8 |

续表

| 论文名 | 作者 | 刊载杂志 | 页码 | 编辑出版单位 | 出版日期 |
|---|---|---|---|---|---|
| 探究苏南历史文化村镇景观的变迁 | 姚亦锋　赵培培　张雪茹 | 《中国名城》2015年9期 | 72~80 | 《中国名城》编辑部 | 2015.9 |
| 桂林传统历史街巷保护路径研究 | 洪德善 | 《中国名城》2015年9期 | 86~89 | 《中国名城》编辑部 | 2015.9 |
| 传统聚落"自助式"保护与再生 | 张鹰 | 《城乡建设》2015年9期 | 11 | 《城乡建设》编辑部 | 2015.9 |
| 尤溪县传统村落保护与发展的思考 | 詹焕生 | 《城乡建设》2015年9期 | 13 | 《城乡建设》编辑部 | 2015.9 |
| 闽台传统乡村聚落景观特征库的构建研究——108个闽台传统乡村聚落样本景观特征调查报告 | 李霄鹤　兰思仁　董建文　余韵 | 《福建论坛（人文社会科学版）》2015年9期 | 188~192 | 《福建论坛（人文社会科学版）》编辑部 | 2015.9 |
| 川黔古驿——尧坝镇 | 高朝暄　田家兴　李志新 | 《小城镇建设》2015年9期 | 16~17 | 《小城镇建设》编辑部 | 2015.9 |
| 威信双河苗族传统民居营造解析 | 刘伶俐 | 《价值工程》2015年34卷25期 | 238~240 | 《价值工程》编辑部 | 2015.9 |
| 传统民居建筑中的乡土材料 | 周振辉 | 《设计》2015年17期 | 80~81 | 《设计》编辑部 | 2015.9 |
| 闽北古建聚落初探——以武夷山城村为例 | 王琼　季宏　张鹰 | 《华中建筑》2015年33卷9期 | 168~172 | 《华中建筑》编辑部 | 2015.9 |
| 河北蔚县暖泉镇生土聚落田野调查 | 范霄鹏　石琳 | 《古建园林技术》2015年3期 | 53~56 | 《古建园林技术》编辑部 | 2015.9 |
| 西藏工布地区石木建构的田野调查 | 范霄鹏　孙瑞 | 《古建园林技术》2015年3期 | 57~61 | 《古建园林技术》编辑部 | 2015.9 |
| 河南古民居及其保护 | 陈磊　亓艳芝　陈晨 | 《古建园林技术》2015年3期 | 77~80 | 《古建园林技术》编辑部 | 2015.9 |
| 苏北沿海传统民居夏季室内热环境实测分析 | 白鲁建　张毅　杨柳　宋冰 | 《暖通空调》2015年45卷9期 | 80~84、56 | 《暖通空调》编辑部 | 2015.9 |
| 闽南民居建筑精神空间形态演变视野下的地域性研究 | 王绍森　郭文乐 | 《建筑与文化》2015年9期 | 121~122 | 《建筑与文化》编辑部 | 2015.9 |
| 皖中地区传统民居现状调查与研究 | 毛心彤　陈骏祎　司亚丽　李早 | 《建筑与文化》2015年9期 | 132~133 | 《建筑与文化》编辑部 | 2015.9 |
| 历史文化名城改造中城市风貌、文化特色的传承与保护——以喀什老城区的改造为例 | 陆易农　王元新 | 《建筑与文化》2015年9期 | 156~161 | 《建筑与文化》编辑部 | 2015.9 |
| 基于多重保护主体的历史文化街区保护规划 | 沈旸　周小棣　马骏华 | 《东南大学学报（自然科学版）》2015年45卷5期 | 1020~1026 | 东南大学 | 2015.9 |
| 豫北传统民居院落形制的气候适应性 | 李道一　张萍　闫海燕 | 《绿色科技》2015年9期 | 291~293 | 《绿色科技》编辑部 | 2015.9 |

| 论文名 | 作者 | 刊载杂志 | 页码 | 编辑出版单位 | 出版日期 |
|---|---|---|---|---|---|
| 浅谈传统民居的时间足迹和空间差异 | 赵娟 | 《农村经济与科技》2015年26卷9期 | 220~221 | 《农村经济与科技》编辑部 | 2015.9 |
| 川西嘉绒藏族传统民居建筑生态性研究 | 刘祥　李军环　杜高潮　王艺霏 | 《建筑节能》2015年43卷9期 | 74~77、92 | 《建筑节能》编辑部 | 2015.9 |
| 洁净与肮脏：侗族传统民居建造仪式场域中的群体符号边界 | 赵巧艳 | 《贵州民族研究》2015年36卷9期 | 83~87 | 《贵州民族研究》编辑部 | 2015.9 |
| 城镇化进程中少数民族特色村寨保护与规划建设研究——以广西少数民族村寨为例 | 刘志宏　李钟国 | 《广西社会科学》2015年9期 | 31~34 | 《广西社会科学》编辑部 | 2015.9 |
| 辽南传统民居的气候应对策略 | 周荃 | 《低温建筑技术》2015年37卷9期 | 37~39 | 《低温建筑技术》编辑部 | 2015.9 |
| "汉文化孤岛"——隆里古城 | 杨秀廷　单洪根　杨胜屏 | 《原生态民族文化学刊》2015年7卷3期 | 157~159 | 《原生态民族文化学刊》编辑部 | 2015.9 |
| 地域性建筑文化基因传承与当代建筑创新 | 杨大禹 | 《新建筑》2015年5期 | 99~103 | 《新建筑》编辑部 | 2015.1 |
| 梅州大埔客家民居建筑特色及文化内涵浅析 | 张远环　卢永忠　朱纯 | 《福建建筑》2015年10期 | 12~16、20 | 《福建建筑》编辑部 | 2015.1 |
| 培田古民居铺地装饰艺术探析 | 陈志玉 | 《福建建筑》2015年10期 | 25~29 | 《福建建筑》编辑部 | 2015.1 |
| 西藏民居毛石墙抗压性能试验研究 | 傅雷　贾彬　蒙乃庆　邓传力 | 《工程抗震与加固改造》2015年37卷5期 | 119~122、63 | 《工程抗震与加固改造》编辑部 | 2015.1 |
| 历史时期川西高原的民居形制及其成因 | 熊梅 | 《中国历史地理论丛》2015年30卷4期 | 125~138 | 《中国历史地理论丛》编辑部 | 2015.1 |
| 地域特征对传统民居结构影响初探——以柏庙村为例 | 黄丽　唐丽 | 《华中建筑》2015年33卷10期 | 141~144 | 《华中建筑》编辑部 | 2015.1 |
| 历史文化名城边缘区传统村落形态演变及启示——以陕西韩城庙后村为例 | 席鸿　肖莉　桑国臣 | 《华中建筑》2015年33卷10期 | 145~149 | 《华中建筑》编辑部 | 2015.1 |
| 福州"三坊七巷"历史街区保护历程的分析及其启示 | 陈力　李静楠　关瑞明 | 《华中建筑》2015年33卷10期 | 181~184 | 《华中建筑》编辑部 | 2015.1 |
| 徽州传统建筑木构架典型榫卯节点的数值模拟分析 | 孙强　刘坤　刘龙 | 《安徽建筑大学学报》2015年23卷5期 | 12~15 | 《安徽建筑大学》编辑部 | 2015.1 |
| 新疆喀什老城区住居空间与文化分析 | 翟宇　殷正声 | 《设计艺术研究》2015年5卷5期 | 108~111、119 | 《设计艺术研究》编辑部 | 2015.1 |

| 论文名 | 作者 | 刊载杂志 | 页码 | 编辑出版单位 | 出版日期 |
|---|---|---|---|---|---|
| 山西王家大院古民居建筑群建筑装饰艺术探究 | 魏艳萍　徐永义 | 《建材技术与应用》2015年5期 | 33~38、43 | 《建材技术与应用》编辑部 | 2015.1 |
| 废弃物在中国古典园林和传统民居中的应用 | 戈晓宇　霍锐　李雄 | 《建筑与文化》2015年10期 | 116~118 | 《建筑与文化》编辑部 | 2015.1 |
| 天水古民居木构件烟熏病害调查及治理的初步研究 | 欧秀花　惠泽霖　卢旭平 | 《敦煌研究》2015年5期 | 120~126 | 《敦煌研究》编辑部 | 2015.1 |
| 一种传统民居遥感提取方法 | 郑文武　邓运员　罗亮　刘沛林　刘晓燕 | 《测绘科学》2015年40卷10期 | 93~97 | 《测绘科学》编辑部 | 2015.1 |
| 婺源古民居建筑遗产价值分析 | 孙厚启 | 《农村经济与科技》2015年26卷10期 | 93~94 | 《农村经济与科技》编辑部 | 2015.1 |
| 探析喀什古城风貌的保护与革新 | 刘金芝　郭茹　刘宇 | 《农村经济与科技》2015年26卷10期 | 169~172 | 《农村经济与科技》编辑部 | 2015.1 |
| 乡土建筑保护中的"真实性"与"低技术"探讨 | 李浈　刘成　雷冬霞 | 《中国名城》2015年10期 | 90~96 | 《中国名城》编辑部 | 2015.1 |
| 汉水上游乡土聚落空间形态特征研究——以原公集镇为例 | 闫杰　王军 | 《建筑与文化》2015年10期 | 107~109 | 《建筑与文化》编辑部 | 2015.1 |
| 侗族传统民居"象征符号"研究之三《侗族传统民居的指涉性象征符号阐释》 | 赵巧艳 | 《广西民族师范学院学报》2015年32卷5期 | 8~13 | 《广西民族师范学院》编辑部 | 2015.1 |
| 现代背景下民族村寨传统民居的保护与发展——基于湖南芋头古侗寨的调查 | 向丽 | 《广西民族师范学院学报》2015年32卷5期 | 14~18 | 《广西民族师范学院》编辑部 | 2015.1 |
| 徽州古民居漏窗的视觉呈现及人文意蕴 | 江保锋 | 《西安建筑科技大学学报（社会科学版）》2015年34卷5期 | 70~74 | 《西安建筑科技大学》编辑部 | 2015.1 |
| 民居类"非遗"数字化构建的学理依据与技术反思——以徽州民居数字化建设为例 | 程波涛 | 《贵州大学学报（艺术版）》2015年29卷5期 | 85~91 | 贵州大学 | 2015.1 |
| 四川传统民居微气候研究——以福宝镇传统民居为例 | 祝家顺　马黎进 | 《四川建筑》2015年35卷5期 | 31~33、35 | 《四川建筑》编辑部 | 2015.1 |
| 江南地区传统民居的近代化演变——以镇江民居立面为例 | 刘佳　过伟敏 | 《创意与设计》2015年5期 | 39~44 | 《创意与设计》编辑部 | 2015.1 |

| 论文名 | 作者 | 刊载杂志 | 页码 | 编辑出版单位 | 出版日期 |
|---|---|---|---|---|---|
| 连墙若栉——徽州聚落的地域分布和选址布局 | 刘伟 | 《中外建筑》2015年11期 | 90~91 | 《中外建筑》编辑部 | 2015.11 |
| 旅游商业化与纳西族民居的"去地方化"——以丽江新华社区为例 | 孙九霞 | 《社会科学家》2015年11期 | 7~13 | 《社会科学家》编辑部 | 2015.11 |
| 对传统民居"活化"问题的探讨 | 朱良文 | 《中国名城》2015年11期 | 4~9 | 《中国名城》编辑部 | 2015.11 |
| 撒马尔罕传统建筑概述 | 胡洋　张敏 | 《中国名城》2015年11期 | 76~83 | 《中国名城》编辑部 | 2015.11 |
| 村落保护的大众化和产业化 | 罗德胤 | 《小城镇建设》2015年11期 | 22~24 | 《小城镇建设》编辑部 | 2015.11 |
| 湖北传统建筑要素的类型学研究——沿街檐廊与骑楼 | 晏舒婷　王晓梁琦 | 《华中建筑》2015年33卷11期 | 144~147 | 《华中建筑》编辑部 | 2015.11 |
| 经验体系建造方法探讨——以"一颗印"民居建造为例 | 石开琴　王冬 | 《华中建筑》2015年33卷11期 | 152~156 | 《华中建筑》编辑部 | 2015.11 |
| 太谷县北洸村传统民居空间形态浅析 | 王勤熙　薛林平王鑫 | 《华中建筑》2015年33卷11期 | 161~166 | 《华中建筑》编辑部 | 2015.11 |
| 鄂东北传统聚落的捕风系统研究 | 杨剑飞　刘晗刘拾尘 | 《华中建筑》2015年33卷11期 | 167~170 | 《华中建筑》编辑部 | 2015.11 |
| 基于空间句法的甘熙故居空间结构解读 | 吕明扬 | 《建筑与文化》2015年11期 | 75~77 | 《建筑与文化》编辑部 | 2015.11 |
| 给老土房一颗年轻的心——平田村爷爷家青年旅社改造设计 | 何崴　张昕 | 《世界建筑》2015年11期 | 90~95、118 | 《世界建筑》编辑部 | 2015.11 |
| 浅论客家和合文化 | 廖开顺 | 《黄河科技大学学报》2015年17卷6期 | 73~76 | 《黄河科技大学》编辑部 | 2015.11 |
| 新型城乡建设背景下民居文化的发展与创新思考 | 李文娟 | 《人民论坛》2015年33期 | 106~107 | 《人民论坛》编辑部 | 2015.11 |
| 城镇化背景下土家族民居建筑文化的保护与传承 | 夏登江　黄东升 | 《人民论坛》2015年33期 | 100~101 | 《人民论坛》编辑部 | 2015.11 |
| 耕耘·传承·圆梦——中建西北院屈培青工作室的探索与实践 | 屈培青 | 《建筑学报》2015年11期 | 108 | 《中国建筑学会》编辑部 | 2015.11 |
| 山西王家大院建筑的艺术性、文化性及其传播 | 王宁 | 《学理论》2015年33期 | 87~88 | 《学理论》编辑部 | 2015.11 |

续表

| 论文名 | 作者 | 刊载杂志 | 页码 | 编辑出版单位 | 出版日期 |
|---|---|---|---|---|---|
| 梨田村平安道朝鲜族民居的空间形态与地域演变研究 | 金日学　张玉坤 | 《工业设计》2015年11期 | 126~127 | 《工业设计》编辑部 | 2015.11 |
| 森林文化体系下内蒙古呼伦贝尔少数民族传统民居 | 齐卓彦　张鹏举 | 《西部人居环境学刊》2015年30卷5期 | 71~74 | 《西部人居环境学刊》编辑部 | 2015.11 |
| 满族传统民居的象征文化探析 | 赫亚红　孙保亮 | 《吉林师范大学学报（人文社会科学版）》2015年43卷6期 | 36~39 | 《吉林师范大学》编辑部 | 2015.11 |
| 云南地区传统民居建筑误区及对策探究 | 付高攀　潘文 | 《低温建筑技术》2015年37卷11期 | 27~29 | 《低温建筑技术》编辑部 | 2015.11 |
| 藏族民居墙体抗震性能及加固研究 | 李想　孙建刚崔利富　王振刘伟兵 | 《低温建筑技术》2015年37卷11期 | 62~64、79 | 《低温建筑技术》编辑部 | 2015.11 |
| "守卫平遥底色,保护活态遗产"——《平遥古城传统民居保护修缮及环境治理实用导则》解析 | 邵甬　张鹏 | 《中国文化遗产》2015年6期 | 58~61 | 《中国文化遗产》编辑部 | 2015.11 |
| 风土建筑遗产适应性保护与利用——《平遥古城传统民居保护修缮及环境治理导则》创新性研究 | 张鹏　苏项锟 | 《中国文化遗产》2015年6期 | 62~67 | 《中国文化遗产》编辑部 | 2015.11 |
| 额济纳蒙古王府建筑空间形态探析 | 赵百秋 | 《中外建筑》2015年12期 | 66~68 | 《中外建筑》编辑部 | 2015.12 |
| 新型城镇化中的广西民族古村寨保护与发展对策研究 | 刘志宏　李钟国 | 《中外建筑》2015年12期 | 69~71 | 《中外建筑》编辑部 | 2015.12 |
| 多民族地区居住文化互动与变迁研究——以鸡东县永丽村朝汉民居为例 | 金日学　张玉坤李春姬 | 《中外建筑》2015年12期 | 78~80 | 《中外建筑》编辑部 | 2015.12 |
| "半传统"式"城中村"民居更新改造策略探讨——以淮安市富强新村为例 | 陈萍　康锦润章鹏 | 《中外建筑》2015年12期 | 81~82 | 《中外建筑》编辑部 | 2015.12 |
| 福州洪塘老街民间手工艺街区活化更新探析 | 肖鑫　关瑞明 | 《中外建筑》2015年12期 | 112~114 | 《中外建筑》编辑部 | 2015.12 |
| 中国传统聚落与民居研究的深化拓展——2015年中国传统民居学术研讨会综述 | 唐孝祥　王东 | 《新建筑》2015年6期 | 130~131 | 《新建筑》编辑部 | 2015.12 |

续表

| 论文名 | 作者 | 刊载杂志 | 页码 | 编辑出版单位 | 出版日期 |
|---|---|---|---|---|---|
| 浙江传统民居中厅堂的空间类型与地域分布 | 王晖　曾雨婷　王蓉蓉 | 《中国名城》2015年12期 | 87~90 | 《中国名城》编辑部 | 2015.12 |
| 设计结合自然——夏热冬冷地区传统民居的生态智慧与应用 | 张霞　韩思瑾　熊燕 | 《华中建筑》2015年33卷12期 | 66~69 | 《华中建筑》编辑部 | 2015.12 |
| 武夷山地区建筑创作中的地域性表达——以武夷山庄与九曲花街为例 | 关瑞明　吴钦豪 | 《华中建筑》2015年33卷12期 | 153~156 | 《华中建筑》编辑部 | 2015.12 |
| 巴渝地区夯土民居室内热环境 | 杨真静　田瀚元 | 《土木建筑与环境工程》2015年37卷6期 | 141~146 | 《土木建筑与环境工程》编辑部 | 2015.12 |
| 西藏传统民居建筑冬季热环境测试与分析 | 李恩 | 《建筑与文化》2015年12期 | 93~94 | 《建筑与文化》编辑部 | 2015.12 |
| 乔家大院墀头装饰纹样特征分析 | 郑敏 | 《装饰》2015年12期 | 118~120 | 《装饰》清华大学 | 2015.12 |
| 准噶尔盆地南缘民居建筑雕刻纹样研究 | 赵凯 | 《装饰》2015年12期 | 126~127 | 《装饰》清华大学 | 2015.12 |
| 从庞贝古城"双庭住宅"到徽州四水归堂民居 | 杨海荣　宋子杨 | 《河南城建学院学报》2015年24卷5期 | 1~4 | 河南城建学院 | 2015.12 |
| 传统民居建筑的儒学教化功能探析——以洞庭东、西山传统民居为例 | 卢朗 | 《苏州大学学报（哲学社会科学版）》2015年36卷6期 | 173~179 | 苏州大学 | 2015.12 |
| 传统民居院落在现代住宅中的传承 | 王银霞　潘永刚 | 《住宅科技》2015年35卷12期 | 44~47 | 《住宅科技》编辑部 | 2015.12 |
| 山地传统民居经济功能提升及路径选择——以中山镇龙塘村为例 | 王丽　冯维波 | 《重庆理工大学学报（社会科学）》2015年29卷12期 | 80~85 | 重庆理工大学 | 2015.12 |
| 天井窑院特色民居的可持续发展实施策略——以豫西庙上村为例 | 梁艳　陈一 | 《四川建筑科学研究》2015年41卷6期 | 86~89 | 《四川建筑科学研究》编辑部 | 2015.12 |
| 蒙赛尔色彩体系在川西地区新农村民居建筑色彩中的应用分析研究 | 马静 | 《四川建筑科学研究》2015年41卷6期 | 90~95 | 《四川建筑科学研究》编辑部 | 2015.12 |
| 中国古民居保护中的原真性思想诠释 | 徐辉　龚乐 | 《四川建筑科学研究》2015年41卷6期 | 105~108 | 《四川建筑科学研究》编辑部 | 2015.12 |

| 论文名 | 作者 | 刊载杂志 | 页码 | 编辑出版单位 | 出版日期 |
|---|---|---|---|---|---|
| 传统住宅建筑形制与气候适应性的研究——以吐鲁番地区为例 | 周玉洁 塞尔江·哈力克 | 《建筑设计管理》2015年32卷12期 | 49~50、53 | 《建筑设计管理》编辑部 | 2015.12 |
| 延安革命旧址中窑洞的保护问题分析 | 郝艳娥 张扬 杨红霞 | 《建筑设计管理》2015年32卷12期 | 56~58 | 《建筑设计管理》编辑部 | 2015.12 |
| 从可持续性看黔东南传统苗族民居 | 龙玉杰 | 《贵州民族研究》2015年36卷12期 | 97~99 | 《贵州民族研究》编辑部 | 2015.12 |
| 我国传统民居建筑的通风设计研究——以南京老街为例 | 周敏 | 《城市发展研究》2015年22卷12期 | 13~18 | 《城市发展研究》编辑部 | 2015.12 |
| 浅论当下传统村落保护实践的特征与倾向——以贵州屯堡村落云山屯的保护实践为例 | 陈洁 陈琛 | 《四川建筑》2015年35卷6期 | 53~55 | 《四川建筑》编辑部 | 2015.12 |
| 苏北地区传统建筑调查与初步认识 | 戴群 | 《东南文化》2015年6期 | 99~111 | 《东南文化》编辑部 | 2015.12 |
| 赣闽粤客家围楼与开平碉楼的建筑特色比较 | 谢燕涛 程建军 王平 | 《建筑学报》2015年S1期 | 113~117 | 中国建筑学会 | 2015.12 |
| 粤东梅州地区围屋类型文化地理研究 | 曾艳 肖大威 陶金 | 《建筑学报》2015年S1期 | 118~123 | 中国建筑学会 | 2015.12 |
| 没有建筑师的建筑"设计"：民居形态演化自生机制及可控性研究 | 吴志宏 | 《建筑学报》2015年S1期 | 124~128 | 中国建筑学会 | 2015.12 |
| 西藏林芝地区传统民居建筑特征研究——以工布地区碉房为例 | 陈蔚 萧依山 | 《建筑学报》2015年S1期 | 134~139 | 中国建筑学会 | 2015.12 |
| 西藏然乌湖畔石木民居的田野调查 | 范霄鹏 刘阳 | 《古建园林技术》2015年4期 | 65~68 | 《古建园林技术》编辑部 | 2015.12 |
| 甘孜地区道孚县乡土民居田野调查 | 范霄鹏 李尚 | 《古建园林技术》2015年4期 | 69~73 | 《古建园林技术》编辑部 | 2015.12 |
| 从"文物保护单位"到"现代建筑遗产"——对昆明近现代建筑保护的思考 | 张剑文 杨大禹 | 《南方建筑》2015年6期 | 38~41 | 《南方建筑》编辑部 | 2015.12 |
| 明代海防层次和聚落体系研究 | 尹泽凯 张玉坤 谭立峰 | 《建筑与文化》2016年1期 | 104~105 | 《建筑与文化》编辑部 | 2016.1 |
| 惠州西湖八景及其审美文化特征 | 唐孝祥 冯惠城 | 《中国名城》2016年1期 | 92~96 | 《中国名城》编辑部 | 2016.1 |
| 传统村落中的民居保护、整治与传承 | 朱良文 | 《小城镇建设》2016年1期 | 34 | 《小城镇建设》编辑部 | 2016.1 |

| 论文名 | 作者 | 刊载杂志 | 页码 | 编辑出版单位 | 出版日期 |
|---|---|---|---|---|---|
| 改革开放以来我国乡村聚落研究述评 | 肖路遥　周国华　唐承丽　贺艳华　高丽娟 | 《西部人居环境学刊》2016年6期 | 1~7 | 《西部人居环境》编辑部 | 2016.1 |
| 多维角度下传统聚落的人居环境阐释——以赣北地区传统聚落为例 | 王薇　温泉 | 《西部人居环境学刊》2016年6期 | 1~4 | 《西部人居环境》编辑部 | 2016.1 |
| 旧石材再利用研究——以徐州回龙窝历史街区改造为例 | 朱翔　田源 | 《生态经济》2016年2期 | 225~227 | 《生态经济》编辑部 | 2016.1 |
| 民族民居建筑设计中民族文化的原点效应研究 | 朱琦　徐晶 | 《贵州民族研究》2016年1期 | 75~78 | 《贵州民族研究》编辑部 | 2016.1 |
| 新疆维吾尔族传统聚落景观及其保护研究——以吐鲁番麻扎村为例 | 侯爱萍 | 《贵州民族研究》2016年1期 | 79~82 | 《贵州民族研究》编辑部 | 2016.1 |
| 民族旅游地民居客栈经营的关键因素研究——以世界遗产地丽江古城为例 | 李强　孟广艳 | 《安徽农业大学学报》（社会科学版）2016年1期 | 43~48 | 安徽农业大学 | 2016.1 |
| 原型与分形——张家界博物馆设计 | 魏春雨　刘海力　齐靖 | 《建筑学报》2016年1期 | 92~93、86~91 | 《建筑学报》编辑部 | 2016.1 |
| 历史城市的中华文化传统的传承——南海神庙、老住宅和扬州的私家小园 | 阮仪三 | 《城市规划学刊》2016年1期 | 116~118 | 《城市规划》编辑部 | 2016.1 |
| 现代化进程中的传统聚落保护与更新——以粤西北传统聚落为例 | 黄鹄 | 《现代城市研究》2016年1期 | 38~44 | 《现代城市研究》编辑部 | 2016.1 |
| 基于传统民居空间重构的山地城镇景观特色初探——以武陵山区为例 | 李桂媛　谢涵笑　黄东升 | 《现代城市研究》2016年1期 | 122~126 | 《现代城市研究》编辑部 | 2016.1 |
| 仫佬族传统民居建筑符号特色及文化再生价值 | 于瑞强 | 《广西民族大学学报》（哲学社会科学版）2016年1期 | 92~96 | 广西民族大学 | 2016.1 |
| 视平线下的建筑——地坑院 | 张钰晨　王珊 | 《华中建筑》2016年1期 | 162~166 | 《华中建筑》编辑部 | 2016.1 |
| 传统聚落与民俗仪式的关联性研究——以土家族为例 | 耿虹　柳婕 | 《华中建筑》2016年1期 | 167~170 | 《华中建筑》编辑部 | 2016.1 |
| 烟台所城里旧民居改造探讨 | 乔文国　隋杰礼　王少伶 | 《工业建筑》2016年3期 | 50~53 | 《工业建筑》编辑部 | 2016.1 |

| 论文名 | 作者 | 刊载杂志 | 页码 | 编辑出版单位 | 出版日期 |
|---|---|---|---|---|---|
| 重庆市优秀近现代建筑建筑立面数字重建研究 | 唐湘晖 | 《艺术评论》2016年1期 | 172~175 | 《艺术评论》编辑部 | 2016.1 |
| 传统聚落开发与文化传承 | 夏登江　黄东升 | 《艺术评论》2016年1期 | 143~146 | 《艺术评论》编辑部 | 2016.1 |
| 生活与营建：生活需求视角下的宏村空间自组织特征分析 | 许从宝　郭冲　杜翔 | 《中外建筑》2016年1期 | 63~66 | 《中外建筑》编辑部 | 2016.1 |
| 韩江上游的水客人家：梅州地区传统村落遗存特点研究 | 周丽娜　罗德胤 | 《南方建筑》2016年1期 | 24~27 | 《南方建筑》编辑部 | 2016.2 |
| 青海省地域适宜性绿色建筑设计标准的构建研究 | 刘煜　王军　任娟　王晋　黄杰　吴鑫澜 | 《建筑学报》2016年2期 | 43~46 | 《建筑学报》编辑部 | 2016.2 |
| 多元文化交错区传统民居建筑研究思辨 | 孟祥武　王军　叶明晖　靳亦冰 | 《建筑学报》2016年2期 | 70~73 | 《建筑学报》编辑部 | 2016.2 |
| 营造意为贵,匠艺能者师——泛江南地域乡土建筑营造技艺整体性研究的意义、思路与方法 | 李浈 | 《建筑学报》2016年2期 | 78~83 | 《建筑学报》编辑部 | 2016.2 |
| 明清陕西贡院建筑研究 | 周春芳　王军 | 《华中建筑年》2016年2期 | 161~164 | 《华中建筑》编辑部 | 2016.2 |
| 云南建水张家花园 | 陆琦 | 《广东园林》2016年1期 | 95~97 | 《广东园林》编辑部 | 2016.2 |
| 早期岭南建筑学派的思想渊源 | 唐孝祥　李孟 | 《南方建筑》2016年1期 | 65~73 | 《南方建筑》编辑部 | 2016.2 |
| 陆元鼎先生之中国传统民居研究渊数——基于个人访谈的研究经历及时代背景之探 | 陆琦　赵紫伶 | 《南方建筑》2016年1期 | 95~97 | 《南方建筑》编辑部 | 2016.2 |
| 岭南广府传统祭祀建筑正脊类型演变分析 | 皇甫妍汝 | 《科技通报》2016年2期 | 131~135 | 《科技通报》编辑部 | 2016.2 |
| 民间建造与潜在思维——以云南建水合院民居为例 | 王冬　苏月 | 《南方建筑》2016年1期 | 28~32 | 《南方建筑》编辑部 | 2016.2 |
| 徽州太平崇德堂建筑空间特征研究 | 彭映霖　李沄璋　陈科臻 | 《南方建筑》2016年1期 | 46~50 | 《南方建筑》编辑部 | 2016.2 |
| 核心文化圈层中民居形态文化分异初探 | 彭丽君　肖大威　陶金 | 《南方建筑》2016年1期 | 51~55 | 《南方建筑》编辑部 | 2016.2 |
| 涵化视角下侗族传统民居象征内涵的变迁与重构 | 赵巧艳 | 《昆明学院学报》2016年1期 | 119~127 | 《昆明学院》编辑部 | 2016.2 |

续表

| 论文名 | 作者 | 刊载杂志 | 页码 | 编辑出版单位 | 出版日期 |
|---|---|---|---|---|---|
| 古村落遗留现状对促进体育休闲旅游的审视——贵州省镇山村民居个案研究 | 郝国栋 | 《贵州民族研究》2016年2期 | 134~137 | 《贵州民族研究》编辑部 | 2016.2 |
| 苗族传统民居中的火塘文化研究 | 汤诗旷 | 《建筑学报》2016年2期 | 89~94 | 中国建筑学会 | 2016.2 |
| 基于都纲法式演变的内蒙古藏传佛教殿堂空间分类研究 | 韩瑛　李新飞　张鹏举 | 《建筑学报》2016年2期 | 95~100 | 中国建筑学会 | 2016.2 |
| 象征交换与人际互动：侗族传统民居上梁庆典中的互惠行为研究 | 赵巧艳 | 《广西民族研究》2016年1期 | 43~49 | 《广西民族研究》编辑部 | 2016.2 |
| 大理喜洲白族建筑照壁装饰及文化内涵 | 周华溢 | 《装饰》2016年2期 | 140~141 | 《装饰》编辑部 | 2016.2 |
| 新疆民居阿以旺原型空间自然通风研究 | 黄玉薇　姜曙光　段琪　王纯 | 《建筑科学》2016年2期 | 99~105 | 《建筑科学》编辑部 | 2016.2 |
| 瑶族干阑式民居特色与可持续发展 | 刘军　丛诗琪 | 《美术大观》2016年2期 | 68~69 | 《美术大观》编辑部 | 2016.2 |
| 天津近代传统合院式民居遗存现状调查及保护对策 | 白艳玲 | 《现代城市研究》2016年2期 | 120~125 | 《现代城市研究》编辑部 | 2016.2 |
| 传统民居建筑装饰传承与发展——以河南民居为例 | 庞海敏　朱毅 | 《美与时代（上）》2016年2期 | 27~29 | 《美与时代（上）》编辑部 | 2016.2 |
| 湖南通道侗族自治县传统聚落的空间构建 | 宋建军　杨仁斌　李彦旻 | 《生态学报》2016年3期 | 863~872 | 《生态学报》编辑部 | 2016.2 |
| 湘中地区传统民居围护结构实态调查及热工分析 | 尹巧玲　邹宁　肖欣荣 | 《中外建筑》2016年2期 | 102~104 | 《中外建筑》编辑部 | 2016.2 |
| 发展与继承——西部乡村传统民居的功能适应性研究 | 谭良斌 | 《新建筑》2016年1期 | 128~130 | 《新建筑》编辑部 | 2016.2 |
| 秦巴山区传统民居建筑生态修复技术策略探索与实践 | 张国昕　王军 | 《建筑与文化》2016年3期 | 102~104 | 《建筑与文化》编辑部 | 2016.3 |
| 福州传统合院式民居的空间形态研究 | 王炜　关瑞明 | 《华中建筑》2016年3期 | 148~151 | 《华中建筑》编辑部 | 2016.3 |
| 传统戏场的"死"与"生"——"江西-湖广-四川"传统戏场现状及趋势 | 邬胜兰　李晓峰 | 《华中建筑》2016年3期 | 180~184 | 《华中建筑》编辑部 | 2016.3 |

| 论文名 | 作者 | 刊载杂志 | 页码 | 编辑出版单位 | 出版日期 |
|---|---|---|---|---|---|
| 康巴藏区多林木地区藏式民居建筑文化及保护发展策略研究——以炉霍民居为例 | 文彦博　李沄璋　覃涵 | 《中华文化论坛》2016年3期 | 129~133 | 中华文化论坛 | 2016.3 |
| 客家古村——宁化下曹 | 蓝东阳 | 《南方文物》2016年1期 | 272~276 | 《南方文物》编辑部 | 2016.3 |
| 闽系红砖建筑概论 | 杨小川 | 《南方文物》2016年1期 | 277~281 | 《南方文物》编辑部 | 2016.3 |
| 梅州地区客家民居自然通风的分析与研究 | 张灵辉　胡土山　赖俊发 | 《浙江建筑》2016年3期 | 55~59 | 《浙江建筑》编辑部 | 2016.3 |
| 康定传统民居围护结构优化研究 | 侯立强　杨柳　刘大龙　许馨尹　刘加平 | 《建筑节能》2016年3期 | 43~46、50 | 《建筑节能》编辑部 | 2016.3 |
| 晋北民居的风环境研究——以天镇新平堡民居为例 | 程文娟　展海强 | 《科学技术与工程》2016年8期 | 286~290 | 《科学技术与工程》编辑部 | 2016.3 |
| 河浜·墓地·桥梁：太湖东部平原传统聚落的景观与乡土文化 | 吴俊范 | 《民俗研究》2016年2期 | 140~149 | 《民俗研究》编辑部 | 2016.3 |
| 由湘西捞车河村的民居建筑看土家族的人情伦理 | 胡显斌　刘俊 | 《装饰》2016年3期 | 118~120 | 《装饰》编辑部 | 2016.3 |
| 晋中传统民居花式砖墙研究——以工艺、结构和功能为切入点 | 王秀秀 | 《装饰》2016年3期 | 121~123 | 《装饰》编辑部 | 2016.3 |
| 秦巴山区传统民居建筑生态修复技术策略探索与实践 | 张国昕　王军 | 《建筑与文化》2016年3期 | 102~104 | 《建筑与文化》编辑部 | 2016.3 |
| 屯城传统村落空间形态分析 | 宋毅飞　王金平 | 《太原理工大学学报》2016年2期 | 244~248 | 太原理工大学 | 2016.3 |
| 民国时期建造的无锡私邸的外观装饰观念及其表征 | 史明　过伟敏 | 《南京艺术学院学报（美术与设计）》2016年2期 | 131~136 | 南京艺术学院 | 2016.3 |
| 西南传统民居的发展与传承——以广西瑶族旧民居保护改建为例 | 张松涛 | 《大众文艺》2016年5期 | 70~71 | 《大众文艺》编辑部 | 2016.3 |
| 佤族布饶支系聚落空间的结构与象征 | 蒋立松　陆春雪 | 《广西民族大学学报（哲学社会科学版）》2016年2期 | 67~72 | 广西民族大学 | 2016.3 |
| 西北地区传统民居节能技术调查分析 | 刘艳峰　曹亚婷 | 《建筑技术》2016年3期 | 280~282 | 《建筑技术》编辑部 | 2016.3 |
| 郑州传统民居保护利用刍议 | 王芳 | 《中国文物科学研究》2016年1期 | 20~24 | 《中国文物科学研究》编辑部 | 2016.3 |

续表

| 论文名 | 作者 | 刊载杂志 | 页码 | 编辑出版单位 | 出版日期 |
|---|---|---|---|---|---|
| 康百万庄园建筑艺术表达研究 | 王鹏飞　周润　朱蓉蓉 | 《中国名城》2016年3期 | 64~68 | 《中国名城》编辑部 | 2016.3 |
| 论传统民居的传说类型 | 谭刚毅 | 《中国名城》2016年3期 | 89~96 | 《中国名城》编辑部 | 2016.3 |
| 当前社会背景下垂花柱的传承与创新 | 戚序　冷远玲 | 《艺术评论》2016年3期 | 127~129 | 《艺术评论》编辑部 | 2016.3 |
| 多途径下福清市洋梓村的旧村改造设计 | 汤梦思　关瑞明 | 《中外建筑》2016年5期 | 110~113 | 《中外建筑》编辑部 | 2016.4 |
| 福州柴板厝与泉州手巾寮的建筑特征比较 | 郑鹏海　关瑞明 | 《建筑与文化》2016年4期 | 221~223 | 《建筑与文化》编辑部 | 2016.4 |
| 从表形达意到人生哲理——试析营造之器的历史本原和文化意义 | 李浈 | 《新建筑》2016年2期 | 46~50 | 《新建筑》编辑部 | 2016.4 |
| 广州海幢寺 | 陆琦 | 《广东园林》2016年38卷2期 | 98~102 | 《广东园林》编辑部 | 2016.4 |
| 古城旅游资源的复杂评价——以泉州古城为个案的研究 | 杨思声　关瑞明 | 《华侨大学学报（哲学社会科学版）》2016年2期 | 66~74 | 《华侨大学学报（哲学社会科学版）》编辑部 | 2016.4 |
| 巴渝传统民居的可持续更新改造——以重庆安居古镇典型民居为例 | 杨真静　熊珂 | 《西部人居环境学刊》2016年2期 | 85~88 | 《西部人居环境》编辑部 | 2016.4 |
| 建水古城传统民居生活功能的延续更新研究——以南正街112号民宅生活功能延续更新为例 | 陈超　杨毅 | 《西部人居环境学刊》2016年2期 | 102~108 | 《西部人居环境》编辑部 | 2016.4 |
| 康巴藏区传统民居冬季热环境 | 刘大龙　张习龙　杨柳　何泉 | 《西安建筑科技大学学报》（自然科学版）2016年 | 254~257 | 西安建筑科技大学 | 2016.4 |
| 近15年来我国乡村聚落与民居的研究趋向 | 刘肇宁　车震宇　吴志宏 | 《昆明理工大学学报》（社会科学版）2016年2期 | 101~108 | 昆明理工大学 | 2016.4 |
| 徽州传统民居"灰空间"的解析 | 王惠　席俊洁 | 《西安建筑科技大学学报》（社会科学版）2016年2期 | 62~66、70 | 西安建筑科技大学 | 2016.4 |
| 体验视角下的古村落群旅游开发研究——以酉水河流域湖南段的土家村落群为例 | 王华　孙根年　龙茂兴 | 《贵州民族研究》2016年4期 | 142~146 | 《贵州民族研究》编辑部 | 2016.4 |
| 试论传统民居设计方法 | 李琴 | 《建材与装饰》2016年17期 | 159~160 | 《建材与装饰》编辑部 | 2016.4 |
| 传统民居建筑装饰元素在现代建筑中的运用研究 | 杨雪 | 《居业》2016年4期 | 56、58 | 《居业》编辑部 | 2016.4 |

| 论文名 | 作者 | 刊载杂志 | 页码 | 编辑出版单位 | 出版日期 |
|---|---|---|---|---|---|
| 自然因素影响下密云县河西小流域居民点空间分布特点及人居适宜性特征 | 吴冬宁　李亚光　李四高 | 《中国农业大学学报》2016年4期 | 129~136 | 中国农业大学 | 2016.4 |
| 基于"移居"生存的维吾尔民居热环境营建 | 何文芳　刘加平　师宏儒 | 《建筑科学》2016年4期 | 54~59 | 《建筑科学》编辑部 | 2016.4 |
| 环溪楼：记忆与疼痛 | 赖金才　林何新 | 《中国农业大学学报》（社会科学版）2016年2期 | 2 | 中国农业大学 | 2016.4 |
| 合和·尚中·格物——鄂东新屋塆传统民居的生态观念 | 宋国彬 | 《装饰》2016年4期 | 128~129 | 清华大学 | 2016.4 |
| 水圩民居建筑攻防设计元素探究——以皖西杨小圩为例 | 甄新生 | 《装饰》2016年4期 | 132~133 | 《装饰》编辑部 | 2016.4 |
| 门钉与铺首构成的语汇：谈晋南丁村明清民居中的门饰 | 胡晓洁 | 《装饰》2016年4期 | 134~135 | 《装饰》编辑部 | 2016.4 |
| 徽州传统民居空间的营建理念及其外在表现 | 周玉凤 | 《华北水利水电大学学报》（社会科学版）2016年2期 | 145~148 | 华北水利水电大学 | 2016.4 |
| 湘西传统聚落文化景观定量评价与区划 | 郑文武　邓运员　罗亮　刘沛林　刘晓燕 | 《人文地理》2016年2期 | 55~60 | 《人文地理》编辑部 | 2016.4 |
| 广东少数民族特色村寨保护与发展的现状与思考 | 吴泽荣 | 《黑龙江民族丛刊》2016年2期 | 86~90 | 《黑龙江民族丛刊》编辑部 | 2016.4 |
| 东阳传统民居庭院铺装文化的研究与探析 | 吴璐璐　徐召丹　张永玉 | 《浙江理工大学学报》（社会科学版）2016年2期 | 170~175 | 浙江理工大学 | 2016.4 |
| 黄土高原生土窑洞民居改造设计研究——以山西平遥横坡村生土窑洞民居为例 | 黄兆成　徐宁 | 《山西农业大学学报》（社会科学版）2016年6期 | 451~456 | 山西农业大学 | 2016.4 |
| 河南省传统村落保护与利用研究 | 吕红医　杨晓林 | 《中国名城》2016年4期 | 84~89 | 《中国名城》编辑部 | 2016.4 |
| 武夷山城村传统聚落空间与建筑特征初探 | 陆琦　颜婷婷　方兴　王南希 | 《中国名城》2016年5期 | 74~80 | 《中国名城》编辑部 | 2016.4 |
| 暗室日晷：15~18世纪欧洲教堂的天文特征阐释 | 刘芳　张玉坤 | 《中国文化遗产》2016年3期 | 87~95 | 《中国文化遗产》编辑部 | 2016.5 |
| 福州传统民居中瓦砾墙的特征及其应用 | 方维　关瑞明　吴任平 | 《建筑技艺》2016年5期 | 122~124 | 《建筑技艺》编辑部 | 2016.5 |

续表

| 论文名 | 作者 | 刊载杂志 | 页码 | 编辑出版单位 | 出版日期 |
|---|---|---|---|---|---|
| 传统生态思想下农村人居环境构建研究 | 张晓瑞　王军 | 《建筑与文化》2016年5期 | 122~123 | 《建筑与文化》编辑部 | 2016.5 |
| 巴渝绿色新民居构建——以安居古镇典型民居为例 | 杨真静　熊珂 | 《重庆建筑》2016年5期 | 9~12 | 《重庆建筑》编辑部 | 2016.5 |
| 重庆石柱县传统村落特色与遗产保护研究——以黄龙村为例 | 刘美　陈蔚 | 《重庆建筑》2016年5期 | 13~16 | 《重庆建筑》编辑部 | 2016.5 |
| 基于城市形态发生学的商丘归德府古城空间特征分析 | 邓辉　法念真 | 《地理科学》2016年7期 | 1008~1016 | 《地理科学》编辑部 | 2016.5 |
| 城市化背景下中部城市边缘区聚落经济景观演变研究——以湖北省黄石市F村为例 | 叶云　王芊　左权 | 《中南民族大学学报》（人文社会科学版）2016年3期 | 124~128 | 中南民族大学 | 2016.5 |
| 传统聚落空间形态构因的多法互证——对济南王府池子片区的图释分析 | 孔亚暐　张建华　闫瑞红　韩雪 | 《建筑学报》2016年5期 | 86~91 | 中国建筑学会 | 2016.5 |
| 大理丽江传统聚落中"四方街"广场空间形态及发展演变研究 | 陈倩 | 《建筑学报》2016年5期 | 98~102 | 中国建筑学会 | 2016.5 |
| 传统聚落营造的社会行动机理及其运作系统建构 | 张鹰　洪思雨 | 《建筑学报》2016年5期 | 103~107 | 中国建筑学会 | 2016.5 |
| 近20年西北地区少数民族传统村镇研究述评 | 田毅　周宏伟　高小强 | 《西北民族大学学报》（哲学社会科学版）2016年3期 | 1~9 | 西北民族大学 | 2016.5 |
| 深于时间的"空间界相"——"门影"系列油画中的空间与时间表征 | 曹阳 | 《美术观察》2016年5期 | 76~77 | 《美术观察》编辑部 | 2016.5 |
| "九十九间半"民居建筑群保护与文化传承 | 徐丽 | 《档案与建设》2016年5期 | 63~68 | 《档案与建设》编辑部 | 2016.5 |
| 晋南清代民居建筑初探——以山西运城地区为例 | 卫建超 | 《美与时代》（上）2016年5期 | 36~37 | 《美与时代（上）》编辑部 | 2016.5 |
| 关于传统民居设计的见解、思考 | 周慧 | 《建筑知识》2016年5期 | 51 | 《建筑知识》编辑部 | 2016.5 |
| 姑苏明清民居中厅堂平面形制研究 | 全晴　蔡军 | 《华中建筑》2016年5期 | 161~164 | 《华中建筑》编辑部 | 2016.5 |

续表

| 论文名 | 作者 | 刊载杂志 | 页码 | 编辑出版单位 | 出版日期 |
|---|---|---|---|---|---|
| 江西婺源县长溪古村落 国家历史文化名城研究中心历史街区调研 | 杨眉 张伏虎 李红艳 | 《城市规划》2016年5期 | 113~114 | 《城市规划》编辑部 | 2016.5 |
| 武夷山城村传统聚落空间与建筑特征初探 | 陆琦 颜婷婷 方兴 王南希 | 《中国名城》2016年5期 | 74~80 | 《中国名城》编辑部 | 2016.5 |
| 浅谈新农村建设形势下内蒙古满族传统民居的发展 | 董雅 丁晗 | 《室内设计与装修》2016年5期 | 171~172 | 《室内设计与装修》编辑部 | 2016.5 |
| 陕甘两地窑洞民居建筑保护的现实意义研究 | 张豪 吴雪 | 《室内设计与装修》2016年5期 | 206 | 《室内设计与装修》编辑部 | 2016.5 |
| 潮州嵌瓷的肌理美 | 曾万春 | 《艺术评论》2016年5期 | 146~148 | 《艺术评论》编辑部 | 2016.5 |
| 传统回族民居建筑文化符号提取与运用的思考 | 黄新叶 张萍 陈华 | 《福建建筑》2016年5期 | 25~27 | 《福建建筑》编辑部 | 2016.5 |
| 地域文化视野下传统窑洞立面装饰艺术探究 | 师立华 靳亦冰 王军 | 《建筑与文化》2016年6期 | 35~38 | 《建筑与文化》编辑部 | 2016.6 |
| 黔东南苗侗民族传统村落的地域技术特征 | 唐孝祥 李越 | 《中国名城》2016年3期 | 82~90 | 《中国名城》编辑部 | 2016.6 |
| 南通张謇纪念馆 | 陆琦 | 《广东园林》2016年3期 | 98~101 | 《广东园林》编辑部 | 2016.6 |
| 虚心谷（谦益农场客栈） | 谭刚毅 钱闽 刘莎 余泽阳 高亦卓 李晓 | 《城市环境设计》2016年3期 | 332~339 | 《城市环境设计》编辑部 | 2016.6 |
| 绿色建筑乃人本"日常性"建筑 | 谭刚毅 | 《城市环境设计》2016年6期 | 331~330 | 《城市环境设计》编辑部 | 2016.6 |
| 传统砖木建筑功能与性能整体提升的实践初探——宜兴市周铁镇北河沿民宅更新设计 | 鲍莉 金海波 | 《南方建筑》2016年3期 | 16~20 | 《南方建筑》编辑部 | 2016.6 |
| 土坯围护墙——木结构民居抗震加固振动台试验研究 | 周铁钢 朱瑞召 朱立新 于文 左德亮 | 《西安建筑科技大学学报》（自然科学版）2016年3期 | 346~350、370 | 西安建筑科技大学 | 2016.6 |
| 山西大同影壁的图案艺术 | 吴华娓 | 《南方文物》2016年2期 | 291~294 | 《南方文物》编辑部 | 2016.6 |
| 浅析延边朝鲜族传统村落的环境艺术 | 万嘉旭 | 《四川建筑科学研究》2016年3期 | 102~105 | 《四川建筑科学研究》编辑部 | 2016.6 |
| 地域民居建筑文化的传承与创新研究 | 陆苏华 | 《美与时代（城市版）》2016年6期 | 30~31 | 《美与时代》编辑部 | 2016.6 |
| 少数民族民居·环境·景观一体化装饰设计研究 | 王炳江 刘玉龙 | 《贵州民族研究》2016年6期 | 138~141 | 《贵州民族研究》编辑部 | 2016.6 |

续表

| 论文名 | 作者 | 刊载杂志 | 页码 | 编辑出版单位 | 出版日期 |
|---|---|---|---|---|---|
| 现代夯土建造技术在乡建中的本土化研究与示范 | 穆钧　周铁钢　蒋蔚　陆磊磊　王帅　李强强 | 《建筑学报》2016年6期 | 87~91 | 《建筑学报》编辑部 | 2016.6 |
| 论新方志中传统民居地理的记述及其价值——以陕西省地方志为例 | 祁剑青 | 《中国地方志》2016年6期 | 27~33、63 | 《中国地方志》编辑部 | 2016.6 |
| 湘西传统民居热环境分析及节能改造研究 | 刘盛　黄春华 | 《建筑科学》2016年6期 | 27~32、38 | 《建筑科学》编辑部 | 2016.6 |
| 杭州古村落传统民居建筑初探 | 卢远征 | 《古建园林技术》2016年2期 | 32~37 | 《古建园林技术》编辑部 | 2016.6 |
| 传统民居与农业空间共生文化探析——以大京古城为例 | 杨思声　沈迪 | 《古建园林技术》2016年2期 | 49~53 | 《古建园林技术》编辑部 | 2016.6 |
| 传统聚落乡土公共建筑营造中的生态智慧——以云南省腾冲市和顺洗衣亭为例 | 魏成　王璐　李骁　肖大威 | 《中国园林》2016年6期 | 5~10 | 《中国园林》编辑部 | 2016.6 |
| 碛口民居砖雕墀头解析 | 陈红帅　武淑红 | 《艺术评论》2016年6期 | 152~155 | 《艺术评论》编辑部 | 2016.6 |
| 黄龙客家古村落民间信仰空间与村落环境的有机融合 | 谷娟　王珊 | 《中外建筑》2016年6期 | 32~35 | 《中外建筑》编辑部 | 2016.6 |
| 低碳视角下农村新民居建设指标体系研究 | 薄建柱　司福利　赵艳霞　秦彤 | 《生态经济》2016年6期 | 134~137 | 《生态经济》编辑部 | 2016.6 |
| 另一种"中西合璧"——格罗皮乌斯主持下的华东联合基督教大学校园规划 | 侯丽　沈赟 | 《城市规划学刊》2016年4期 | 112~119 | 《城市规划学刊》编辑部 | 2016.7 |
| 马尔康民居 | 黄姝彦 | 《美术观察》2016年7期 | 154 | 《美术观察》编辑部 | 2016.7 |
| 江淮移民与明清洮州新型民居的形成及扩散 | 高小强 | 《中央民族大学学报》（哲学社会科学版）2016年4期 | 104~109 | 中央民族大学 | 2016.7 |
| 农业文化遗产资源型传统村落保护发展——以佳县泥河沟村为例 | 唐英　王军　史承勇 | 《建筑与文化》2016年7期 | 136~138 | 《建筑与文化》编辑部 | 2016.7 |
| 元代民居下圪坨院考述 | 卫伟玲 | 《文物世界》2016年4期 | 29~31、47 | 《文物世界》编辑部 | 2016.7 |
| 三峡库区传统民居文化与建筑地域特征探究——以重庆市万州区罗田古镇为例 | 肖宝军　张群 | 《美术大观》2016年7期 | 116~117 | 《美术大观》编辑部 | 2016.7 |

续表

| 论文名 | 作者 | 刊载杂志 | 页码 | 编辑出版单位 | 出版日期 |
|---|---|---|---|---|---|
| 康定民居夏季室内热环境分析 | 宋晓吉　郑武幸　何泉　杨柳 | 《建筑技术》2016年7期 | 609~611 | 《建筑技术》编辑部 | 2016.7 |
| 民居房间尺度与地形分区相关性量化分析 | 张巍 | 《建筑技术》2016年7期 | 623~625 | 《建筑技术》编辑部 | 2016.7 |
| 黄土高原民居绿化植物区划及应用频度分析 | 菅文娜　雷振东 | 《中国园林》2016年7期 | 111~114 | 《中国园林》编辑部 | 2016.7 |
| 徽州古民居及新徽派设计原则 | 齐宛苑　陆峰 | 《西北美术》2016年3期 | 127~130 | 《西北美术》编辑部 | 2016.7 |
| "礼即理"之传统文化意涵与象征意义 | 夏锦　鲍梦若 | 《学术交流》2016年7期 | 171~175 | 《学术交流》编辑部 | 2016.7 |
| 贵州仫佬族民居考察及保护 | 叶文思　龚镭 | 《西部人居环境学刊》2016年3期 | 100~104 | 《西部人居环境学刊》编辑部 | 2016.7 |
| 闽南红砖古厝外墙装饰的地域性探究 | 王鑫刚 | 《福建建筑》2016年7期 | 12~15 | 《福建建筑》编辑部 | 2016.7 |
| 退耕还林后陕北丘陵区乡村聚落更新 | 贺文敏　王军 | 《建筑与文化》2016年8期 | 185~187 | 《建筑与文化》编辑部 | 2016.8 |
| 豫西地坑院窑洞民居旅游开发保护与更新研究 | 房琳栋　王军　靳亦冰　陈迪 | 《建筑与文化》2016年8期 | 244~245 | 《建筑与文化》编辑部 | 2016.8 |
| 多村联动发展模式下的乡村规划特征与实践 | 陆琦　陈家欢 | 《新建筑》2016年4期 | 23~27 | 《新建筑》编辑部 | 2016.8 |
| 对贫困型传统民居维护改造的思考与探索——幢哈尼族蘑菇房的维护改造实验 | 朱良文 | 《新建筑》2016年4期 | 40~45 | 《新建筑》编辑部 | 2016.8 |
| 从化传统村落与民俗文化的共生性探析 | 王东　唐孝祥 | 《中国名城》2016年8期 | 65~70 | 《中国名城》编辑部 | 2016.8 |
| 邵伯斗野园 | 陆琦 | 《广东园林》2016年4期 | 96~99、112 | 《广东园林》编辑部 | 2016.8 |
| 黔东南苗侗传统村落生态博物馆整体性保护探析 | 王东　唐孝祥 | 《昆明理工大学学报》(社会科学版)2016年4期 | 94~99 | 《昆明理工大学学报》编辑部 | 2016.8 |
| 自然、灵动与因地制宜：清代西蜀住宅建筑文化研究 | 何永之　田凯　何一民 | 《中华文化论坛》2016年8期 | 30~37、191 | 《中华文化论坛》编辑部 | 2016.8 |
| 传统民居保护和传承的对策——以海丰民居为例 | 黄丽青 | 《文史博览》(理论)2016年8期 | 18~20 | 《文史博览》编辑部 | 2016.8 |
| 风扇对亚热带气候区民居室内热环境影响分析 | 杨柳　杨雯　郑武幸　刘加平 | 《西安建筑科技大学学报》(自然科学版)2016年4期 | 544~550 | 西安建筑科技大学 | 2016.8 |

续表

| 论文名 | 作者 | 刊载杂志 | 页码 | 编辑出版单位 | 出版日期 |
|---|---|---|---|---|---|
| 梅州传统民居建筑墙体材料及构造研究——以国家级古村落茶山村为例 | 张灵辉　赖俊发李怡芳　黄晶晶林梅坤 | 《建筑节能》2016年8期 | 47~49、54 | 《建筑节能》编辑部 | 2016.8 |
| 贵州西江苗寨传统民居木墙体系形态特征研究 | 高培 | 《四川建筑科学研究》2016年4期 | 116~119 | 《四川建筑科学研究》编辑部 | 2016.8 |
| 木房与砖房：传统村落场域中的文化变迁——以黔东南州为例 | 龚露　周真刚 | 《贵州民族研究》2016年8期 | 58~62 | 《贵州民族研究》编辑部 | 2016.8 |
| 山西晋中地区传统民居地域建筑特色 | 任静　金承协 | 《山西建筑》2016年24期 | 12~13 | 《山西建筑》编辑部 | 2016.8 |
| 基于公共空间营造的止戈古镇保护规划设计 | 李欢　何杰孙岩　常乐 | 《工业建筑》2016年8期 | 61~64、84 | 《工业建筑》编辑部 | 2016.8 |
| 徽州古民居的和谐生态观研究 | 齐宛苑 | 《合肥工业大学学报》（社会科学版）2016年4期 | 117~121 | 合肥工业大学 | 2016.8 |
| 木板壁民居对湿热气候的适应性 | 杨真静　徐亚男彭明熙 | 《土木建筑与环境工程》2016年4期 | 1~6 | 《土木建筑与环境工程》编辑部 | 2016.8 |
| 浅谈德安里民居的人文历史与文物保护价值 | 方燕群 | 《客家文博》2016年2期 | 67~70 | 《客家文博》编辑部 | 2016.8 |
| 重庆地区夯土民居春夏两季室内热环境测试分析 | 方巾中　唐鸣放王东 | 《建筑科学》2016年8期 | 106~110 | 《建筑科学》编辑部 | 2016.8 |
| 徽州传统民居气密性实测研究 | 黄志甲　董亚萌程建 | 《建筑科学》2016年8期 | 115~118 | 《建筑科学》编辑部 | 2016.8 |
| 简析问题学哲学及梅耶和贝西埃的文艺思想 | 史忠义　向征 | 《江西社会科学》2016年8期 | 77~83 | 《江西社会科学》编辑部 | 2016.8 |
| 陕北传统民居浅析 | 马本和　宗千翔 | 《黑龙江民族丛刊》2016年4期 | 144~148 | 《黑龙江民族》编辑部 | 2016.8 |
| 九寨沟景区藏族村寨新老民居对比研究 | 刘佳凝　庄惟敏 | 《华中建筑》2016年8期 | 168~171 | 《华中建筑》编辑部 | 2016.8 |
| 基于形态语言的地域民居建筑差异性分析——以云南怒江流域怒族传统民居为例 | 陆邵明　朱佳维杜力 | 《建筑学报》2016年S1期 | 6~12 | 中国建筑学会 | 2016.8 |
| 福州"多进天井式"民居天井几何形态对建筑风环境的影响研究——以琴江村"黄恩禄故居"为例 | 石峰　金伟 | 《建筑学报》2016年S1期 | 18~21 | 中国建筑学会 | 2016.8 |

续表

| 论文名 | 作者 | 刊载杂志 | 页码 | 编辑出版单位 | 出版日期 |
|---|---|---|---|---|---|
| 东南沿海地区传统民居斗栱挑檐做法谱系研究 | 周易知 | 《建筑学报》2016年S1期 | 103~107 | 中国建筑学会 | 2016.8 |
| 历史文化语境下的西安民居类型化特征研究 | 张钰曌 陈洋 王西京 | 《建筑学报》2016年S1期 | 135~141 | 中国建筑学会 | 2016.8 |
| 福建传统民居色彩的保护与应用 | 吴素婷 陈祖建 汪斌斌 | 《家具与室内装饰》2016年8期 | 89~91 | 《家具与室内装饰》编辑部 | 2016.8 |
| 川西北嘉绒藏族地区传统民居更新设计探索——松岗新村民居方案设计 | 白涛 姬娥娥 | 《中外建筑》2016年8期 | 122~124 | 《中外建筑》编辑部 | 2016.8 |
| 贫困型传统村落保护发展对策——云南阿者科研讨会 | 朱良文 王竹 陆琦 何依 唐孝祥 谭刚毅 | 《新建筑》2016年4期 | 64~71 | 《新建筑》编辑部 | 2016.8 |
| "楼上厅"与"燕堂"——一种建筑的形式、源流与象征意义研究 | 张力智 | 《建筑学报》2016年9期 | 32~37 | 《建筑学报》编辑部 | 2016.9 |
| 轻触场地还原建筑与环境的朴素关系——大熊猫救护与疾病防控中心绿色设计 | 钱方 | 《建筑学报》2016年9期 | 71~73 | 《建筑学报》编辑部 | 2016.9 |
| 不同建筑体系下的建筑气候适应性概念辨析 | 郝石盟 宋晔皓 | 《建筑学报》2016年9期 | 102~107 | 《建筑学报》编辑部 | 2016.9 |
| 当代上海石库门的文化功能与精神内核 | 赵李娜 | 《文化遗产》2016年5期 | 56~63 | 《文化遗产》编辑部 | 2016.9 |
| 传统村落民居的火灾蔓延危险性分析 | 回呈宇 肖泽南 | 《建筑科学》2016年9期 | 125~130 | 《建筑科学》编辑部 | 2016.9 |
| 云南传统村镇特色保护与活化利用 | 杨大禹 | 《中国名城》2016年9期 | 78~86 | 《中国名城》编辑部 | 2016.9 |
| 邹城传统民居形态及其当代演变研究 | 李超先 李世芬 宋文鹏 | 《建筑与文化》2016年9期 | 104~105 | 《建筑与文化》编辑部 | 2016.9 |
| 刘家寨传统民居建筑营建技术研究 | 杨文斌 刘莹 | 《华中建筑》2016年9期 | 45~48 | 《华中建筑》编辑部 | 2016.9 |
| 南坪河上的"九甲"人家——多民族聚居传统村落文化景观形成初探 | 冀晶娟 肖大威 | 《中国园林》2016年9期 | 24~28 | 《中国园林》编辑部 | 2016.9 |
| 绍兴老台门艺术 | 李丰 | 《美术》2016年9期 | 120~121 | 《美术》编辑部 | 2016.9 |
| 晚明苏南民居建筑装饰设计思想探源 | 崔华春 过伟敏 | 《中国名城》2016年9期 | 66~69、77 | 《中国名城》编辑部 | 2016.9 |
| 鲁中山区传统民居保护的现实困境调查和思考 | 逯海勇 胡海燕 | 《中外建筑》2016年9期 | 54~57 | 《中外建筑》编辑部 | 2016.9 |

续表

| 论文名 | 作者 | 刊载杂志 | 页码 | 编辑出版单位 | 出版日期 |
|---|---|---|---|---|---|
| 历史街区民居生态化保护的实现及意义探索 | 郑承曦 | 《中外建筑》2016年9期 | 93~95 | 《中外建筑》编辑部 | 2016.9 |
| 湘西传统民居节能改造研究 | 刘盛　刘益明　姜彬 | 《工业建筑》2016年9期 | 50~55 | 《工业建筑》编辑部 | 2016.9 |
| 徽派传统民居保护发展思考 | 陈伟煊 | 《安徽建筑》2016年5期 | 120~121、152 | 《安徽建筑》编辑部 | 2016.9 |
| 近代汉口街区与住居形态的文化考察1896~1938 | 陈刚　李晓峰 | 《南方建筑》2016年5期 | 110~115 | 《南方建筑》编辑部 | 2016.10 |
| "新精神"的召唤——当代城市与建筑的世纪转型 | 张玉坤　郑婕 | 《建筑学报》2016年10期 | 114~119 | 《建筑学报》编辑部 | 2016.10 |
| 青南高原藏区碉房类型及特征分析 | 郝占鹏　王军 | 《建筑与文化》2016年10期 | 126~128 | 《建筑与文化》编辑部 | 2016.10 |
| 南方传统生土建筑夯土墙的水稳定性及其加固保护技术 | 吴任平　叶坤杰　关瑞明 | 《华中建筑》2016年10期 | 59~62 | 《华中建筑》编辑部 | 2016.10 |
| 成都文殊院 | 陆琦 | 《广东园林》2016年5期 | 99~103 | 《广东园林》编辑部 | 2016.10 |
| 广州南汉宫苑药洲遗址保护与更新研究 | 郭谦　李晓雪 | 《风景园林》2016年10期 | 105~112 | 《风景园林》编辑部 | 2016.10 |
| 豫西地区传统民居砖雕装饰艺术研究 | 窦炎 | 《中华文化论坛》2016年10期 | 105~110、192 | 《中华文化论坛》编辑部 | 2016.10 |
| 梅州地区客家传统民居装饰艺术的调查与研究 | 王阵 | 《集美大学学报》（哲社版）2016年4期 | 1~8 | 集美大学 | 2016.10 |
| 黔中白水河谷地区山地布依民居研究 | 周政旭　罗亚文 | 《西部人居环境学刊》2016年5期 | 98~105 | 《西部人居环境》编辑部 | 2016.10 |
| 湘西苗族传统聚落空间结构的均衡 | 蒋涤非　黄春华 | 《求索》2016年10期 | 183~187 | 《求索》编辑部 | 2016.10 |
| 上海市传统民居类型调查与研究 | 吴艳　王儒轩　严鑫 | 《住区》2016年5期 | 36~43 | 《住区》编辑部 | 2016.10 |
| 文化视角下的两岸传统聚落景观价值评价比对分析 | 孙思晗　孙梦琪　邓石帆 | 《城市发展研究》2016年10期 | 111~117 | 《城市发展研究》编辑部 | 2016.10 |
| 青南地区碉楼民居更新设计研究——以班玛县科培村为例 | 崔文河 | 《建筑学报》2016年10期 | 88~92 | 《建筑学报》编辑部 | 2016.10 |
| 岭南客家民居的时代性传承与演变 | 陈路路　杨家强　张龙 | 《山西建筑》2016年30期 | 18~20 | 《山西建筑》编辑部 | 2016.10 |
| 中原地区汉代聚落试探 | 刘海旺 | 《中原文物》2016年5期 | 31~37、47 | 《中原文物》编辑部 | 2016.10 |
| 焦作民居建筑冬季室内热环境测试研究 | 闫海燕　李洪瑞　李道一　李婷 | 《建筑科学》2016年10期 | 21~28、72 | 《建筑科学》编辑部 | 2016.10 |

| 论文名 | 作者 | 刊载杂志 | 页码 | 编辑出版单位 | 出版日期 |
|---|---|---|---|---|---|
| 融入白族地域文化的隧道洞门景观设计 | 白国权 | 《现代隧道技术》2016年5期 | 176~182 | 《现代隧道技术》编辑部 | 2016.10 |
| 基于豫西传统民居文化传承下的美丽乡村生态建设研究 | 吴华娓 | 《艺术科技》2016年10期 | 74~75 | 《艺术科技》编辑部 | 2016.10 |
| 严寒地区乡村民居冬季室内热环境测试分析 | 邵腾　金虹 | 《建筑技术》2016年10期 | 883~886 | 《建筑技术》编辑部 | 2016.10 |
| 低空航摄方法在传统聚落空间研究中的应用 | 王鑫 | 《华中建筑》2016年10期 | 110~114 | 《华中建筑》编辑部 | 2016.10 |
| 传统聚落景观基因编码与派生模型研究——以楠溪江风景名胜区为例 | 黄琴诗　朱喜钢　陈楚文 | 《中国园林》2016年10期 | 89~93 | 《中国园林》编辑部 | 2016.10 |
| 传统村落民居风貌引导与控制研究——以北京市昌平区长峪城村为例 | 赵之枫　邱腾菲　云燕 | 《中国名城》2016年10期 | 83~90 | 《中国名城》编辑部 | 2016.10 |
| 匠心独运——析闽台传统民居空间衍化与营造技艺之传承 | 陈顺和 | 《艺术评论》2016年10期 | 61~65 | 《艺术评论》编辑部 | 2016.10 |
| 武陵地区传统民居开发性保护思考——以重庆市秀山县清溪镇大寨村传统民居保护规划设计为例 | 黄东升　邹凤波 | 《艺术评论》2016年10期 | 128~130 | 《艺术评论》编辑部 | 2016.10 |
| 鄂东北传统山地聚落形态特征及其成因探析 | 陈茹　李晓峰 | 《华中建筑》2016年11期 | 168~173 | 《华中建筑》编辑部 | 2016.11 |
| 西藏波密建筑地域文化传承创新与设计实践 | 陆琦　林琳 | 《南方建筑》2016年6期 | 25~31 | 《南方建筑》编辑部 | 2016.11 |
| 台湾传统建筑彩绘仪规初探 | 唐孝祥　李树宜 | 《南方建筑》2016年6期 | 68~74 | 《南方建筑》编辑部 | 2016.11 |
| 闽南漳州古城传统民居建筑有机更新探索 | 王绍森　赵亚敏 | 《南方建筑》2016年6期 | 75~81 | 《南方建筑》编辑部 | 2016.11 |
| 阿拉善传统民居与周边民居形式的对比分析 | 陈萍　康锦润 | 《南方建筑》2016年6期 | 100~105 | 《南方建筑》编辑部 | 2016.11 |
| 结构人类学视阈下华锐藏族民居空间布局 | 巨浪 | 《甘肃社会科学》2016年6期 | 167~171 | 《甘肃社会科学》编辑部 | 2016.11 |

| 论文名 | 作者 | 刊载杂志 | 页码 | 编辑出版单位 | 出版日期 |
|---|---|---|---|---|---|
| 关于福建传统民居建筑装饰木雕的分析 | 黄福镇 | 《美与时代》（城市版）2016年11期 | 25~27 | 《美与时代》编辑部 | 2016.11 |
| 传统民居对现代环境艺术设计的影响——以江南民居为例 | 江磊 | 《新丝路》（下旬）2016年11期 | 241、252 | 《新丝路》编辑部 | 2016.11 |
| 基于地理格网分级法提取的中国传统村落空间分布 | 余亮　孟晓丽 | 《地理科学进展》2016年11期 | 1388~1396 | 《地理科学进展》编辑部 | 2016.11 |
| 龙湖寨 | 朱雪梅 | 《学术研究》2016年11期 | 179 | 《学术研究》编辑部 | 2016.11 |
| 根植文脉　传承创新——大厂民族宫建筑创作 | 盘育丹　何镜堂 郭卫宏　郑常波 | 《建筑学报》2016年11期 | 43~45 | 中国建筑学会 | 2016.11 |
| 经山水意向而入古镇炊香——街子古镇梅驿广场设计初探 | 蒲建聿　刘伯英 | 《建筑学报》2016年11期 | 52~53 | 中国建筑学会 | 2016.11 |
| 极端气候条件下的新型生土民居建筑探索 | 何泉　何文芳 杨柳　刘加平 | 《建筑学报》2016年11期 | 94~98 | 中国建筑学会 | 2016.11 |
| 南京市民国建筑保护的空间布局与优化策略 | 刘志峰　马颖忆 | 《南通大学学报》（社会科学版）2016年6期 | 7~11 | 南通大学 | 2016.11 |
| 基于交往空间的江南传统民居"生活性"保护浅析 | 蒋励　马建梅 张悦 | 《艺术与设计》（理论）2016年11期 | 88~90 | 《艺术与设计》编辑部 | 2016.11 |
| 东方美学灵韵下的现代电影表达 | 周佳鹏 | 《新美术》2016年11期 | 83~86 | 《新美术》编辑部 | 2016.11 |
| 高邮传统民居大门形制特征研究 | 吴建勇 | 《装饰》2016年11期 | 128~129 | 清华大学 | 2016.11 |
| 陕南传统民居更新生态适应性策略研究 | 田海宁 | 《建筑技术》2016年11期 | 1050~1052 | 《建筑技术》编辑部 | 2016.11 |
| 山村民居 | 赵耀 | 《文艺研究》2016年11期 | 173 | 《文艺研究》编辑部 | 2016.11 |
| 浅谈西藏西部普兰传统民居建筑——以科迦村民居为例 | 袁华斌　宗晓萌 | 《华中建筑》2016年11期 | 153~155 | 《华中建筑》编辑部 | 2016.11 |
| 澳门通货膨胀的社会福利成本研究 | 刘毅 | 《广东社会科学》2016年6期 | 84~89 | 《广东社会科学》编辑部 | 2016.11 |
| 闽南沿海民居光环境现状研究——以晋江市池店镇东山村为例 | 何苗　李向辉 | 《中国科技论文》2016年21期 | 2486~2491 | 《中国科技论文》编辑部 | 2016.11 |
| 黔东南传统木结构民居保护与建设项目的研究与实践 | 陆步云　李芳 周光志 | 《林产工业》2016年11期 | 10~13 | 《林产工业》编辑部 | 2016.11 |

| 论文名 | 作者 | 刊载杂志 | 页码 | 编辑出版单位 | 出版日期 |
|---|---|---|---|---|---|
| 平遥古城店铺民居平面布局的改造策略研究 | 杜湄　邓莉文 | 《家具与室内装饰》2016年11期 | 104~105 | 《家具与室内装饰》编辑部 | 2016.11 |
| 店头村古聚落更新策略 | 崔凯　胡川晋　王崇恩 | 《城乡建设》2016年11期 | 78~80 | 《城乡建设》编辑部 | 2016.11 |
| 传统聚落水适应性空间格局研究——以岭南地区传统聚落为例 | 刘畅 | 《中外建筑》2016年11期 | 48~50 | 《中外建筑》编辑部 | 2016.11 |
| 别具一格的民居：绍兴台门 | 屠剑虹 | 《浙江档案》2016年10期 | 48~49 | 《浙江档案》编辑部 | 2016.11 |
| 扬州小盘谷 | 陆琦 | 《广东园林》2016年6期 | 96~98 | 《广东园林》编辑部 | 2016.12 |
| 陕南民居建筑印象及艺术元素刍议——以洛南县鞑子梁石板房为例 | 唐堃堃 | 《大众文艺》2016年24期 | 76~77 | 《大众文艺》编辑部 | 2016.12 |
| 地域特征约束下的黄土高原民居院落种植习惯研究——以西安南豆角村为例 | 菅文娜　雷振东 | 《西安建筑科技大学学报》（自然科学版）2016年6期 | 901~907 | 西安建筑科技大学 | 2016.12 |
| 贵州地扪侗寨传统民居围护结构改造对室内热湿环境影响 | 李峥嵘　曾诗琴　赵群　邢浩威 | 《西安建筑科技大学学报》（自然科学版）2016年6期 | 908~911 | 西安建筑科技大学 | 2016.12 |
| 传统聚落综合功能提升关键技术集成与示范 | 陈小辉　张鹰 | 《建筑学报》2016年12期 | 115~116 | 中国建筑学会 | 2016.12 |
| 传统聚落仪式空间及其当代社区适应性研究 | 林志森 | 《建筑学报》2016年12期 | 118~119 | 中国建筑学会 | 2016.12 |
| 地域庭院空间形态分析——以伊犁喀赞其民居庭院为例 | 杨涛　田燕燕　张捷 | 《设计艺术研究》2016年6期 | 39~45 | 《设计艺术研究》编辑部 | 2016.12 |
| 新农建设中以乡土文化传承来保护湘西民族传统村落研究 | 罗明金 | 《西南民族大学学报》（人文社科版）2016年12期 | 66~69 | 西南民族大学 | 2016.12 |
| 精准扶贫视野下的少数民族民宿特色旅游村镇建设研究——基于稻城县香格里拉镇的调研 | 赖斌　杨丽娟　李凌峰 | 《西南民族大学学报》（人文社科版）2016年12期 | 154~159 | 西南民族大学 | 2016.12 |
| 湘西民居建筑水彩画的创作研究——以凤凰古城为例 | 陈晓刚　林想 | 《美术》2016年12期 | 138~139 | 《美术》编辑部 | 2016.12 |

续表

| 论文名 | 作者 | 刊载杂志 | 页码 | 编辑出版单位 | 出版日期 |
|---|---|---|---|---|---|
| 基于建筑类型学的南京中华门门西地区传统民居平面空间演变 | 诸汉涛　赵冲　张鹰　井上悠纪 | 《福州大学学报》（自然科学版）2016年6期 | 820~825 | 福州大学 | 2016.12 |
| 晋江市东山村传统民居光环境模拟与优化 | 何苗　薛家薇 | 《福州大学学报》（自然科学版）2016年6期 | 826~832 | 福州大学 | 2016.12 |
| 记忆的移植——浙江山地老宅 | 荣朝晖　刘敏毓 | 《城市建筑》2016年34期 | 23~24 | 《城市建筑》编辑部 | 2016.12 |
| 现代化进程中的传统聚落保护与更新策略 | 李依蔓　白胤 | 《中外建筑》2016年12期 | 77~78 | 《中外建筑》编辑部 | 2016.12 |
| 基于实证研究背景下的"乡愁"景观有机更新策略——以成都市新农村规划设计实践为例 | 郭艳荣　张俊伟　李莉萍 | 《中外建筑》2016年12期 | 102~103 | 《中外建筑》编辑部 | 2016.12 |
| 地方建构视角下的青田侨乡——幸村之民居景观研究 | 夏翠君 | 《华侨华人历史研究》2016年4期 | 82~90 | 《华侨华人历史研究》编辑部 | 2016.12 |
| 河北井陉与京西传统山地村落空间比较研究 | 梁晓旭　张宇翔 | 《规划师》2016年S2期 | 99~104 | 《规划师》编辑部 | 2016.12 |
| 似与不似之间的村上湖舍 | 黄居正 | 《建筑学报》2017年1期 | 66、72~75 | 中国建筑学会 | 2017.1 |
| 当下乡村景观营建现状及方向 | 陆琦　闫留超 | 《中国名城》2017年1期 | 24~28 | 《中国名城》编辑部 | 2017.1 |
| 赣东地区竹桥村古建田野调查 | 范霄鹏　仲金玲 | 《遗产与保护研究》2017年1期 | 106~111 | 《遗产与保护研究》编辑部 | 2017.1 |
| 湖南传统村落规划及民居"三重门"安全策略研究 | 何韶瑶　唐成君　刘艳莉　章为　熊申午 | 《工业建筑》2017年1期 | 44~49 | 《工业建筑》编辑部 | 2017.1 |
| 灵动的禅意 | 李晓峰　史文博 | 《现代装饰（理论）》2017年1期 | 96~97 | 《现代装饰（理论）》编辑部 | 2017.1 |
| 鲁甸地区传统夯土建筑的节能与发展初探 | 刘崇　张睿　谭良斌 | 《世界建筑》2017年1期 | 100~103、133 | 《世界建筑》编辑部 | 2017.1 |
| 从修复到传习的村寨实践 | 越剑 | 《时代建筑》2017年1期 | 159~163 | 《时代建筑》编辑部 | 2017.1 |
| 扬州逸圃 | 陆琦 | 《广东园林》2017年1期 | 97~101 | 《广东园林》编辑部 | 2017.2 |
| 徽州古民居彩绘装饰的形成及视觉呈现 | 闻婧 | 《西安建筑科技大学学报（社会科学版）》2017年1期 | 77~82 | 西安建筑科技大学 | 2017.2 |
| "川味"建筑——四川大学喜马拉雅文化及宗教研究中心 | 郑勇　肖迪佳 | 《建筑技艺》2017年2期 | 54~61 | 《建筑技艺》编辑部 | 2017.2 |

续表

| 论文名 | 作者 | 刊载杂志 | 页码 | 编辑出版单位 | 出版日期 |
|---|---|---|---|---|---|
| 与历史环境共生的建筑创作研究——以广州南粤先贤馆为例 | 万丰登　郭谦 | 《华中建筑》 2017年2期 | 21~26 | 《华中建筑》编辑部 | 2017.2 |
| 内生动力的重建：新乡土逻辑下的参与式乡村营造 | 吴志宏　吴雨桐　石文博 | 《建筑学报》2017年2期 | 108~113 | 中国建筑学会 | 2017.2 |
| 闽南古民居的中西元素 | 吕波 | 《建材与装饰》2017年7期 | 190~191 | 《建材与装饰》编辑部 | 2017.2 |
| 古今广州风景园林品题系列的审美意蕴转向 | 彭孟宏　唐孝祥 | 《中国园林》 2017年2期 | 124~128 | 《中国园林》编辑部 | 2017.2 |
| 我国传统民居的研究进展与学科取向 | 熊梅 | 《城市规划》2017年2期 | 102~112 | 《城市规划》编辑部 | 2017.2 |
| 记住"乡愁"，弘扬中国传统建筑文化——第21届中国民居建筑学术年会暨民居建筑国际研讨会纪实 | 余翰武　唐孝祥 | 《新建筑》2017年1期 | 156~157 | 《新建筑》杂志社 | 2017.2 |
| 松阳三都乡上庄村乡土聚落的田野调查 | 范霄鹏　张晨 | 《古建园林技术》2017年1期 | 50~54 | 《古建园林技术》编辑部 | 2017.3 |
| 行业神信仰下西秦会馆戏场仪式空间探讨 | 王莹　李晓峰 | 《南方建筑》2017年1期 | 63~69 | 《南方建筑》编辑部 | 2017.3 |
| 汉中地区传统夯土民居生土墙体材料改性试验研究 | 张波　王赟　薛丽皎 | 《新型建筑材料》2017年3期 | 64~66 | 《新型建筑材料》编辑部 | 2017.3 |
| 甘青地区军事堡寨型乡村聚落的空间演进研究——以循化县起台堡村为例 | 康渊　王军　靳亦冰 | 《华中建筑》2017年3期 | 112~116 | 《华中建筑》编辑部 | 2017.3 |
| 创意为什么在乡村如此重要 | 罗德胤 | 《小城镇建设》2017年3期 | 17~19 | 《小城镇建设》编辑部 | 2017.3 |
| 古道驿寨山水间武陵山区朱家堡村乡土聚落的田野调查 | 范霄鹏　杨泽群 | 《室内设计与装修》2017年3期 | 122~125 | 《室内设计与装修》编辑部 | 2017.3 |
| 元江南岸多尺度多民族聚落的空间特征研究 | 杨宇亮　罗德胤　孙娜 | 《南方建筑》2017年1期 | 34~39 | 《南方建筑》编辑部 | 2017.3 |
| 传统石材砌筑在现代建筑中的应用——巴塘市第一完全小学行政办公楼和食堂设计 | 潘玥 | 《建筑技艺》2017年3期 | 88~93 | 《建筑技艺》编辑部 | 2017.3 |

| 论文名 | 作者 | 刊载杂志 | 页码 | 编辑出版单位 | 出版日期 |
|---|---|---|---|---|---|
| "美丽乡村"建设中古民居保护调查工作初探 | 龙江 李晓峰 | 《中国名城》2017年3期 | 93~96 | 《中国名城》编辑部 | 2017.3 |
| 基于地域文化传承与创新的村镇既有民居立面整治探索与实践——以长阳磨市镇建筑外立面改造为例 | 张润东 田钦 张旭林 | 《华中建筑》2017年3期 | 27~32 | 《华中建筑》编辑部 | 2017.3 |
| 青海地区庄廓夯土墙营造技术及优化传承研究 | 房琳栋 王军 靳亦冰 | 《华中建筑》2017年3期 | 117~121 | 《华中建筑》编辑部 | 2017.3 |
| 山西传统民居的民宿开发 | 朱专法 马天义 | 《小城镇建设》2017年3期 | 101~104 | 《小城镇建设》编辑部 | 2017.3 |
| 对传统村落研究中一些问题的思考 | 朱良文 | 《南方建筑》2017年1期 | 4~9 | 《南方建筑》编辑部 | 2017.3 |
| 浅析自然光在建筑中角色的嬗变 | 刘芳 张玉坤 | 《建筑与文化》2017年3期 | 111~113 | 《建筑与文化》编辑部 | 2017.3 |
| 从福兴堂石雕装饰看闽南传统民居的装饰审美文化内涵 | 郑慧铭 | 《南方建筑》2017年1期 | 21~25 | 《南方建筑》编辑部 | 2017.3 |
| 永宁古镇传统民居保护现状与展望 | 姚力 李震 郭新 郭璇 | 《南方建筑》2017年1期 | 40~46 | 《南方建筑》编辑部 | 2017.3 |
| 鄂西南地区府邸庄园田野调查 | 范霄鹏 祝晨琪 | 《遗产与保护研究》2017年2期 | 151~159 | 《遗产与保护研究》编辑部 | 2017.3 |
| 武陵深处有人家 武陵山区德夯苗寨吊脚木楼田野调查 | 范霄鹏 郭亚男 | 《室内设计与装修》2017年4期 | 126~129 | 《室内设计与装修》编辑部 | 2017.4 |
| 大青树下的"一颗印"——解析云南大理诺邓村"一颗印"民居平面形式及建构特点 | 郭峥 翟辉 | 《西部人居环境学刊》2017年2期 | 108~112 | 《西部人居环境学刊》编辑部 | 2017.4 |
| 传统民居建筑空间与现代生活方式适应的理论与实践 | 孙晓 | 《重庆工商大学学报（自然科学版）》2017年2期 | 121~128 | 重庆工商大学 | 2017.4 |
| "乡建的视角"主题沙龙 | 王竹 周凌 陈剑飞 陆轶辰 徐锋 文兵 杨瑛 陶郅 周立军 | 《城市建筑》2017年10期 | 6~13 | 《城市建筑》编辑部 | 2017.4 |
| 文化地理学视野下的传统民居门饰文化研究 | 李超 谢亚平 | 《西安建筑科技大学学报（社会科学版）》2017年2期 | 66~73 | 西安建筑科技大学 | 2017.4 |
| 松阳乡村实践——以平田农耕博物馆和樟溪红糖工坊为例 | 徐甜甜 汪俊成 | 《建筑学报》2017年4期 | 52~55 | 中国建筑学会 | 2017.4 |

| 论文名 | 作者 | 刊载杂志 | 页码 | 编辑出版单位 | 出版日期 |
|---|---|---|---|---|---|
| 明长城军事防御聚落体系大同镇烽传系统空间布局研究 | 曹迎春　张玉坤　李严 | 《新建筑》2017年2期 | 142~145 | 《新建筑》杂志社 | 2017.4 |
| 福建传统民居色彩区域性研究 | 吴素婷　汪斌斌　陈祖建　施并塑 | 《建筑学报》2017年4期 | 105~109 | 《建筑学报》编辑部 | 2017.4 |
| 鼓浪屿传统民居建筑板门研究 | 成丽　邱梦妍 | 《建筑学报》2017年4期 | 110~115 | 中国建筑学会 | 2017.4 |
| 基于Climate Consultant的拉萨传统民居气候适应性分析 | 何泉　王文超　刘加平　杨柳 | 《建筑科学》2017年4期 | 94~100 | 《建筑科学》编辑部 | 2017.4 |
| 北海静心斋 | 陆琦 | 《广东园林》 2017年2期 | 99~102、106 | 《广东园林》编辑部 | 2017.4 |
| 鲁中山区传统民居形态及地域特征分析 | 逯海勇　胡海燕 | 《华中建筑》2017年4期 | 76~81 | 《华中建筑》编辑部 | 2017.4 |
| 户牖之美——建水民居门窗的技艺及其文化内涵 | 田芳　何俊萍 | 《华中建筑》2017年4期 | 112~117 | 《华中建筑》编辑部 | 2017.4 |
| 乡村民居建筑自主更新对传统聚落空间的继承及其意义——以广西壮族自治区大塘边村为例 | 任雷　李迪华 | 《华中建筑》2017年4期 | 134~138 | 《华中建筑》编辑部 | 2017.4 |
| 低碳视野下的青海传统民居设计探索——以"台达杯"获奖作品"片山屋"为例 | 崔艳秋　牛微　王楠　郑海超 | 《新建筑》2017年2期 | 66~69 | 《新建筑》杂志社 | 2017.4 |
| 阴山——河套平原地区西汉长城防御体系分布结构研究 | 任洁　李严　张玉坤 | 《中国文化遗产》2017年3期 | 100~106 | 《中国文化遗产》编辑部 | 2017.5 |
| 鄂西武陵山区庆阳坝凉亭古街田野调查 | 范霄鹏　郭亚男 | 《遗产与保护研究》2017年3期 | 114~119 | 《遗产与保护研究》编辑部 | 2017.5 |
| 豫西山地传统乡村聚落建筑景观的特征与有机发展研究——以巩义市明月村为例 | 薄楠林 | 《长江大学学报》（自科版）2017年10期 | 9~11、20 | 长江大学 | 2017.5 |
| 福州三坊七巷传统民居"灰空间"解析 | 周丽彬 | 《福建建设科技》2017年3期 | 49~51 | 《福建建设科技》编辑部 | 2017.5 |
| 古堡聚落保护与利用模式的探讨——以福建省东山县康美"木杨城"为例 | 林喜兴 | 《福建建设科技》2017年3期 | 52~55 | 《福建建设科技》编辑部 | 2017.5 |

续表

| 论文名 | 作者 | 刊载杂志 | 页码 | 编辑出版单位 | 出版日期 |
|---|---|---|---|---|---|
| 旅游视角下的乡村景观特征及规划思考——以云南元阳阿者科村为例 | 张琳 | 《风景园林》2017年5期 | 87~93 | 《风景园林》编辑部 | 2017.5 |
| 山丘生态保护区乡村聚落空间分异及格局优化 | 孟令冉　吴军　董霁红 | 《农业工程学报》2017年10期 | 278~286 | 农业工程大学 | 2017.5 |
| 民国时期福州地区传统民居的演进与转型特征 | 罗景烈 | 《华侨大学学报》（自然科学版）2017年3期 | 343~349 | 华侨大学 | 2017.5 |
| 吐峪沟麻扎村建筑美学特点探析 | 丁世超　刘晓文 | 《华侨大学学报》2017年5期 | 184~186 | 华侨大学 | 2017.5 |
| 闽南传统民居的海洋文化因子探析 | 林乙 | 《建筑》2017年10期 | 46~48 | 《建筑》编辑部 | 2017.5 |
| 宁夏南部回族民居特有空间类型研究 | 许翔 | 《建筑》2017年10期 | 49~51 | 《建筑》编辑部 | 2017.5 |
| 山地传统民居建筑景观信息识别研究——以重庆市江津区中山镇龙塘村为例 | 冯维波　张蒙 | 《重庆师范大学学报》（自然科学版）2017年4期 | 120~126、141 | 重庆师范大学 | 2017.5 |
| 因宜居而丰富——从生活的多样性看我国民居建筑的智慧 | 朱良文 | 《中国勘察设计》2017年5期 | 24~25 | 《中国勘察设计》编辑部 | 2017.5 |
| 传承优秀民居建筑文化之精神 | 陆琦 | 《中国勘察设计》2017年5期 | 26~29 | 《中国勘察设计》编辑部 | 2017.5 |
| 大国的建筑智慧与空间秩序 | 罗德胤　李君洁 | 《中国勘察设计》2017年5期 | 30~35 | 《中国勘察设计》编辑部 | 2017.5 |
| "另一种重要的风景园林"之乡村风景园林——《传统村镇聚落景观分析》评述 | 钱利　段俊如　王军 | 《建筑与文化》2017年5期 | 96~97 | 《建筑与文化》编辑部 | 2017.5 |
| 桂北传统村落文化景观遗产保护与更新——以平岩村为例 | 甘晓璟　霍丹　唐建 | 《建筑与文化》2017年5期 | 175~176 | 《建筑与文化》编辑部 | 2017.5 |
| 旅游产业转型下的乡村景观规划研究——以甘南藏族传统聚落为例 | 蒋悦　马骏 | 《建筑与文化》2017年5期 | 179~180 | 《建筑与文化》编辑部 | 2017.5 |
| 历史与宗教文化影响下的吾屯藏族聚落民居保护与发展策略探析 | 李子瑜　李军环 | 《建筑与文化》2017年5期 | 230~232 | 《建筑与文化》编辑部 | 2017.5 |

| 论文名 | 作者 | 刊载杂志 | 页码 | 编辑出版单位 | 出版日期 |
|---|---|---|---|---|---|
| 宅基地制度引发的关中乡村聚落空间肌理百年变迁研究 | 王晓静　杨丹　许懿　刘武 | 《建筑与文化》2017年5期 | 233~235 | 《建筑与文化》编辑部 | 2017.5 |
| 岭南文化元素在茶盘设计中的应用研究——以客家围龙屋为例 | 曾军伟 | 《美与时代（上）》2017年5期 | 76~77 | 《美与时代》编辑部 | 2017.5 |
| 广州竹筒屋的天井生态作用 | 李颜　蔡甜甜 | 《城市建设理论研究》（电子版）2017年14期 | 90~91 | 《城市建设理论研究》编辑部 | 2017.5 |
| 传统民居与现代环境艺术设计的互利共生 | 陈媛媛 | 《艺术研究》2017年2期 | 168~169 | 《艺术研究》编辑部 | 2017.5 |
| 中国传统民居中蕴含的理想家园意识探讨 | 赵燕 | 《中国园林》2017年5期 | 46~49 | 《中国园林》编辑部 | 2017.5 |
| 建筑考古学视角下的湖北大悟八字沟民居保护研究 | 陈李波　曹功　徐宇甦 | 《华中建筑》2017年5期 | 107~112 | 《华中建筑》编辑部 | 2017.5 |
| 福州苍霞清末民初民居木作类型初探 | 韩佳君　贾东 | 《华中建筑》2017年5期 | 118~123 | 《华中建筑》编辑部 | 2017.5 |
| 藏区乡村聚落空间组织模式研究——以甘南藏区为例 | 成亮　汤士东　李巍 | 《华中建筑》2017年5期 | 19~24 | 《华中建筑》编辑部 | 2017.5 |
| 山西介休张壁传统村落研究（上）——历史沿革与空间格局 | 王岳颐 | 《华中建筑》2017年5期 | 32~36 | 《华中建筑》编辑部 | 2017.5 |
| 传统民居空间与现代设计创新——斗门镇南门村旧房建筑改造设计的探索与思考 | 黄鹄 | 《华中建筑》2017年5期 | 101~106 | 《华中建筑》编辑部 | 2017.5 |
| 时间/空间——乡土聚落渐进复兴中的莪山实践案例研究 | 王铠　周德章　张雷 | 《建筑遗产》2017年2期 | 86~99 | 《建筑遗产》编辑部 | 2017.5 |
| 涧水双堡　蔚县南留庄乡土聚落田野调查 | 范霄鹏　侯凌超 | 《室内设计与装修》2017年5期 | 124~127 | 《室内设计与装修》编辑部 | 2017.5 |
| 荥阳油坊村传统民居建筑的"天人合一"性 | 田朋朋　张漪　黄雪红　杨芳绒 | 《家具与室内装饰》2017年5期 | 110~113 | 《家具与室内装饰》编辑部 | 2017.5 |
| 退耕还林后陕北丘陵地区乡村聚落更新——以安塞县沿河湾镇侯沟门村为例 | 贺文敏　郭睿　王军 | 《中国名城》2017年5期 | 90~95 | 《中国名城》编辑部 | 2017.5 |

续表

| 论文名 | 作者 | 刊载杂志 | 页码 | 编辑出版单位 | 出版日期 |
|---|---|---|---|---|---|
| 赣中传统民居公共空间布局形态分析——以南昌市广福镇黎家村为例 | 邓佳坤　刘琳 | 《乡村科技》2017年35期 | 40~41 | 《乡村科技》编辑部 | 2017.5 |
| 老宅新生——旧民居改造的乡村民宿建筑设计探析 | 杨珍珍　唐建 | 《设计》2017年9期 | 158~160 | 《设计》编辑部 | 2017.5 |
| 从生态视角谈传统建筑技术在绿色建筑设计中的应用 | 周忠长　俞晓华 | 《中外建筑》2017年5期 | 29~30 | 《中外建筑》编辑部 | 2017.5 |
| 传统民居建筑形制与地域文化的交融共生——以景德镇明代民居为例 | 钟延芬　唐璐 | 《中外建筑》2017年5期 | 36~38 | 《中外建筑》编辑部 | 2017.5 |
| 基于外部空间视知觉分析的艺术家聚落设计研究——以贵谷名人堂为例 | 林志森　胡捷昭　郑炜　吴志刚 | 《中外建筑》2017年5期 | 98~101 | 《中外建筑》编辑部 | 2017.5 |
| 肇庆市传统乡村地区水景观特征与形式——以城区周边为例 | 钟国庆　刘楚慧　梁睿　肖可锚　何诗祺　何钰琪 | 《中外建筑》2017年5期 | 148~151 | 《中外建筑》编辑部 | 2017.5 |
| 遗珠拾粹158　山东龙口西河阳村　国家历史文化名城研究中心历史街区调研 | 袁菲　葛亮 | 《城市规划》2017年3期 | 117~118 | 《城市规划》编辑部 | 2017.5 |
| 高寒牧区乡村聚落空间分布特征及其优化——以甘南州碌曲县为例 | 王录仓　李巍　李康兴 | 《西部人居环境学刊》2017年1期 | 102~108 | 《西部人居》编辑部 | 2017.5 |
| 海南岛传统聚落生成、演变历程及动因简析 | 杨定海 | 《西部人居环境学刊》2017年1期 | 109~114 | 《西部人居》编辑部 | 2017.5 |
| 基于生活地名法的传统聚落空间结构研究——以云南西双版纳曼海聚落为例 | 冯旭　山崎寿一 | 《国际城市规划》2017年2期 | 72~78 | 《国际城市规划》编辑部 | 2017.5 |
| 唐风古韵,历久弥新——西安阿倍仲麻吕纪念碑创作解读 | 王军　张婧 | 《世界建筑》2017年6期 | 103~107、123 | 《世界建筑》编辑部 | 2017.6 |
| 新加坡植物园景观审美的三个变迁阶段 | 彭孟宏　唐孝祥 | 《中国园林》2017年33卷6期 | 114~118 | 《中国园林》编辑部 | 2017.6 |
| 广州光孝寺庭园理景简析 | 唐孝祥　查斌 | 《广东园林》2017年39卷3期 | 45~49 | 《广东园林》编辑部 | 2017.6 |

续表

| 论文名 | 作者 | 刊载杂志 | 页码 | 编辑出版单位 | 出版日期 |
|---|---|---|---|---|---|
| 连州市保安镇卿罡古村 | 陆琦 | 《广东园林》2017年39卷3期 | 97~100、114 | 《广东园林》编辑部 | 2017.6 |
| 中国传统建筑与书法艺术的审美共通性再探 | 魏峰 唐孝祥 | 《华南理工大学学报（社会科学版）》2017年6期 | 102~107 | 《华南理工大学学报》编辑部 | 2017.6 |
| 基于景观基因视角的中国传统乡村保护与发展研究 | 王南希 陆琦 | 《南方建筑》2017年3期 | 58~63 | 《南方建筑》编辑部 | 2017.6 |
| 福州三坊七巷历史街区空间形态及其优化设计研究 | 王炜 林志森 关瑞明 | 《南方建筑》2017年3期 | 106~111 | 《南方建筑》编辑部 | 2017.6 |
| 岭南建筑学派的传承、发展与传播——中国建筑学会岭南建筑学术委员会成立大会暨岭南建筑文化学术研讨会综述 | 关杰灵 唐孝祥 冒亚龙 | 《南方建筑》2017年3期 | 126~127 | 《南方建筑》编辑部 | 2017.6 |
| 川西林盘景观格局变化及驱动力分析 | 周媛 陈娟 | 《四川农业大学学报》2017年2期 | 241~250、255 | 四川农业大学 | 2017.6 |
| 侗族聚落的生态智慧及现代宜居城市的启示 | 张轶群 | 《建筑知识》2017年6期 | 28~29 | 《建筑知识》编辑部 | 2017.6 |
| 羌族传统民居主室空间当代建构研究 | 孙岩 索朗白姆 李欢 肖瑜 张哲 | 《中华文化论坛》2017年6期 | 170~174 | 《中华文化论坛》编辑部 | 2017.6 |
| 平田新四合院及村落空间策略 | 王浩然 王维仁 姜晓东 | 《城市环境设计》2017年3期 | 407 | 《城市环境设计》编辑部 | 2017.6 |
| "松塘小八景"的审美特性分析 | 彭孟宏 唐孝祥 | 《风景园林》2017年6期 | 105~111 | 《风景园林》编辑部 | 2017.6 |
| 微观地理视野下文化遗产认知及其表征语言的解读——以云南怒族民居建筑为例 | 陆邵明 | 《同济大学学报》（社会科学版）2017年3期 | 77~86 | 同济大学 | 2017.6 |
| 文化视阈下的满族传统民居建筑装饰研究 | 吴国荣 李泳星 | 《贵州民族研究》2017年6期 | 87~90 | 《贵州民族研究》编辑部 | 2017.6 |
| 泉州传统民居营建技术 | 姚洪峰 | 《福建文博》2017年2期 | 60~65 | 《福建文博》编辑部 | 2017.6 |
| 浅析中国传统建筑元素——照壁 | 肖瑶 | 《中国建材科技》2017年 | 1~3 | 《中国建材科技》编辑部 | 2017.6 |
| 哈尼族村落空间解析——以滇南箐口村为例 | 聂愈人 | 《居业》2017年6期 | 62、64 | 《居业》编辑部 | 2017.6 |

续表

| 论文名 | 作者 | 刊载杂志 | 页码 | 编辑出版单位 | 出版日期 |
|---|---|---|---|---|---|
| 陕南传统民居门窗本土适应性分析——对产业化住宅门窗部品的研发 | 党帆 | 《山东工业技术》2017年12期 | 216 | 《山东工业技术》编辑部 | 2017.6 |
| 历史文化街区中传统民居"自主更新"模式初探 | 周丛宇　夏健 | 《苏州科技大学学报》（工程技术版）2017年2期 | 68~74 | 苏州科技大学 | 2017.6 |
| 河北雄安新区建设的区域地表本底特征与生态管控 | 匡文慧　杨天荣　颜凤芹 | 《地理学报》2017年6期 | 947~959 | 《地理学报》编辑部 | 2017.6 |
| 川西南传统民居建筑材料使用及成因探析 | 刘奇欣　李朝安 | 《四川水泥》2017年6期 | 217 | 《四川水泥》编辑部 | 2017.6 |
| 青海撒拉小镇商业空间特征解析 | 令宜凡　靳亦冰 | 《建筑与文化》2017年6期 | 53~55 | 《建筑与文化》编辑部 | 2017.6 |
| 柏社村传统地坑院的当代传承研究 | 黄瑜潇　崔陇鹏　王文瑞 | 《建筑与文化》2017年6期 | 118~119 | 《建筑与文化》编辑部 | 2017.6 |
| 密集型传统民居宜居性改造关键技术分析 | 王晓　王珊 | 《建筑与文化》2017年6期 | 128~130 | 《建筑与文化》编辑部 | 2017.6 |
| 江南传统民居中"图"与"底"辩证研究——以徽州古民居水景院落空间为例 | 陈虹宇 | 《建筑与文化》2017年6期 | 178~179 | 《建筑与文化》编辑部 | 2017.6 |
| 大理巍山琢木郎村传统民居装饰艺术研究 | 马琪　李坚 | 《建筑与文化》2017年6期 | 242~245 | 《建筑与文化》编辑部 | 2017.6 |
| 侗族传统聚落空间形态的再思考 | 霍丹　甘晓璟　唐建 | 《建筑与文化》2017年6期 | 248~249 | 《建筑与文化》编辑部 | 2017.6 |
| 基于空间句法的旧城改造研究——以南京市浦口区公园北路——龙华路两侧地块为例 | 甘云　顾睿 | 《现代城市研究》2017年6期 | 77~84 | 《现代城市研究》编辑部 | 2017.6 |
| 迪庆传统民居的智慧与经验分析 | 柯达　翟辉 | 《城市建筑》2017年17期 | 34~37 | 《城市建筑》编辑部 | 2017.6 |
| 借历史环境,显城市特色——浅析芒市"四寺一塔"街区的保护更新规划 | 杨大禹　胡云昆 | 《城市建筑》2017年18期 | 52~57 | 《城市建筑》编辑部 | 2017.6 |
| 三江侗族自治县侗寨传统民居的生态适应性研究 | 杨丽娟　熊定 | 《文教资料》2017年17期 | 81~82 | 《文教资料》编辑部 | 2017.6 |
| 鄂西吊脚楼聚落乡土景观材料研究 | 王红英　唐艳冉　吴巍 | 《现代园艺》2017年11期 | 108~109 | 《现代园艺》编辑部 | 2017.6 |

续表

| 论文名 | 作者 | 刊载杂志 | 页码 | 编辑出版单位 | 出版日期 |
|---|---|---|---|---|---|
| 山西介休张壁传统村落研究（下）——典型建筑与装饰艺术 | 王岳颐 | 《华中建筑》2017年6期 | 8~15 | 《华中建筑》编辑部 | 2017.6 |
| 浅谈福建九头马传统民居的审美特征 | 唐孝祥　许孛来 | 《华中建筑》2017年6期 | 114~117 | 《华中建筑》编辑部 | 2017.6 |
| 传统民居建筑文化旅游的数字化开发策略分析——以云南撒尼民居建筑文化为例 | 蔡丽　李晶源 | 《名作欣赏》2017年18期 | 169~170 | 《名作欣赏》编辑部 | 2017.6 |
| 徽州传统民居活化困境及改造方法研究——以五福民宿酒店为例 | 贾尚宏　姜毅　任康康 | 《中国名城》2017年6期 | 85~89 | 《中国名城》编辑部 | 2017.6 |
| 桂北山地传统聚落景观图式的解构 | 王静文　韦伟　毛义立 | 《新建筑》2017年3期 | 134~139 | 《新建筑》编辑部 | 2017.6 |
| 赣中地区传统民居的基本特征与传承研究 | 袁立婷　熊春华 | 《中外建筑》2017年6期 | 61~63 | 《中外建筑》编辑部 | 2017.6 |
| 福州三坊七巷传统民居院落空间层次之美 | 周丽彬 | 《福建建筑》2017年6期 | 34~37 | 《福建建筑》编辑部 | 2017.6 |
| 双拼独院住宅的优化改造设计——W住宅改造 | 关瑞明　叶坤杰　方维 | 《建筑技艺》2017年7期 | 116~117 | 《建筑技艺》编辑部 | 2017.7 |
| "建筑适应性"主题沙龙 | 魏春雨　李晓峰　谭刚毅　范悦　张鹏举　王绍森　徐峰　卢健松　王兴田　宋明星　黄斌　刘海力 | 《城市建筑》2017年19期 | 6~13 | 《城市建筑》编辑部 | 2017.7 |
| 河南大学近代建筑的中西合璧特征探析 | 王南希　陆琦 | 《中国名城》2017年7期 | 64~70 | 《中国名城》编辑部 | 2017.7 |
| 自发性建造公共性——基于复杂适应理论的村落公共空间导控实践 | 关杰灵　唐孝祥　冒亚龙 | 《城市建筑》2017年7期 | 107~115 | 《城市建筑》编辑部 | 2017.7 |
| 婺源地区李坑古村的田野调查 | 范霄鹏　李鑫玉 | 《遗产与保护研究》2017年4期 | 106~110 | 《遗产与保护研究》编辑部 | 2017.7 |
| 陕南传统民居屋顶装饰艺术分析 | 张海峰 | 《遗产与保护研究》2017年4期 | 183~185 | 《遗产与保护研究》编辑部 | 2017.7 |
| 传统竹建筑的现代化演绎 | 李准 | 《住宅与房地产》2017年21期 | 77 | 《住宅与房地产》编辑部 | 2017.7 |

续表

| 论文名 | 作者 | 刊载杂志 | 页码 | 编辑出版单位 | 出版日期 |
|---|---|---|---|---|---|
| 闽东传统民居夏季热环境实测分析——以长乐"九头马"古民居群为例 | 吴志刚　肖毅强 | 《建筑节能》2017年7期 | 16~20、103 | 《建筑节能》编辑部 | 2017.7 |
| 西部地区地域性低能耗住房设计研究 | 丁磊　王立雄　高力强 | 《建筑节能》2017年7期 | 21~27 | 《建筑节能》编辑部 | 2017.7 |
| 丹巴居传统技术建造手段研究 | 魏嘉 | 《西南民族大学学报》（自然科学版）2017年4期 | 431~440 | 西南民族大学 | 2017.7 |
| 黄土丘陵沟壑区乡村聚落分布格局特征与类型 | 陈宗峰　李裕瑞　刘彦随 | 《农业工程学报》2017年14期 | 266~274、316 | 农业工程大学 | 2017.7 |
| 鲁中地区新农居建筑设计研究 | 尚玉涛　李欣沅　田彬彬　王琳　殷子文　王学勇 | 《农学学报》2017年7期 | 63~70 | 《农学学报》编辑部 | 2017.7 |
| 基于"场所"工具的滨水乡村聚落分析与设计研究——以里下河地区沙沟镇为例 | 雷冬雪　鲁安东 | 《时代建筑》2017年4期 | 66~79 | 《时代建筑》编辑部 | 2017.7 |
| 皖南佘溪村景观格局特色解读 | 颜玉璞　刘子渝 | 《绿色科技》2017年13期 | 80~82 | 《绿色科技》编辑部 | 2017.7 |
| 苏北地区传统民居的梁架类型与结构技术 | 张明皓　王文卿　郭震　朱飞 | 《装饰》2017年7期 | 111~113 | 《装饰》编辑部 | 2017.7 |
| 从质朴到欢快：当代甘孜藏区定居点住宅立面石墙风格的传承与创新 | 曹勇 | 《装饰》2017年7期 | 121~123 | 《装饰》编辑部 | 2017.7 |
| 鄂南下严垅与黄礬商大屋式民居生态适应性比较 | 邱越　王炎松　苏程 | 《建筑与文化》2017年7期 | 153~155 | 《建筑与文化》编辑部 | 2017.7 |
| 浙江模式下家庭工业聚落的空间结构优化 | 朱晓青　吴屹豪 | 《建筑与文化》2017年7期 | 78~82 | 《建筑与文化》编辑部 | 2017.7 |
| 鄂南传统民居黄礬商大屋建筑特征初探 | 苏程　王炎松　邱越 | 《建筑与文化》2017年7期 | 156~158 | 《建筑与文化》编辑部 | 2017.7 |
| 秦岭南麓传统民居营建更新初探 | 刘泽华 | 《建筑与文化》2017年7期 | 241~242 | 《建筑与文化》编辑部 | 2017.7 |
| 银川传统民居中的地域文化元素 | 保宏彪 | 《宁夏社会科学》2017年4期 | 216~219 | 《宁夏社会科学》编辑部 | 2017.7 |
| 滇西合院式民居建造风格与艺术初探——以云南省临沧市斗阁村传统民居为例 | 吕子璇 | 《华中建筑》2017年7期 | 65~70 | 《华中建筑》编辑部 | 2017.7 |

续表

| 论文名 | 作者 | 刊载杂志 | 页码 | 编辑出版单位 | 出版日期 |
|---|---|---|---|---|---|
| 中国传统村落活态保护方式探讨 | 欧阳国辉　王轶 | 《长沙理工大学学报（社会科学版）》2017年4期 | 148~152 | 长沙理工大学 | 2017.7 |
| 电商集群导向下的乡村空间分异特征及机制 | 吴丽萍　王勇　李广斌 | 《规划师》2017年7期 | 119~125 | 《规划师》编辑部 | 2017.7 |
| 传统乡村聚落景观"地方性知识"的构成及其应用——以陕西为例 | 张中华 | 《社会科学家》2017年7期 | 112~117 | 《社会科学家》编辑部 | 2017.7 |
| "第二届西南聚落研究青年学者论坛"在四川桃坪羌寨顺利召开 | 王晓春　曾昭君 | 《中外建筑》2017年7期 | 269 | 《中外建筑》编辑部 | 2017.7 |
| 中国传统村落史研究现状与趋势——兼论"广州古村落史研究"论纲 | 王东　唐孝祥　钟昊旻 | 《城市建筑》2017年4期 | 7~10 | 《城市建筑》编辑部 | 2017.8 |
| 广州从化传统村落街巷形态浅析 | 唐孝祥　薛汪祥 | 《城市建筑》2017年23期 | 22~24 | 《城市建筑》编辑部 | 2017.8 |
| 庄廓民居更新与建造技术策略研究 | 房琳栋　王军　靳亦冰 | 《城市建筑》2017年23期 | 28~30 | 《城市建筑》编辑部 | 2017.8 |
| 上海青浦曲水园 | 陆琦 | 《广东园林》2017年39卷4期 | 97~100 | 《广东园林》编辑部 | 2017.8 |
| 东北地区旅游资源型村落的公共空间景观形态构建——以渤海镇小朱家村旅游景观规划为例 | 朱玉凯　牛春舟 | 《东北农业科学》2017年4期 | 59~62 | 《东北农业科学》编辑部 | 2017.8 |
| 天水传统民居与建筑遗产文化研究 | 孙毅 | 《中国建材科技》2017年4期 | 79~80 | 《中国建材科技》编辑部 | 2017.8 |
| 徽州传统民居民间艺术文化意蕴探究 | 瞿朝祯 | 《中国建材科技》2017年4期 | 148~149 | 《中国建材科技》编辑部 | 2017.8 |
| 关中传统民居空间构成形态解析——以西安关中民俗博物馆中的建筑为例 | 徐兴娟 | 《美与时代》（城市版）2017年8期 | 22~23 | 《美与时代》编辑部 | 2017.8 |
| 豫东平原聚落景观格局变化 | 杨慧敏　娄帆　李小建　白燕飞 | 《生态学报》2017年16期 | 5313~5323 | 《生态学报》编辑部 | 2017.8 |
| 潮汕民居 | 李仲昕　陈椰 | 《学术研究》2017年8期 | 179 | 《学术研究》编辑部 | 2017.8 |
| 淄博传统民居中的建筑材料与装饰艺术研究——以淄川渭一村为例 | 吕淑聪　张玉玉　杨沫　赵伟　赵亚 | 《工业设计》2017年8期 | 95~96 | 《工业设计》编辑部 | 2017.8 |
| 极少主义在葡萄牙当代独户住宅中的呈现 | 宋健健　李振宇 | 《世界建筑》2017年8期 | 120~123、133 | 《世界建筑》编辑部 | 2017.8 |

续表

| 论文名 | 作者 | 刊载杂志 | 页码 | 编辑出版单位 | 出版日期 |
|---|---|---|---|---|---|
| 基于数据模型的兔儿干村新旧布局气候适应性差异研究——定性与定量分析 | 赵普尧 | 《建筑与文化》2017年8期 | 94~95 | 《建筑与文化》编辑部 | 2017.8 |
| 阿富汗传统民居探析——以喀布尔Shor Bazaar地区为例 | 邸衍 | 《建筑与文化》2017年8期 | 135~136 | 《建筑与文化》编辑部 | 2017.8 |
| 汉彝两族血缘型聚落空间形态初步对比性研究——以浙江省诸葛村和云南省高平村为例 | 柳博 | 《建筑与文化》2017年8期 | 196~198 | 《建筑与文化》编辑部 | 2017.8 |
| 新时期下陕南地区乡村聚落的在地更新策略研究 | 徐洪光　李钰　李真 | 《建筑与文化》2017年8期 | 230~231 | 《建筑与文化》编辑部 | 2017.8 |
| 建筑的"样式" | 吴家骅 | 《现代装饰》2017年8期 | 20 | 《现代装饰》编辑部 | 2017.8 |
| 朝阳地区传统民居建筑特色浅析——以朝阳县三家子村为例 | 张亚萍 | 《沈阳建筑大学学报（社会科学版）》2017年4期 | 350~356 | 沈阳建筑大学 | 2017.8 |
| 传统民居装饰在现代环境艺术设计中的应用研究 | 黄勇 | 《美术教育研究》2017年15期 | 93 | 《美术教育研究》编辑部 | 2017.8 |
| 基于永宁摩梭人的民俗生活分析其民居的形式 | 黄碧雯 | 《艺术评鉴》2017年15期 | 39~40、95 | 《艺术评鉴》编辑部 | 2017.8 |
| 南京传统民居建筑艺术探义 | 钱海月 | 《美术观察》2017年8期 | 119~120 | 《美术观察》编辑部 | 2017.8 |
| 广西桂北少数民族民居、村落的状况和发展思考 | 李霞 | 《建材与装饰》2017年32期 | 86~87 | 《建材与装饰》编辑部 | 2017.8 |
| 青海河湟传统庄廓民居生态建筑经验与绿色更新设计初探 | 房琳栋　王军　靳亦冰 | 《华中建筑》2017年8期 | 49~52 | 《华中建筑》编辑部 | 2017.8 |
| 大城市近郊乡村更新改造实践——基于"蔡甸区索河镇美丽乡村改造项目"的乡村更新方法探讨 | 吴思　吴建国 | 《华中建筑》2017年8期 | 84~88 | 《华中建筑》编辑部 | 2017.8 |
| 乡村聚落空间形态及发展研究——以新化水车镇乡村聚落为例 | 黄筱蔚　汤朝晖 | 《华中建筑》2017年8期 | 89~92 | 《华中建筑》编辑部 | 2017.8 |

续表

| 论文名 | 作者 | 刊载杂志 | 页码 | 编辑出版单位 | 出版日期 |
|---|---|---|---|---|---|
| 滇西南地区住居环境构成要素——以云南佤族民居为例 | 杨金月 | 《设计》2017年15期 | 154~155 | 《设计》编辑部 | 2017.8 |
| 南疆丝路名城莎车的空间发展原型研究 | 张恺　房钊 | 《中国名城》2017年8期 | 59~65 | 《中国名城》编辑部 | 2017.8 |
| 传统民居文化在天兴居建设中的实践 | 蒋中秋　阮争翔　江海顺 | 《艺术教育》2017年16期 | 138~139 | 《艺术教育》编辑部 | 2017.8 |
| 川西民居场镇设计中绿色建筑技术应用 | 郑琳　张炜　邹正　何仕偲 | 《建材与装饰》2017年31期 | 66~67 | 《建材与装饰》编辑部 | 2017.8 |
| 研究环境对于苏州东山聚落空间的影响——以陆巷古村为例 | 刘华明　文剑钢 | 《建材与装饰》2017年31期 | 110 | 《建材与装饰》编辑部 | 2017.8 |
| 《与尔同居——城市共享聚落空间研究》 | 王燕燕 | 《美术研究》2017年4期 | 37 | 《美术研究》编辑部 | 2017.8 |
| 杭州富阳东梓关回迁农居建造实践 | 吴盈颖　孟凡浩 | 《新建筑》2017年4期 | 65~69、64 | 《新建筑》编辑部 | 2017.8 |
| 不同气候山地民居被动节能技术适应探索——以云南大理诺邓村和贵州西江千户苗寨为例 | 陆莹　王冬　毛志睿 | 《新建筑》2017年4期 | 96~99 | 《新建筑》编辑部 | 2017.8 |
| 多方参与——独克宗古城传统民居重建导则编制关键点 | 孙春媛　翟辉　赵力 | 《新建筑》2017年4期 | 100~104 | 《新建筑》编辑部 | 2017.8 |
| 闽南传统民居建筑的色谱分析与保护研究——以泉州五店市为个案 | 施并塑　杨静 | 《中外建筑》2017年8期 | 76~80 | 《中外建筑》编辑部 | 2017.8 |
| 湘西土家族传统聚落空间探析——以双凤村为例 | 李哲　吴凯敏　石磊 | 《中外建筑》2017年8期 | 131~134 | 《中外建筑》编辑部 | 2017.8 |
| 荥阳油坊村传统民居建筑的"天人合一"性 | 田朋朋　张漪　黄雪红　杨芳绒 | 《家具与室内装饰》2017年5期 | 110~113 | 《家具与室内装饰》编辑部 | 2017.9 |
| 什刹海街道的街区式整治——北京市西城区什刹海街道"疏解整治促提升"的主要做法 | 高斌　张士强 | 《前线》2017年9期 | 76~78 | 《前线》编辑部 | 2017.9 |
| 青海撒拉族历史文化名村孟达大庄传统格局保护研究 | 王军　肖琳琳　靳亦冰 | 《中国名城》2017年9期 | 76~83 | 《中国名城》编辑部 | 2017.9 |
| 冀南堡寨式民居模式及其更新研究 | 王斐　李世芬　赵嘉依 | 《设计》2017年17期 | 28~31 | 《设计》编辑部 | 2017.9 |

续表

| 论文名 | 作者 | 刊载杂志 | 页码 | 编辑出版单位 | 出版日期 |
|---|---|---|---|---|---|
| 闽南大厝的地域性特征 | 王弘鸣　李瑞君 | 《设计》2017年18期 | 117~119 | 《设计》编辑部 | 2017.9 |
| 窑洞内部环境初探——以三门峡唐洼村窑洞内部潮湿问题为例 | 肖婷　张萍　闫海燕 | 《华中建筑》2017年35卷9期 | 68~71 | 《华中建筑》编辑部 | 2017.9 |
| 吐鲁番传统民居空间建构与环境适应性浅析 | 刘源昌　塞尔江·哈力克 | 《华中建筑》2017年35卷9期 | 128~131 | 《华中建筑》编辑部 | 2017.9 |
| 太行民居 | 于昊　王茹奕 | 《文艺研究》2017年9期 | 171 | 《文艺研究》编辑部 | 2017.9 |
| 新疆和田地区维吾尔族传统民居文化艺术探析 | 赵会　肖涛 | 《塔里木大学学报》2017年29卷3期 | 41~46 | 《塔里木大学》编辑部 | 2017.9 |
| 传统少数民族聚落全息式数据信息采集研究与实践 | 武志东　倪琪　赵春艳 | 《大连民族大学学报》2017年19卷5期 | 491~494 | 《大连民族大学》编辑部 | 2017.9 |
| 传统民居堂屋空间自然通风作用的研究——以渝东南武隆地区土家族民居为例 | 宋家文 | 《建筑与文化》2017年9期 | 81~82 | 《建筑与文化》编辑部 | 2017.9 |
| 环巢湖地区传统聚落民居的生态智慧探析——以白山镇齐咀村为例 | 王灿宇　李军环　王文涛 | 《建筑与文化》2017年9期 | 218~219 | 《建筑与文化》编辑部 | 2017.9 |
| 通天河流域藏族传统村落聚落及民居的地域性表达——以青海省玉树州结拉村查同社为例 | 李冬雪　樊婷婷 | 《建筑与文化》2017年9期 | 226~227 | 《建筑与文化》编辑部 | 2017.9 |
| 内蒙古地区蒙古族传统民居演化研究 | 闫俊文 | 《建筑与文化》2017年9期 | 230~231 | 《建筑与文化》编辑部 | 2017.9 |
| 梅山地区干阑式民居建筑探析——以新化为例 | 吴佩　陈希文 | 《装饰》2017年9期 | 124~125 | 清华大学 | 2017.9 |
| 从众效应下东北传统民居保护策略研究 | 周立军　苏瑞琪　杨雪薇 | 《城市建筑》2017年26期 | 24~27 | 《城市建筑》编辑部 | 2017.9 |
| "偷梁换柱"之润舍 | 王灏 | 《时代建筑》2017年5期 | 104~115 | 《时代建筑》编辑部 | 2017.9 |
| 圣胡安印第安传统村落民居的保护及修复 | 黄川壑　董璁 | 《工业建筑》2017年47卷9期 | 44~48 | 《工业建筑》编辑部 | 2017.9 |
| 翁丁佤族茅草屋变迁个案研究：1980~2015 | 唐黎洲　余穆谛 | 《建筑学报》2017年9期 | 93~97 | 中国建筑学会 | 2017.9 |

续表

| 论文名 | 作者 | 刊载杂志 | 页码 | 编辑出版单位 | 出版日期 |
|---|---|---|---|---|---|
| 湖湘民居门窗构件在历史街区改造中的应用研究 | 郭忆娇　朱政 | 《重庆建筑》2017年16卷9期 | 8~10 | 《重庆建筑》编辑部 | 2017.9 |
| 民族与时代整合：传承视角下少数民族传统民居的合理更新机制构建 | 李喆 | 《贵州民族研究》2017年38卷9期 | 106~109 | 《贵州民族研究》编辑部 | 2017.9 |
| 东北满族民居的演变成因及现代意义 | 丁晗　董雅 | 《贵州民族研究》2017年38卷9期 | 110~113 | 《贵州民族研究》编辑部 | 2017.9 |
| 文化演化与重构视域下傣族民居建设变迁及当代价值研究 | 闫杰 | 《贵州民族研究》2017年38卷9期 | 114~117 | 《贵州民族研究》编辑部 | 2017.9 |
| 川西藏羌石砌碉房民居抗震构造更新设计研究 | 成斌　肖玉　高明　陈玉 | 《低温建筑技术》2017年39卷9期 | 44~47 | 《低温建筑技术》编辑部 | 2017.9 |
| 豫北山地传统民居的地域气候适应特征及价值分析 | 闫海燕　王亚敏　刘辉　陈静 | 《北方园艺》2017年18期 | 114~120 | 《北方园艺》编辑部 | 2017.9 |
| 城镇化进程中历史文化街区保护研究——基于台北市与喀什市的异同比较 | 董晔　缪欢 | 《新疆师范大学学报（自然科学版）》2017年3期 | 1~7 | 《新疆师范大学》编辑部 | 2017.9 |
| 上庄古村落空间形态及建筑艺术研究 | 田钧伊 | 《中外建筑》2017年10期 | 62~64 | 《中外建筑》编辑部 | 2017.10 |
| 延边地区朝鲜族和汉族草屋营造特征的比较研究 | 徐雅丽　高松花 | 《中外建筑》2017年10期 | 64~67 | 《中外建筑》编辑部 | 2017.10 |
| 灾后民居遗址的生态复苏实践——以福州台江区民居遗址的景观再生设计为例 | 洪婷婷　贺文钤　陈燕红　韩天腾 | 《中外建筑》2017年10期 | 84~87 | 《中外建筑》编辑部 | 2017.10 |
| 传统民居功能与性能整体提升路径实探——以江苏宜兴历史城镇民居更新为例 | 鲍莉　李海清　刘畅　金海波 | 《新建筑》2017年5期 | 12~17 | 《新建筑》编辑部 | 2017.10 |
| 微更新策略下传统民居绿色控保与邻里复兴计划 | 孙磊磊　赵萍萍 | 《新建筑》2017年5期 | 52~57 | 《新建筑》编辑部 | 2017.10 |
| 中国传统民居研究的传承与实践——"第22届中国民居建筑学术年会"综述 | 周立军　周天夫　王蕾 | 《新建筑》2017年5期 | 114~115 | 《新建筑》编辑部 | 2017.10 |

续表

| 论文名 | 作者 | 刊载杂志 | 页码 | 编辑出版单位 | 出版日期 |
|---|---|---|---|---|---|
| 青海省西宁市湟源县日月藏族乡兔儿干村新型庄廓院 | 王军　钱利<br>冯坚　商选平<br>靳亦冰　李钰 | 《小城镇建设》2017年10期 | 62 | 《小城镇建设》编辑部 | 2017.10 |
| 传承与更新——青海河湟庄廓民居的绿色营建探索 | 钱利　王军<br>靳亦冰　李钰 | 《小城镇建设》2017年10期 | 33~38 | 《小城镇建设》编辑部 | 2017.10 |
| 云南省红河哈尼族彝族自治州元阳县新街镇爱春村元阳阿者科哈尼族蘑菇房保护性改造 | 朱良文　陈晓丽<br>程海帆 | 《小城镇建设》2017年10期 | 54~55 | 《小城镇建设》编辑部 | 2017.1 |
| 传统民居的民宿改造与设计研究 | 田钧伊 | 《设计》2017年19期 | 152~153 | 《设计》编辑部 | 2017.10 |
| 武陵山区传统聚落保护与发展模式研究 | 黄东升　王蕾 | 《铜仁学院学报》2017年19卷10期 | 41~46 | 铜仁学院 | 2017.10 |
| 豫西民居之一 | 杨钢 | 《文艺研究》2017年10期 | 181 | 《文艺研究》编辑部 | 2017.10 |
| 桂东南客家民居源流浅析 | 陈峭苇　程建军 | 《华中建筑》2017年10期 | 22~27 | 《华中建筑》编辑部 | 2017.10 |
| 军事堡寨型生土聚落的保护发展策略研究——以甘青地区起台堡村为例 | 康渊　王军 | 《华中建筑》2017年10期 | 77~80 | 《华中建筑》编辑部 | 2017.10 |
| 鄂西丘陵地带乡村聚落空间布局及形态演变——以长阳三口堰村为例 | 王一睿　崔陇鹏 | 《华中建筑》2017年10期 | 81~85 | 《华中建筑》编辑部 | 2017.10 |
| 中国古代地域建筑营建的人文与技术研究 | 张玉坤 | 《西部人居环境学刊》2017年5期 | 4 | 《西部人居环境学刊》编辑部 | 2017.10 |
| 黑龙江省村落街巷空间形态的句法分析与改造策略 | 周立军　王蕾<br>汤璐　周天夫 | 《城市建筑》2017年29期 | 24~27 | 《城市建筑》编辑部 | 2017.10 |
| 青海河湟地区民居院落空间布局中的地景文化解析 | 杨琬莹　蔺宝钢<br>文超 | 《建筑与文化》2017年10期 | 38~39 | 《建筑与文化》编辑部 | 2017.10 |
| 美丽乡村建设背景下满族传统居住文化的发展思考 | 吴梦洋 | 《建筑与文化》2017年10期 | 184~185 | 《建筑与文化》编辑部 | 2017.10 |
| 西藏传统民居发展与更新问题探讨 | 赵盼　赵敬源<br>高月静 | 《建筑与文化》2017年10期 | 232~234 | 《建筑与文化》编辑部 | 2017.10 |
| 鲁中山区西部典型传统夯土民居自然适应性分析——以济南市东峪南崖村为例 | 逯海勇　胡海燕<br>苗蕾　周波 | 《建筑与文化》2017年10期 | 239~241 | 《建筑与文化》编辑部 | 2017.10 |

续表

| 论文名 | 作者 | 刊载杂志 | 页码 | 编辑出版单位 | 出版日期 |
|---|---|---|---|---|---|
| 城市化进程中的历史文化坚守——望水古镇建筑文化的保护与传承 | 樊雯　方大蓉 | 《重庆工商大学学报（自然科学版）》2017年34卷5期 | 113~118 | 重庆工商大学 | 2017.10 |
| 基于"道法自然"思想的渝东南传统村落营建智慧研究 | 佘海超　张菁 | 《重庆建筑》2017年10期 | 57~60 | 《重庆建筑》编辑部 | 2017.10 |
| 三峡大宁河民居 | 陈维萧 | 《重庆建筑》2017年10期 | 65 | 《重庆建筑》编辑部 | 2017.10 |
| 广州陵园景观图式语言研究 | 张莎玮　陆琦　陶金 | 《南方建筑》2017年5期 | 123~128 | 《南方建筑》编辑部 | 2017.10 |
| 岭南传统园林建筑装饰与地域环境的协同表达 | 陈亚利　陆琦 | 《建筑学报》2017年S2期 | 112~117 | 《建筑学报》编辑部 | 2017.10 |
| 上海松江醉白池 | 陆琦 | 《广东园林》2017年39卷5期 | 93~96 | 《广东园林》编辑部 | 2017.10 |
| 模块化SIPs在贵州传统木构民居改良中的应用 | 阙泽利　陈秋韵　徐伟涛　杨晓林 | 《林产工业》2017年44卷11期 | 3~8 | 《林产工业》编辑部 | 2017.11 |
| 传统村落保护利用的皖南经验及探讨 | 王慧　李智思　杨卓为 | 《民族论坛》2017年5期 | 86~91 | 《民族论坛》编辑部 | 2017.11 |
| 喀什高台民居之四 | 黄小平 | 《文艺研究》2017年11期 | 180 | 《文艺研究》编辑部 | 2017.11 |
| 基于特质属性分析的传统村落保护规划策略研究——以郑州上街方顶村为例 | 崔敏敏　王丹 | 《华中建筑》2017年35卷11期 | 89~95 | 《华中建筑》编辑部 | 2017.11 |
| 平定县传统民居的院落空间和文化调查 | 朱宗周　马頔瑄　薛林平 | 《华中建筑》2017年35卷11期 | 114~119 | 《华中建筑》编辑部 | 2017.11 |
| 浅析江南传统民居建筑空间环境的设计伦理思想 | 王道静　杨叶秋 | 《艺术与设计（理论）》2017年2卷11期 | 88~90 | 《艺术与设计（理论）》编辑部 | 2017.11 |
| 民生导向下的韩城古城保护与发展策略研究 | 张庆宏　陈稳亮　汪一樑　李志强　刘高艳　吕倩倩　杨启慧 | 《建筑与文化》2017年11期 | 44~45 | 《建筑与文化》编辑部 | 2017.11 |
| 浙江民居中的地域文化及其成因 | 杜家烨　包志毅 | 《建筑与文化》2017年11期 | 210~211 | 《建筑与文化》编辑部 | 2017.11 |
| 从英国古堡到徽州民居——英国旅游体验中的设计介入及其启示 | 陈庆军 | 《装饰》2017年11期 | 115~117 | 清华大学 | 2017.11 |
| 和田维吾尔族民居象征意义探析——非物质文化遗产保护的视角 | 亚力坤·吐松尼牙孜 | 《西北民族研究》2017年4期 | 141~148 | 《西北民族研究》编辑部 | 2017.11 |
| 历史文化名村的保护系统研究——以城村为例 | 季宏　王琼 | 《华南理工大学学报（社会科学版）》2017年19卷6期 | 87~93 | 华南理工大学 | 2017.11 |

| 论文名 | 作者 | 刊载杂志 | 页码 | 编辑出版单位 | 出版日期 |
|---|---|---|---|---|---|
| 湘西花垣县油麻古苗寨风貌特征解析 | 甘振坤 龙林格格 | 《西部人居环境学刊》2017年32卷5期 | 21~26 | 《西部人居环境学刊》编辑部 | 2017.11 |
| 核心历史城区大体量建筑设计微探——以景豪坊设计为例 | 郭谦 李腾 | 《华中建筑》 2017年35卷11期 | 108~113 | 《华中建筑》编辑部 | 2017.11 |
| 传统民居空间特质在养老建筑中的意象表达 | 余志红 魏峰 | 《小城镇建设》2017年12期 | 85~89 | 《小城镇建设》编辑部 | 2017.11 |
| "丝绸之路历史城镇的保护、更新及文脉传承"主题沙龙 | 任云英 朱士光 权东计 职建民 武联 | 《城市建筑》2017年33期 | 6~12 | 《城市建筑》编辑部 | 2017.11 |
| 浙东传统村落民居建筑的"在地"设计研究 | 钟彦臣 庞静 | 《设计》2017年24期 | 140~141 | 《设计》编辑部 | 2017.12 |
| 画境观念与乡境营造——18世纪英国画境观念下乡村建筑实践及其当下中国启示 | 姚冬晖 段建强 | 《中国园林》2017年33卷12期 | 16~20 | 《中国园林》编辑部 | 2017.12 |
| 云南农业文化遗产地少数民族村落特色民居景观保护研究 | 曹茂 张敏 秦莹 龚学勇 | 《云南农业大学学报（社会科学）》2017年11卷6期 | 77~82 | 云南农业大学 | 2017.12 |
| 基于BIM软件中光热环境下的绿色建筑研究——以贵州喀斯特黔中传统民居为例 | 王龙 王红 苏芝兰 | 《贵州大学学报（自然科学版）》2017年34卷6期 | 105~109 | 贵州大学 | 2017.12 |
| 定远营古民居建筑形制初探 | 康锦润 陈萍 王卓男 | 《世界建筑》2017年12期 | 106~111、122 | 《世界建筑》编辑部 | 2017.12 |
| 徽州民居过渡季热环境分析 | 黄志甲 王春燕 祝立萍 | 《建筑节能》2017年45卷12期 | 21~23、50 | 《建筑节能》编辑部 | 2017.12 |
| 山西泽州窑掌聚落营造模式浅析 | 赵翠玉 王金平 | 《四川建筑科学研究》2017年43卷6期 | 105~109 | 《四川建筑科学研究》编辑部 | 2017.12 |
| 唐宋南粤古驿道的空间轴向关系探析 | 陆琦 林广臻 | 《南方建筑》 2017年6期 | 38~43 | 《南方建筑》编辑部 | 2017.12 |
| 冯纪忠的比较园林史研究及其审美文化启示 | 彭孟宏 唐孝祥 | 《南方建筑》 2017年6期 | 106~110 | 《南方建筑》编辑部 | 2017.12 |
| 中国传统建筑防火策略探析 | 元国厅 杨大禹 | 《城市建筑》2017年35期 | 29~32 | 《城市建筑》编辑部 | 2017.12 |
| 广府传统村落中的景观图式：对广州大岭村的考察 | 陆琦 张莎玮 吴鼎航 | 《小城镇建设》2017年12期 | 71~77 | 《小城镇建设》编辑部 | 2017.12 |
| 哈密阿勒屯村空间形态特征探析 | 张婷玉 韦宝畏 | 《西安建筑科技大学学报（社会科学版）》2017年36卷6期 | 45~50 | 西安建筑科技大学 | 2017.12 |

续表

| 论文名 | 作者 | 刊载杂志 | 页码 | 编辑出版单位 | 出版日期 |
|---|---|---|---|---|---|
| 岭南"三间两廊"传统民居人文关怀设计探析 | 李剑清　缪剑峰 | 《西安建筑科技大学学报（社会科学版）》2017年36卷6期 | 66~70、82 | 西安建筑科技大学 | 2017.12 |
| 哈萨克族与俄罗斯族民居建筑装饰艺术分析 | 杨娟 | 《贵州民族研究》2017年38卷12期 | 85~88 | 《贵州民族研究》编辑部 | 2017.12 |
| 特色民居与文创书店耦合共生的探讨——与福建特色民居为例 | 郭雅颖　丁宁　刘鑫 | 《农村经济与科技》2017年28卷24期 | 167、169 | 《农村经济与科技》编辑部 | 2017.12 |
| 传统村落中的景观图式——对从化钟楼古村的思考 | 张莎玮　陆琦　陶金 | 《华中建筑》2018年1期 | 101~104 | 《华中建筑》编辑部 | 2018.1 |
| 退耕还林导向下陕北丘陵区乡村聚落核心问题——以绥德县韭园乡高舍沟村为例 | 贺文敏　仲利强　郭睿　王军 | 《建筑与文化》2018年1期 | 225~227 | 《建筑与文化》编辑部 | 2018.1 |
| 石屋蜿蜒——北京房山区水峪村田野调查 | 范霄鹏　张晨 | 《室内设计与装修》2018年1期 | 122~125 | 《室内设计与装修》编辑部 | 2018.1 |
| 古都西安当代建筑的文化求索与地域实践 | 王军　黄炳华 | 《城市建筑》2018年1期 | 116~119 | 《城市建筑》编辑部 | 2018.1 |
| 旧民居改造的乡村民宿建筑设计探析 | 桑胜言 | 《建材与装饰》2018年3期 | 82~83 | 《成都市厨房卫生设施行业协会、成都市新闻出版发展中心》编辑部 | 2018.1 |
| 岭南传统民居三间两廊空间格局的绿色研究 | 姚志键　李浩 | 《建材与装饰》2018年3期 | 97~98 | 《成都市厨房卫生设施行业协会、成都市新闻出版发展中心》编辑部 | 2018.1 |
| 浅析传统民居建筑的保护与改造 | 王光紫 | 《建材与装饰》2018年4期 | 101 | 《成都市厨房卫生设施行业协会、成都市新闻出版发展中心》编辑部 | 2018.1 |
| 陕西关中地区农村民居夏季室内热环境与能耗测试分析 | 虞志淳　孟艳红 | 《建筑节能》2018年1期 | 39~46 | 中国建筑东北设计研究院 | 2018.1 |
| 基于Ecotect软件的斯宅千柱屋体感舒适度实证分析 | 张泽平　何礼平 | 《建筑与文化》2018年1期 | 53~55 | 《世界图书出版公司》编辑部 | 2018.1 |
| 徽派天井式传统民居自然通风模拟研究 | 曹原　陈启泉　蒋梦影 | 《建筑与文化》2018年1期 | 119~120 | 《世界图书出版公司》编辑部 | 2018.1 |
| 浅析传统巴蜀民居建筑符号及其现代演绎 | 李上　李佳阳 | 《建筑与文化》2018年1期 | 220~221 | 《世界图书出版公司》编辑部 | 2018.1 |

| 论文名 | 作者 | 刊载杂志 | 页码 | 编辑出版单位 | 出版日期 |
|---|---|---|---|---|---|
| 传统民族村寨文化与建筑的保护研究初探——以丹巴甲居藏寨为例 | 王鑫 | 《建筑与文化》2018年1期 | 228~229 | 《世界图书出版公司》编辑部 | 2018.1 |
| 湘西传统侗族民居建筑改造设计探析 | 蒋卫平 | 《美与时代》（城市版）2018年1期 | 23~24 | 河南省美学学会、郑州大学美学研究所 | 2018.1 |
| 西藏拉萨传统民居建筑形态探析 | 周玲玲　格桑次仁　范烜赫 | 《美与时代》（城市版）2018年1期 | 27~29 | 河南省美学学会、郑州大学美学研究所 | 2018.1 |
| 我国古民居建筑装饰中的民俗象征 | 周艳 | 《美与时代》（城市版）2018年1期 | 117~118 | 河南省美学学会、郑州大学美学研究所 | 2018.1 |
| 关中传统民居聚落的保护与创新探索 | 王兴彬 | 《美与时代》（城市版）2018年1期 | 119~120 | 河南省美学学会、郑州大学美学研究所 | 2018.1 |
| 徽州与闽南传统建筑门楼石雕比较研究 | 张兰 | 《门窗》2018年1期 | 193 | 《建筑材料工业技术监督研究中心》编辑部 | 2018.1 |
| 传统民居文化影响下的中国现代城市民俗建筑研究 | 高岩 | 《门窗》2018年1期 | 199 | 《建筑材料工业技术监督研究中心》编辑部 | 2018.1 |
| 浅谈近代济南、威海地区民居 | 孙琳琳　李卓然 | 《门窗》2018年2期 | 139 | 《建筑材料工业技术监督研究中心》编辑部 | 2018.1 |
| 传统吊脚楼营造技艺之景观价值探讨 | 王红英　张曼　吴巍 | 《现代园艺》2018年2期 | 124~125 | 江西省经济作物局、江西省双金柑桔试验站 | 2018.1 |
| 美丽而古老的客家土楼 | 佚名 | 《中华建设》2018年1期 | 159~162 | 国家住房和城乡建设部政策研究中心、湖北省土木建筑学会 | 2018.1 |
| "一颗印"民居模式的地域异同性研究 | 吴晶晶　何韶瑶　张梦森 | 《中外建筑》2018年1期 | 37~39 | 中华人民共和国住房和城乡建设部信息中心、湖南长沙建设信息中心 | 2018.1 |
| 景迈芒景傣族和布朗族典型干阑式民居结构问题及对策 | 李凌旭　马明昌 | 《中外建筑》2018年1期 | 42~43 | 中华人民共和国住房和城乡建设部信息中心、湖南长沙建设信息中心 | 2018.1 |
| 浅析西藏阿里地区当代藏式民居的气候适应性策略 | 寿杭祥　徐成浩　王一丁 | 《城市建筑》2018年2期 | 41~45 | 黑龙江科学技术出版社 | 2018.1 |
| 东南亚现代竹构建筑设计手法解析 | 陈令怡 | 《城市建筑》2018年2期 | 63~66 | 黑龙江科学技术出版社 | 2018.1 |
| 试析关中民居石雕拴马桩造型艺术的再生应用研究的重要性 | 张子儒　窦英杰 | 《传播力研究》2018年3期 | 116~118 | 黑龙江日报报业集团 | 2018.1 |
| 传统民居的民宿改造与设计分析 | 孟昭磊 | 《传播力研究》2018年2期 | 115~116 | 黑龙江日报报业集团 | 2018.1 |
| 基于建筑类型学与多元数据分析的传统民居的演变研究——以武夷山城村为例 | 赵冲　严巍　庄馨蕾 | 《福州大学学报》（哲学社会科学版）2018年1期 | 27~32 | 福州大学 | 2018.1 |

续表

| 论文名 | 作者 | 刊载杂志 | 页码 | 编辑出版单位 | 出版日期 |
|---|---|---|---|---|---|
| 鹿寨县中渡镇——喀斯特山水古韵小镇 | 李雪凤 | 《广西城镇建设》2018年1期 | 112~113 | 建筑技术交流、广西土木建筑、广西城镇建筑 | 2018.1 |
| 栖居与建造：地志学视野下的传统民居改造 | 刘超群 | 《广西民族大学学报》（哲学社会科学版）2018年1期 | 8~18 | 广西民族大学 | 2018.1 |
| 浅谈传统民居建筑美学特征 | 薛彭飞 | 《汉字文化》2018年2期 | 101~102 | 《北京国际汉字研究会》编辑部 | 2018.1 |
| 晋、徽商文化影响下两地传统聚落民居的特征比较 | 齐宛苑 | 《湖北第二师范学院学报》2018年1期 | 56~60 | 湖北第二师范学院 | 2018.1 |
| 豫东地区民居文化的开发与利用研究——以河南省商丘市民权县李堂乡为例 | 李达 | 《佳木斯大学社会科学学报》2018年1期 | 70、72 | 佳木斯大学 | 2018.1 |
| 日喀则市传统民居建筑的立面外观特征分析 | 范烜赫 邓传力 周玲玲 | 《建筑技术开发》2018年1期 | 23~24 | 《北京市建筑工程研究院》编辑部 | 2018.1 |
| 日喀则藏式民居建筑"门"的装饰题材分析 | 孙文婧 邓传力 王婷 | 《建筑技术开发》2018年1期 | 31~32 | 《北京市建筑工程研究院》编辑部 | 2018.1 |
| 现代建筑设计中民居建筑元素的应用 | 毛文清 | 《江西建材》2018年1期 | 33、35 | 《江西省建材科研设计院》编辑部 | 2018.1 |
| 侗族传统木构建筑的保护与创新研究——以广西三江高定侗寨为例 | 周巍 | 《教育教学论坛》2018年5期 | 83~85 | 河北教育出版社有限责任公司、花山文艺出版社有限责任公司 | 2018.1 |
| 陕西地区窑洞民居建筑的地域差异及成因分析 | 薛涛 张野玲 龚腾飞 | 《旅游纵览》（下半月）2018年1期 | 15~16 | 《中国野生动物保护协会、中国野生植物保护协会》编辑部 | 2018.1 |
| 陕西地区节能民居冬季热工性能的分析研究 | 雍鹏 | 《绿色环保建材》2018年1期 | 33 | 《经济日报社》编辑部 | 2018.1 |
| 鲁西传统特色民居保护设计探析——以大枣旅游特色村许庄村为例 | 刘春景 于小敏 | 《美术教育研究》2018年2期 | 78、80 | 《时代出版传媒股份有限公司、安徽省科学教育研究会》编辑部 | 2018.1 |
| 新农村景观规划中鲁西传统民居的保护研究 | 于学勇 于小敏 | 《美术教育研究》2018年1期 | 97~99 | 《时代出版传媒股份有限公司、安徽省科学教育研究会》编辑部 | 2018.1 |
| 广州从化地区传统民居建筑类型及其特征研究 | 曾令泰 郭焕宇 李岳川 许宇来 | 《南方建筑》2018年1期 | 72~76 | 南方建筑 | 2018.1 |
| 李家大院一经楼艺术特征的成因探析 | 张培富 薛彤 | 《齐齐哈尔大学学报（哲学社会科学版）》2018年1期 | 107~110 | 齐齐哈尔大学 | 2018.1 |

续表

| 论文名 | 作者 | 刊载杂志 | 页码 | 编辑出版单位 | 出版日期 |
|---|---|---|---|---|---|
| Google Earth在村镇民居调查中的应用研究 | 赵杰　宫静芝 | 《山西建筑》2018年3期 | 219~221 | 《山西省建筑科学研究院》编辑部 | 2018.1 |
| 浅析传统石构民居的保护与发展 | 陈洁　王海帆　周一萌 | 《山西建筑》2018年3期 | 7~9 | 《山西省建筑科学研究院》编辑部 | 2018.1 |
| 基于人体工程学的湘南传统民居室内空间研究——以陆家新屋为例 | 许媛媛　陈祖展　刘梓慧 | 《设计》2018年1期 | 148~149 | 《中国工业设计协会》编辑部 | 2018.1 |
| 徽州古民居家具雕刻装饰的影响因素及其传承策略研究 | 袁海明 | 《设计》2018年1期 | 76~79 | 《中国工业设计协会》编辑部 | 2018.1 |
| 特色文化资源信息组织方法与数据共享模型研究——以"世界客都"古民居数字记忆工程为例 | 李建伟 | 《图书馆杂志》2018年5期 | 39~44 | 上海市图书馆学会、上海图书馆 | 2018.1 |
| 徽州传统民居室内环境及舒适度 | 黄志甲　余梦琦　郑良基　龚城 | 《土木建筑与环境工程》2018年1期 | 97~104 | 土木建筑与环境工程 | 2018.1 |
| 徽州民居的美学特征 | 蒋毅博 | 《文物鉴定与鉴赏》2018年1期 | 124~129 | 《时代出版传媒股份有限公司》编辑部 | 2018.1 |
| 浅淡山西祁县乔家大院民居建筑中的石雕艺术 | 霍康 | 《文物鉴定与鉴赏》2018年1期 | 56~57 | 《时代出版传媒股份有限公司》编辑部 | 2018.1 |
| 水族传统村寨与民居建筑形制结构——以贵州省荔波县水菇组为例 | 杨童舒 | 《文物世界》2018年1期 | 60~64、31 | 《山西省文物局》编辑部 | 2018.1 |
| 新媒体技术应用于民间艺术思路初探——以《基于虚拟现实（VR）的云南民居建筑艺术展示传播平台开发》项目为例 | 向杰 | 《戏剧之家》2018年1期 | 132 | 湖北今古传奇传媒集团有限公司 | 2018.1 |
| 传统民居与文创书店有机结合探究——以福建传统民居为例 | 丁宁　郭雅颖　刘鑫　陆昀 | 《现代商贸工业》2018年2期 | 69~70 | 中国商办工业杂志社 | 2018.1 |
| 虚拟现实技术在川东北传统民居调查中的应用 | 张书涛 | 《乡村科技》2018年3期 | 124~125 | 河南省科学技术信息研究院 | 2018.1 |
| 金门传统民居上的辟邪物 | 戴小巧 | 《寻根》2018年1期 | 35~38 | 大象出版社 | 2018.1 |
| 晋派民居建筑形制研究——以山西省太谷县老城区鼓楼东街52号院为例 | 孙文博　武小钢　刘艳红 | 《艺术科技》2018年1期 | 13~14 | 浙江舞台设计研究院有限公司 | 2018.1 |

续表

| 论文名 | 作者 | 刊载杂志 | 页码 | 编辑出版单位 | 出版日期 |
|---|---|---|---|---|---|
| 现代夯土民居的增固策略研究 | 黄丽玮　王万江 | 《住宅科技》2018年1期 | 47~52 | 《住房和城乡建设部住宅产业化促进中心、上海市房地产科学研究院》编辑部 | 2018.1 |
| 木塑复合材料在装配式云南傣族民居外墙体中的应用 | 曾彦文　吴章康　苏晓毅 | 《住宅与房地产》2018年2期 | 101~102 | 深圳住宅与房地产杂志社、中国房地产及住宅研究会 | 2018.1 |
| 满族传统民居的建筑风采 | 徐艳文 | 《资源与人居环境》2018年1期 | 50~53 | 《四川省国土经济学研究会、中国国土经济学研究会》编辑部 | 2018.1 |
| 国内生土建筑研究历程与思考 | 孟祥武　王军　叶明晖　李钰 | 《新建筑》2018年1期 | 114~118 | 新建筑 | 2018.2 |
| 山西云丘山传统民居营造技艺研究 | 薛林平　郑旭 | 《中国名城》2018年2期 | 74~84 | 《中国名城》编辑部 | 2018.2 |
| 金寨县清代传统古民居特征分析 | 左光之　王珊珊 | 《华中建筑》2018年2期 | 99~103 | 《中南建筑设计院、湖北土木建筑学会》编辑部 | 2018.2 |
| 南丰古城传统民居建筑艺术初探——以府官巷翰林第为例 | 王炎松　刘雪 | 《华中建筑》2018年2期 | 115~118 | 《中南建筑设计院、湖北土木建筑学会》编辑部 | 2018.2 |
| 传统民居空间特质在养老建筑中的意象表达 | 王璐 | 《建材与装饰》2018年7期 | 95~96 | 《成都市厨房卫生设施行业协会、成都市新闻出版发展中心》编辑部 | 2018.2 |
| 新形势下对敬信镇朝鲜族传统建筑重生的探索 | 曹燕文　金光虎 | 《建材与装饰》2018年7期 | 108 | 《成都市厨房卫生设施行业协会、成都市新闻出版发展中心》编辑部 | 2018.2 |
| 基于中式传统民居装饰特色的形式语言分析 | 巩妍斐 | 《建材与装饰》2018年8期 | 56~57 | 《成都市厨房卫生设施行业协会、成都市新闻出版发展中心》编辑部 | 2018.2 |
| 陕南民居夜间通风模拟研究 | 罗延芬 | 《建筑节能》2018年2期 | 92~97 | 中国建筑东北设计研究院 | 2018.2 |
| 忠山十八寨空间演变初探 | 何勇强　赵冲　张鹰 | 《建筑与文化》2018年2期 | 183~185 | 《世界图书出版公司》编辑部 | 2018.2 |
| 湖北传统民居特色之天斗与亮斗解析 | 杨梦雨　王晓 | 《建筑与文化》2018年2期 | 215~217 | 《世界图书出版公司》编辑部 | 2018.2 |
| 闽北传统民居建筑"三雕"艺术研究——以下梅村研究为例 | 王莹 | 《美与时代》（城市版）2018年2期 | 20~21 | 河南省美学学会、郑州大学美学研究所 | 2018.2 |
| 浅析潍坊民居建筑的装饰文化之美 | 徐兰兰 | 《现代园艺》2018年3期 | 74~75 | 江西省经济作物局、江西省双金柑桔试验站 | 2018.2 |
| 一般性古镇传统民居风貌更新策略探讨——以江苏如东县栟茶古镇为例 | 周剑敏　赵和生　刘峰 | 《中外建筑》2018年2期 | 100~102 | 《中华人民共和国住房和城乡建设部信息中心、湖南长沙建设信息中心》编辑部 | 2018.2 |
| 基于"乡愁"情怀的传统民居复兴——以平潭北港村为例 | 林雪玲　莫小云　郑郁善 | 《安徽建筑》2018年1期 | 52、284 | 安徽省建筑科学研究设计院、安徽土木建筑学会 | 2018.2 |

续表

| 论文名 | 作者 | 刊载杂志 | 页码 | 编辑出版单位 | 出版日期 |
|---|---|---|---|---|---|
| 青岛"德租"时期民居气候适应性设计研究 | 李佳艺　贾子剑 | 《安徽建筑》2018年1期 | 66~67 | 安徽省建筑科学研究设计院、安徽土木建筑学会 | 2018.2 |
| 哈南寨传统建筑环境与非物质文化遗产的适应性保护研究 | 叶青　杨豪中 | 《城市建筑》2018年5期 | 23~26 | 《黑龙江科学技术出版社》编辑部 | 2018.2 |
| 扎龙满族传统民居形态解析及保护传承 | 李岩 | 《城市建筑》2018年5期 | 87~89 | 《黑龙江科学技术出版社》编辑部 | 2018.2 |
| 祁连山北麓牧民传统民居建筑技艺的再生策略与方法——以甘肃肃南牧民定居点居住建筑设计为例 | 张磊　赵敬源　刘加平 | 《城市建筑》2018年4期 | 37~40 | 《黑龙江科学技术出版社》编辑部 | 2018.2 |
| 隐喻视角下徽州古民居建筑文化研究 | 杨会勇 | 《赤峰学院学报》（汉文哲学社会科学版）2018年2期 | 79~81 | 赤峰学院 | 2018.2 |
| 清末民初冀南传统民居的传承与改造 | 王晓梅 | 《大众文艺》2018年4期 | 42~43 | 河北省群众艺术馆 | 2018.2 |
| 苏南典型民居厅堂主要陈设物品的研究 | 马云皓　杨茂川 | 《大众文艺》2018年3期 | 72~73 | 河北省群众艺术馆 | 2018.2 |
| 金门传统民居上的辟邪物 | 戴小巧 | 《大众文艺》2018年2期 | 24 | 河北省群众艺术馆 | 2018.2 |
| 节能环保装配式绿色民居 | | 《粉煤灰综合利用》2018年1期 | 81 | 河北省墙材革新办公室、河北粉煤灰综合利用杂志社有限责任公司 | 2018.2 |
| 砖柱与生土墙混合结构传统民居墙体加固技术研究 | 宋建学　张珊珊 | 《工程抗震与加固改造》2018年1期 | 104~108 | 《中国建筑学会、中国建筑科学研究院工程抗震研究所》编辑部 | 2018.2 |
| 南靖土楼民居的设计保护与应用研究——以梅林镇德庆楼为例 | 陈炎毅 | 《工业设计》2018年2期 | 73~75 | 工业设计 | 2018.2 |
| 贵州民族建筑的历史解读 | 麻勇斌 | 《贵州民族大学学报》（哲学社会科学版）2018年1期 | 29~43 | 贵州民族大学 | 2018.2 |
| 浅谈漳州传统土楼民居中茶文化空间的布局研究 | 金日学　黄茜楠 | 《河南建材》2018年1期 | 42~44 | 《河南建材》编辑部 | 2018.2 |
| 基于口述史的张掖古民居历史再现 | 冯星宇 | 《河西学院学报》2018年1期 | 59~61 | 河西学院 | 2018.2 |
| 明清时期徽州古民居厅堂空间的人文内涵 | 许兴海 | 《淮北师范大学学报》（哲学社会科学版）2018年1期 | 76~80 | 淮北师范大学 | 2018.2 |
| 河下古镇传统民居病害调研与对策分析 | 彭宁波　朱鹏宇　覃红霞　余琪　雒维娜 | 《淮阴工学院学报》2018年1期 | 55~59 | 淮阴工学院 | 2018.2 |

续表

| 论文名 | 作者 | 刊载杂志 | 页码 | 编辑出版单位 | 出版日期 |
|---|---|---|---|---|---|
| 浅谈西藏林区藏式民居建筑外维护结构节能措施——以林芝市结巴村藏式民居建筑为例 | 刘红艳 | 《建设科技》2018年3期 | 38~39 | 《建设部科技发展促进中心》编辑部 | 2018.2 |
| 贵州西江苗寨传统山地民居接地形态特征研究 | 高培 | 《建筑技术》2018年2期 | 204~206 | 北京市建工集团 | 2018.2 |
| 贵州斑鸠井土家寨居住空间气候的适应性研究 | 谢睿晨　姜乃煊　侯兆铭　武侠　田凯林 | 《建筑技术开发》2018年4期 | 20~21 | 《北京市建筑工程研究院》编辑部 | 2018.2 |
| 漆树坪羌寨的改造问题及方案分析 | 项翔　侯兆铭　姜乃煊　李思慧　潘静贤 | 《建筑技术开发》2018年4期 | 8~9 | 《北京市建筑工程研究院》编辑部 | 2018.2 |
| 皖南传统民居春季室内湿度测试及结露研究 | 刘精晶　黄志甲 | 《建筑科学》2018年2期 | 26~33 | 中国建筑科学研究院 | 2018.2 |
| 基于信息——感应描述传统民居营造方式的现代启示 | 宋晓明　陈滨　张雪研　王世博 | 《建筑科学》2018年2期 | 107~114 | 中国建筑科学研究院 | 2018.2 |
| 钢屋架在仿古建筑中的应用——以山西民居为例 | 陈兴雷　卢凡 | 《江苏建筑》2018年1期 | 41~43、49 | 江苏省土木建筑学会、江苏省建筑科学研究院 | 2018.2 |
| 在可视构建中探寻民居的乡愁——构建村落风骨浅谈 | 吴婧　董明照 | 《江西建材》2018年4期 | 34~35 | 《江西省建材科研设计院》编辑部 | 2018.2 |
| 画不够的家乡美——开发家乡古民居美术课程资源的实践研究 | 邵惠敏 | 《教育观察》2018年4期 | 66~67 | 广西师范大学出版社 | 2018.2 |
| 深圳边缘村落——以深圳市南山区麻勘村传统民居为例 | 李泰 | 《居舍》2018年5期 | 178 | 《北京家具行业协会》编辑部 | 2018.2 |
| 镇江市传统村、镇民居建筑文脉特征溯源与传承——毕家边传统民居研究 | 黄莉楠　任鹏远　孙晶　赵丽娜　蔡钰　李宁 | 《居业》2018年2期 | 41、43 | 《中国建筑材料工业规划研究院、山东省建筑材料工业协会》编辑部 | 2018.2 |
| 赣南客家围屋与北京四合院基于建筑文化与风格的比较研究 | 王增　黄琳 | 《老区建设》2018年4期 | 65~69 | 江西省扶贫和移民办公室、江西省社会科学界联合会 | 2018.2 |
| 西北传统古民居建筑在当代民俗旅游资源中的保护与开发——以天水66号贾家公馆为例 | 李惠峰 | 《旅游纵览》（下半月）2018年2期 | 174~175 | 《中国野生动物保护协会、中国野生植物保护协会》编辑部 | 2018.2 |

| 论文名 | 作者 | 刊载杂志 | 页码 | 编辑出版单位 | 出版日期 |
|---|---|---|---|---|---|
| 嘉绒藏族传统聚落文化形态的建筑适应性研究——以西索村为例 | 李劢霆 | 《纳税》2018年6期 | 241 | 云南出版传媒（集团）有限责任公司 | 2018.2 |
| 传统民居和其民居纺织品在影视及广告方面的应用——兼论《纺织品——人类的艺术》 | 邢福生 | 《染整技术》2018年2期 | 90~91 | 江苏苏豪传媒有限公司 | 2018.2 |
| 齐鲁传统民居保护与发展策略探析 | 徐达 胡安娜 王学勇 | 《山东农业大学学报（自然科学版）》2018年1期 | 47~52 | 山东农业大学 | 2018.2 |
| 何家大院古民居建筑雕饰艺术研究 | 何丽 | 《山西档案》2018年1期 | 128~130 | 山西省档案局、山西省档案学会 | 2018.2 |
| 张掖古民居建筑艺术特色探析 | 秦久超 | 《山西建筑》2018年4期 | 20~21 | 《山西省建筑科学研究院》编辑部 | 2018.2 |
| 粤北排瑶民居建筑初探 | 邓焱 | 《设计》2018年3期 | 150~151 | 《中国工业设计协会》编辑部 | 2018.2 |
| 白族民居元素在创意女装上的构成形态表达——以设计作品《华梦之城》为例 | 张清心 | 《时尚设计与工程》2018年1期 | 11~15 | 上海纺织科学研究院有限公司、上海工程技术大学 | 2018.2 |
| 梓里屏藩 豫北地区平原民居建构田野调查 | 范霄鹏 邓晗 | 《室内设计与装修》2018年2期 | 124~127 | 《室内设计与装修》编辑部 | 2018.2 |
| 日本京都民居建筑的审美特征 | 韩振刚 | 《书画世界》2018年2期 | 94 | 安徽美术出版 | 2018.2 |
| 贵州省巴雍村穿青人传统民居浅析 | 张璇 张薇薇 | 《四川建筑》2018年1期 | 43~44、47 | 四川省土木建筑学会、四川华西集团有限公司 | 2018.2 |
| 江苏民居建筑城乡差异性特征分析及其地震应急工作意义 | 吴珍云 章熙海 王冬辰 | 《统计科学与实践》2018年2期 | 28~30 | 浙江省统计局统计科学研究所 | 2018.2 |
| 河源地区民居建筑在美术教学中的开发利用 | 叶丽青 | 《文化创新比较研究》2018年6期 | 34~35 | 《上海博物馆》编辑部 | 2018.2 |
| 东阳古民居的空间布局及装饰艺术形态研究——以浙江东阳德润堂为例 | 叶军 | 《文物鉴定与鉴赏》2018年4期 | 66~69 | 《时代出版传媒股份有限公司》编辑部 | 2018.2 |
| 浅析客家围龙屋及其文化渊源 | 刘延强 | 《文物鉴定与鉴赏》2018年3期 | 92~93 | 《时代出版传媒股份有限公司》编辑部 | 2018.2 |
| 藏东民居 | 拉巴次仁 | 《文艺生活（艺术中国）》2018年2期 | 25 | 《湖南省群众艺术馆》编辑部 | 2018.2 |
| 广南县壮族民居的探析 | 周跃花 | 《西部皮革》2018年3期 | 134 | 四川省皮革学会、四川省皮鞋行业协会、四川恒丰皮革有限责任公司 | 2018.2 |

续表

| 论文名 | 作者 | 刊载杂志 | 页码 | 编辑出版单位 | 出版日期 |
|---|---|---|---|---|---|
| 云南高寒贫困山区民居节能设计研究——以大山包新民居设计为例 | 杨茂晓 毛志睿 | 《新建筑》2018年1期 | 119~123 | 《华中科技大学》编辑部 | 2018.2 |
| 庆尚道原籍朝鲜族民居的近代变迁与传统要素的持续性——以黑龙江省绥化市勤劳村为例 | 金日学 李春姬 张玉坤 | 《遗产与保护研究》2018年2期 | 20~25 | 《北京卓众出版有限公司》编辑部 | 2018.2 |
| 川北民居场镇设计中绿色智能建筑技术应用 | 何佳臻 | 《智能建筑与智慧城市》2018年2期 | 44~46 | 中国勘察设计协会 | 2018.2 |
| 天津依"河"傍"海"造就特色历史建筑 | | 《中国勘察设计》2018年2期 | 28~33 | 中国勘察设计协会 | 2018.2 |
| 中国传统民居研究的多学科与数据思维 | 余亮 丁雨倩 曹倩颖 王梦娣 廖庆霞 | 《中国名城》2018年2期 | 52~56 | 《中国名城》编辑部 | 2018.2 |
| 山西云丘山传统民居营造技艺研究 | 薛林平 郑旭 | 《中国名城》2018年2期 | 74~84 | 《中国名城》编辑部 | 2018.2 |
| 乡村文化保护中的苗族民居建造方式演变的连续性研究——以贵州省陇戛苗寨为例 | 吴桂宁 黄文 | 《中国名城》2018年2期 | 85~90 | 《中国名城》编辑部 | 2018.2 |
| 黔中屯堡的村寨调研（六）：本寨 | 许佳琪 岑元林 周政旭 | 《住区》2018年1期 | 103~104 | 清华大学、清华大学建筑设计研究院、中国建筑工业出版社 | 2018.2 |
| 隐于渭水湾畔的关中大宅——雍熙府规划与建筑设计 | 谭雯 李铭 | 《住宅与房地产》2018年5期 | 96 | 深圳住宅与房地产杂志社、中国房地产及住宅研究会 | 2018.2 |
| 民居建筑元素在现代建筑设计中的应用 | 解金锋 任军强 | 《住宅与房地产》2018年5期 | 57、59 | 深圳住宅与房地产杂志社、中国房地产及住宅研究会 | 2018.2 |
| 荷兰的物业管理与民居 | 刘少才 | 《资源与人居环境》2018年2期 | 58~61 | 《四川省国土经济学研究会、中国国土经济学研究会》编辑部 | 2018.2 |
| 昆明南强历史街区传统建筑风貌的保护与传承 | 邓湾湾 杨大禹 | 《华中建筑》2018年3期 | 71~74 | 《华中建筑》编辑部 | 2018.3 |
| 宗法制度对新疆维吾尔族民居建筑的影响 | 唐拥军 张晓宇 | 《华中建筑》2018年3期 | 15~18 | 《中南建筑设计院、湖北土木建筑学会》编辑部 | 2018.3 |
| 望鱼古镇传统民居的宜居性改造研究 | 衷睿 | 《建材与装饰》2018年10期 | 94~95 | 《成都市厨房卫生设施行业协会、成都市新闻出版发展中心》编辑部 | 2018.3 |

| 论文名 | 作者 | 刊载杂志 | 页码 | 编辑出版单位 | 出版日期 |
|---|---|---|---|---|---|
| 从中德居民特点看中德民居特点 | 蔡新雨 | 《建材与装饰》2018年11期 | 78~79 | 《成都市厨房卫生设施行业协会、成都市新闻出版发展中心》编辑部 | 2018.3 |
| 晋中地区传统民居砖雕艺术研究 | 王慧娟 | 《建材与装饰》2018年12期 | 113 | 《成都市厨房卫生设施行业协会、成都市新闻出版发展中心》编辑部 | 2018.3 |
| 有关当代乡土建筑的展望研究 | 景硕　万子梁李丹丹　崔晓伟 | 《建材与装饰》2018年13期 | 87~88 | 《成都市厨房卫生设施行业协会、成都市新闻出版发展中心》编辑部 | 2018.3 |
| 河北传统石窑民居生态特性研究 | 魏广龙　章雯娟王朝红　吴婷婷马睿 | 《建筑节能》2018年3期 | 11~15 | 中国建筑东北设计研究院 | 2018.3 |
| 内蒙古乌审召镇喇嘛僧房形态分析 | 李娜 | 《建筑与文化》2018年3期 | 110~111 | 《世界图书出版公司》编辑部 | 2018.3 |
| 传统民居空间更新策略研究——以河南省北朱村为例 | 马冬青　周博赵艳艳　樊亚龙 | 《建筑与文化》2018年3期 | 214~215 | 《世界图书出版公司》编辑部 | 2018.3 |
| 山西古建筑文化之砖雕装饰的内涵 | 王帅 | 《美与时代》（城市版）2018年3期 | 24~25 | 河南省美学学会、郑州大学美学研究所 | 2018.3 |
| 广西壮侗传统民居现代适应性研究 | 汪倩　张林宝 | 《美与时代》（城市版）2018年3期 | 127~128 | 河南省美学学会、郑州大学美学研究所 | 2018.3 |
| 山崖上的古村落——婺源篁岭 | 王淼 | 《中华建设》2018年3期 | 156~158 | 国家住房和城乡建设部政策研究中心、湖北省土木建筑学会 | 2018.3 |
| 基于符号演化的木制民居装饰构件设计方法研究 | 孙琳　吕健谢庆生 | 《包装工程》2018年6期 | 212~218 | 中国兵器工业第五九研究所 | 2018.3 |
| 基于虚拟现实（VR）的云南民居建筑艺术研究内容探析 | 向杰 | 《才智》2018年8期 | 211 | 中国吉林高新技术人才市场 | 2018.3 |
| 徽州古民居楹联的文化内涵与翻译 | 王先好　靳元丽 | 《巢湖学院学报》2018年2期 | 132~135 | 巢湖学院 | 2018.3 |
| 浅析色尔古藏寨民居聚落的价值与开发 | 唐皓薇　金辰李雪聪　李竟楠王钰芊 | 《城市建设理论研究》（电子版）2018年8期 | 202 | 《商业网点建设开发中心》编辑部 | 2018.3 |
| 地域民居文化的多维审视——评《聚居的世界：冀西北传统聚落与民居建筑》 | 赵军 | 《城市建设理论研究》（电子版）2018年8期 | 201 | 《商业网点建设开发中心》编辑部 | 2018.3 |
| 根植本土，寻觅真谛——蒋高宸先生传统民居史学思想探析 | 甘秋盈　何俊萍 | 《城市建筑》2018年8期 | 79~81 | 《黑龙江科学技术出版社》编辑部 | 2018.3 |
| 浅析传统民居中的建筑风水文化——以云南"一颗印"为例 | 黄容　杨毅 | 《城市建筑》2018年8期 | 86~88 | 《黑龙江科学技术出版社》编辑部 | 2018.3 |

续表

| 论文名 | 作者 | 刊载杂志 | 页码 | 编辑出版单位 | 出版日期 |
|---|---|---|---|---|---|
| 走进暖泉古民居 | 孟宪丛 | 《城乡建设》2018年5期 | 78~79 | 建筑杂志社 | 2018.3 |
| 德国民居别具匠心 | 王雪莲 | 《创造》2018年3期 | 77 | 中共云南省委党校 | 2018.3 |
| 浅谈闽南建筑元素在现代设计中的应用 | 潘玉麟　林华秋 | 《大众文艺》2018年5期 | 82~83 | 河北省群众艺术馆 | 2018.3 |
| 贵州省农村民居地震安全示范工程的实施及效果 | 郝婧　莫宏嵘　唐德龙　梁操　罗祎浩　纪星星 | 《低碳世界》2018年3期 | 162~163 | 中国科学技术信息研究所 | 2018.3 |
| 浅谈在传承与保护的视野下客家民居的电视专题创作——以凤凰卫视《筑梦天下》为例 | 崔媛 | 《东南传播》2018年3期 | 125~127 | 福建省广播影视集团 | 2018.3 |
| 快速城镇化背景下传统民居建筑群的活化利用引导——以晋江市域传统民居建筑群的活化利用引导为例 | 颜才添 | 《福建建设科技》2018年2期 | 7~11 | 福建省住房和城乡建设厅科技情报中心站、福建省建筑科学研究中心 | 2018.3 |
| 三维建模技术在平潭石头厝保护规划中的研究与应用 | 林贤恩 | 《福建建设科技》2018年2期 | 12~14、43 | 福建省住房和城乡建设厅科技情报中心站、福建省建筑科学研究中心 | 2018.3 |
| 福建龙海埭尾古民居群的建筑特色 | 郑云 | 《福建文博》2018年1期 | 60~64 | 福建省考古博物馆学会、福建博物院 | 2018.3 |
| 武夷山城村古民居雕刻艺术初探 | 吴邦其 | 《福建文博》2018年1期 | 78~81 | 福建省考古博物馆学会、福建博物院 | 2018.3 |
| 屯堡色彩构成及文化解读 | 赵蓉燕 | 《贵州民族研究》2018年3期 | 55~58 | 贵州省民族研究院 | 2018.3 |
| 新民居买卖的法律效力研究 | 李进 | 《哈尔滨师范大学社会科学学报》2018年2期 | 71~73 | 哈尔滨师范大学 | 2018.3 |
| 徽州民居外墙壁画装饰艺术及其美学价值 | 李辉周　周雅琼 | 《合肥师范学院学报》2018年2期 | 120~123 | 合肥师范学院 | 2018.3 |
| 贺州古民居文化研究——潇贺古道生态文化系列研究之四 | 谢嘉雯 | 《贺州学院学报》2018年1期 | 35~40、73 | 贺州学院 | 2018.3 |
| 徽州古民居建筑符号在徽茶包装设计中的创新应用 | 闫聪　李东娜 | 《黑龙江科学》2018年6期 | 94~95 | 黑龙江省科学院 | 2018.3 |
| 传统民居对现代住宅设计的启示 | 杨琴 | 《吉林工程技术师范学院学报》2018年3期 | 74~76 | 吉林工程技术师范学院 | 2018.3 |
| 农村地区民居建筑整体温度调节能耗预测 | 赵倩　林建泉　黄忠 | 《计算机仿真》2018年3期 | 436~439 | 中国航天科工集团公司第十七研究所 | 2018.3 |
| 传统民居地基注浆加固技术研究 | 李晓健　宋建学 | 《建筑科学》2018年3期 | 123~128、136 | 中国建筑科学研究院 | 2018.3 |

续表

| 论文名 | 作者 | 刊载杂志 | 页码 | 编辑出版单位 | 出版日期 |
|---|---|---|---|---|---|
| 秦东地区传统民居装饰风格特点调研报告 | 孙华东 | 《居舍》2018年9期 | 17、11 | 《居舍》编辑部 | 2018.3 |
| 江西省传统民居对住宅室内微气候环境调节的分析研究 | 孙文娟 | 《居舍》2018年8期 | 173、197 | 《居舍》编辑部 | 2018.3 |
| 秦东地区传传统民居装饰风格对现代建筑装饰的影响 | 孙华东 | 《居舍》2018年7期 | 21 | 《北京家具行业协会》编辑部 | 2018.3 |
| 川西藏族民居的生态适应性分析及启示 | 邹紫男 | 《居舍》2018年7期 | 3、175 | 《北京家具行业协会》编辑部 | 2018.3 |
| 孟津县卫坡村古民居的保护与开发 | 李帅　史婷婷 | 《旅游纵览》（下半月）2018年3期 | 170~171 | 《中国野生动物保护协会、中国野生植物保护协会》编辑部 | 2018.3 |
| 西安历史街区建筑空间的研究——以回访街区为例 | 马江萍 | 《绿色环保建材》2018年3期 | 207 | 《经济日报社》编辑部 | 2018.3 |
| 丽江传统民居院落景观文化初探 | 付秋华 | 《美术大观》2018年3期 | 100~101 | 辽宁美术出版社 | 2018.3 |
| 汉水流域古民居建筑原生自然环境探析 | 周艳 | 《美术教育研究》2018年6期 | 62~63 | 《时代出版传媒股份有限公司、安徽省科学教育研究会》编辑部 | 2018.3 |
| 丽江民居客栈入口设计形式分析 | 孙波莲 | 《牡丹江教育学院学报》2018年3期 | 73~75 | 牡丹江教育学院 | 2018.3 |
| 贵州黔东南州传统木结构建筑改造的思考 | 李权　彭开起王学普　杨杰覃斌 | 《木材工业》2018年2期 | 38~41 | 中国林科院木材工业研究所 | 2018.3 |
| "一带一路"倡议下西南边境边民居边脱贫的价值与路径 | 蓝洁 | 《南宁职业技术学院学报》2018年2期 | 23~26 | 南宁职业技术学院 | 2018.3 |
| 南阳农村民居建筑冬季室内人体热舒适现场研究 | 闫海燕　李道一李洪瑞　陈静刘辉 | 《暖通空调》2018年3期 | 91~95 | 亚太建设科技信息研究院、中国建筑设计研究院、中国建筑学会暖通空调分会 | 2018.3 |
| 徽州明清建筑雕塑艺术元素探析 | 马小娅 | 《齐齐哈尔大学学报（哲学社会科学版）》2018年3期 | 151~154 | 齐齐哈尔大学 | 2018.3 |
| 广西贺州凤凰塘清代民居群建筑形制研究 | 梁欣欣　孙萌张曦予　黄晏琪邹志华　陈嘉欣廖宇航 | 《山西建筑》2018年9期 | 1~3 | 《山西省建筑科学研究院》编辑部 | 2018.3 |
| 冀南地区传统民居中"火炕"的田野调查研究 | 武晶　李姗 | 《山西建筑》2018年9期 | 8~9 | 《山西省建筑科学研究院》编辑部 | 2018.3 |

续表

| 论文名 | 作者 | 刊载杂志 | 页码 | 编辑出版单位 | 出版日期 |
|---|---|---|---|---|---|
| 广西贺州凤凰塘清代民居群聚落空间历史回溯 | 黄晏琪　梁欣欣　邹志华　张曦予　孙萌　陈嘉欣　廖宇航 | 《山西建筑》2018年8期 | 5~6 | 《山西省建筑科学研究院》编辑部 | 2018.3 |
| 基于地域文化的鄂东南传统民居建筑形式及其策略 | 熊闻晋　徐钊 | 《山西建筑》2018年8期 | 2~5 | 《山西省建筑科学研究院》编辑部 | 2018.3 |
| 川西地区藏族民居外围护结构优化研究 | 王黔豫　侯立强 | 《山西建筑》2018年8期 | 211~214 | 《山西省建筑科学研究院》编辑部 | 2018.3 |
| 探究藏式传统民居色彩构成模式的应用与推广 | 刘书伶　徐鹤齐　王丽 | 《山西建筑》2018年7期 | 2~4 | 《山西省建筑科学研究院》编辑部 | 2018.3 |
| 解读东梓关村历史文化村落新杭派民居组团院落 | 张愚　闵颜 | 《设计》2018年5期 | 144~145 | 《中国工业设计协会》编辑部 | 2018.3 |
| 历史街区民居建筑再生的研究——以（广西壮族自治区）岑溪樟木古街民居建筑为例 | 孔令娟 | 《四川建材》2018年3期 | 24~25 | 《四川省建材工业科学研究院》编辑部 | 2018.3 |
| 赣西南地区客家民居空间组构演变初探 | 张颀　钟山　王志刚 | 《天津大学学报（社会科学版）》2018年2期 | 159~165 | 天津大学 | 2018.3 |
| 徽州民居冬季室内湿环境 | 黄志甲　刘精晶　张恒　董亚萌　鲁月红 | 《土木建筑与环境工程》2018年2期 | 109~115 | 土木建筑与环境工程 | 2018.3 |
| 西北民居一 | 杨钢 | 《文艺理论与批评》2018年2期 | 173 | 中国艺术研究院 | 2018.3 |
| 生态学理论视野下湖南省祁东县沙井湾村传统聚落形成研究 | 李毅 | 《西部皮革》2018年6期 | 21 | 四川省皮革学会、四川省皮鞋行业协会、四川恒丰皮革有限责任公司 | 2018.3 |
| 滇中傣族土掌房的建筑特色及其与民俗文化的关系 | 吴昊　杨明珠 | 《艺海》2018年3期 | 115~116 | 湖南省艺术研究院、湖南艺术职业学院 | 2018.3 |
| 寒地乡土民居庭院合理化应用研究 | 侯婷 | 《艺术与设计（理论）》2018年3期 | 65~67 | 《经济日报社》编辑部 | 2018.3 |
| 鄂西北传统民居生态性营建技艺研究——以南漳县板桥镇传统民居为例 | 陈鹏 | 《长春工程学院学报（自然科学版）》2018年1期 | 76~79 | 长春工程学院 | 2018.3 |
| 青海东南部农村民居结构特点及抗震能力分析 | 杨娜　王龙　刘爱文　杨理臣 | 《震灾防御技术》2018年1期 | 206~214 | 中国地震台网中心 | 2018.3 |
| 浙江省传统村落保护利用现状探究 | 罗江杰　郑旭　方涵 | 《中国市场》2018年9期 | 32~33 | 《中国市场》编辑部 | 2018.3 |

| 论文名 | 作者 | 刊载杂志 | 页码 | 编辑出版单位 | 出版日期 |
|---|---|---|---|---|---|
| 云南省传统村落的保护与发展研究——以澜沧县翁基布朗族村寨为例 | 李鹤　朱晓辉 | 《中国市场》2018年9期 | 43~44、53 | 中国物流采购联合会 | 2018.3 |
| 区域与网络：历史语境中的晋东南传统村落 | 段牛斗 | 《中国文化遗产》2018年2期 | 4~17 | 国家文物局 | 2018.3 |
| 吊脚楼：重庆近代社会经济发展水平的选择——漫谈重庆吊脚楼之三 | 周毅 | 《重庆建筑》2018年3期 | 62~63 | 重庆建筑科学研究院 | 2018.3 |
| 古镇型旅游景区中传统民居向旅游民居的演变研究——以丽江古城为例 | 刘洋 | 《重庆科技学院学报》（社会科学版）2018年2期 | 61~64 | 重庆科技学院 | 2018.3 |
| 现代建筑设计中民居建筑元素的应用 | 廖超 | 《住宅与房地产》2018年8期 | 98、107 | 深圳住宅与房地产杂志社、中国房地产及住宅研究会 | 2018.3 |
| 剑川白族民居中的偷鸡神图像 | 张春继 | 《装饰》2018年3期 | 138~139 | 《清华大学》编辑部 | 2018.3 |
| 川西嘉绒藏寨建筑风貌特征研究 | 付阳柳　冯秋霜　姚世民 | 《建材与装饰》2018年15期 | 110 | 《成都市厨房卫生设施行业协会、成都市新闻出版发展中心》编辑部 | 2018.4 |
| 筠连建筑地域特色及示范设计研究 | 巩露阳 | 《建筑与文化》2018年4期 | 236~237 | 《世界图书出版公司》编辑部 | 2018.4 |
| 传统民居改造型民俗客栈设计初探 | 赵艳艳　唐建　马冬青 | 《建筑与文化》2018年4期 | 238~239 | 《世界图书出版公司》编辑部 | 2018.4 |
| 安徽凤阳地区传统民居地域特征探究——以临淮关镇为例 | 张强　刘阳 | 《建筑与文化》2018年4期 | 244~245 | 《世界图书出版公司》编辑部 | 2018.4 |
| 传统木构民居残损断梁抱箍拉索原位加固技术 | 陈菁　张鹰　沈圣　张伟翔 | 《建筑与文化》2018年4期 | 197~199 | 《世界图书出版公司》编辑部 | 2018.4 |
| 河南省新郑市人和寨现状调查与发展研究 | 王丽娜　许咤　赵梅红 | 《建筑与文化》2018年4期 | 203~204 | 《世界图书出版公司》编辑部 | 2018.4 |
| 豫西传统民居建筑符号的挖掘与应用研究 | 陈晓培 | 《美与时代》（城市版）2018年4期 | 20~21 | 河南省美学学会、郑州大学美学研究所 | 2018.4 |
| 天水古民居土质墙体的病害调查及保护建议 | 欧秀花　刘园园　张睿祥 | 《天水师范学院学报》2018年2期 | 33~36 | 天水师范学院 | 2018.4 |
| 辽西绥中县新堡子村传统聚落文化景观研究 | 宫冰　曹福存　李籽萱 | 《现代园艺》2018年7期 | 85~86 | 江西省经济作物局、江西省双金柑桔试验站 | 2018.4 |

续表

| 论文名 | 作者 | 刊载杂志 | 页码 | 编辑出版单位 | 出版日期 |
|---|---|---|---|---|---|
| 湘西苗族与土家族的民居建筑艺术探索与发展 | 李冰　满勇 | 《中外建筑》2018年4期 | 47~48 | 《中华人民共和国住房和城乡建设部信息中心、湖南长沙建设信息中心》编辑部 | 2018.4 |
| 川西藏区新民居传统装饰元素的传承和创新研究 | 高明　成斌　陈玉　王禹 | 《安徽建筑》2018年2期 | 35~37、41 | 安徽省建筑科学研究设计院、安徽土木建筑学会 | 2018.4 |
| 历史街区的活力重塑——吐鲁番历史街区微空间改造的研究 | 朱有玉　张芳芳　董云财 | 《安徽建筑》2018年2期 | 45~46、82 | 安徽省建筑科学研究设计院、安徽土木建筑学会 | 2018.4 |
| 基于文化创意视角的福建传统民居吉祥装饰传承策略探析 | 胡小聪 | 《安阳师范学院学报》2018年2期 | 145~149 | 安阳师范学院 | 2018.4 |
| 揭示苏南传统民居建筑装饰的新意义——评《苏南传统民居建筑装饰研究》 | 过伟敏 | 《创意与设计》2018年2期 | 93~94 | 江南大学、中国轻工信息中心 | 2018.4 |
| 360度全景漫游技术在苏北传统民居艺术博物馆中创新应用研究 | 黄威　徐丹 | 《大众文艺》2018年8期 | 129~130 | 河北省群众艺术馆 | 2018.4 |
| 湖北乡村传统民居装饰的艺术性探究 | 聂双燕 | 《大众文艺》2018年7期 | 126 | 河北省群众艺术馆 | 2018.4 |
| 哈尼族民居3D建模及虚拟漫游——以红河州为例 | 韩丛梅　李学孺　刘玲　牟超琼　宗秀　杨从六　张杨 | 《电脑知识与技术》2018年12期 | 245~247 | 安徽科技情报协会、中国计算机函授学院 | 2018.4 |
| 晋江梧林村蔡德鑵古民居群 | 蔡永怀 | 《福建史志》2018年2期 | 56~59 | 福建省考古博物馆学会、福建博物院 | 2018.4 |
| 绥远地区晋风民居的适应性研究 | 殷俊峰　白瑞　李岳岩 | 《干旱区资源与环境》2018年6期 | 85~91 | 中国自然资源学会干旱半干旱地区研究委员会、内蒙古自治区科学技术协会 | 2018.4 |
| 钢结构民居关键节点设计 | 章伟　吴波　王剑非　王晓燕　何力　毛子纯 | 《钢结构》2018年4期 | 71~74 | 冶金部建筑研究总院、中国钢结构协会 | 2018.4 |
| 钢结构民居体系化、工业化研究与应用 | 章伟　吴波　王宾　沈小兵　朱文伟　夏选锟　罗杰 | 《钢结构》2018年4期 | 75~77 | 冶金部建筑研究总院、中国钢结构协会 | 2018.4 |
| "活态"模式下的鄂东南阳新玉塊村传统民居改造设计 | 殷梓 | 《湖北工业大学》 | | 湖北工业大学 | 2018.4 |

续表

| 论文名 | 作者 | 刊载杂志 | 页码 | 编辑出版单位 | 出版日期 |
|---|---|---|---|---|---|
| 清代徽州民居建造流程分析——以清光绪黟县十都宏村《春晖堂》汪氏文书为中心 | 李玲玉 | 《佳木斯大学社会科学学报》2018年2期 | 145~148、154 | 佳木斯大学 | 2018.4 |
| 老宅新生 看旧民居如何改造为乡村民宿 | 敬星 | 《建筑工人》2018年4期 | 38~40 | 北京建工集团有限责任公司 | 2018.4 |
| 保定传统村落现状调研与保护策略分析——以涞源县为例 | 苏晓 刘田洁 | 《居业》2018年4期 | 47、49 | 《中国建筑材料工业规划研究院、山东省建筑材料工业协会》编辑部 | 2018.4 |
| 基于Energyplus软件的藏族传统民居热环境分析及更新设计 | 杨静 次称 龚伶俐 李姗姗 | 《科技创新与应用》2018年10期 | 40~42、44 | 黑龙江省创联文化传媒有限公司 | 2018.4 |
| 基于生态理念的岭南民居气候特征研究 | 梅文兵 | 《美术大观》2018年4期 | 96~97 | 辽宁美术出版社 | 2018.4 |
| 太阳能热水地板辐射供暖技术在草原牧区民居的应用研究 | 许国强 王凯 王文新 王智 | 《内蒙古工业大学学报（自然科学版）》2018年2期 | 142~148 | 内蒙古工业大学 | 2018.4 |
| 基于美丽乡村建设的民居设计平台研究 | 许春红 建民 丁江 | 《农村经济与科技》2018年8期 | 202、204 | 《农村经济与科技》杂志社、湖北省农业科学院 | 2018.4 |
| 泉州传统民居的生态智慧探析及启示 | 李子蓉 赖莉芬 张莹 王泽发 | 《青岛理工大学学报》2018年2期 | 58~63 | 青岛理工大学 | 2018.4 |
| 三江侗族传统聚落建筑朝向影响因子量化分析 | 熊修锋 陈俊睿 潘泂 李漱洋 何雨晴 王俊朝 | 《山西建筑》2018年11期 | 27~29 | 《山西省建筑科学研究院》编辑部 | 2018.4 |
| 泉州屿头村传统民居聚落的演变分析 | 陈希雯 | 《山西建筑》2018年10期 | 14~16 | 《山西省建筑科学研究院》编辑部 | 2018.4 |
| 浅析四川民居 | 许森 | 《四川建筑》2018年2期 | 28~29 | 四川省土木建筑学会、四川华西集团有限公司 | 2018.4 |
| 段村聚落形态与民居形态研究 | 郭逸玮 | 《太原理工大学》 | | 太原理工大学 | 2018.4 |
| 传统民居元素在陶瓷艺术设计中的作用与应用探讨 | 韩丽 | 《陶瓷研究》2018年2期 | 88~90 | 江西省陶瓷研究所 | 2018.4 |
| 简述古民居的保护和发展 | 史永强 | 《文物鉴定与鉴赏》2018年8期 | 112~113 | 《时代出版传媒股份有限公司》编辑部 | 2018.4 |
| 民族审美文化制约下朝鲜族民居的审美解读 | 郭秋月 孟庆凯 | 《文艺争鸣》2018年4期 | 204~208 | 吉林省文学艺术界联合会 | 2018.4 |

| 论文名 | 作者 | 刊载杂志 | 页码 | 编辑出版单位 | 出版日期 |
|---|---|---|---|---|---|
| 广西贵港君子峒客家传统民居聚落空间安全意义解读 | 魏宏杨　潘洌　廖宇航 | 《新建筑》2018年2期 | 123~127 | 《华中科技大学》编辑部 | 2018.4 |
| 云南少数民族传统民居的建筑特色与传承保护 | 李莹 | 《艺海》2018年4期 | 120~122 | 湖南省艺术研究院、湖南艺术职业学院 | 2018.4 |
| 云南传统村落民居建筑的保护研究 | 谢舰锋　姚志奇　郭静姝 | 《中国标准化》2018年8期 | 72~73 | 中国标准化研究院、中国标准化协会 | 2018.4 |
| 陕北窑洞民居的装饰艺术及其民俗文化探析——评《陕北窑洞民居》 | 李玉龙 | 《中国教育学刊》2018年4期 | 128 | 中国教育学会 | 2018.4 |
| 黄河三角洲高台民居形成的原因探析 | 李博文　张卡　霍怡帆 | 《中国石油大学学报》（社会科学版）2018年2期 | 55~59 | 中国石油大学 | 2018.4 |
| 国外民居理论研究发展脉络梳理 | 刘肇宁　车震宇　雷雯 | 《中国水运》（下半月）2018年4期 | 252~254 | 中华人民共和国交通部 | 2018.4 |
| 中外院落式民居比较研究 | 张远雪　高明 | 《中国住宅设施》2018年4期 | 22~23 | 《中国房地产研究会》编辑部 | 2018.4 |
| 乡村建设背景下传统民居建筑的更新与利用 | 拓展 | 《住宅与房地产》2018年12期 | 227~228 | 深圳住宅与房地产杂志社、中国房地产及住宅研究会 | 2018.4 |
| 谈朝鲜族传统民居——龙井市三合镇住宅及回龙峰老宅的研究 | 于钧懿　林金花 | 《住宅与房地产》2018年11期 | 15~16 | 深圳住宅与房地产杂志社、中国房地产及住宅研究会 | 2018.4 |
| 岷江上游古羌寨防御体系解析 | 谢荣幸 | 《装饰》2018年4期 | 120~123 | 清华大学 | 2018.4 |
| 土家建筑对现代建筑设计的影响与启示研究 | 李喆歆　王艳 | 《家具与室内装饰》2018年5期 | 72~73 | 中南林业科技大学、深圳家具研究开发院 | 2018.5 |
| 雷州半岛东林村民居建筑装饰艺术研究 | 邱能捷 | 《家具与室内装饰》2018年5期 | 74~75 | 中南林业科技大学、深圳家具研究开发院 | 2018.5 |
| 海南琼北传统民居建筑材料与工艺研究 | 陈琳　弓娟 | 《建材与装饰》2018年19期 | 66~67 | 《成都市厨房卫生设施行业协会、成都市新闻出版发展中心》编辑部 | 2018.5 |
| 传统民居保护与利用策略研究 | 宋学友　陈继腾 | 《建材与装饰》2018年20期 | 185 | 《成都市厨房卫生设施行业协会、成都市新闻出版发展中心》编辑部 | 2018.5 |
| 合院式传统民居对现代社区景观交互设计的影响与启示分析 | 何旭光 | 《美与时代》（城市版）2018年5期 | 44~45 | 河南省美学学会、郑州大学美学研究所 | 2018.5 |
| 文化元素的传统再生——以义乌佛堂古镇导向设计为例 | 张梦丽 | 《设计》2018年9期 | 127~129 | 《中国工业设计协会》编辑部 | 2018.5 |

| 论文名 | 作者 | 刊载杂志 | 页码 | 编辑出版单位 | 出版日期 |
|---|---|---|---|---|---|
| 传统民居"吊脚楼"的生态理念给山地海绵城市建设的启示 | 聂君 | 《中外建筑》2018年5期 | 44~46 | 《中华人民共和国住房和城乡建设部信息中心、湖南长沙建设信息中心》编辑部 | 2018.5 |
| 基于多维可拓感性工学的木制民居创新设计 | 单军军　马丽莎　吕健　潘伟杰　孙琳 | 《包装工程》2018年10期 | 263~269 | 中国兵器工业第五九研究所 | 2018.5 |
| 广西壮族干阑民居发展的新思路 | 赵西平　陈楚康　闫海燕 | 《城市建筑》2018年14期 | 114~116 | 《黑龙江科学技术出版社》编辑部 | 2018.5 |
| 石塘石屋与崇武石厝用材特点地域性比较研究 | 王钰萱　王小岗 | 《城市建筑》2018年14期 | 117~119 | 《黑龙江科学技术出版社》编辑部 | 2018.5 |
| 回归乡村生活的民居营造——石家庄城元村父母宅设计策略探索 | 刘昆朋　黄舒怡 | 《城市建筑》2018年13期 | 48~50 | 《黑龙江科学技术出版社》编辑部 | 2018.5 |
| 乡村传统民居改造中传承文化印迹的设计手法探究 | 熊莹　彭峰 | 《城市住宅》2018年5期 | 68~70 | 《亚太建设科技信息研究院、中国建筑设计研究院》编辑部 | 2018.5 |
| 满族民居三大怪 | 钱国宏 | 《城乡建设》2018年9期 | 76~77 | 建筑杂志社 | 2018.5 |
| "长吉图"地区朝鲜族传统民居建筑环境装饰研究 | 李丽丽 | 《赤峰学院学报》（自然科学版）2018年5期 | 84~85 | 赤峰学院 | 2018.5 |
| 基于信息采集的少数民族传统村寨保护性规划设计研究——以贵州省铜仁市江口县桃映镇漆树坪羌寨为例 | 倪默璘　孙颖　姜乃煊 | 《大连民族大学学报》2018年3期 | 254~258 | 大连民族大学 | 2018.5 |
| 桂北汉族民居的风格特色 | 刘馨 | 《大众文艺》2018年10期 | 240 | 河北省群众艺术馆 | 2018.5 |
| 扬州传统民居建筑特点在现代建筑空间中的演变方式研究 | 崔威　赵欣一 | 《大众文艺》2018年10期 | 91~92 | 河北省群众艺术馆 | 2018.5 |
| 旅游发展背景下民居客栈的空间生产——以大理双廊为例 | 罗秋菊　冯敏妍　蔡颖颖 | 《地理科学》2018年6期 | 927~934 | 中国科学院东北地理与农业生态研究所 | 2018.5 |
| 低技术在传统民居中的应用研究——以天兴居建筑实践为例 | 蒋中秋 | 《湖北美术学院学报》2018年2期 | 78~80 | 湖北美术学院 | 2018.5 |
| 保定传统民居现状调研——以涞源县张家庄为例 | 苏晓　刘田洁 | 《环渤海经济瞭望》2018年5期 | 87 | 《天津市信息中心》编辑部 | 2018.5 |

续表

| 论文名 | 作者 | 刊载杂志 | 页码 | 编辑出版单位 | 出版日期 |
|---|---|---|---|---|---|
| 香格里拉两种典型民居形式对室内热环境的影响对比研究 | 张豫东 | 《价值工程》2018年16期 | 259~261 | 中国技术经济研究会价值工程专业委员会、河北省技术经济管理现代研究会 | 2018.5 |
| 青海民居气候适应性在绿色建筑中的应用 | 马立群　岳巍　宋雪梅 | 《建筑技术开发》2018年10期 | 111~112 | 《北京市建筑工程研究院》编辑部 | 2018.5 |
| 民居营造技艺认知与传承方式浅议 | 吕品晶 | 《建筑技艺》2018年5期 | 15~17 | 亚太建设科技信息研究院、中国建筑设计研究院 | 2018.5 |
| 陕南集镇合院民居平面格局特征量化研究 | 杨涛 | 《建筑与文化》2018年5期 | 235~236 | 《世界图书出版公司》编辑部 | 2018.5 |
| 鲁西南民居建筑空间布局特点及演变——以郓城县地区民居为例 | 金日学　屈潇楠 | 《建筑与文化》2018年5期 | 239~241 | 《世界图书出版公司》编辑部 | 2018.5 |
| 徽州文化与徽派建筑 | 牛舒俊　于博　王赵坤　李玮奇　赵辉 | 《居舍》2018年14期 | 1 | 《居舍》编辑部 | 2018.5 |
| 浅析生态建筑与绿色建筑的区别——以江南水乡传统民居建筑为例 | 张雪津　贾玮玮　王筱璇　赵越　王赵坤 | 《居舍》2018年13期 | 108 | 《居舍》编辑部 | 2018.5 |
| 黄石市东方山风景区村落民居改造设计 | 李菁 | 《美术观察》2018年5期 | 156 | 中国艺术研究院 | 2018.5 |
| 新媒体环境下传统民居文化传承与发展 | 林敏　邢福生 | 《美术教育研究》2018年10期 | 64~66 | 《时代出版传媒股份有限公司、安徽省科学教育研究会》编辑部 | 2018.5 |
| 历史文化背景下的泰兴地区古民居建筑风格特点 | 尹夏 | 《美术教育研究》2018年9期 | 92、94 | 《时代出版传媒股份有限公司、安徽省科学教育研究会》编辑部 | 2018.5 |
| 民居的"语言"：亨利·格拉西《弗吉尼亚中部民居》评述 | 程梦稷 | 《民间文化论坛》2018年3期 | 113~124 | 中国民间文艺家协会 | 2018.5 |
| 贵阳镇山村传统民居空间布局研究 | 徐曦　傅红 | 《农村经济与科技》2018年9期 | 261~263 | 《农村经济与科技》杂志社、湖北省农业科学院 | 2018.5 |
| 刍议黑龙江西部地区民居文化特征与传承策略 | 王志轩　陈祥云 | 《齐齐哈尔师范高等专科学校学报》2018年3期 | 69~70 | 齐齐哈尔师范高等专科学校 | 2018.5 |
| 初探云南德宏傣族传统民居汉化的原因 | 刘雪婷　白慧娴　刘罗美　吴寒　孟成俊　闵晶 | 《山西建筑》2018年16期 | 12~14 | 《山西省建筑科学研究院》编辑部 | 2018.5 |
| 黔东南州苗族传统建筑文化保护的困境与思路 | 李权　曹凡宪　覃斌　舒敏洁　邹大林　曾玉菲　黄启琴 | 《山西建筑》2018年14期 | 1~2 | 《山西省建筑科学研究院》编辑部 | 2018.5 |

| 论文名 | 作者 | 刊载杂志 | 页码 | 编辑出版单位 | 出版日期 |
|---|---|---|---|---|---|
| 皖北传统民居空间形式对现代居住空间设计的启示 | 刘馨蕊　丁明静 | 《山西农经》2018年10期 | 144~145 | 《山西省农业经济学会》编辑部 | 2018.5 |
| 黔南木结构民居调查及改造探讨 | 许贵满　韩海娅 | 《四川建材》2018年5期 | 49~50、52 | 《四川省建材工业科学研究院》编辑部 | 2018.5 |
| 朱子生态和谐理念与闽北古民居生态休闲审美之伦理建构 | 田丹 | 《通化师范学院学报》2018年5期 | 104~109 | 通化师范学院 | 2018.5 |
| 关中民居活化石——地坑窑 | 王益辉 | 《西部大开发》2018年5期 | 156~157 | 《陕西省决策咨询委员会》编辑部 | 2018.5 |
| 四川盆地传统民居的生成因素 | 熊梅 | 《西华师范大学学报（哲学社会科学版）》2018年3期 | 90~96 | 西华师范大学 | 2018.5 |
| 浅谈山东新型农村民居院落环境节能改造设计方法 | 任书栋　殷秀玲　吴金辉　曹志明 | 《戏剧之家》2018年15期 | 225、227 | 湖北今古传奇传媒集团有限公司 | 2018.5 |
| 湖塘村古民居旅游开发研究 | 刘湖娟 | 《现代商贸工业》2018年13期 | 23~24 | 中国商办工业杂志社 | 2018.5 |
| 关中传统民居建筑文脉要素初探——以韩城党家村为例 | 王卓琳　付凯 | 《小城镇建设》2018年5期 | 98~105 | 中国建筑设计研究院 | 2018.5 |
| 让鲜花开遍千家万户的窗台——浅议城镇民居窗台养花 | 洪崇恩　钱海忠 | 《中国花卉园艺》2018年9期 | 42~44 | 中国花卉协会 | 2018.5 |
| 凉山彝族民居改造中的社工实践——乡村社工在凉山精准扶贫中的行动研究报告之一 | 侯远高 | 《中国社会工作》2018年15期 | 14~17 | 《中国社会工作》编辑部 | 2018.5 |
| 建筑风水文化的内涵与实用功能及在下梅民居古村落祠堂中的应用 | 杜盈盈　孙西杰　李明君 | 《中国住宅设施》2018年1期 | 107~108 | 《中国房地产研究会》编辑部 | 2018.5 |
| 传统民居低技术在现代农房节能设计中的应用——以九台试验农房为例 | 金日学　李春姬 | 《中国住宅设施》2018年1期 | 127~128、112 | 《中国房地产研究会》编辑部 | 2018.5 |
| 乡村振兴视角下少数民族特色村寨建筑文化的传承与创新 | 彭晓烈　高鑫 | 《中南民族大学学报》（人文社会科学版）2018年3期 | 60~64 | 中南民族大学 | 2018.5 |
| 豫北传统民居生态化建筑节能研究——以林州市石板岩乡草庙村为例 | 芦伟　张世豪 | 《住宅科技》2018年5期 | 45~49 | 《住房和城乡建设部住宅产业化促进中心、上海市房地产科学研究院》编辑部 | 2018.5 |
| 传统民居的气候适应性对建筑节能设计的启示 | 高琳洁 | 《住宅与房地产》2018年13期 | 65 | 深圳住宅与房地产杂志社、中国房地产及住宅研究会 | 2018.5 |

续表

| 论文名 | 作者 | 刊载杂志 | 页码 | 编辑出版单位 | 出版日期 |
|---|---|---|---|---|---|
| 苏州与常州两地传统民居屋架贴式亲疏关系探讨 | 张新荣 曹潮 | 《装饰》2018年5期 | 124~125 | 《清华大学》编辑部 | 2018.5 |
| 基于地域文化的民居建筑吉祥装饰研究——以雾峰林宅宫保第为例 | 王燕 | 《装饰》2018年5期 | 142~143 | 《清华大学》编辑部 | 2018.5 |
| 北京传统民居四合院 | 徐艳文 | 《资源与人居环境》2018年5期 | 63~67 | 《四川省国土经济学研究会、中国国土经济学研究会》编辑部 | 2018.5 |
| 甘孜新都桥藏族民居构造研究 | 孙启明 李沄璋 许海波 | 《华中建筑》2018年6期 | 116~120 | 《中南建筑设计院、湖北土木建筑学会》编辑部 | 2018.6 |
| 传统民居院落的完整度指标评价体系初探——以宁波石浦古镇许家片为例 | 何依 王振宇 | 《华中建筑》2018年6期 | 75~78 | 《中南建筑设计院、湖北土木建筑学会》编辑部 | 2018.6 |
| 白族之严家大院的室内设计分析研究 | 芦静灵 | 《家具与室内装饰》2018年6期 | 114~115 | 中南林业科技大学、深圳家具研究开发院 | 2018.6 |
| 豫东民居的自然风、日照环境分析 | 黄大勇 王刚 秦华祥 | 《建材与装饰》2018年23期 | 165~166 | 《成都市厨房卫生设施行业协会、成都市新闻出版发展中心》编辑部 | 2018.6 |
| 宁夏民居建筑装饰特色探析 | 曾明 | 《建材与装饰》2018年26期 | 62~63 | 《成都市厨房卫生设施行业协会、成都市新闻出版发展中心》编辑部 | 2018.6 |
| 健康视角下对城市老街区人居环境空间的分析——以西城区柳荫街及周边民居为例 | 岳天琦 于博 | 《建材与装饰》2018年29期 | 89~90 | 《成都市厨房卫生设施行业协会、成都市新闻出版发展中心》编辑部 | 2018.6 |
| 冀中南地区传统民居空气源热泵供暖系统应用测验——以传统村落于家村为例 | 魏广龙 吴婷婷 张金珠 章雯娟 马睿 | 《建筑节能》2018年6期 | 17~20 | 中国建筑东北设计研究院 | 2018.6 |
| 太阳能——热泵互补系统在绿色民居采暖中的应用研究 | 蔺瑞山 田斌守 邵继新 梁斌 米应映 | 《建筑节能》2018年6期 | 31~37 | 中国建筑东北设计研究院 | 2018.6 |
| 中国北方传统民居可持续更新的材料策略研究——以河北蔚县上苏庄风貌协调区建筑工艺为例 | 赵晓峰 剧佳 王朝红 | 《建筑节能》2018年6期 | 52~56 | 中国建筑东北设计研究院 | 2018.6 |
| 浅析传统民居建筑元素在木结构装配式建筑中的传承 | 赵晗聿 廖琴 | 《建筑与文化》2018年6期 | 237~239 | 《世界图书出版公司》编辑部 | 2018.6 |
| 九江地区民居建筑艺术探析 | 何晟 | 《美与时代（城市版）》2018年6期 | 16~17 | 河南省美学学会、郑州大学美学研究所 | 2018.6 |

续表

| 论文名 | 作者 | 刊载杂志 | 页码 | 编辑出版单位 | 出版日期 |
|---|---|---|---|---|---|
| 南通传统民居建筑装饰传承与保护 | 许可 | 《美与时代（城市版）》2018年6期 | 29~31 | 河南省美学学会、郑州大学美学研究所 | 2018.6 |
| 荆楚乡村民居数字建筑设计策略探析 | 曹耀升　黎勇崎 | 《美与时代（城市版）》2018年6期 | 36~37 | 河南省美学学会、郑州大学美学研究所 | 2018.6 |
| 江南传统民居在当代建筑空间设计中的运用研究 | 张雪　李本建 | 《中外建筑》2018年6期 | 52~54 | 《中华人民共和国住房和城乡建设部信息中心、湖南长沙建设信息中心》编辑部 | 2018.6 |
| 基于BIM技术的关中地区农村住宅节能创新设计——以关中农村住宅为例 | 赵文辉 | 《安徽建筑》2018年3期 | 54~56 | 安徽省建筑科学研究设计院、安徽土木建筑学会 | 2018.6 |
| 中国传统民居的空间营造及材料选择研究——以客家土楼为例 | 张博文 | 《城市建设理论研究》（电子版）2018年16期 | 191~192 | 《商业网点建设开发中心》编辑部 | 2018.6 |
| 基于传统民居视角下茂霞村人居环境研究 | 梁楚虞 | 《城市住宅》2018年6期 | 43~46 | 《亚太建设科技信息研究院、中国建筑设计研究院》编辑部 | 2018.6 |
| 江南传统民居文化内涵分析 | 吴成晨 | 《大众文艺》2018年12期 | 246~247、160 | 河北省群众艺术馆 | 2018.6 |
| 乡村古民居保护及利用之思考 | 刘媛媛 | 《东方收藏》2018年6期 | 111~112 | 福建日报报业集团 | 2018.6 |
| 徽州传统民居建筑门罩装饰构件的审美意义研究 | 张岚元　金乃玲　胡毅　孙晓庄　周峰 | 《惠州学院学报》2018年3期 | 83~89 | 惠州学院 | 2018.6 |
| 广东连南南岗瑶寨建筑人性尺度探析 | 郑淑浩 | 《惠州学院学报》2018年3期 | 90~93 | 惠州学院 | 2018.6 |
| 民居建筑墙体保温节能控制仿真研究 | 程婧媛　李丽 | 《计算机仿真》2018年6期 | 250~253、281 | 中国航天科工集团公司第十七研究所 | 2018.6 |
| 日本的古民居保护和开发机制对南京的启示——以京都城区与南京老城南地区为例 | 汤文杰　何思源　任加勉 | 《建材与装饰》2018年25期 | 130~131 | 《成都市厨房卫生设施行业协会、成都市新闻出版发展中心》编辑部 | 2018.6 |
| 青海东部地区庄廓民居营造技术的更新研究 | 张嫩江　宋祥　王军 | 《建筑学报》2018年S1期 | 115~120 | 中国建筑学会 | 2018.6 |
| 基于性能模拟和数据分析的遮阳形体设计模式研究——以广西西江流域民居为例 | 李宁　李翔宇　景泉　李林 | 《建筑学报》2018年S1期 | 149~152 | 中国建筑学会 | 2018.6 |
| 中国南方民居半开敞堂屋及泛堂屋气候适应性比较研究 | 唐怡　王晓 | 《建筑与文化》2018年6期 | 177~180 | 《世界图书出版公司》编辑部 | 2018.6 |
| 徽州乡土建筑研究 | 龚恺　集永辉　裴逸飞 | 《建筑与文化》2018年6期 | 22~29 | 《世界图书出版公司》编辑部 | 2018.6 |

| 论文名 | 作者 | 刊载杂志 | 页码 | 编辑出版单位 | 出版日期 |
|---|---|---|---|---|---|
| 徽州明清民居"活态化"传承保护研究 | 石琳 | 《建筑与文化》2018年6期 | 220~221 | 《世界图书出版公司》编辑部 | 2018.6 |
| 白房子：黔中屯堡民居防御的时代性与地域性 | 张大福　邓虹 | 《建筑与文化》2018年6期 | 222~223 | 《世界图书出版公司》编辑部 | 2018.6 |
| 黑龙江省内陆地区朝鲜族传统民居交通空间研究——以宁安市英山村为例 | 金日学　姜昆 | 《建筑与文化》2018年6期 | 226~227 | 《世界图书出版公司》编辑部 | 2018.6 |
| 浅论民居建筑保护存在的问题及对策 | 邢国涛　孟小花 | 《居业》2018年6期 | 24、26 | 《中国建筑材料工业规划研究院、山东省建筑材料工业协会》编辑部 | 2018.6 |
| 传统民居与当代宅形结合点探析 | 焦鸣谦 | 《居业》2018年6期 | 36、38 | 《中国建筑材料工业规划研究院、山东省建筑材料工业协会》编辑部 | 2018.6 |
| 朝鲜族传统民居的保护与发展——龙井市三合镇住宅及回龙峰老宅的研究 | 于钧懿　林金花　于宇航 | 《南方农机》2018年12期 | 227 | 《江西省农业机械研究所、江西省农机化管理局、江西省农业机械学会》编辑部 | 2018.6 |
| 初探云南德宏傣族传统民居汉化的原因 | 刘雪婷　白慧娴　刘罗美　吴寒　孟成俊　闵晶 | 《山西建筑》2018年16期 | 12~14 | 《山西省建筑科学研究院》编辑部 | 2018.6 |
| 新疆伊犁维吾尔传统民居建筑装饰与庭院调研 | 迪力旦尔·地里夏提　宋立民 | 《设计》2018年12期 | 132~135 | 《中国工业设计协会》编辑部 | 2018.6 |
| 基于空间、结构、材料三要素的功能置换型传统民居改造策略 | 汤超　曹海婴 | 《沈阳建筑大学学报（社会科学版）》2018年3期 | 232~239 | 沈阳建筑大学 | 2018.6 |
| 新时期冀中乡村传统民居保护与改造问题研究——以石家庄赵县各南村为例 | 马曙晓　史坤立 | 《石家庄铁道大学学报（社会科学版）》2018年2期 | 63~65、82 | 石家庄铁道大学 | 2018.6 |
| 农居结构隔震技术研究现状 | 尹志勇　孙海峰　景立平　杜秋男 | 《世界地震工程》2018年第2期 | 157~165 | 中国力学学会、中国地震局工程力学研究所 | 2018.6 |
| 关中民居题材油画的民族性探研 | 尉艳丽 | 《渭南师范学院学报》2018年11期 | 84~89 | 渭南师范学院 | 2018.6 |
| 基于能量方法的江浙地区抬梁式及穿斗式传统民居木构件重要性分析 | 孟哲　淳庆 | 《文物保护与考古科学》2018年3期 | 94~102 | 《上海博物馆》编辑部 | 2018.6 |
| 胡氏古民居"副宪第"门额浅析 | 王元 | 《文物鉴定与鉴赏》2018年11期 | 106~107 | 《时代出版传媒股份有限公司》编辑部 | 2018.6 |
| 软装饰材料在乡村民居空间中的应用研究 | 梅子胜 | 《乡村科技》2018年17期 | 127~128 | 河南省科学技术信息研究院 | 2018.6 |

| 论文名 | 作者 | 刊载杂志 | 页码 | 编辑出版单位 | 出版日期 |
|---|---|---|---|---|---|
| 瓮丁村典型民居的火灾影响范围分析 | 毕明 | 《消防科学与技术》2018年6期 | 779~781 | 中国消防协会 | 2018.6 |
| 贵州梭戛苗寨"被塑造的空间史"——以生态博物馆与新民居建设为例 | 吴桂宁　黄文 | 《新建筑》2018年3期 | 94~97 | 《华中科技大学》编辑部 | 2018.6 |
| 近代"南洋风"影响下的琼北民居的基型与衍变 | 郝少波　王丽华 | 《新建筑》2018年3期 | 148~151 | 《华中科技大学》编辑部 | 2018.6 |
| 浙西传统民居生态观探析 | 周忠良 | 《新西部》2018年18期 | 51~53 | 《陕西省社会科学院》编辑部 | 2018.6 |
| 浅析延边地区朝鲜族聚落民居形制演变 | 张晨　邓晗 | 《遗产与保护研究》2018年6期 | 46~50 | 《北京卓众出版有限公司》编辑部 | 2018.6 |
| 安阳渔阳民居传统建筑墀头装饰纹样研究 | 杜凤霞 | 《艺术教育》2018年12期 | 113~114 | 中国文化传媒集团 | 2018.6 |
| 湖南永州传统民居环境的可持续性发展探讨 | 汤爽 | 《艺术与设计（理论）》2018年6期 | 90~92 | 《经济日报社》编辑部 | 2018.6 |
| 丰顺古民居笃庆堂 | 胡金辉　郑坤 | 《源流》2018年6期 | 59 | 《广东省老区建设促进会》编辑部 | 2018.6 |
| 贵州镇宁县布依族传统石木结构民居热工性能分析 | 李效梅　黄帅 | 《长春大学学报》2018年6期 | 9~14 | 长春大学 | 2018.6 |
| 前童古镇：江南明清原版民居的写照 | 杨纪 | 《中国地名》2018年6期 | 40~41 | 中国地名学研究会、辽宁地名学研究会 | 2018.6 |
| 内蒙古草原绿色牧居设计研究 | 许国强　罗佳琦　白姝超　郝玲俐　前前 | 《住宅产业》2018年6期 | 13~16 | 住房和城乡建设部 | 2018.6 |
| 甘肃传统民居建筑特征比较研究——建立现代"甘肃特色民居"新模式 | 巩玉发　李鑫 | 《住宅科技》2018年6期 | 11~14 | 《住房和城乡建设部住宅产业化促进中心、上海市房地产科学研究院》编辑部 | 2018.6 |
| 邯郸地区传统民居院落空间形态研究——以邯郸市串城街王铭鼎故居为例 | 李泰 | 《住宅与房地产》2018年18期 | 68 | 深圳住宅与房地产杂志社、中国房地产及住宅研究会 | 2018.6 |
| 乡土住宅山墙砌筑形式的区域性研究——以呼和浩特地区为例 | 尚大为　范悦　侯智国　乔恩懋 | 《装饰》2018年6期 | 134~135 | 清华大学 | 2018.6 |
| 当代建筑中传统民居类设计实践研究 | 丁昶　万梦琪　王栋 | 《华中建筑》2018年7期 | 62~65 | 《中南建筑设计院、湖北土木建筑学会》编辑部 | 2018.7 |
| 鲁中山区传统"罗汉塔"民居调研——以下柳沟村为例 | 姚庆丰　唐守朕　董睿 | 《华中建筑》2018年7期 | 123~127 | 《中南建筑设计院、湖北土木建筑学会》编辑部 | 2018.7 |

| 论文名 | 作者 | 刊载杂志 | 页码 | 编辑出版单位 | 出版日期 |
|---|---|---|---|---|---|
| 浅谈高山峡谷地区羌族板屋民居聚落特征——以平武县马槽乡黑水村为例 | 熊锋　成斌　陈玉　邱思婷　张远雪 | 《建材与装饰》2018年30期 | 146~147 | 《成都市厨房卫生设施行业协会、成都市新闻出版发展中心》编辑部 | 2018.7 |
| 浅析地坑院现状及其发展——以泾阳县瓦窑村为例分析 | 何甜 | 《建材与装饰》2018年31期 | 114 | 《成都市厨房卫生设施行业协会、成都市新闻出版发展中心》编辑部 | 2018.7 |
| 辽西蒙古族营屯聚落的历史及保护价值浅析 | 孙心乙　唐建 | 《建筑与文化》2018年7期 | 166~167 | 《世界图书出版公司》编辑部 | 2018.7 |
| 三亚地区民居夏季室内热环境测试 | 刘向梅　刘大龙　刘加平 | 《建筑与文化》2018年7期 | 184~186 | 《世界图书出版公司》编辑部 | 2018.7 |
| "新旧并存"的传统村落保护更新策略研究——以豫北小店河村为例 | 王亚敏　刘宏成　刘健璇 | 《建筑与文化》2018年7期 | 220~222 | 《世界图书出版公司》编辑部 | 2018.7 |
| 传统民居绿色更新设计策略研究——以重庆市石柱县土家族传统民居为例 | 师龙　周铁军 | 《建筑与文化》2018年7期 | 223~225 | 《世界图书出版公司》编辑部 | 2018.7 |
| 多种材料组合建造视野下的紫阳传统民居建筑研究 | 尚路轩　崔陇鹏　郭婧 | 《建筑与文化》2018年7期 | 228~229 | 《世界图书出版公司》编辑部 | 2018.7 |
| 元阳县哈尼族蘑菇房浅析 | 吴琼　聂子川　陈启泉 | 《建筑与文化》2018年7期 | 236~237 | 《世界图书出版公司》编辑部 | 2018.7 |
| 农村地区乡土民居更新的节约型设计策略思考 | 胡青宇　李永帅 | 《居业》2018年6期 | 18~19 | 中国建筑材料工业规划研究院、山东省建筑材料工业协会 | 2018.7 |
| 传统民居改造型民宿设计策略研究——以吉林省朝鲜族民居为例 | 徐强　卢婉莹 | 《居业》2018年6期 | 74~75 | 中国建筑材料工业规划研究院、山东省建筑材料工业协会 | 2018.7 |
| 现代居住空间与壮族传统民居的融合 | 张璇 | 《居业》2018年6期 | 78~79 | 中国建筑材料工业规划研究院、山东省建筑材料工业协会 | 2018.7 |
| 民俗视角下皖西古民居的特征及其保护——以皖西汤家汇镇古民居为例 | 吴琼 | 《美与时代（城市版）》2018年7期 | 34~35 | 河南省美学学会、郑州大学美学研究所 | 2018.7 |
| 贵州土家族传统民居旅游开发与保护——以沿河县后坪乡葫芦湾为例 | 赵鸿凯　张凯云　吴海潮 | 《美与时代（城市版）》2018年7期 | 86~87 | 河南省美学学会、郑州大学美学研究所 | 2018.7 |
| 传统民居民宿改造设计——以怀化市中方县板山场村民宿设计为例 | 黎芳 | 《现代园艺》2018年13期 | 68~69 | 江西省经济作物局、江西省双金柑桔试验站 | 2018.7 |

续表

| 论文名 | 作者 | 刊载杂志 | 页码 | 编辑出版单位 | 出版日期 |
|---|---|---|---|---|---|
| 新旧交融中变迁的徽州古民居 | 王锦坤 | 《中华建设》2018年7期 | 151~154 | 国家住房和城乡建设政策研究中心、湖北省土木建筑学会 | 2018.7 |
| 加拿大民居的建筑风采 | 徐艳文 | 《中外建筑》2018年7期 | 34~36 | 《中华人民共和国住房和城乡建设部信息中心、湖南长沙建设信息中心》编辑部 | 2018.7 |
| 传统民居文化在现代建筑设计中的应用 | 刘思远　马本和 | 《边疆经济与文化》2018年7期 | 88~89 | 黑龙江边疆经济学会、黑龙江省高师师资培训中心 | 2018.7 |
| 福建永安青水民居长庆堂建构探究 | 张春晓　曲飞 | 《城市住宅》2018年7期 | 81~84 | 《亚太建设科技信息研究院、中国建筑设计研究院》编辑部 | 2018.7 |
| 浅析白族民居彩绘的传承与发展 | 杜漪 | 《大众文艺》2018年14期 | 90~91 | 河北省群众艺术馆 | 2018.7 |
| 基于民居的可移动远程视频监控系统的研究与分析 | 洪晓彬　张学林 | 《电脑知识与技术》2018年20期 | 31~32 | 安徽科技情报协会、中国计算机函授学院 | 2018.7 |
| 基于延续性策略的采煤沉陷区异地安置民居设计研究 | 靳维　卞坤 | 《工程建设与设计》2018年13期 | 51~53 | 家机械工业局工程建设中心、中国机械工业勘察设计协会 | 2018.7 |
| 汉族传统民居的时空演变及形成机理研究 | 吕庆月　吴凯 | 《工业设计》2018年7期 | 87~88 | 工业设计 | 2018.7 |
| 基于案例推理的苗侗木制民居定制方法研究 | 袁涛　吕健 | 《工业设计》2018年7期 | 151~152 | 工业设计 | 2018.7 |
| 红河州农村民居抗震安居工程研究 | 杨剑波 | 《价值工程》2018年21期 | 263~268 | 中国技术经济研究会价值工程专业委员会、河北省技术经济管理现代研究会 | 2018.7 |
| 传统民居地基土简化判定技术研究 | 宋建学　李晓健 | 《建筑科学》2018年7期 | 133~138 | 中国建筑科学研究院 | 2018.7 |
| 肇兴侗寨传统民居建筑在当代保护与利用需求中的冲突与对策探析 | 裴可心 | 《旅游纵览》（下半月）2018年7期 | 174 | 《中国野生动物保护协会、中国野生植物保护协会》编辑部 | 2018.7 |
| 巴东牛洞坪传统民居景观的环境影响因素 | 康霁宇　张睿智 | 《三峡大学学报（人文社会科学版）》2018年4期 | 99~102 | 三峡大学 | 2018.7 |
| 以传统民居建筑为基础的城市记忆建设——以山西平遥县为例 | 赵阳阳 | 《山西档案》2018年4期 | 154~156 | 山西省档案局、山西省档案学会 | 2018.7 |
| 新型城镇化下的古民居保护与发展的思考 | 胡承康 | 《山西建筑》2018年21期 | 31~33 | 《山西省建筑科学研究院》编辑部 | 2018.7 |
| 改良山区民居　提高居住质量 | 李莉霞 | 《山西建筑》2018年19期 | 14~15 | 《山西省建筑科学研究院》编辑部 | 2018.7 |

| 论文名 | 作者 | 刊载杂志 | 页码 | 编辑出版单位 | 出版日期 |
|---|---|---|---|---|---|
| 岭南传统建筑与湿热气候关系研究——以西关大屋为例 | 张静 刘佳男 刘淑娟 | 《四川水泥》2018年7期 | 297 | 四川省建材工业科学研究院 | 2018.7 |
| 浅析四川民居庭院空间构成要素及意境营造 | 郭绯绯 | 《西部皮革》2018年13期 | 117~118 | 四川省皮革学会、四川省皮鞋行业协会、四川恒丰皮革有限责任公司 | 2018.7 |
| 新村建设背景下地域性乡土村落民居的更新对比分析——以吐鲁番吐峪沟洋海夏村为例 | 孙应魁 塞尔江·哈力克 王烨 | 《西部人居环境学刊》2018年3期 | 85~90 | 重庆大学 | 2018.7 |
| 东北寒地村镇绿色民居设计探究 | 刘晓丹 | 《住宅与房地产》2018年19期 | 84、97 | 深圳住宅与房地产杂志社、中国房地产及住宅研究会 | 2018.7 |
| 基于眼动模式的木质民居个性化定制构件配置方法研究 | 马丽莎 吕健 潘伟杰 单军军 | 《工程设计学报》2018年4期 | 374~382 | 浙江大学、中国机械工程学会 | 2018.8 |
| 藏式石木结构民居震害形式分析及建议 | 李秋容 周英 | 《黑龙江科学》2018年16期 | 98~99 | 黑龙江省科学院 | 2018.8 |
| 中国传统民居院落空间的"围合"哲学 | 黄博文 杨大禹 | 《华中建筑》2018年8期 | 13~17 | 《中南建筑设计院、湖北土木建筑学会》编辑部 | 2018.8 |
| 冀南民居门楼斗拱形态浅析 | 谢空 王珊 | 《华中建筑》2018年8期 | 104~107 | 《中南建筑设计院、湖北土木建筑学会》编辑部 | 2018.8 |
| 焦作山地传统石砌民居结构与构造初探 | 陈兴义 袁平平 | 《华中建筑》2018年8期 | 108~111 | 《中南建筑设计院、湖北土木建筑学会》编辑部 | 2018.8 |
| 基于挖掘传统文化价值的徽州古村落的图底关系研究——以宏村古村落为例 | 陈虹宇 黄元福 | 《建筑与文化》2018年8期 | 62~63 | 《世界图书出版公司》编辑部 | 2018.8 |
| 北方传统民居建筑与现代建筑设计技术的融合初探——以北京地区四合院改造为例 | 谢空 才广 | 《建筑与文化》2018年8期 | 86~87 | 《世界图书出版公司》编辑部 | 2018.8 |
| 民宿业态背景下徽州传统民居更新研究 | 付俊 郑志元 | 《建筑与文化》2018年8期 | 99~100 | 《世界图书出版公司》编辑部 | 2018.8 |
| 江南地区一般性传统民居绿色改造初探 | 符越 杨维菊 | 《建筑与文化》2018年8期 | 162~164 | 《世界图书出版公司》编辑部 | 2018.8 |
| 新农村建设视角下生土材料在豫北民居营建中的应用研究 | 张岚峰 芦伟 | 《建筑与文化》2018年8期 | 175~176 | 《世界图书出版公司》编辑部 | 2018.8 |

| 论文名 | 作者 | 刊载杂志 | 页码 | 编辑出版单位 | 出版日期 |
|---|---|---|---|---|---|
| 环洱海地区传统民居院落的自然通风分析 | 高婧 | 《建筑与文化》2018年8期 | 197~198 | 《世界图书出版公司》编辑部 | 2018.8 |
| 浅析朝鲜族传统民居的民宿改造 | 徐强　李博 | 《建筑与文化》2018年8期 | 231~232 | 《世界图书出版公司》编辑部 | 2018.8 |
| 吐鲁番民居建筑节能性调查研究 | 樊梦嫒　何文芳　杨柳 | 《建筑与文化》2018年8期 | 244~245 | 《世界图书出版公司》编辑部 | 2018.8 |
| 侗族传统民居色彩成因分析——基于对广西三江程阳八寨的田野调查 | 袁雨辰 | 《设计》2018年15期 | 25~27 | 《中国工业设计协会》编辑部 | 2018.8 |
| 江西古民居装饰文化保护与美丽乡村建设研究 | 吴薇　李田 | 《现代园艺》2018年15期 | 173~175 | 江西省经济作物局、江西省双金柑桔试验站 | 2018.8 |
| 杭派民居在余杭地区的传承、发展和实践 | 姚建顺 | 《浙江建筑》2018年8期 | 1~4 | 浙江省建筑科学设计研究院、浙江省土木建筑学会 | 2018.8 |
| 绿色技术在浙江传统村落中的传承和应用 | 仇侃 | 《浙江建筑》2018年8期 | 5~11 | 浙江省建筑科学设计研究院、浙江省土木建筑学会 | 2018.8 |
| 湘西民居的反秩序美 | 佚名 | 《中华建设》2018年8期 | 150~153 | 国家住房和城乡建设部政策研究中心、湖北省土木建筑学会 | 2018.8 |
| 鄂南传统民居建筑的生态适应性营建调查与分析——以"楚天第一古民居群落"宝石村为例 | 夏晋　周浩明 | 《湖北社会科学》2018年5期 | 192~198 | 湖北省社会科学联合会、湖北省社会科学院 | 2018.8 |
| 瑶族村寨木结构民居火灾风险分析及防控对策 | 孙明　周基　谭彬 | 《价值工程》2018年25期 | 172~174 | 中国技术经济研究会价值工程专业委员会、河北省技术经济管理现代研究会 | 2018.8 |
| 基诺族的民族风俗及其传统民居特色 | 杨莹莹　李丽 | 《居业》2018年8期 | 19~20 | 《中国建筑材料工业规划研究院、山东省建筑材料工业协会》编辑部 | 2018.8 |
| 基于民艺学视角的湘南民居风格研究 | 刘茹娇 | 《品牌研究》2018年4期 | 145、147 | 《山西省人民政府发展研究中心》编辑部 | 2018.8 |
| 闽南传统民居元素在现代室内装修装饰设计中的应用研究 | 彭涛 | 《四川水泥》2018年8期 | 103、284 | 四川省建材工业科学研究院 | 2018.8 |
| 传统海草房营建技艺的图解记录 | 王雪菲　雷振东 | 《新建筑》2018年4期 | 142~146 | 《华中科技大学》编辑部 | 2018.8 |
| 浅谈满族传统民居"生态观"在现代居住环境中的应用 | 李睿 | 《艺术与设计（理论）》2018年8期 | 54~55 | 《经济日报社》编辑部 | 2018.8 |
| 黔西多民族地区石构民居材料的超民族性与民族性研究——以汉族、苗族、布依族村落为例 | 吴桂宁　黄文 | 《中国名城》2018年8期 | 79~84 | 《中国名城》编辑部 | 2018.8 |

# 3.2.4　民居论文（外文期刊）目录（2014—2018）

白廷彩　张敬元　赵茾婷

| 论文名 | 作者 | 刊载杂志 | 页码 | 编辑出版单位 | 出版日期 |
|---|---|---|---|---|---|
| Research on Indoor Thermal Environment of Dai Nationality Wood Dwellings | Li Ping Li | Applied Mechanics and Materials, Volume 2972, Issue 507 | 149–152 | Applied Mechanics and Materials, Editorial department | 2014 |
| The Impact of the Folk Art on the Formation of Traditional Dwellings in Western Sichuan | Wen Ying Dong, Ru Fang Zhang | Applied Mechanics and Materials, Volume 3013, Issue 522 | 1738–1741 | Applied Mechanics and Materials, Editorial department | 2014 |
| Design of the Envelope System to Implement the Zero–Energy on High Rise Multi–Unit Dwelling in Korea | Bo Hye Choi, Gyeong Seok Choi, Jae Sik Kang, Seung Yeong Song | Applied Mechanics and Materials, Volume 3014, Issue 525 | 403–407 | Applied Mechanics and Materials, Editorial department | 2014 |
| Roof Structure of Western Sichuan Dwelling Houses and its Aesthetic Appreciation | Wen Ying Dong, Qi Fei Ding | Advanced Materials Research, Volume 2990, Issue 889 | 1329–1332 | Advanced Materials Research, Editorial department | 2014 |
| Simulation Analysis of Building Energy Consumption with Different Surface–Volume–Ratio and Envelop Performance of Rural Dwellings | Tian Yu Xiong, Xiu Zhang Fu, Jian Dong | Advanced Materials Research, Volume 3249, Issue 953 | 1578–1583 | Advanced Materials Research, Editorial department | 2014 |
| Study on the Seismic Safety of the Qinghai Traditional Dwellings | Meng Jie Zhang, Lian Xin Liu, Ya Nan Shi | Applied Mechanics and Materials, Volume 3307, Issue 580 | 1658–1661 | Applied Mechanics and Materials, Editorial department | 2014 |
| Analysis on Derivative Mechanism of Liuzhou Urban Architecture, Qing–Minguo | Li He | Applied Mechanics and Materials, Volume 3309, Issue 584 | 3–6 | Applied Mechanics and Materials, Editorial department | 2014 |
| Research on Indoor Thermal Environment of Rammed Earth Dwellings in Happy Village | Li Ping Li, Shuai Fan | Applied Mechanics and Materials, Volume 3309, Issue 584 | 301–304 | Applied Mechanics and Materials, Editorial department | 2014 |
| Research on Micro–Climate Improvement of Traditional Guanzhong Dwellings — Case Study of Xi'an Sanxuejie Historic District | Ruo Bing Fan, Hong Yan Li, Wen Xue Wang | Applied Mechanics and Materials, Volume 3309, Issue 584 | 875–880 | Applied Mechanics and Materials, Editorial department | 2014 |
| Research on the Protection of Yichang Traditional Dwellings and the Sustainable Development of Cultural Tourism | Shu Pei Wang, Jia Huang, Han Jie Zhang | Applied Mechanics and Materials, Volume 3309, Issue 584 | 2372–2377 | Applied Mechanics and Materials, Editorial department | 2014 |

续表

| 论文名 | 作者 | 刊载杂志 | 页码 | 编辑出版单位 | 出版日期 |
|---|---|---|---|---|---|
| The Innovation and Development about Spatial Form of Traditional Cave Dwellings in the Northwest | Guo Rong Wang | Advanced Materials Research, Volume 3383, Issue 1008 | 1316–1319 | Advanced Materials Research, Editorial department | 2014 |
| Architectural Construction for Energy Efficiency of Rural Dwellings in Ningxia Hui Autonomous Region | Rui Liang, Lin Lei, Yi Yun Zhu, Qun Zhang | Applied Mechanics and Materials, Volume 3488, Issue 641 | 942–945 | Applied Mechanics and Materials, Editorial department | 2014 |
| Hygrothermal Loads of Building Components in Bathroom of Dwellings | Richard Slávik, Miroslav? ekon | Advanced Materials Research, Volume 3535, Issue 1041 | 269–272 | Advanced Materials Research, Editorial department | 2014 |
| The Effect of Dwelling Occupants on Energy Consumption: the Case of Heat Waves in Australia | Jasmine Palmer, Helen Bennetts, Stephen Pullen, Jian Zuo, Tony Ma, Nicholas Chileshe | Architectural Engineering and Design Management, Volume 10, Issue 12 | 40–59 | Architectural Engineering and Design Management, Editorial department | 2014 |
| Impact of Urban Growth Boundary on Housing and Land Prices: Evidence from King County, Washington | Shishir Mathur | Housing Studies, Volume 29, Issue 1 | 128–148 | Housing Studies, Editorial department | 2014 |
| Transnational Sacralizations: When Daoist Monks Meet Global Spiritual Tourists | David A. Palmer | Ethnos, Volume 79, Issue 2 | 169–192 | Ethnos, Editorial department | 2014 |
| Uptake of Energy Efficiency Interventions in English Dwellings | Ian G. Hamilton, David Shipworth, Alex J. Summerfield, Philip Steadman, Tadj Oreszczyn, Robert Lowe | Building Research & Information, Volume 42, Issue 3 | 255–275 | Building Research & Information, Editorial department | 2014 |
| Kit/set/tlements: Camps and Hydrotowns in New Zealand 1840‑1985 | Diane Brand | Journal of Urban Design, Volume 19, Issue 3 | 333–351 | Journal of Urban Design, Editorial department | 2014 |
| Heat Stress Within Energy Efficient Dwellings in Australia | Zhengen Ren, Xiaoming Wang, Dong Chen | Architectural Science Review, Volume 57, Issue 3 | 227–236 | Architectural Science Review, Editorial department | 2014 |
| Strategies of the Bulgarian Vernacular: Continuity in Bulgarian House Design from National Revival Times to the Present Day | Alexander Koller, Jess Koller Lumley | The Journal of Architecture, Volume 19, Issue 5 | 740–778 | The Journal of Architecture, Editorial department | 2014 |
| Neural Predictive Control for Single–speed Ground Source Heat Pumps Connected to a Floor Heating System for Typical French Dwelling | Salque, T, Marchio, D, Riederer, P | Building Services Engineering Research & Technology, Volume 35, Issue 2 | 182–197 | Building Services Engineering Research & Technology, Editorial department | 2014 |
| Dwellings and Generational Change in Owner Communities | Spellerberg, Annette, Woll, Tobias | The Town Planning Review, Volume 85, Issue 3 | 341–361 | The Town Planning Review, Editorial department | 2014 |

续表

| 论文名 | 作者 | 刊载杂志 | 页码 | 编辑出版单位 | 出版日期 |
|---|---|---|---|---|---|
| Building within a Building' FOR SAVINGS | Teal, Derrick | Environmental Design + Construction, Volume 17, Issue 5 | 36–40 | Environmental Design + Construction, Editorial department | 2014 |
| Study on the Basic Constitution Form of Shandong Dwellings | Zhongxin LI | Canadian Social Science, Volume 11, Issue 2 | 106–110 | Canadian Social Science, Editorial department | 2015 |
| The Seismic Finite Element Analysis of Tianjin Western-Style Dwellings | Xin Qiang Yao, Bai Tao Sun, Qiang Zhou, Yu Kun Chen, Xu Lian Yang | Advanced Materials Research, Volume 3696, Issue 1065 | 1143–1450 | Advanced Materials Research, Editorial department | 2015 |
| Field Study on Human Thermal Adaptation in Summer of Tibetan Dwellings in Kangding, China | Xiao Ji Song, Wu Xing Zheng, Quan He, Yi Mei Ren | Applied Mechanics and Materials, Volume 3817, Issue 737 | 169–172 | Applied Mechanics and Materials, Editorial department | 2015 |
| Characteristics of Indoor Radon and its Progeny in a Japanese Dwelling while Using Air Appliances | Pornnumpa C., Tokonami S., Sorimachi A., Kranrod C. | Radiation Protection Dosimetry, Volume 167, Issue 13 | 87–91 | Radiation Protection Dosimetry, Editorial department | 2015 |
| Crack Patterns Induced by Foundation Settlements: Integrated Analysis on a Renaissance Masonry Palace in Italy | Claudio Alessandri, Massimo Garutti, Vincenzo Mallardo, Gabriele Milani | International Journal of Architectural Heritage, Volume 9, Issue 2 | 111–129 | International Journal of Architectural Heritage, Editorial department | 2015 |
| Neighborhood Formation in Semi-urban Settlements | Michael E. Smith, Ashley Engquist, Cinthia Carvajal, Katrina Johnston-Zimmerman, Monica Algara, Bridgette Gilliland, Yui Kuznetsov, Amanda Young | Journal of Urbanism: International Research on Place making and Urban Sustainability, Volume 8, Issue 2 | 173–198 | Journal of Urbanism: International Research on Place making and Urban Sustainability, Editorial department | 2015 |
| Exploration and Respectation of the Spatial Structure of Cities, Towns, Townships and Villages as a Significant Formant of Their Identity | Liucijus Dringelis, Evaldas Ramanauskas, Ingrida Povilaitien, Justina Maiuknait | Journal of Architecture and Urbanism, Volume 39, Issue 1 | 79–100 | Journal of Architecture and Urbanism, Editorial department | 2015 |
| Settlement Typology and Community Participation in Participatory Landscape Ecology of Residents | Li-Pei Peng, Yeu-Sheng Hsieh | Landscape Research, Volume 40, Issue 5 | 593–609 | Landscape Research, Editorial department | 2015 |
| The Construction of Aboriginal Dwellings and Histories in the Wet Tropics | Timothy O'Rourke | Fabrications: The Journal of the Society of Architectural Historians, Australia and New Zealand, Volume 25, Issue 1 | 4–25 | Fabrications: The Journal of the Society of Architectural Historians, Australia and New Zealand, Editorial department | 2015 |

续表

| 论文名 | 作者 | 刊载杂志 | 页码 | 编辑出版单位 | 出版日期 |
|---|---|---|---|---|---|
| Extension Backed Despite Small Dwelling Loss Fears | Anonymous | Planning | 28 | Planning, Editorial department | 2015 |
| Does Greek Conservation Policy Effectively Protect the Cultural Landscapes? A Critical Examination of Policy's Efficiency in Traditional Greek Settlements | Ioanna Katapidi | European Spatial Research and Policy, Volume 21, Issue 2 | 97–113 | European Spatial Research and Policy, Editorial department | 2015 |
| Cultural Heritage Protection Issues In L'ssnica, The Settlement Of Wroctaw | Alena Kononowicz | Civil And Environmental Engineering Reports, Volume 18, Issue 3 | 85–96 | Civil And Environmental Engineering Reports, Editorial department | 2015 |
| A reassessment of settlement patterns and subsistence at Point Durham, Chatham Island | Justin J. Maxwell, Ian W.G. Smith | Archaeology in Oceania, Volume 50, Issue 3 | 62 | Archaeology in Oceania, Editorial department | 2015 |
| Incentives for the Conservation of Traditional Settlements: Residents' Perception in Ainokura and Kawagoe, Japan | Indera Syahrul Mat Radzuan, Naoko Fukami, Yahaya Ahmad | Journal of Tourism and Cultural Change, Volume 13, Issue 4 | 301–329 | Journal of Tourism and Cultural Change, Editorial department | 2015 |
| Towards an Automated Monitoring of Human Settlements in South Africa Using High Resolution SPOT Satellite Imagery | T. Kemper, N. Mudau, P. Mangara, M. Pesaresi | ISPRS – International Archives of the Photogrammetry, Remote Sensing and Spatial Information Sciences, Volume XL–7/W3, Issue 1 | 1389–1394 | ISPRS – International Archives of the Photogrammetry, Remote Sensing and Spatial Information Sciences, Editorial department | 2015 |
| Global Human Settlement Analysis for Disaster Risk Reduction | M. Pesaresi, D. Ehrlich, S. Ferri, A. Florczyk, S. Freire, F. Haag, M. Halkia, A. M. Julea, T. Kemper, P. Soille | ISPRS – International Archives of the Photogrammetry, Remote Sensing and Spatial Information Sciences, Volume XL–7/W3, Issue 1 | 837–843 | ISPRS – International Archives of the Photogrammetry, Remote Sensing and Spatial Information Sciences, Editorial department | 2015 |
| Dwelling Airtightness: A Socio–technical Evaluation in an Irish Context | Derek Sinnott | Building and Environment, Volume 95 | 22 | Building and Environment, Editorial department | 2016 |
| Improving the Airtightness in an Existing UK Dwelling: The Challenges, the Measures and Their Effectiveness | M.C. Gillott, D.L. Loveday, J. White, C.J. Wood, K. Chmutina, K. Vadodaria | Building and Environment, Volume 95 | 17 | Building and Environment, Editorial department | 2016 |
| Experimental Study of the Solar Photovoltaic Contribution for the Domestic Hot Water Production with Heat Pumps in Dwellings | F.J. Aguilar, S. Aledo, P.V. Quiles | Applied Thermal Engineering | 127 | Applied Thermal Engineering, Editorial department | 2016 |

续表

| 论文名 | 作者 | 刊载杂志 | 页码 | 编辑出版单位 | 出版日期 |
|---|---|---|---|---|---|
| Associations of Dwelling Characteristics, Home Dampness, and Lifestyle Behaviors with Indoor Airborne Culturable Fungi: On-site inspection in 454 Shanghai Residences | Xueying Wang, Wei Liu, Chen Huang, Jiao Cai, Li Shen, Zhijun Zou, Rongchun Lu, Jing Chang, Xiaoyang Wei, Chanjuan Sun, Zhuohui Zhao, Yuexia Sun, Jan Sundell | Building and Environment | 10 | Building and Environment, Editorial department | 2016 |
| Environmental Impact Evaluation of Energy Saving and Energy Generation: Case Study for Two Dutch Dwelling Types | M.J. Ritzen, T. Haagen, R. Rovers, Z.A.E.P. Vroon, C.P.W. Geurts | Building and Environment | 20 | Building and Environment, Editorial department | 2016 |
| Relationships between Indoor Radon Concentrations, Thermal Retrofit and Dwelling Characteristics | Bernard Collignan, Eline Le Ponner, Corinne Mandin | Journal of Environmental Radioactivity | 13 | Journal of Environmental Radioactivity, Editorial department | 2016 |
| A Dipinti-intensive Cave Dwelling as Evidence of a Monastic Presence in Byzantine Avdat | Scott Bucking | Journal of Arid Environments | 8 | Journal of Arid Environments, Editorial department | 2016 |
| Evaluating Thermal Comfort and Building Climatic Response in Warm-Humid Climates for Vernacular Dwellings in Suggenhalli (India) | Vivek Shastry, Monto Mani, Rosangela Tenorio | Architectural Science Review, Volume 59, Issue 1 | 12-26 | Architectural Science Review, Editorial department | 2016 |
| Evaluation of Building Code Compliance in Mexico City: Mid-rise Dwellings | Eduardo Reinoso, Miguel A. Jaimes, Marco A. Torres | Building Research & Information, Volume 44, Issue 2 | 202-213 | Building Research & Information, Editorial department | 2016 |
| Sustainable Greek Traditional Dwellings of Cyclades | Chitrarekha Kabre | Architectural Science Review, Volume 59, Issue 2 | 81-90 | Architectural Science Review, Editorial department | 2016 |
| Empirical Assessment of Indoor Air Quality and Overheating in Low-carbon Social Housing Dwellings in England, UK | Rajat Gupta, Mariam Kapsali | Advances in Building Energy Research, Volume 10, Issue 1 | 46-48 | Advances in Building Energy Research, Editorial department | 2016 |
| The Minimum Dwelling Approach by the Housing, Urban and Regional Planning Institute (HURPI) of South Korea in the 1960s | Sanghoon Jung, Yongchan Kwon, Peter G. Rowe | The Journal of Architecture, Volume 21, Issue 2 | 181-209 | The Journal of Architecture, Editorial department | 2016 |
| Tracking Local Dwelling Changes in the Chittagong Hills: Perspectives on Vernacular Architecture | Dilshad Rahat Ara, Mamun Rashid | Journal of Cultural Geography, Volume 33, Issue 2 | 229-246 | Journal of Cultural Geography, Editorial department | 2016 |
| Le Corbusier, the City, and the Modern Utopia of Dwelling | Armando Rabaa | Journal of Architecture and Urbanism, Volume 40, Issue 2 | 110-120 | Journal of Architecture and Urbanism, Editorial department | 2016 |

续表

| 论文名 | 作者 | 刊载杂志 | 页码 | 编辑出版单位 | 出版日期 |
|--------|------|----------|------|--------------|----------|
| Thermal Simulation of a Social Dwelling in Chile: Effect of the Thermal Zone and the Temperature–Dependant Thermophysical Properties of Light Envelope Materials | Diego A. Vasco, Manuel Muoz–Mejías, Rodrigo Pino–Sepúlveda, Roberto Ortega–Aguilera, Claudio García–Herrera | Applied Thermal Engineering, Volume 112 | 230 | Applied Thermal Engineering, Editorial department | 2017 |
| In–situ and Real Time Measurements of Thermal Comfort and Its Determinants in Thirty Residential Dwellings in the Netherlands | Anastasios Ioannou, Laure Itard | Energy & Buildings, Volume 139 | 50 | Energy & Buildings, Editorial department | 2017 |
| Applying GIS and Statistical Analysis to Assess the Correlation of Human Behaviour and Ephemeral Architectural Features Among Palaeo–Eskimo Sites on Southern Baffin Island, Nunavut | Dana Thacher, S. Brooke Milne, Robert Park | Journal of Archaeological Science: Reports | 4 | Journal of Archaeological Science: Reports, Editorial department | 2017 |
| Energy Performance of Dwelling Stock in Iceland: System Dynamics Approach | Reza Fazeli, Brynhildur Davidsdottir | Journal of Cleaner Production | 9 | Journal of Cleaner Production, Editorial department | 2017 |
| Energy Transition Potential in Peri–urban Dwellings: Assessment of Theoretical Scenarios in the Swiss Context | Judith Drouilles, Sophie Lufkin, Emmanuel Rey | Energy & Buildings, Volume 148 | 33 | Energy & Buildings, Editorial department | 2017 |
| A Computational Multi–objective Optimization Method to Improve Energy Efficiency and Thermal Comfort in Dwellings | Facundo Bre, Víctor D. Fachinotti | Energy & Buildings | 2 | Energy & Buildings, Editorial department | 2017 |
| Interdisciplinary Reflections on Repetitive Distribution Patterns in Scandinavian Mesolithic Dwelling Spaces | Ole Gren | Journal of Archaeological Science: Reports | 21 | Journal of Archaeological Science: Reports, Editorial department | 2017 |
| Heritage Value Combined with Energy and Sustainable Retrofit: Representative Types of Old Walloon Dwellings Built before 1914 | Dorothée Stiernon, Sophie Trachte, Michal de Bouw, Samuel Dubois, Yves Vanhellemont | Energy Procedia, Volume 122 | 363 | Energy Procedia, Editorial department | 2017 |
| Early Mesolithic Spatial Conformity in Southern Norway | Arne Johan Nary | Journal of Archaeological Science: Reports | 21 | Journal of Archaeological Science: Reports, Editorial department | 2017 |
| White Picket Fences & Other Features of the Suburban Physical Environment: Correlates of Neighbourhood Attachment in 3 Australian Low–Density Suburbs | Zainab Abass, Richard Tucker | Landscape and Urban Planning | 4 | Landscape and Urban Planning, Editorial department | 2017 |

| 论文名 | 作者 | 刊载杂志 | 页码 | 编辑出版单位 | 出版日期 |
|---|---|---|---|---|---|
| Analysis of Building Envelope Materials Retrofitting of Timber Dwellings Based on Energy Efficiency | Chun Hua Huang, Sheng Liu, Yi Ming Liu | Key Engineering Materials, Volume 4332, Issue 723 | 687–693 | Key Engineering Materials, Editorial department | 2017 |
| Evaluating the Performance of Eaves to Promote Energy Efficiency of Traditional Dwellings in Suzhou | Yue Fu, Wei Ju Yang | Applied Mechanics and Materials, Volume 4299, Issue 858 | 234–240 | Applied Mechanics and Materials, Editorial department | 2017 |
| The Application of Downdraught Cooling in Vernacular Skywell Dwellings in China | H Xuan, A M Lv | IOP Conference Series: Earth and Environmental Science, Volume 63, Issue 1 | 12–37 | IOP Conference Series: Earth and Environmental Science, Editorial department | 2017 |
| Analysis on the Forms and Regional Characteristics of the Traditional Dwellings in Mountainous Central Shandong Province | Haiyong Lu, Haiyan Hu, Lei Miao, Bo Zhou | IOP Conference Series: Earth and Environmental Science, Volume 81, Issue 1 | 12–29 | IOP Conference Series: Earth and Environmental Science, Editorial department | 2017 |
| Reimagining the Home: Dwelling and Its Discontents | Hannah Marsden, Alison Merritt Smith | Architectural Research Quarterly, Volume 20, Issue 4 | 383–386 | Architectural Research Quarterly, Editorial department | 2017 |
| The Protection and Inheritance of Ancient Dwellings in Liu Jiaqiao Village under the Change of Times | Yuhan Dong, Yuan Gao | Journal of Building Construction and Planning Research, Volume 5, Issue 2 | 71–83 | Journal of Building Construction and Planning Research, Editorial department | 2017 |
| Analysis of Measured Data on Energy Demand and Activity Patterns in Residential Dwellings in Japan | Hirohisa Aki, Hiroshi Iitaka, Itaru Tamura, Akeshi Kegasa, Hideki Hayakawa, Yoshiro Ishikawa, Shigeo Yamamoto, Ichiro Sugimoto | IEEJ Transactions on Electrical and Electronic Engineering, Volume 13, Issue 1 | 6–19 | IEEJ Transactions on Electrical and Electronic Engineering, Editorial department | 2018 |
| An Integrated BIM–based Framework for the Optimization of the Trade–off between Embodied and Operational Energy | Farshid Shadram, Jani Mukkavaara | Energy & Buildings, Volume 158, Issue 158 | 1189–1205 | Energy & Buildings, Editorial department | 2018 |
| Rural Settlements Transition （RST）in a Suburban Area of Metropolis: Internal Structure Perspectives | Wenqiu Ma, Guanghui Jiang, Deqi Wang, Wenqing Li, Hongquan Guo, Qiuyue Zheng | Science of the Total Environment, Volume 615, Issue 615 | 672–680 | Science of the Total Environment, Editorial department | 2018 |
| Measuring the Scale of Sustainability of New Town Development based on the Assessment of the Residents of the Native Settlement around the New Town Area of Gading Serpong Tangerang | M Ischak, B Setioko, D Nurgandarum | IOP Conference Series: Earth and Environmental Science, Volume 106, Issue 1 | 12–16 | IOP Conference Series: Earth and Environmental Science, Editorial department | 2018 |

续表

| 论文名 | 作者 | 刊载杂志 | 页码 | 编辑出版单位 | 出版日期 |
|---|---|---|---|---|---|
| Transformation of Traditional Houses in the Development of Sustainable Rural Tourism, Case Study of Brayut Tourism Village in Yogyakarta | V R Vitasurya, G Hardiman, S R Sari | IOP Conference Series: Earth and Environmental Science, Volume 106, Issue 1 | 12–60 | IOP Conference Series: Earth and Environmental Science, Editorial department | 2018 |
| Model of Sustainability of Vernacular Kampongs within Ngadha Culture, Flores | M B Susetyarto | IOP Conference Series: Earth and Environmental Science, Volume 106, Issue 1 | 76 | IOP Conference Series: Earth and Environmental Science, Editorial department | 2018 |
| Potential Improvement of Cihideung Village through Layout Modification of Local Housing and Settlement | A William, I Setiawan, L Yosita | IOP Conference Series: Materials Science and Engineering, Volume 288, Issue 1 | 12–21 | IOP Conference Series: Materials Science and Engineering, Editorial department | 2018 |
| Improvement of Cibaduyut Housing District to Facing City Growth Phenomena, based on "System Approach to Architecture" Concept | L Yosita, Rr T Busono, D Ahdiat H | IOP Conference Series: Materials Science and Engineering, Volume 288, Issue 1 | 26–95 | IOP Conference Series: Materials Science and Engineering, Editorial department | 2018 |
| Housing Building Typology Definition in a Historical Area based on a Case Study: The Valley, Spain | Beatriz Montalbán Pozas, Francisco Javier Neila González | Cities, Volume 72, Issue 72 | 1–7 | Cities, Editorial department | 2018 |
| Neo-Eneolithic Settlement Pattern and Salt Exploitation in Romanian Moldavia | Robin Brigand, Olivier Weller | Journal of Archaeological Science: Reports, Volume 17, Issue 17 | 68–78 | Journal of Archaeological Science: Reports, Editorial department | 2018 |
| The Lay of Land: Strontium Isotope Variability in the Dietary Catchment of the Late Iron Age Proto-urban Settlement of Basel-Gasfabrik, Switzerland | David Brannimann, Corina Knipper, Sandra L. Pichler, Brigitte Röder, Hannele Rissanen, Barbara Stopp, Martin Rosner, Malou Blank, Ole Warnberg, Kurt W. Alt, Guido Lassau, Philippe Rentzel | Journal of Archaeological Science: Reports, Volume 17, Issue 17 | 279–292 | Journal of Archaeological Science: Reports, Editorial department | 2018 |
| Wellbeing and Urban Governance: Who Fails, Survives or Thrives in Informal Settlements in Bangladeshi Cities? | D.J.H. te Lintelo, J. Gupte, J. A. McGregor, R. Lakshman, F. Jahan | Cities, Volume 72, Issue 72 | 391–402 | Cities, Editorial department | 2018 |
| Energy Usage, Problems and Policy Proposals: Evidence from Distinctive Villages in Poverty-Stricken Loess Areas | Xinglong Xie, Weixian Xue | IOP Conference Series: Earth and Environmental Science, Volume 121, Issue 5 | 52–97 | IOP Conference Series: Earth and Environmental Science, Editorial department | 2018 |
| Global and Domestic Spheres: Impact on the Traditional Settlement of Penglipuran in Bali | G A M Suartika | IOP Conference Series: Earth and Environmental Science, Volume 123, Issue 1 | 12–14 | IOP Conference Series: Earth and Environmental Science, Editorial department | 2018 |

续表

| 论文名 | 作者 | 刊载杂志 | 页码 | 编辑出版单位 | 出版日期 |
|---|---|---|---|---|---|
| Comparative Research on Human Settlements in Asian Rural Areas Based on Collaborative Construction Mechanism | Sui Xin, Sun Chaoyang, Li Mo | IOP Conference Series: Earth and Environmental Science, Volume 113, Issue 1 | 12-43 | IOP Conference Series: Earth and Environmental Science, Editorial department | 2018 |
| A Comparative Study of the Traditional Houses Kaili and Bugis-Makassar in Indonesia | M F Suharto, RSS I Kawet, MSSS Tumanduk | IOP Conference Series: Materials Science and Engineering, Volume 306, Issue 1 | 12-77 | IOP Conference Series: Materials Science and Engineering, Editorial department | 2018 |
| Maintenance, Reconstruction and Prevention for the Regeneration of Historic Towns and Centers | Maria Paola Gatti | International Journal of Disaster Resilience in the Built Environment, Volume 9, Issue 1 | 96-111 | International Journal of Disaster Resilience in the Built Environment, Editorial department | 2018 |
| Conservation and Re-development of Sade Traditional Kampong at Rambitan Village with Local Approach and Cultural Landscape | Andi Harapan Siregar | IOP Conference Series: Earth and Environmental Science, Volume 126, Issue 1 | 79 | IOP Conference Series: Earth and Environmental Science, Editorial department | 2018 |
| Kertha Gosa Court Hall of Klungkung Bali as an Effort to Conserve Cultural Heritage based on Traditional Culture | An-nisaa Kurnia Widianti, Anung Bambang Studyanto | IOP Conference Series: Earth and Environmental Science, Volume 126, Issue 1 | 12-82 | IOP Conference Series: Earth and Environmental Science, Editorial department | 2018 |
| Influence of Culture on Ornament of the Traditional Architecture in Medan ( Malay Deli Sultanate ) | M Nawawiy Loebis, Nurlisa Ginting, Haryanto Simanjuntak, Fattah Jamaluddin | IOP Conference Series: Earth and Environmental Science, Volume 126, Issue 1 | 1755-1315 | IOP Conference Series: Earth and Environmental Science, Editorial department | 2018 |
| The Spatial Study of Unplanned Settlements on the Coastal of Belawan Medan Fishermen Village | BOY Marpaung, Nadia Winny Silaban | IOP Conference Series: Earth and Environmental Science, Volume 126, Issue 1 | 121 | IOP Conference Series: Earth and Environmental Science, Editorial department | 2018 |
| Network and Geography: Dependence and Disparity Between Human Settlement Pattern and Socioeconomic Network in Chengui, China | Yan Mao, Yanfang Liu, Xiaojian Wei, Xuesong Kong | Journal of Urban Planning and Development, Volume 144, Issue 1 | 410 | Journal of Urban Planning and Development, Editorial department | 2018 |
| Unlikely Nomads: Settlement, Establishment, and Dislodgement Processes of Vegetative Seagrass Fragments | Lai Samantha, Yaakub Siti Maryam, Poh Tricia S M, Bouma Tjeerd J, Todd Peter A | Frontiers in Plant Science, Volume 9, Issue 9 | 160 | Frontiers in Plant Science, Editorial department | 2018 |
| Neighborhood Variation of Sustainable Urban Morphological Characteristics | Lai Poh-Chin, Chen Si, Low Chien-Tat, Cerin Ester, Stimson Robert, Wong Pui Yun Paulina | International Journal of Environmental Research and Public Health, Volume 15, Issue 3 | 65 | International Journal of Environmental Research and Public Health, Editorial department | 2018 |

# 3.3　中国民居学术会议论文集目录索引

## 3.3.1　第二十届（2014呼和浩特）中国民居学术会议论文集目录

**民居建筑文化研究**

## 3.3.2　2015（南昌）中国传统民居第十一届民居学术研讨会论文目录

# 3.3.3  2015（扬州）中国民居学术研讨会论文目录

## 3.3.4　第二十一届（2016湘潭）中国民居建筑学术年会论文集目录

### 上篇

## 下篇

# 3.3.5 第二十二届（2017哈尔滨）中国民居建筑学术年会论文集目录

## 上篇

### 第一章 传统聚落与民居建筑的形态研究

## 第二章　传统民居建筑文化传承研究

## 下篇

### 第三章　乡土建筑的保护、改造与再利用方法研究

**第四章  现代建造技术下的乡土建筑的建造实践**

# 后　记

《中国民居建筑年鉴（2014—2018）》第四辑在民居建筑专业委员会、学术委员会委员和会员的支持下编辑出版了。

编辑本年鉴中，感谢历届民居学术会议的主办单位和负责人给我们寄来了会议的论文资料和会议彩照，感谢各民居研究同仁提供的回忆文章；感谢华中科技大学建筑学院谭刚毅、白廷彩、张敦元、赵莐婷，在百忙之余投入大量的时间和精力，为聚落与民居相关论著搜集和编辑目录索引，这对民居建筑研究有着十分重要的作用；感谢华南理工大学建筑学院刘国维、林榕、臧彤心、尹莹、苏涛等人，为本辑民居年鉴的资料整理、校审等做出的努力。

我们特别感谢中国建筑工业出版社领导和有关编辑部门、编辑人员为本辑年鉴编印出版付出了辛勤的劳动，表示衷心和诚挚的感谢。

编者

2018年9月